2013 年度国家出版基金项目“现代原子核物理”

高等量子力学

马中玉　张竞上　编著

HEUP 哈爾濱工程大學出版社

内容简介

本书是为核物理及相关领域的研究生编写的高等量子力学教程。全书分七章，主要内容为：量子系统的描述、角动量理论、量子理论中的对称性和守恒定律、转动矩阵和约化矩阵元、量子散射理论、量子碰撞形式理论、相对论量子力学简介。在附录中给出了习题解；Schrödinger 方程的变量分离、球谐函数和 Legendre 多项式、球 Bessel 函数及其渐近行为、库仑场中带电粒子的运动和库仑场中 Dirac 方程的束缚态解。

本书可供核物理及相关专业的研究生教学使用。

图书在版编目(CIP)数据

高等量子力学／马中玉，张竞上编著．—哈尔滨：哈尔滨工程大学出版社，2013.12

ISBN 978-7-5661-0714-5

Ⅰ．①高…　Ⅱ．①马…　②张…　Ⅲ．①量子力学-研究生-教材　Ⅳ．①O413.1

中国版本图书馆 CIP 数据核字(2013)第 299732 号

出版发行　哈尔滨工程大学出版社
社　　址　哈尔滨市东大直街 124 号
邮政编码　150001
发行电话　0451-82519328
传　　真　0451-82519699
经　　销　新华书店
印　　刷　哈尔滨市石桥印务有限公司
开　　本　787mm×1 092mm　1/16
印　　张　12.5
字　　数　309 千字
版　　次　2013 年 12 月第 1 版
印　　次　2013 年 12 月第 1 次印刷
定　　价　70.00 元
http://www.hrbeupress.com
E-mail:heupress@hrbeu.edu.cn

序　言

原子核物理学(简称核物理学、核物理或核子物理)是20世纪新建立的一个物理学学科,是研究原子核的结构及其反应变化的运动规律的物理学分支。它主要有三大领域:研究各类次原子粒子与它们之间的关系、分类与分析原子核的结构,并带动相应的核子技术进展。原子核物理的研究内容包括核的基本性质、放射性、核辐射测量、核力、核衰变、核结构、核反应、中子物理、核裂变和聚变、亚核子物理和天体物理等。它研究原子核的结构和变化规律,射线束的产生、探测和分析技术,以及同核能、核技术应用有关的物理问题。

原子核物理内容丰富多彩,是物理学非常活跃的研究领域,一百多年来共有七十多位科学家因原子核物理领域的优异成绩而获得诺贝尔奖。并且原子核物理是一个国际上竞争十分激烈的科技领域,各国都投入大量人力、物力从事这方面的研究工作。它是一门既有深刻理论意义,又有重大实践意义的学科。

在原子核物理学产生、壮大和巩固的全过程中,通过核技术的应用,核物理与其他学科及生产、医疗、军事等领域建立了广泛的联系,取得了有力的支持。核物理基础研究又为核技术的应用不断开辟新的途径。人工制备的各种同位素的应用已遍及理工农医各部门。新的核技术,如核磁共振、穆斯堡尔谱学、晶体的沟道效应和阻塞效应,以及扰动角关联技术等都迅速得到应用。核技术的广泛应用已成为科学技术现代化的标志之一。

核物理的发展,不断地为核能装置的设计提供日益精确的数据,从而提高了核能利用的效率和经济指标,并为更大规模的核能利用准备了条件。截至2013年3月,全世界有30多个国家运行着435座核电机组,总净装机容量为374.1 GW,核能的发展必将为改善我国环境现状作出重要贡献。

“现代原子核物理”出版项目的内容包括激光核物理、工程核物理、核辐射监测与防护等理论与技术研究的诸多方面。该项目汇集和整理了我国现代原子核物理领域最新的一流水平的研究成果,是我国该领域的科学研究、技术开发的一个系统全面的出版项目。

值得称道的是,“现代原子核物理”项目汇集了国内核物理领域的多位知名学者、专家毕生从事核物理研究所积累的学术成果、经验和智慧,将有助于我国核物理领域的高水平人才培养,并进一步推动核物理有关课题研究水平的提高,促进我国核物理科学研究向更高层次发展。该项目的出版将有助于推动我国该领域整体实力的进一步提高,缩短我国与国外的差距,使我国现代原子核物理研究达到国际先进水平。

该系列丛书较之已出版过的同类书籍和教材,在内容组成、适用范围、写作特点上均有明显改进,内容突出创新和当今最新研究成果,学术水平高,实用性强,体系结构完整。“现代原子核物理”将是我国该领域的一个优秀出版工程项目，她的出版对我国现代原子核物理研究的发展有重要的价值。

该系列丛书的出版，必将对我国原子核物理领域的知识积累和传承、研究成果推广应用、我国现代原子核物理领域高层次人才培养、我国该领域整体研究能力提高与研究向更深与更高水平发展、缩短与国外差距、达到国际先进水平有重要的指导意义和促进作用。

我衷心地祝贺“原子核物理”项目成功立项出版。

潘自强

中国工程院院士

中核集团科技委主任

二〇一三年十月

前　　言

本书是为核物理及相关领域的研究生编写的高等量子力学教程。物理专业的学生在大学课程中已经学习了量子力学,具备了初步的量子力学知识,通过这门课程的学习,达到巩固和掌握量子力学的基本原理,学习用量子力学方法描述核物理问题,为开展核物理及相关领域的研究准备基础理论方法。

本书主要参考 P. Romen《Advanced Quantum Theory》, A. R. Edmonds《Angular Momentum in Quantum Mechanics》, M. E. Rose《Relativistic Electron Theory》和周世勋的《量子力学教程》等高等量子力学和相关问题研究的经典书籍,同时作者基于多年开展核物理理论研究的积累,为核工业总公司研究生部物理专业的研究生编写的教材。作者在多年的教学中,对本书做了多次修改。量子力学课程需要较多的数学知识,为了便于学生学习,在书中给出了较为详细的推导,与课程有关的一些数学知识也在附录中给出。深入理解和巩固量子力学的物理知识和学习解决实际问题的方法,需要尽量多做习题练习,我们在每章的最后列出了习题,并在附录中给出了习题解。

全书共分七章,第1章:量子系统的描述,回顾了非相对论量子力学的基本原理,量子力学与经典力学的关系,量子系统随时间变化的几种绘景描述,全同粒子的描述和二次量子化理论简介。第2章:角动量理论,介绍了角动量算符的本征值和矩阵表示,两个角动量耦合的 Clebsch - Gordon 系数,三个角动量耦合的 Racah 系数以及四个角动量耦合的 $9-j$ 系数,各种耦合系数的对称性。第3章:量子理论中的对称性和守恒定律,介绍了波函数变换的一般性讨论,量子系统中对称性与物理量守恒之间的关系,空间平移、时间平移、空间转动、空间反射、时间反演变换下量子系统不变性以及对应物理量的守恒定律。第4章:转动矩阵和约化矩阵元,介绍了转动算符的矩阵表示,转动矩阵的正交性和耦合规则,不可约张量算符的概念和在空间转动下的性质,不可约张量算符的约化矩阵元——Wigner - Eckart 定理。第5章:量子散射理论,介绍在非相对论情况下粒子在势场下的散射理论,主要包括弹性散射的波恩近似和相移理论计算方法,共振散射,复势散射,吸收过程,全同粒子散射和极化散射的量子力学理论描述。第6章:量子碰撞的形式理论,介绍弹性散射的严格形式解,包括 T 矩阵理论,Green 函数的 Dyson 方程的基本知识;非弹性散射的形式理论和重整碰撞理论等量子力学知识。第7章:相对论量子力学简介,介绍了在相对论情况下量子力学中波函数满足的方程表示形式, Dirac 方程的建立,Dirac 方程中有关算符的表示和性质,由 Dirac 方程平面波解得到的 Dirac 方程的四维解的物理含义,以及粒子空穴理论和反粒子等物理内容。Dirac 方程 Lorentz 变换的协变性和 Dirac 方程的径向方程的表示,并以库仑解来理解相对论量子力学的应用及其局限性。在附录中给出了习题解;Schrödinger 方程的变量分离;球谐函数和 Legendre 多项式; Bessel 函数及其渐近行为;库仑场中带电粒子的运动和库仑场中 Dirac 方程的束缚态解。

本书的多次修改和出版得到了核工业研究生部领导的鼓励、支持和帮助,我们在此表示感谢。

编　者

2013年3月

目　　录

第1章　量子系统的描述

1.1　前言

1871年,俄国化学家门捷列夫(D. I. Mendelyeev)将化学元素排列成元素周期表。化学反应是不同元素的原子重新组合,当时元素周期表中尚有未被发现的元素,但是门捷列夫预言了它们的化学性质,后来被逐一发现,验证了门捷列夫周期表的预言性,所有物质都是由"至小无内"的九十多种原子构成[①]。但是在19世纪末，一些新物理现象的出现对此提出了挑战。德国伦琴(W. Röntgen)在阴极射线实验中发现了照相底片被曝光,当时不知何物,称为X射线。1896年,法国贝克勒尔(A. H. Bequerrel)发现硫酸钾铀也可以发出X射线,首次提出放射性概念。继而在1897年英国汤姆孙(J. J. Thomson)测出阴极射线的电荷质量比,称这种带电的粒子为电子。以上三大发现均来自原子内部信息,认识到原子也是有内部结构的。居里(M. Curie)夫人提炼的镤和镭具有更强的放射性,1899年卢瑟福(E. Rutherford)发现两种放射线α和β,维拉德(P. V. Villard)发现第三种射线γ。从此之后物理学界就着手开始研究原子内部结构。其后,众学者提出原子结构的两种模型:一种是"云状模型",认为原子内部是正负电荷均匀分布的微粒结构;而另一种是"行星系模型",认为正电荷处于核心,负电荷电子分布在核心周围,类似于太阳系结构。1911年,卢瑟福用α粒子散射实验,证实了原子确实有一个尺寸很小,但质量很大的核心,它占整个原子质量的99.99%,称为原子核。原子核外为电子。1912年,莫斯莱(A. Meshan)实验证明,原子核的正电荷数与核外电子数相等,两者电荷符号相反,形成原子的电中性。这个电荷数正好对应元素周期表序号。受微观粒子波粒二重性的启发,创建了微观世界动力学——量子力学。薛定谔(E. Schrödinger),海森堡(W. Heisenberg),玻恩(M. Born),狄拉克(P. A. M. Dirac),约旦(P. Jordan),泡利(W. Pauli)等人做出了重要贡献。量子力学新学说的建立,突破了经典力学的理论框架。

这个理论发展史说明,"科学没有永恒的理论,一个理论所预言的论据常常被实验所推翻,任何一个理论都有它的逐渐发展和成功的时期,经过这个时期后,它就很快地衰落。"——爱因斯坦(A. Einstein)《物理学的进化》1938年)[②]。

量子理论成功地解释了元素周期表,门捷列夫知其然,量子理论知其所以然,并且提出了同位素的存在:在元素周期表每个元素格内可以存在数目不等的稳定和不稳定同位素。量子力学的创建是20世纪物理学方面最伟大的成就之一,它对微观世界给出了与经典物理截然不同的描述方式,因此比较完美地解释了经典物理所不能解释的微观世界物理图像。所以,要对微观世界的自身规律进行研究时，必须学习量子力学。量子力学是一门基础性学科，要学习的是量子理论的基本原理和解决物理问题的方法,以及相关的数学知识，为

---

① 中国战国时期哲学家惠施提出物质是由"至小无内,谓之小一"的微粒组成,是中国第一个古代原子论。

② A. 爱因斯坦,L. 英费尔德著. 物理学的进化. 周肇威译. 上海科学出版社,1962。

今后学习相关的专业性课程奠定必需的理论基础。

本章首先复习量子力学的基本原理，量子力学与经典力学不同的特性，量子力学与经典力学的对应关系，并且介绍量子系统随时间变化所满足的方程。这种方程可以有三种绘景的描述方式，以及它们之间的内涵联系。根据不同的绘景的特性，它们应用于不同的物理问题。本章将给出全同粒子的量子力学描述方法和二次量子化理论简介。

1.2　非相对论量子力学的基本原理

在经典力学取得重大成就时，人们发现了一些新的物理现象，例如黑体、光电效应、原子光谱的分立线系等，这些物理现象都是经典物理理论所无法解释的，这就显示出经典物理的局限性。任何物体都能发射电磁波，同时也能吸收外来的电磁波。所谓黑体是指能吸收到达该物体表面的全部电磁波的物体，它的热辐射的能力也最强。1899 年瑞利 - 金斯(Rayleigh - Jeans)根据经典电动力学和统计物理学导出的描述黑体辐射频谱的瑞利 - 金斯公式

$$E_\nu \mathrm{d}\nu = \frac{8\pi}{c^3} kT\nu^2 \mathrm{d}\nu$$

式中 ν 是辐射频率；k 是波耳兹曼(Boltzman)常数；c 是光速；T 是温度。

这个公式与实验值比较，在低频端符合得很好，但在高频端与实验完全不符，而且趋向发散，计算出的辐射总能量趋于无穷大。这个结果是对经典物理学的一个灾难性打击，被称为“紫外发散困难”。1900 年，德国科学家普朗克(M. Planck)提出了量子论，假设频率为 ν 的电磁振动在能量转化时不是连续变化，吸收或发射只能以“量子”方式进行，能量单位为 $E = h\nu = \hbar\omega$，h 是普适常数，称为普朗克常数($h = 6.626176 \times 10^{-27}$ 尔格 · 秒，$\hbar = h/2\pi$)。由此假设导出了一个黑体辐射频谱公式

$$E_\nu \mathrm{d}\nu = \frac{8\pi h\nu^3}{c^3} \frac{\mathrm{d}\nu}{\mathrm{e}^{h\nu/kT} - 1}$$

由图 1.1 所示，普朗克的黑体辐射频谱公式与实验值得到非常好的符合。黑体辐射和光电效应使人们发现光的波粒二象性。后来，1900 年被确定为量子力学诞生之年。

“当一个理论在很顺利地发展时，突然会发生一些出乎意料的阻碍，这种困难在科学上常常发生。有时把旧的观念加以简单推广似乎是一个解决困难的好方法。可是那旧理论往往已无法弥补，而困难终于使它垮台，于是新的理论随之兴起。”——爱因斯坦(《物理学的进化》1938 年)

虽然普朗克常数是一个非常小的量，但是微观世界物理现象的解释都与它有关。所有与普朗克常数 h 有关的问题称为量子效应。光电效应、康普顿效应(Compton effect)都是在光的粒子性的基础上得以解释的，但电子的干涉实验的结果表明，电子从双缝的衍射图形与 X 射线的衍射图形完全相似。电子既不是经典粒子，也不是经典的波，电子是微观世界粒子，具有波粒二象性。这个波不再是经典概念下的波，粒子也不是经典概念下的粒子。在对微观世界新概念认识的基础上开始创建量子力学，量子力学是在 1923—1927 年发展起来的。经典力学、电动力学、量子力学和统计力学被称为四大力学。量子力学的建立，可以很好地描述原子、原子核的性质。特别是相对论量子力学的建立，为量子场论、粒子物理的发展奠定了基础。

量子力学与经典力学不同的特性有下面几种：

1. 波粒二象性

微观世界粒子的运动行为具有波粒二象性。1923年法国德布罗意(L. de Broglie)将微观粒子波粒二象性推广到整个微观世界，粒子能量为 $E = h\nu$，波长为 $\lambda = h/p$。在微观世界中，由于没有轨道而言，因此用概率振幅来描述运动系统行为，概率振幅模的平方才是可观测到的物理量。这是与经典力学的根本不同之处。微观世界粒子的自由运动可以用平面波来描述，平面波的频率和波长与自由粒子的能量和动量由德布罗意关系联系起来。而在有外力场作用到微观运动粒子上时，粒子运动就不能用平面波描述，平面波被明显扭曲，外力场作用越强，扭曲越严重。用来描述这个复杂振幅的波的函数称为波函数。由于微观世界是用波函数描述，因此开始曾被称为波动力学。物理系统是由希尔伯特空间(Hilbert space)的态向量 $|\psi\rangle$ 作为概率振幅来描述，系统处在 $\boldsymbol{r}$ 处的概率用它的概率密度 ρ 来确定，概率密度的定义为

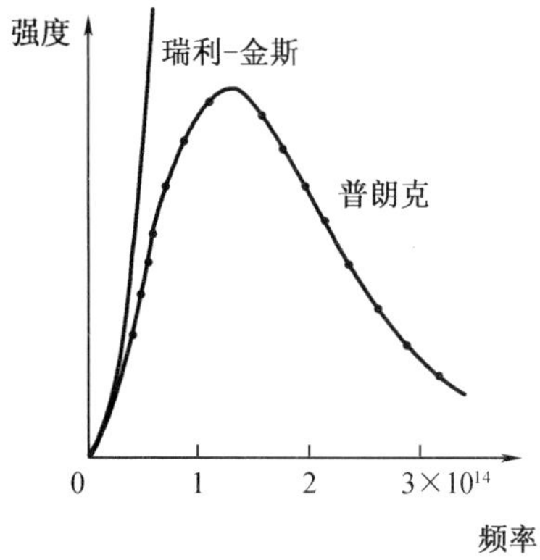

图 1.1　黑体辐射频谱图

$$\rho(\boldsymbol{r}) = |\psi(\boldsymbol{r})|^2 = \psi^*(\boldsymbol{r})\psi(\boldsymbol{r}) \geqslant 0 \tag{1.2.1}$$

对稳定系统概率满足归一化条件：

$$\langle\psi|\psi\rangle = \int \mathrm{d}\boldsymbol{r}\langle\psi|\boldsymbol{r}\rangle\langle\boldsymbol{r}|\psi\rangle = \int |\psi(\boldsymbol{r})|^2\mathrm{d}\boldsymbol{r} = 1 \tag{1.2.2}$$

在上述的意义下波函数可以有一个任意不确定的相角。

2. 用线性厄密算符描述力学量

与经典力学不同的是，在量子力学中物理上可观测量用线性厄密算符(Hermitian operator)来表示。例如：在位形空间中粒子能量和动量对应的算符分别为

$$E \rightarrow \mathrm{i}\hbar\frac{\partial}{\partial t}, \quad \boldsymbol{p} \rightarrow -\mathrm{i}\hbar\nabla \tag{1.2.3}$$

由于在量子力学中力学量是用算符描述，会出现许多在经典力学中没有的新物理内容，例如对易和反对易关系的出现等。

在不同表象中算符的表示是不同的，(1.2.3)式的能量和动量的算符表示是在坐标表象中的表示。当然，也可以用动量表象处理量子力学问题，这时动量和坐标算符分别为

$$\boldsymbol{p}, \qquad \boldsymbol{r} \rightarrow \mathrm{i}\hbar\nabla_p \tag{1.2.4}$$

下面的讨论中如果不特别提出，都是在坐标表象来处理各种问题。量子力学中所有力学量算符都是厄密的

$$\hat{O}^\dagger = \hat{O} \tag{1.2.5}$$

线性厄密算符有如下几个性质：

(1)线性算符，若两个波函数用两个普通的数 C_1 和 C_2 叠加，算符的作用满足下面等式

$$\hat{O}(C_1\psi_1 + C_2\psi_2) = C_1\hat{O}\psi_1 + C_2\hat{O}\psi_2 \tag{1.2.6}$$

(2)由线性代数的知识得知，厄密算符的本征值为实数。因为可观察的物理量都是实

的，只有厄密算符才能满足这个要求。

(3)厄密算符的本征函数构成正交完备系，而本征函数具有如下性质：

正交性：

$$\langle \psi_n | \psi_m \rangle = \delta_{mn} \tag{1.2.7}$$

完备性：

$$\sum_n |\psi_n(\boldsymbol{r})\rangle\langle\psi_n(\boldsymbol{r}')| = \delta(\boldsymbol{r}-\boldsymbol{r}') \tag{1.2.8}$$

这意味着对任意一个量子系统的波函数$|\psi\rangle$，可以用这些具有正交完备性的本征态展开

$$|\psi\rangle = \sum_n C_n |\psi_n\rangle \tag{1.2.9}$$

其中展开系数 C_n 是波函数在本征态$|\psi_n\rangle$上的投影，$C_n = \langle\psi_n|\psi\rangle$，用具有正交完备性的本征态展开也可推广到连续本征态

$$|\psi\rangle = \int \mathrm{d}\boldsymbol{k} C_{\boldsymbol{k}} |\psi_{\boldsymbol{k}}\rangle \tag{1.2.10}$$

自由粒子哈密顿量算符为 $\hat{H} = \dfrac{p^2}{2\mu} = -\dfrac{\hbar^2}{2\mu}\nabla^2$，这里$\mu$ 为粒子的质量。在坐标表象中 $\hat{H}$ 的本征函数为

$$\varphi_{\boldsymbol{p}}(\boldsymbol{r}) = \exp\left(\frac{\mathrm{i}\boldsymbol{p}\cdot\boldsymbol{r}}{\hbar}\right) = \exp(\mathrm{i}\boldsymbol{k}\cdot\boldsymbol{r}) \tag{1.2.11}$$

物理上称其为平面波，具有正交完备性，$\boldsymbol{k} = \dfrac{\boldsymbol{p}}{\hbar}$称为波矢，是一般的矢量，不是算符。它的归一化条件是 $\int \varphi_{\boldsymbol{p}}(\boldsymbol{r})^* \varphi_{\boldsymbol{p}'}(\boldsymbol{r})\mathrm{d}\boldsymbol{r} = (2\pi)^3\delta(\boldsymbol{p}-\boldsymbol{p}')$，任何波函数可以用平面波展开。

(4)实验测量值由算符的期望值表示。在量子力学中，粒子的运动是用波函数来描述的。在给定一个物理量的算符时，实验观测到的值是由这个力学量算符对波函数的期望值给出

$$\overline{O} = \langle\psi|\hat{O}|\psi\rangle \tag{1.2.12}$$

对不同运动体系波函数的行为是不同的，因而力学量的期望值也是不同的。

3. 态叠加原理

当体系分别处于算符 $\hat{A}$ 的对应的本征值为 a_1 或 a_2 的本征态$|\psi_1\rangle$或$|\psi_2\rangle$时，测量 $\hat{A}$ 物理量的准确结果分别为 a_1 和 a_2，令

$$a_1 = \langle\psi_1|\hat{A}|\psi_1\rangle, \quad a_2 = \langle\psi_2|\hat{A}|\psi_2\rangle$$

则在叠加状态$|\psi\rangle = C_1|\psi_1\rangle + C_2|\psi_2\rangle$下测量 $\hat{A}$ 的结果也可能为 a_1 或 a_2，测量得到 a_1，a_2 的概率分别为$|C_1|^2$ 与$|C_2|^2$。在已知本征态$|\psi_n\rangle$和相应的本征值 a_n 及 C_n 后可以得到在叠加状态下 ψ 的期望值为

$$\overline{A} = \langle\psi|\hat{A}|\psi\rangle = \sum_n C_n\langle\psi|\hat{A}|\psi_n\rangle = \sum_n C_n a_n\langle\psi|\psi_n\rangle = \sum_n |C_n|^2 a_n \tag{1.2.13}$$

这就是概率叠加原理。

4. 波函数满足 Schrödinger 方程

系统随时间变化是由 Schrödinger 方程来描述的，Schrödinger 方程的一般形式为

$$\mathrm{i}\hbar\frac{\mathrm{d}\psi}{\mathrm{d}t} = \hat{H}\psi \tag{1.2.14}$$

其中 $\hat{H}$ 为系统的 Hamiltonian 量，由微观粒子的动能和位能两项组成，$\hat{H}=T+V$，其中 T 为动能，V 为位能，ψ 是波函数。

通常实验的入射束为恒流，整个核反应过程可以看成为定态过程。因此，在量子力学中，我们常处理的问题是解定态 Schrödinger 方程。定态 Schrödinger 方程的波函数的解表示为

$$\psi(\boldsymbol{r},t)=\psi(\boldsymbol{r})\mathrm{e}^{-\mathrm{i}Et/\hbar} \tag{1.2.15}$$

代入方程(1.2.14)得到 $\psi(\boldsymbol{r})$ 满足的定态 Schrödinger 方程

$$\left[-\frac{\hbar^2}{2\mu}\nabla^2+V(r)\right]\psi(\boldsymbol{r})=E\psi(\boldsymbol{r}) \tag{1.2.16}$$

对于一个多粒子体系，可以将能量分解为两个部分，它们是整个体系质心运动能量和多粒子之间的相互作用能量，又称为内禀能量。因此可以借助于相对运动坐标将其分解出来。以两粒子体系为例，若入射粒子 a 的质量和坐标以及动量分别为 $m_a,\boldsymbol{r}_a,\boldsymbol{p}_a$，靶核 A 的质量和坐标以及动量分别为 $m_A,\boldsymbol{r}_A,\boldsymbol{p}_A$，体系的总质量是 $M=m_a+m_A$，总动能为 $T=T_a+T_A$。当 a 与 A 的相互作用势仅是二者之间距离的函数时，这时系统的哈密顿为

$$H=\frac{p_a^2}{2m_a}+\frac{p_A^2}{2m_A}+V(|\boldsymbol{r}_A-\boldsymbol{r}_a|)=-\frac{\hbar^2}{2m_a}\nabla_a^2-\frac{\hbar^2}{2m_A}\nabla_A^2+V(|\boldsymbol{r}_A-\boldsymbol{r}_a|) \tag{1.2.17}$$

定义相对运动坐标 $\boldsymbol{r}$ 和质心运动坐标 $\boldsymbol{R}$ 分别为

$$\boldsymbol{r}=\boldsymbol{r}_A-\boldsymbol{r}_a \tag{1.2.18}$$

$$\boldsymbol{R}=\frac{m_a\boldsymbol{r}_a+m_A\boldsymbol{r}_A}{M} \tag{1.2.19}$$

利用上面相对运动坐标和质心运动坐标的定义，得到下面的导数变换关系

$$\nabla_A=\frac{\partial\boldsymbol{r}}{\partial\boldsymbol{r}_A}\frac{\partial}{\partial\boldsymbol{r}}+\frac{\partial\boldsymbol{R}}{\partial\boldsymbol{r}_A}\frac{\partial}{\partial\boldsymbol{R}}=\nabla_r+\frac{m_A}{M}\nabla_R$$

$$\nabla_a=\frac{\partial\boldsymbol{r}}{\partial\boldsymbol{r}_a}\frac{\partial}{\partial\boldsymbol{r}}+\frac{\partial\boldsymbol{R}}{\partial\boldsymbol{r}_a}\frac{\partial}{\partial\boldsymbol{R}}=-\nabla_r+\frac{m_a}{M}\nabla_R$$

可得质心运动动量 $\boldsymbol{P}$ 和相对运动动量 $\boldsymbol{p}$ 与 $\boldsymbol{p}_a$ 和 $\boldsymbol{p}_A$ 之间的关系

$$\begin{cases}\boldsymbol{p}_A=\dfrac{m_A}{M}\boldsymbol{P}+\boldsymbol{p}\\[2ex]\boldsymbol{p}_a=\dfrac{m_a}{M}\boldsymbol{P}-\boldsymbol{p}\end{cases} \tag{1.2.20}$$

以及逆关系

$$\begin{cases}\boldsymbol{P}=\boldsymbol{p}_a+\boldsymbol{p}_A\\[1ex]\boldsymbol{p}=\dfrac{m_a}{M}\boldsymbol{p}_A-\dfrac{m_A}{M}\boldsymbol{p}_a\end{cases} \tag{1.2.21}$$

在上述坐标变换下，总体系哈密顿量(1.2.17)式可以用相对坐标写出

$$H=\frac{\left(\dfrac{m_a}{M}\boldsymbol{P}-\boldsymbol{p}\right)^2}{2m_a}+\frac{\left(\dfrac{m_A}{M}\boldsymbol{P}+\boldsymbol{p}\right)^2}{2m_A}+V(r)=\frac{P^2}{2M}+\frac{p^2}{2\mu}+V(r)=H_R+H_r \tag{1.2.22}$$

其中，相对运动质量为 μ，称为约化质量

$$\mu=\frac{m_am_A}{M}=\frac{m_am_A}{m_a+m_A} \tag{1.2.23}$$

由此看出，对于电子围绕原子核运动时，由于 $m_e \ll m_A$，因此 $\mu \approx m_e$，在全同粒子情况下有 $\mu = m_a/2$。因此总体系哈密顿量 H 可以分两个部分：质心运动哈密顿量 H_R 和相对运动哈密顿量 H_r。它们分别为

$$H_R = \frac{P^2}{2M} = -\frac{\hbar^2}{M}\nabla_R^2 \tag{1.2.24}$$

$$H_r = \frac{1}{2\mu}p^2 + V(r) = -\frac{\hbar^2}{2\mu}\nabla_r^2 + V(r) \tag{1.2.25}$$

可将波函数对质心运动和相对运动作变量分离：

$$\psi(\boldsymbol{R},\boldsymbol{r}) = \Phi(\boldsymbol{R})\Psi(\boldsymbol{r}) \tag{1.2.26}$$

这时 Schrödinger 方程(1.2.16)可分解为

$$-\frac{\hbar^2}{2m}\nabla_R^2\Phi(\boldsymbol{R}) = E_{CM}\Phi(\boldsymbol{R}) \tag{1.2.27}$$

$$\left[-\frac{\hbar^2}{2\mu}\nabla_r^2 + V(r)\right]\Psi(\boldsymbol{r}) = E_r\Psi(\boldsymbol{r}) \tag{1.2.28}$$

质心运动是一个自由粒子的运动，用平面波来描述。而相对运动可看作是一个具有约化质量为 μ 的粒子在 $V(r)$ 场中运动，因此把二体问题约化为一体问题，理论上只需要在质心坐标中来求解单体运动方程。这时 E_r 值称为体系的能量本征值，$\Psi(r)$ 称为本征函数，上述的定态 Schrödinger 方程又称能量本征值方程。

定态 Schrödinger 方程的解分为两大类：对于束缚态，即 $E_r<0$，它的本征值解为分立的；而对于散射态，即 $E_r>0$，它的本征值解为连续的。为了简化标记，后面将 E_r 记为 E。

用径向 Schrödinger 方程求解库仑势之束缚态能级的 Bohr 公式，成功地解释了实验测量总结出的氢原子电子辐射频率 ν 的巴耳末(Balmer)公式，这是量子力学中一个成功的实例。(详见附录 2 和附录 5)

5. 连续性方程

由 Schrödinger 方程得到连续性方程

$$\frac{\partial}{\partial t}\rho(\boldsymbol{r},t) + \nabla\cdot\boldsymbol{j} = 0 \tag{1.2.29}$$

其中概率密度和概率流密度分别定义为

$$\rho(\boldsymbol{r},t) = |\psi(\boldsymbol{r},t)|^2$$

$$\boldsymbol{j}(\boldsymbol{r},t) = -\frac{i\hbar}{2m}[\psi^*(\boldsymbol{r},t)\nabla\psi(\boldsymbol{r},t) - \psi(\boldsymbol{r},t)\nabla\psi^*(\boldsymbol{r},t)] \tag{1.2.30}$$

连续性方程表示概率守恒。(推导过程见：周世勋编《量子力学教程》[3])

6. 泡利(Pauli)不相容原理

自旋为 1/2 的费米子(Fermion)满足不相容原理(Pauli exclusion principle)。全同粒子是指质量、自旋、同位旋全相同的微观粒子。对于两个全同的自旋为半整数的粒子，不可能占据同一个微观态，这个微观态在量子力学中用相空间中的相格来描述。相空间是指位形空间和动量空间的六维空间，每个相格的体积为 $(2\pi\hbar)^3$。

泡利不相容原理的确立，解释了原子稳定的原因。而用经典力学的观点，高能量态的电子，要自发向低能量电子态跃迁，由于泡利不相容原理，当低能量态已经被其他电子占据

时，这个跃迁是被禁戒的，因此原子的状态是稳定的。只有原子被激发，低能态的电子被电离时，才可能出现高激发态的电子向这个被电离的电子空穴态进行跃迁，并伴随释放 X 射线，这就是测量原子的辐射光谱的实验原理。泡利不相容原理要求两个费米子系统的波函数必须是反对称的，即

$$\psi_{n_1n_2}(\boldsymbol{r}_1,\boldsymbol{r}_2) = -\psi_{n_1n_2}(\boldsymbol{r}_2,\boldsymbol{r}_1) \tag{1.2.31}$$

反对称表示中，当两个电子处于同一个态时，波函数为 0，自然表示两个费米子不能处在同一个微观态。在处理费米子系统的波函数时，包括多费米子体系，必须要考虑反对称化效应，称为波函数的反对称化。

7. 量子力学效应

(1)不确定原理，又称为测不准原理(Uncertainty principle)。经常遇到的不确定关系是

$$\Delta x\Delta p \geqslant \hbar, \qquad \Delta E\Delta t \geqslant \hbar, \qquad \Delta J \geqslant \hbar \tag{1.2.32}$$

当两个力学量算符之间不可对易时，在实验上不可能同时准确测量这两个力学量，满足不确定关系。不确定关系式(1.2.32)表明，微观世界的粒子位置与动量不能同时准确确定，连带着角动量也不能准确确定，因而对微观世界粒子运动无轨道而言，上面第二个不确定关系表明，当微观世界的粒子的能量确定后，它处于这个状态的寿命就不能准确确定了。例如：在能级纲图中，如果这个能级不稳定，表明这个能级的能量有一个不确定范围，称为能级宽度，这就是能级的寿命，因而从这个能级发射的粒子的能量就不确定，在实验中测量出的粒子发射谱就有明显展宽效应。能级寿命越短，能谱展宽效应越强。

(2)量子力学的隧道效应。当能量低于位垒($E < V_0$)时，与经典力学不同的是，量子力学可以计算出仍有概率透过，即位垒穿透，如图 1.2 所示。

对于质量数大于镭的元素，从质量表上可以看出，发射 α 粒子对应的反应 Q 值是正的，表明是放热反应。但是由于库仑位垒的存在，阻止了 α 粒子发射，由量子力学的隧道效应，α 粒子可以通过位垒穿透，形成 α 衰变，位垒越高，穿透概率越小。例如铀核的 α 衰变半衰期可以达到 10^{19} 年。这种隧道效应无法用经典力学来解释，因此，隧道效应是量子力学的独有特征。

(3)束缚态能级是分立的。实验观测到原子的线状能谱，电子从高分立能级向低分立能级的 γ 跃迁产生的能量是确定的，光谱的能量就是两个电子分立能级的能量差。又知在三维谐振子势中，量子力学得到本征能量是

$$E_n = \hbar\omega\left(n + \frac{3}{2}\right), n = 0,1,2,\cdots \tag{1.2.33}$$

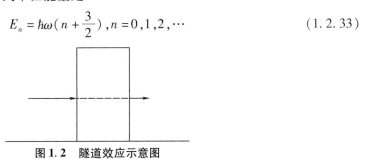

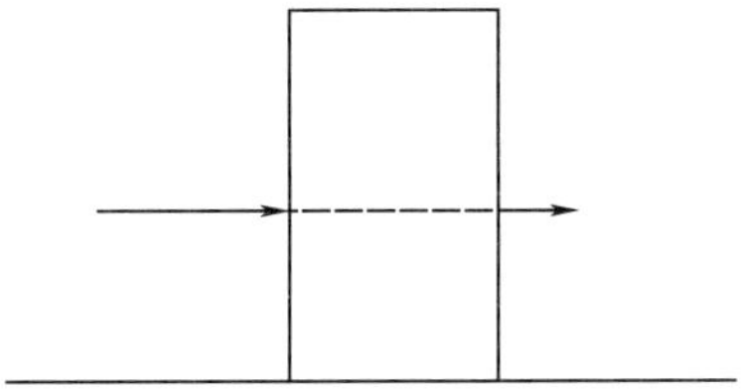

图 1.2 隧道效应示意图

基态($n = 0$)的能量为 $E_0 = \dfrac{3}{2}\hbar w$，称为零点能。量子力学中零点能不为零是量子力学的特征之一。另外，由于谐振子本征态的能量是确定的($\Delta E = 0$)，由不确定原理得到 $\Delta t \to \infty$，能

级寿命无穷大,分立能级都是稳定的。零点能不为零也被光在晶体散射的实验测量所证实,当将晶体系统冷却到温度趋于绝对零度时,光在晶体散射的实验测量表明,晶体中的原子仍然有零点振动,这也验证了量子力学对微观世界描述的正确性。

1.3 量子力学与经典力学的关系

量子特性可归结为普朗克常数 $\hbar = h/2\pi = 1.054\,5\times 10^{-27}$ 尔格 · 秒,在研究黑体辐射时,普朗克发现黑体发射和吸收电磁波的能量是不连续的,以 $\hbar\omega$ 为能量单位,而不是像经典理论能量为连续的。当 $\hbar\to 0$ 时量子效应可忽略,量子力学回到经典力学,这一点类似于相对论中当 $c\to\infty$ 时回到牛顿力学。

1. 对应原理 Correspondence principle(Bohr 1923)

当 $\hbar\to 0$ 时量子力学对应经典力学。

(1)量子效应的一个特征是某些力学量的本征值是量子化的,如谐振子能量,当 $\hbar\to 0$ 时,得到经典的力学量中的能量变化是连续的。

(2)不确定性原理(Uncertainty principle),$\Delta p\Delta x\geqslant\hbar$,当 $\hbar\to 0$ 时,粒子坐标与动量可同时确定,经典轨道运动的概念也就完全适用了。

2. 力学量期望值随时间的变化

量子力学中观察的力学量是算符在态矢量 $|\psi\rangle$ 下的期望值,力学量期望值随时间变化满足

$$
\begin{aligned}
\frac{\mathrm{d}\langle\hat{A}\rangle}{\mathrm{d}t} &= \int\frac{\partial\psi^*}{\partial t}\hat{A}\psi\mathrm{d}\boldsymbol{r} + \int\psi^*\frac{\partial\hat{A}}{\partial t}\psi\mathrm{d}\boldsymbol{r} + \int\psi^*\hat{A}\frac{\partial\psi}{\partial t}\mathrm{d}\boldsymbol{r} \\
&= \frac{\mathrm{i}}{\hbar}\int\psi^*\hat{H}\hat{A}\psi\mathrm{d}\boldsymbol{r} + \int\psi^*\frac{\partial\hat{A}}{\partial t}\psi\mathrm{d}\boldsymbol{r} - \frac{\mathrm{i}}{\hbar}\int\psi^*\hat{A}\hat{H}\psi\mathrm{d}\boldsymbol{r} \\
&= \int\psi^*\left(-\frac{\mathrm{i}}{\hbar}[\hat{A},\hat{H}] + \frac{\partial\hat{A}}{\partial t}\right)\psi\mathrm{d}\boldsymbol{r}
\end{aligned}
$$

一般力学量算符 $\hat{A}$ 不显含时间 t,$\dfrac{\partial\hat{A}}{\partial t}=0$,则有

$$
\frac{\mathrm{d}\langle\hat{A}\rangle}{\mathrm{d}t} = -\frac{\mathrm{i}}{\hbar}\int\psi^*[\hat{A},\hat{H}]\psi\mathrm{d}\boldsymbol{r} = \left\langle -\frac{\mathrm{i}}{\hbar}[\hat{A},\hat{H}]\right\rangle \tag{1.3.1}
$$

若 $\hat{A}$ 与 $\hat{H}$ 可对易,$[\hat{A},\hat{H}]=0$,算符 $\hat{A}$ 的期望值不随时间变化。在量子力学中,与 $\hat{H}$ 可对易的量是一个运动守恒量。

当力学量是描述粒子的坐标和动量时,由正则方程得到(为简化表示,下面的算符都省略算符上的符号)

$$
\frac{\mathrm{d}\langle\boldsymbol{q}\rangle}{\mathrm{d}t} = \left\langle -\frac{\mathrm{i}}{\hbar}[\boldsymbol{q},H]\right\rangle = \left\langle\frac{\partial H}{\partial\boldsymbol{p}}\right\rangle \tag{1.3.2}
$$

$$
\frac{\mathrm{d}\langle\boldsymbol{p}\rangle}{\mathrm{d}t} = \left\langle -\frac{\mathrm{i}}{\hbar}[\boldsymbol{p},H]\right\rangle = \left\langle -\frac{\partial H}{\partial\boldsymbol{q}}\right\rangle \tag{1.3.3}
$$

它的形式与经典力学的正则方程很相似,但它的意义是不同的。经典力学中 $\dfrac{\mathrm{d}\boldsymbol{q}}{\mathrm{d}t}$ 是描述质点

的坐标如何随时间变化，而量子力学中的$\frac{\mathrm{d}\langle \boldsymbol{q}\rangle}{\mathrm{d}t}$，$\frac{\mathrm{d}\langle \boldsymbol{p}\rangle}{\mathrm{d}t}$分别是描述坐标和动量的期望值随时间的变化。

3. 泊松括号与运动方程

经典力学中正则方程为

$$\frac{\mathrm{d}q_i}{\mathrm{d}t} = \{q_i, H\} = \frac{\partial H}{\partial p_i};\quad \frac{\mathrm{d}p_i}{\mathrm{d}t} = \{p_i, H\} = -\frac{\partial H}{\partial q_i} \tag{1.3.4}$$

其中泊松括号定义为

$$\{A, B\} \equiv \sum_i \left(\frac{\partial A}{\partial q_i}\frac{\partial B}{\partial p_i} - \frac{\partial A}{\partial p_i}\frac{\partial B}{\partial q_i}\right) \tag{1.3.5}$$

可以证明当 $\hbar \to 0$ 时，量子力学的对易关系趋于经典的泊松括号

$$[A, B]/\mathrm{i}\hbar \xrightarrow{\hbar\to 0} \{A, B\} \tag{1.3.6}$$

因而正则方程(1.3.2)和(1.3.3)退化为经典力学的正则方程(1.3.4)。首先证明下面的对易关系成立

$$[p_i, f(\boldsymbol{q})] = -\mathrm{i}\hbar \frac{\partial f(\boldsymbol{q})}{\partial q_i} \tag{1.3.7}$$

事实上，将上面的对易关系作用到波函数上

$$[p_i, f(\boldsymbol{q})]\psi = p_i(f(\boldsymbol{q})\psi) - f(\boldsymbol{q})p_i\psi$$

利用复合函数求导

$$[p_i, f(\boldsymbol{q})]\psi = (p_i f(\boldsymbol{q}))\psi + f(\boldsymbol{q})p_i\psi - f(\boldsymbol{q})p_i\psi = (p_i f(\boldsymbol{q}))\psi = -\mathrm{i}\hbar \frac{\partial f(\boldsymbol{q})}{\partial q_i}\psi$$

由于对任意波函数 ψ 都成立，因此两边去掉 ψ，(1.3.7)式得到证明。特别是当 $f(x) = x$ 时，得到的结果就是 Heisenberg 对易关系式

$$[x, p_x] = \mathrm{i}\hbar \qquad \text{一般表示为} \qquad [q_i, p_j] = \mathrm{i}\hbar\delta_{ij} \tag{1.3.8}$$

利用多个力学量算符乘积的对易关系分解为两两对易的恒等式

$$[AB, C] = A[B, C] + [A, C]B \tag{1.3.9}$$

为了简化表示，不失一般性，用 p 和 q 来表示动量和坐标的 i 分量，得到以下的约化

$$\begin{aligned}[p^2, f(q)] &= p[p, f] + [p, f]p = -\mathrm{i}\hbar(pf' + f'p) = -\mathrm{i}\hbar([p, f'] + 2f'p) \\ &= -\mathrm{i}\hbar(2f'p - \mathrm{i}\hbar f'') = -2\mathrm{i}\hbar(f'p) + O(\hbar^2)\end{aligned}$$

其中，$O(\hbar^2)$是 $\hbar^2$ 以上的小量，且有 $O(\hbar^2)/\mathrm{i}\hbar \xrightarrow{\hbar\to 0} = 0$，以及

$$\begin{aligned}[p^3, f(q)] &= p[p^2, f] + [p, f]p^2 = -2\mathrm{i}\hbar(pf'p) + O(\hbar^2) - \mathrm{i}\hbar f'p^2 \\ &= -2\mathrm{i}\hbar(f'p - \mathrm{i}\hbar f'')p - \mathrm{i}\hbar f'p^2 + O(\hbar^2) = -3\mathrm{i}\hbar f'p^2 + O(\hbar^2)\end{aligned}$$

由此递推得到普遍表达式

$$[p^n, f(q)] = -\mathrm{i}n\hbar \frac{\partial f(q)}{\partial q}p^{n-1} + O(\hbar^2) \tag{1.3.10}$$

假定 $A = q^m \equiv f(q)$，$B = p^n$，因此利用(1.3.9)式得到

$$[q^m, p^n] = \mathrm{i}nm\hbar q^{m-1}p^{n-1} + O(\hbar^2) \tag{1.3.11}$$

这时泊松括号为 $\{A, B\} = nmq^{m-1}p^{n-1}$，因此验证了(1.3.6)式。

$$\lim_{\hbar\to 0}[A, B]/\mathrm{i}\hbar = \lim_{\hbar\to 0}[q^m, p^n]/\mathrm{i}\hbar = nmq^{m-1}p^{n-1} = \{q^m, p^n\} = \{A, B\} \tag{1.3.12}$$

在更普遍的情况下 $A=q^k p^l, B=q^m p^n$，这时泊松括号为

$$\{A,B\}=(kn-ml)q^{k+m-1}p^{l+n-1} \tag{1.3.13}$$

A,B 都为 p,q 的幂级数。利用由(1.3.9)式推广的恒等式

$$\begin{aligned}[AB,CD] &= A[B,CD]+[A,CD]B \\ &= AC[B,D]+C[A,D]B+A[B,C]D+[A,C]DB \\ &= ABCD-CDAB \end{aligned} \tag{1.3.14}$$

注意到，在上面这种多力学量算符的对易展开中，A,B 之间顺序不能颠倒，同样 C,D 之间顺序也不能颠倒。并注意到 $[q^k,q^m]=0$，$[p^l,p^n]=0$，仅保留 q 与 p 幂之间的对易项。由此导出

$$\begin{aligned}[q^k p^l, q^m p^n] &= q^m[q^k,p^n]p^l+q^k[p^l,q^m]p^n \\ &= q^m[\mathrm{i}kn\hbar q^{k-1}p^{n-1}]p^l-q^k[\mathrm{i}ml\hbar q^{m-1}p^{l-1}]p^n+O(\hbar^2) \\ &= \mathrm{i}\hbar(kn-ml)q^{k+m-1}p^{n+l-1}+O(\hbar^2)\end{aligned}$$

最后得到

$$\lim_{\hbar\to 0}[q^k p^l, q^m p^n]/\mathrm{i}\hbar=\{q^k p^l, q^m p^n\} \tag{1.3.15}$$

更普遍情况下得到等式

$$\lim_{\hbar\to 0}[A,B]/\mathrm{i}\hbar=\{A,B\} \tag{1.3.16}$$

证明了当 $\hbar\to 0$ 时，量子力学算符的对易关系趋于经典力学的泊松括号。

1.4　量子系统随时间变化的绘景描述

量子系统的动力学发展过程是由系统态矢量随时间的变化来描述的，可观测力学量的期望值也随时间的变化而改变。本节将讨论初始条件确定后如何来描述量子系统的态矢量和力学量的期望值随时间变化的规律。系统随时间的变化有以下三种不同的描述方式：

(1)系统随时间的变化由态矢量来描述，即用波函数随时间的变化来描述，态矢量为时间的函数，而算符不随时间变化——Schrödinger 绘景(Schrödinger picture)；

(2)系统随时间的变化由算符随时间的变化来描述，算符本身是随时间变化的，而态矢量不随时间变化——海森堡绘景(Heisenberg picture)；

(3)算符及态矢量都随时间变化——相互作用绘景(Interaction picture)。

这三种绘景各自有它的优越之处，用于不同的物理问题的处理。本节要讨论在各种绘景中量子系统随时间变化所满足的运动方程，以及三种绘景之间的相互变换关系。

1. Schrödinger 绘景

量子系统随时间的变化由态矢量随时间的变化来描述，在 Schrödinger 绘景中算符不是时间的函数，而态矢量是时间的函数，令 $\psi^S(t_0)$ 为系统在 t_0 时刻的态矢量，在 t 时刻态矢量为

$$\psi^S(t)=T(t,t_0)\psi^S(t_0),\quad T(t_0,t_0)=1 \tag{1.4.1}$$

$T(t,t_0)$ 为时间发展算符，或称为时间传播子。系统的概率守恒要求

$$\begin{aligned}\langle\psi(t),\psi(t)\rangle &= \langle T(t,t_0)\psi^S(t_0)\,|\,T(t,t_0)\psi^S(t_0)\rangle \\ &= \langle\psi^S(t_0)\,|\,T^\dagger(t,t_0)T(t,t_0)\,|\,\psi^S(t_0)\rangle=\langle\psi^S(t_0)\,|\,\psi^S\langle t_0)\rangle\end{aligned} \tag{1.4.2}$$

因此要求时间发展算符是幺正算符

$$T^{\dagger}(t,t_0)T(t,t_0)=1 \qquad 即 \qquad T^{\dagger}(t,t_0)=T^{-1}(t,t_0) \tag{1.4.3}$$

时间发展算符还满足结合律

$$T(t,t_2)T(t_2,t_1)T(t_1,t_0)=T(t,t_0) \tag{1.4.4}$$

可以证明时间发展算符满足如下方程

$$\mathrm{i}\hbar\frac{\partial T(t,t_0)}{\partial t}=H^S(t)T(t,t_0) \tag{1.4.5}$$

假设 δt 是无穷小的时间变化，有

$$T(t,t_0)=T(t,t-\delta t)T(t-\delta t,t_0) \tag{1.4.6}$$

$T(t,t-\delta t)$是无穷小算符，满足

$$T(t,t-\delta t)=1-\frac{\mathrm{i}}{\hbar}\delta tH^S(t)$$

其中引进因子$\frac{\mathrm{i}}{\hbar}$是保证算符 T 的幺正性和算符 $H^S(t)$具有能量的量纲。代入方程(1.4.6)有

$$T(t,t_0)=\left[1-\frac{\mathrm{i}}{\hbar}\delta tH^S(t)\right]T(t-\delta t,t_0)$$

$$\frac{T(t,t_0)-T(t-\delta t,t_0)}{\delta t}=-\frac{\mathrm{i}}{\hbar}H^S(t)T(t-\delta t,t_0)$$

当 $\delta t\to 0$ 就得到时间发展算符满足方程(1.4.5)和初始条件 $T(t_0,t_0)=1$。

其共轭方程为

$$\frac{\partial T^{-1}(t,t_0)}{\partial t}=\frac{\mathrm{i}}{\hbar}T^{-1}(t,t_0)H^S(t) \tag{1.4.7}$$

方程(1.4.5)也可表示成积分方程形式

$$T(t,t_0)=1-\frac{\mathrm{i}}{\hbar}\int_{t_0}^{t}H^S(t')T(t',t_0)\mathrm{d}t' \tag{1.4.8}$$

事实上，(1.4.8)式对时间 t 的微分就得到时间发展算符所满足的方程(1.4.5)，由此证实了这个积分方程与微分方程(1.4.5)的等价性。将算符方程(1.4.5)作用在态矢量 $\psi^S(t)$ 上，得到在 Schrödinger 绘景中态矢量满足 Schrödinger 方程，$H^S(t)$为系统的哈密顿量。

$$-\mathrm{i}\hbar\frac{\partial\psi^S(t)}{\partial t}+H^S(t)\psi^S(t)=0$$

在 Schrödinger 绘景中，通常 H^S 不显含 t，由(1.4.8)式得到形式解为

$$T(t,t_0)=\mathrm{e}^{-\frac{\mathrm{i}}{\hbar}H^S(t-t_0)}=\sum_{n=0}\frac{1}{n!}\left[-\frac{\mathrm{i}}{\hbar}H^S(t-t_0)\right]^n \tag{1.4.9}$$

利用 Schrödinger 方程和它的共轭方程，得到力学量算符期望值随时间变化满足的方程

$$\begin{aligned}\frac{\mathrm{d}\langle O^S\rangle_t}{\mathrm{d}t}&=\frac{\mathrm{d}\langle\psi^S(t)|O^S|\psi^S(t)\rangle}{\mathrm{d}t}\\&=\frac{\mathrm{i}}{\hbar}\langle H^S\psi^S(t)|\hat{O}^S|\psi^S(t)\rangle-\frac{\mathrm{i}}{\hbar}\langle\psi^S(t)|O^S|H^S\psi^S(t)\rangle\\&=\frac{\mathrm{i}}{\hbar}\langle\psi^S(t)|[H^S,O^S]|\psi^S(t)\rangle\end{aligned}$$

得到力学量算符期望值随时间的变化满足的方程

$$\frac{\mathrm{d}\langle O^S\rangle_t}{\mathrm{d}t}=\langle\frac{i}{\hbar}[H^S,O^S]\rangle \tag{1.4.10}$$

因而当力学量算符 O^S 与哈密顿量 H^S 可对易时,$\langle O^S\rangle_t$ 为运动常数,力学量期望值不随时间变化。在实际计算中,Schrödinger 绘景是常用的描述量子系统的方式,可以直接求解微分方程来得到态矢量随时间变换的关系。但是由于时间是一次导数,而坐标是两次导数,因此运动方程不满足相对论 Lorentz 变换的协变性。

2. Heisenberg 绘景

引入一个正则变换,若用 $T^{-1}(t,t_0)$ 作为幺正变换算符,由 Schrödinger 绘景转换到 Heisenberg绘景,态矢量和算符满足以下关系

$$\begin{cases}\psi^H(t)=T^{-1}(t,t_0)\psi^S(t)\\ O^H(t)=T^{-1}(t,t_0)O^ST(t,t_0)\end{cases}\tag{1.4.11}$$

逆关系为

$$\begin{cases}\psi^S(t)=T(t,t_0)\psi^H(t)\\ O^S=T(t,t_0)O^H(t)T(t,t_0)^{-1}\end{cases}$$

由此可见在 Heisenberg 绘景中态矢量不随时间变化。

$$\psi^H(t)=T^{-1}(t,t_0)T(t,t_0)\psi^S(t_0)=\psi^S(t_0)=\text{const}\tag{1.4.12}$$

若 Schrödinger 绘景中 O^S 不显含时间,在 Heisenberg 绘景中算符随时间是如何变化? O^S 不随时间变化得到(注:下面几个方程中用 T 表示 $T(t,t_0)$)

$$\frac{\mathrm{d}O^H(t)}{\mathrm{d}t}=\frac{\mathrm{d}}{\mathrm{d}t}(T^{-1}O^ST)=\frac{\partial T^{-1}}{\partial t}O^ST+T^{-1}O^S\frac{\partial T}{\partial t}\tag{1.4.13}$$

将时间发展算符所满足的方程(1.4.5)和(1.4.7)代入到方程(1.4.13)中得到

$$\begin{aligned}\frac{\mathrm{d}O^H(t)}{\mathrm{d}t}&=\frac{\mathrm{i}}{\hbar}T^{-1}H^SOT+T^{-1}O^S\left(-\frac{\mathrm{i}}{\hbar}\right)H^ST\\&=\frac{\mathrm{i}}{\hbar}(T^{-1}H^STT^{-1}O^ST-T^{-1}O^STT^{-1}H^ST)\\&=\frac{\mathrm{i}}{\hbar}(H^HO^H-O^HH^H)\end{aligned}$$

得到在 Heisenberg 绘景中算符满足的方程

$$\frac{\mathrm{d}O^H(t)}{\mathrm{d}t}=\frac{\mathrm{i}}{\hbar}[H^H,O^H(t)]\tag{1.4.14}$$

由此可见在 Heisenberg 绘景中算符是随时间变化的,结合正则方程,当力学量分别是坐标和动量时,得到坐标和动量算符满足 Heisenberg 运动方程,

$$\frac{\mathrm{d}q_i^H}{\mathrm{d}t}=\frac{\mathrm{i}}{\hbar}[H^H,q_i^H]=\frac{\partial H^H}{\partial p_i^H}\tag{1.4.15}$$

$$\frac{\mathrm{d}p_i^H}{\mathrm{d}t}=\frac{\mathrm{i}}{\hbar}[H^H,p_i^H]=-\frac{\partial H^H}{\partial q_i^H}\tag{1.4.16}$$

在 Heisenberg 绘景中,波函数不随时间变化,由初始值确定,但力学量算符随时间变化并满足方程(1.4.14)。当$[H^H,O^H]=0$ 成立时,力学量 O^H 不随时间变化,为守恒量(运动常数)。在 Heisenberg 绘景中运动方程具有正则形式,可以作为相对论的协变描述,但需要求解每一个力学量算符的运动方程。

3. 相互作用绘景

为了结合 Schrödinger 绘景和 Heisenberg 绘景的优点，新的绘景既能保持运动方程的简单明了，又能以相对简单的方式来完成实际的计算。若将 Schrödinger 绘景的哈密顿量 H^S 分为两部分

$$H^S = H_0^S + H_1^S \tag{1.4.17}$$

其中主要部分 H_0^S 不含时间，相应于 Heisenberg 的运动方程容易求解的部分，例如平均场，通常取为单体相互作用，H_1^S 是两体相互作用。仅将 Schrödinger 绘景中的一部分转换到 Heisenberg绘景，即将态矢量 $\psi(t)$ 中来自 H_0^S 的部分从动力学方程中移开，用一个幺正变换 R 定义一个新的态矢量 $\psi'(t)$ 和动力学变量 O'，即引入新的绘景，称为相互作用绘景。这种方法首先由 Dirac 采用，后来由 Tomonaga 和 J. Schwinger 与场论相联系。

引入相互作用绘景中的时间传播算符 $R(t,t_0)$，相互作用绘景的波函数和力学量算符与 Schrödinger 绘景中的波函数和力学量算符之间的关系定义为

$$\psi^I(t) \equiv R(t_0,t)\psi^S(t) = R^{-1}(t,t_0)\psi^S(t) \tag{1.4.18}$$

$$O^I \equiv R(t_0,t)O^S R^{-1}(t_0,t) = R^{-1}(t,t_0)O^S R(t,t_0) \tag{1.4.19}$$

$R(t_0,t)$ 所满足方程为

$$\begin{cases} -\mathrm{i}\hbar \dfrac{\partial R(t_0,t)}{\partial t} - R(t_0,t)H_0^S = 0 \\ R(t_0,t_0) = 1 \end{cases} \tag{1.4.20}$$

它的等价积分方程为

$$R(t_0,t) = 1 + \frac{\mathrm{i}}{\hbar}\int_{t_0}^{t} R(t_0,t')H_0^S \mathrm{d}t' \tag{1.4.21}$$

由于 $R(t_0,t)R(t,t_0) = 1$，因此 R 是幺正的

$$R(t_0,t) = R^{\dagger}(t,t_0) = R^{-1}(t,t_0) \tag{1.4.22}$$

在相互作用绘景中，$R(t,t_0)$ 仅包含 H_0^S。

下面我们来讨论相互作用绘景中波函数 ψ^I 及力学量算符 O^I 所满足的方程，

$$\begin{aligned} \frac{\partial \psi^I}{\partial t} &= \frac{\partial R}{\partial t}\psi^S + R\frac{\partial \psi^S}{\partial t} = \frac{\mathrm{i}}{\hbar}RH_0^S\psi^S - \frac{\mathrm{i}}{\hbar}R(H_0^S + H_1^S)\psi^S \\ &= -\frac{\mathrm{i}}{\hbar}RH_1^S\psi^S = -\frac{\mathrm{i}}{\hbar}RH_1^S R^{-1}R\psi^S = -\frac{\mathrm{i}}{\hbar}H_1^I\psi^I \end{aligned} \tag{1.4.23}$$

因此 $\psi^I(t)$ 随时间变化满足 Schrödinger 型方程，但仅包含相互作用部分 H_1^I，

$$\mathrm{i}\hbar\frac{\partial \psi^I(t)}{\partial t} = H_1^I\psi^I(t) \tag{1.4.24}$$

由(1.4.20)式可以得到 R 的共轭方程

$$\frac{\partial R^{-1}(t_0,t)}{\partial t} = -\frac{\mathrm{i}}{\hbar}H_0^S R^{-1}(t_0,t) \tag{1.4.25}$$

在相互作用绘景中算符满足的运动方程可以由定义(1.4.19)来得到，它对时间求导

$$\begin{aligned} \frac{\mathrm{d}O^I}{\mathrm{d}t} &= \frac{\partial R}{\partial t}O^S R^{-1} + RO^S\frac{\partial R^{-1}}{\partial t} = \frac{\mathrm{i}}{\hbar}RH_0^S O^S R^{-1} - \frac{\mathrm{i}}{\hbar}RO^S H_0^S R^{-1} \\ &= \frac{\mathrm{i}}{\hbar}RH_0^S R^{-1}RO^S R^{-1} - \frac{\mathrm{i}}{\hbar}RO^S R^{-1}RH_0^S R^{-1} = \frac{\mathrm{i}}{\hbar}(H_0^I O^I - O^I H_0^I) \end{aligned}$$

因此在相互作用绘景中力学量随时间变换满足的方程为

$$\frac{\mathrm{d}O^I}{\mathrm{d}t}=\frac{\mathrm{i}}{\hbar}[H_0^I,O^I] \tag{1.4.26}$$

相互作用绘景中算符也随时间变化，但仅由 H_0^I 确定。

相互作用绘景的特点是：

(1)算符及波函数都随时间变化。

(2)系统随时间演化的运动学(Kinematics)和动力学(Dynamics)部分被分开，H_0^I 相应于在平均场中的运动，不受相互作用 H_1^I 的影响，而 H_1^I 对应于相互作用的动力学效应。这时力学量算符的方程 $\hat{O}^I$ 仅与 H_0^I 有关，而波函数运动方程仅由相互作用 H_1^I 来给出动力学特性。

(3)相互作用绘景与 Heisenberg 绘景关系：由(1.4.18)式和(1.4.11)式得到波函数的变换关系

$$\psi^I(t)=R(t_0,t)\psi^S(t)=R(t_0,t)T(t,t_0)\psi^H \tag{1.4.27}$$

力学量算符的变换关系

$$O^I(t)=R(t_0,t)O^SR^{-1}(t_0,t)=R(t_0,t)T(t,t_0)O^HT^{-1}(t,t_0)R^{-1}(t_0,t) \tag{1.4.28}$$

令

$$U(t,t_0)=R(t_0,t)T(t,t_0) \tag{1.4.29}$$

得到波函数和力学量算符在相互作用绘景与 Heisenberg 绘景之间的关系为

$$\begin{cases}\psi^I(t)=U(t,t_0)\psi^H\\ O^I(t)=U(t,t_0)O^H(t)U^{-1}(t,t_0)\end{cases} \tag{1.4.30}$$

由 R,T 满足的时间导数的方程(1.4.20)和(1.4.5)得到

$$\frac{\hbar}{\mathrm{i}}\frac{\partial U(t,t_0)}{\partial t}=\frac{\hbar}{\mathrm{i}}\left(\frac{\partial R}{\partial t}T+R\frac{\partial T}{\partial t}\right)=RH_0T-RHT=-RH_1T=-RH_1R^{-1}RT=-H_1^IU$$

于是 $U(t,t_0)$ 满足的方程为

$$\begin{cases}-\mathrm{i}\hbar\dfrac{\partial U(t,t_0)}{\partial t}+H_1^IU(t,t_0)=0\\ U(t_0,t_0)=1\end{cases} \tag{1.4.31}$$

同前面一样，可以写成等价积分方程的形式

$$U(t,t_0)=1-\frac{\mathrm{i}}{\hbar}\int_{t_0}^{t}H_1^I(t_1)U(t_1,t_0)\mathrm{d}t_1 \tag{1.4.32}$$

1.5 全同粒子系统的描述

具有质量、电荷、自旋等内禀性质相同的粒子称为全同粒子。在相同的物理条件下，全同粒子的交换不引起物理状态的改变，可观测的物理量对于全同粒子是对称的。宏观世界中的物体都是可区分的，而在量子力学中微观世界的全同粒子是不可区分的。

1. 两个全同粒子系统的描述

我们先讨论两个全同粒子的情况。假定有两个全同粒子 a,b，用一套变量 g^a,g^b 来描述一套可对易力学量，如坐标、自旋等，两个粒子可以处于力学量算符的一系列本征态，它们是独立的态 $\alpha,\beta,\cdots,\omega$。

$$\varphi_\alpha(g^a),\varphi_\beta(g^a),\cdots,\varphi_\omega(g^a)$$
$$\varphi_\alpha(g^b),\varphi_\beta(g^b),\cdots,\varphi_\omega(g^b)$$

微观世界全同粒子不可区分意味着所有可观测物理量对两个粒子是对称的

$$\Omega(g^a,g^b)=\Omega(g^b,g^a) \tag{1.5.1}$$

特别是系统的 Hamiltonian 量对变量也是对称的

$$H(g^a,g^b)=H(g^b,g^a) \tag{1.5.2}$$

态 $\varphi_\alpha(g^a)\varphi_\beta(g^b)$ 与 $\varphi_\alpha(g^b)\varphi_\beta(g^a)$ 是不可区分的。普遍情况下二粒子态可表示为这些状态的叠加，

$$\Phi(g^a,g^b)=\sum_{\rho\sigma=\alpha,\beta,\ldots}^{\infty} C_{\rho\sigma}\varphi_\rho(g^a)\varphi_\sigma(g^b) \tag{1.5.3}$$

(1.5.3)式表示了发现 a 粒子处在 ρ 态、b 粒子处在 σ 态的概率为 $|C_{\rho\sigma}|^2$，而发现 a 粒子处在 σ 态、b 粒子处在 ρ 态的概率为 $|C_{\sigma\rho}|^2$，粒子不可区分意味着

$$|C_{\sigma\rho}|^2\equiv|C_{\rho\sigma}|^2 \tag{1.5.4}$$

这时存在两种情况：

(1) $C_{\rho\sigma}=C_{\sigma\rho}$，表示波函数 $\Phi(g^a,g^b)$ 对 g^a,g^b 交换是对称的；

(2) $C_{\rho\sigma}=-C_{\sigma\rho}$，表示波函数 $\Phi(g^a,g^b)$ 对 g^a,g^b 交换是反对称的。

数学上用置换算符 P(permutation operator)来描述

$$P\Phi(g^a,g^b)=\Phi(g^b,g^a) \tag{1.5.5}$$

因此有

$$P\Phi(g^a,g^b)=\begin{cases}\Phi(g^a,g^b)\text{，对于 } C_{\rho\sigma}=C_{\sigma\rho}\\ -\Phi(g^a,g^b)\text{，对于 } C_{\rho\sigma}=-C_{\sigma\rho}\end{cases} \tag{1.5.6}$$

对称和反对称波函数是置换算符 P 相应于本征值为 ±1 的本征态。因此若 t 时刻态矢量是属于 P 的本征值为 1 或 -1 的本征态，则在任意时刻态矢量仍为 P 的对应于相同本征值的本征态。

$$PH(g^a,g^b)\Phi(g^a,g^b)=H(g^b,g^a)\Phi(g^b,g^a)=H(g^a,g^b)P\Phi(g^a,g^b)$$

其中利用了(1.5.2)式，得到置换算符 P 与哈密顿量可对易

$$[H,P]=0 \tag{1.5.7}$$

目前研究表明：对于全同粒子系统，只有完全对称的或完全反对称的态矢量是物理上可实现的。

利用行列式的性质，反对称态可以用行列式表示

$$\Phi^A_{\rho\sigma}(g^a,g^b)=\frac{1}{\sqrt{2}}\begin{vmatrix}\varphi_\rho(g^a) & \varphi_\rho(g^b)\\ \varphi_\sigma(g^a) & \varphi_\sigma(g^b)\end{vmatrix}=\frac{1}{\sqrt{2}}[\varphi_\rho(g^a)\varphi_\sigma(g^b)-\varphi_\rho(g^b)\varphi_\sigma(g^a)] \tag{1.5.8}$$

当 $\rho=\sigma$ 时，从行列式的性质得知，行列式中有两行或两列相同时，行列式为 0。即 $\Phi^A_{\rho\sigma}(g^a,g^b)=0$，这表示反对称态中两个粒子不可能处在同一个微观态，每个单粒子态最多只有一个粒子，这就是泡利不相容原理(Pauli exclusion principle)。

2. 全同粒子系统的统计行为

自然界发现微观粒子不是服从 Fermi - Dirac 统计(完全反对称)，就是服从 Bose - Einstein统计(完全对称)。而它们的统计行为是截然不同的。

这里仅给一个简单例子,并与经典统计(Maxwell - Boltzman Statistics)作对比。考虑两个粒子系统,每个粒子只处于两个可能的状态 α,β,它们的归一化权重分布分别为

	经典统计	Fermi - Dirac 统计	Bose - Einstein 统计
两粒子都在 α 态	1/4	0	1/3
两粒子都在 β 态	1/4	0	1/3
一个在 α 态,一个在 β 态	1/2	1	1/3

因此看出,不同类型的粒子具有不同的统计学行为。

3. 多全同粒子系统

多个全同反对称粒子系统的波函数可以用行列式来描述,假定有 f 个 Fermi 子,记为 $(a,b,\cdots,r)$,它们不能处在同一个状态,所以必须处在 f 个不同的状态 $\alpha,\beta,\cdots,\omega$,它们的完全反对称波函数可以表示为

$$\Phi^A_{\alpha,\beta,\cdots,\omega}(g^a,g^b,\cdots,g^r)=\frac{1}{\sqrt{f!}}\begin{vmatrix}\varphi_\alpha(g^a) & \varphi_\beta(g^a) & \cdots & \varphi_\omega(g^a)\\ \varphi_\alpha(g^b) & \varphi_\beta(g^b) & \cdots & \varphi_\omega(g^b)\\ \vdots & \vdots & & \vdots\\ \varphi_\alpha(g^r) & \varphi_\beta(g^r) & \cdots & \varphi_\omega(g^r)\end{vmatrix} \tag{1.5.9}$$

也可以表示为

$$\Phi^A_{\alpha,\beta,\cdots,\omega}(g^a,g^b,\cdots,g^r)=\frac{1}{\sqrt{f!}}\sum_P \delta_P P\varphi_\alpha(g^a)\varphi_\beta(g^b)\cdots\varphi_\omega(g^r) \tag{1.5.10}$$

其中

$$\delta_P=\begin{cases}1 & \text{偶次置换}\\ -1 & \text{奇次置换}\end{cases} \tag{1.5.11}$$

(1.5.10)式表示 f 个粒子占有 f 个独立态,普遍情况下独立态的数目大于粒子数,f 粒子的完全反对称态可以由处在不同的态的波函数的线性组合来表示,

$$\Psi^A(g^a,g^b,\cdots,g^r)=\sum_{\alpha,\beta,\cdots,\omega} C_{\alpha,\beta,\cdots,\omega}\Phi^A_{\alpha,\beta,\cdots,\omega}(g^a,g^b,\cdots,g^r) \tag{1.5.12}$$

系数 $|C_{\alpha,\beta,\cdots,\omega}|^2$ 表示 f 个粒子处在 $\alpha,\beta,\cdots,\omega$ 态的概率。

对于 f 粒子组成的对称态,每一个独立态中可以有多个粒子,因而态的数目可以与粒子数不等,甚至小于粒子数。对称波函数可以表示为

$$\Phi^S_{\alpha,\beta,\cdots,\omega}(g^a,g^b,\cdots,g^r)=A\sum_P P\varphi_\alpha(g^a)\varphi_\beta(g^b)\cdots\varphi_\omega(g^r) \tag{1.5.13}$$

其中 A 为归一化常数

$$A=\frac{1}{\sqrt{f!\ n_\alpha!\ n_\beta!\ \cdots n_\omega!}} \tag{1.5.14}$$

$n_\alpha n_\beta\cdots n_\omega$ 是每个态的粒子数,即占有数,$n_\alpha+n_\beta+\cdots+n_\omega=f$。同样,普遍情况可表示为

$$\Psi^S(g^a,g^b,\cdots,g^r)=\sum_{\alpha,\beta,\cdots,\omega} C_{\alpha,\beta,\cdots,\omega}\Phi^S_{\alpha,\beta,\cdots,\omega}(g^a,g^b,\cdots,g^r) \tag{1.5.15}$$

系数 $|C_{\alpha,\beta,\cdots,\omega}|^2$ 表示 f 个粒子处在状态 $\Phi^S_{\alpha,\beta,\cdots,\omega}(g^a,g^b,\cdots,g^r)$ 的概率。

1.6　二次量子化基础理论知识——粒子数表象

量子力学中，多体问题的严格求解是很困难的，特别是直接在坐标空间来求解多粒子的 Schrödinger 方程。所谓二次量子化方法是基于 Schrödinger 物质波与电磁场之间的类比，对电磁场方程的量子化给出了光子的粒子性。对 Schrödinger 物质波的量子化，给出了描述粒子系统的整体行为，用处在不同单粒子态中粒子的数目来描述体系的状态，又称为粒子数表象。Schrödinger 方程本身已是量子理论的结果，因此对 Schrödinger 物质波场的量子化称为二次量子化方法。

1. Schrödinger 物质场

假定 Schrödinger 方程描述空间传播的物质波 $\Psi(\boldsymbol{r},t)$，

$$-\mathrm{i}\hbar\frac{\Psi(\boldsymbol{r},t)}{\partial t}-\frac{\hbar^2}{2m}\triangle\Psi(\boldsymbol{r},t)+V(\boldsymbol{r},t)\Psi(\boldsymbol{r},t)=0 \tag{1.6.1}$$

为了简单，这里只考虑平均场，不考虑粒子之间的相互作用，其中 $\triangle=\nabla^2$。物质场的 Hamiltonian 量可表示为

$$H(t)=\int\left(\frac{\hbar^2}{2m}\nabla\Psi^{\dagger}\nabla\Psi+V\Psi^{\dagger}\Psi\right)\mathrm{d}^3r \tag{1.6.2}$$

$\Psi(\boldsymbol{r},t)$ 看作物质场的场变量，用一套正交完备单粒子波函数 $\varphi_k(\boldsymbol{r})$ 来展开，它们是单粒子 Hamiltonian 算符 $H=-\frac{\hbar^2}{2m}\triangle+V(r)$ 对应于能量为 ε_k 的解，

$$\left(-\frac{\hbar^2}{2m}\triangle+V(r)\right)\varphi_k(\boldsymbol{r})=\varepsilon_k\varphi_k(\boldsymbol{r}) \tag{1.6.3}$$

物质场 $\Psi(\boldsymbol{r},t)$ 的展开为

$$\Psi(\boldsymbol{r},t)=\sum_k a_k(t)\varphi_k(\boldsymbol{r}) \tag{1.6.4}$$

在量子化的物质场理论中，$\Psi(\boldsymbol{r},t)$ 是描述 Schrödinger 物质场的算符，展开系数 $a_k(t)$ 也是个量子化算符，场 $\Psi(\boldsymbol{r},t)$ 的量子性质也就由算符 $a_k(t)$ 的性质来描述，它们的性质是由玻色子系统或费米子系统来确定。

2. 玻色子系统二次量子化

玻色子系统二次量子化算符 $a_k(t)$，满足如下对易关系

$$\begin{gathered}[a_k(t),a_l^{\dagger}(t)]=a_k(t)a_l^{\dagger}(t)-a_l^{\dagger}(t)a_k(t)=\delta_{kl}\\ [a_k(t),a_l(t)]=0,\qquad [a_k^{\dagger}(t),a_l^{\dagger}(t)]=0\end{gathered} \tag{1.6.5}$$

注意上面 $a_k(t)$，$a_k^{\dagger}(t)$ 中都取相同时刻，不同时刻的 a_k，$a_k^{\dagger}$ 之间都是对易的，后面不再将时刻 t 标出，都指相同时刻。下面讨论这些算符的物理意义，令

$$N_k=a_k^{\dagger}a_k \tag{1.6.6}$$

它是一个线性厄密算符，其本征方程和本征值为

$$N_k\varphi=n_k\varphi \tag{1.6.7}$$

它满足如下性质：

(1) 本征值 $n_k\geqslant 0$，因为 Hilbert 空间元素长度必须为正

$$<\varphi|N_k\varphi> = <\varphi|a_k^\dagger a_k\varphi> = n_k<\varphi|\varphi> = n_k = <a_k\varphi|a_k\varphi> \geqslant 0$$

(2)若 φ 是 N_k 相应于本征值为 n_k 的本征函数,则 $a_k^\dagger\varphi$ 是 N_k 相应于本征值为 n_k+1 的本征函数。将 $a_k^\dagger$ 作用在(1.6.7)式两边,并利用(1.6.5)式

$$a_k a_k^\dagger = a_k^\dagger a_k + 1 = N_k + 1$$

得到

$$a_k^\dagger N_k\varphi = n_k a_k^\dagger\varphi = a_k^\dagger(a_k a_k^\dagger - 1)\varphi = (a_k^\dagger a_k - 1)a_k^\dagger\varphi = (N_k - 1)a_k^\dagger\varphi$$

由此得到

$$N_k a_k^\dagger\varphi = (n_k + 1)a_k^\dagger\varphi \tag{1.6.8}$$

(3)同样将 a_k 作用在 $N_k\varphi = n_k\varphi$ 两边

$$a_k N_k\varphi = n_k a_k\varphi = a_k a_k^\dagger a_k\varphi = (a_k^\dagger a_k + 1)a_k\varphi = (N_k + 1)a_k\varphi$$

得到

$$N_k(a_k\varphi) = (n_k - 1)a_k\varphi \tag{1.6.9}$$

由此看出,$a_k^\dagger$ 相当于产生一个粒子的算符(creation operator),a_k 相当于湮灭一个粒子的算符(annihilation operator),而 N_k 为粒子数算符。

(4)由于本征值 $n_k\geqslant 0$,因此在 Hilbert 空间必定存在一个态向量 φ_0 满足

$$\begin{array}{lll} a_k\varphi_0 \equiv 0, & N_k\varphi_0 = 0 & \text{真空态} \\ \varphi_1 = a_k^\dagger\varphi_0, & N_k\varphi_1 = \varphi_1 & \text{1 粒子态} \\ \varphi_2 = a_k^\dagger\varphi_1, & N_k\varphi_2 = 2\varphi_2 & \text{2 粒子态} \\ & \vdots & \end{array}$$

显然,对于 $n-1$ 粒子态 φ_{n-1} 上产生一个粒子后为 n 粒子态 $\varphi_n = a_k^\dagger\varphi_{n-1}$,这时有

$$N_k\varphi_n = N_k a_k^\dagger\varphi_{n-1} = a_k^\dagger a_k a_k^\dagger\varphi_{n-1} = a_k^\dagger(a_k^\dagger a_k + 1)\varphi_{n-1} = a_k^\dagger(N_k + 1)\varphi_{n-1} = n\varphi_n$$

由(1.6.5)式可以证明

$$[N_k, N_l] = 0 \tag{1.6.10}$$

表明不同态的粒子数可同时测量。这样,对于多玻色子体系,可以用 $N_1, N_2, \cdots, N_k, \cdots$ 算符的共同本征态作为 Hilbert 空间玻色子的态向量,用它们相应的本征值 $n_1, n_2, \cdots, n_k, \cdots$ 来表示一个归一化的量子态,记

$$\Phi_{n_1 n_2 \cdots n_k \cdots} = |n_1, n_2, \cdots, n_k \cdots\rangle \tag{1.6.11}$$

普遍情况下任意一个态可由它们叠加而成

$$\Psi = \sum_{n_1 n_2 \cdots} C_{n_1 \cdots n_k \cdots}|n_1, n_2, \cdots, n_k \cdots\rangle$$

所有 $n_k = 0$ 的态称为基态,也称为真空态。

$$\Phi^0 = |00\cdots 0\rangle = |0\rangle, \qquad \langle\Phi^0|\Phi^0\rangle = 1 \tag{1.6.12}$$

且有

$$\left.\begin{array}{l} N_k\Phi^0 = 0 \\ a_k\Phi^0 = 0 \end{array}\right\} k = 1, 2, \cdots$$

基矢向量可以由产生算符作用在真空态上构成

$$\Phi_{n_1 n_2 \cdots n_k \cdots} = C(a_1^\dagger)^{n_1}(a_2^\dagger)^{n_2}\cdots(a_k^\dagger)^{n_k}\cdots|0\rangle \tag{1.6.13}$$

C 为归一化常数。产生和湮灭算符所满足的方程分别为

$$\begin{cases} a_k^\dagger\Phi_{n_1\cdots n_k\cdots} = \alpha_{n_k}\Phi_{n_1\cdots n_k+1\cdots} \\ a_k\Phi_{n_1\cdots n_k\cdots} = \beta_{n_k}\Phi_{n_1\cdots n_k-1\cdots} \end{cases} \tag{1.6.14}$$

待定系数 α_{n_k} 和 β_{n_k}，由态的归一化性质确定

$$\begin{aligned}\langle \Phi_{n_1\cdots n_k\cdots} | a_k a_k^\dagger | \Phi_{n_1\cdots n_k\cdots} \rangle &= |\alpha_{n_k}|^2 \langle \Phi_{n_1\cdots n_k+1\cdots} | \Phi_{n_1\cdots n_k+1\cdots} \rangle = \alpha_{n_k}^2 \\ &= \langle \Phi_{n_1\cdots n_k\cdots} | 1 + N_k | \Phi_{n_1\cdots n_k\cdots} \rangle = 1 + n_k\end{aligned}$$

其中利用了 $a_k a_k^\dagger = a_k^\dagger a_k + 1 = N_k + 1$，得到系数为

$$\alpha_{n_k} = \sqrt{1 + n_k} \tag{1.6.15}$$

同理，由

$$\langle \Phi_{n_1\cdots n_k\cdots} | a_k^\dagger a_k | \Phi_{n_1\cdots n_k\cdots} \rangle = |\beta_{n_k}|^2 \langle \Phi_{n_1\cdots n_k-1\cdots} | \Phi_{n_1\cdots n_k-1\cdots} \rangle = \beta_{n_k}^2 = \langle \Phi_{n_1\cdots n_k\cdots} | N_k | \Phi_{n_1\cdots n_k\cdots} \rangle = n_k$$

得到系数为

$$\beta_{n_k} = \sqrt{n_k} \tag{1.6.16}$$

产生和湮灭算符作用到本征态的结果分别是

$$\begin{cases} a_k^\dagger \Phi_{n_1\cdots n_k\cdots} = \sqrt{1 + n_k}\, \Phi_{n_1\cdots n_k+1\cdots} \\ a_k \Phi_{n_1\cdots n_k\cdots} = \sqrt{n_k}\, \Phi_{n_1\cdots n_k-1\cdots} \end{cases} \tag{1.6.17}$$

由此可得

$$(a_1^\dagger)^{n_1}(a_2^\dagger)^{n_2}\cdots(a_k^\dagger)^{n_k}\cdots|0\rangle = (n_1!\ n_2!\ \cdots n_k!\ \cdots)^{\frac{1}{2}} \Phi_{n_1\cdots n_k\cdots}$$

得到归一化常数为

$$C = \frac{1}{\sqrt{n_1!\ n_2!\ \cdots n_k!\ \cdots}} \tag{1.6.18}$$

因此多玻色子系统归一化波函数为

$$\Phi_{n_1 n_2\cdots n_k\cdots} = \frac{1}{\sqrt{n_1!\ n_2!\ \cdots n_k!\ \cdots}}(a_1^\dagger)^{n_1}(a_2^\dagger)^{n_2}\cdots(a_k^\dagger)^{n_k}\cdots|0\rangle \tag{1.6.19}$$

由 $a_k(t)$，$a_k^\dagger(t)$ 的对易关系，也可以得到场算符 $\Psi(\boldsymbol{r},t)$ 的对易关系，即量子性质。

$$[\Psi(\boldsymbol{r},t),\Psi^\dagger(\boldsymbol{r}',t)] = \sum_{k,l}[a_k(t),a_l^\dagger(t)]\varphi_k(\boldsymbol{r})\varphi_l^*(\boldsymbol{r}') = \sum_k \varphi_k(\boldsymbol{r})\varphi_k^*(\boldsymbol{r}') = \delta(\boldsymbol{r}-\boldsymbol{r}') \tag{1.6.20}$$

同样我们也可以得到 $\Psi(\boldsymbol{r},t)$，$\Psi^\dagger(\boldsymbol{r}',t)$ 的其他对易关系：

$$[\Psi(\boldsymbol{r},t),\Psi(\boldsymbol{r}',t)] = 0 \qquad [\Psi^\dagger(\boldsymbol{r},t),\Psi^\dagger(\boldsymbol{r}',t)] = 0 \tag{1.6.21}$$

这表明不同位置之间的场算符可对易。量子场的 Hamiltonian 算符可以表示为

$$\begin{aligned}H(t) &= \int\left(\frac{\hbar^2}{2M}\nabla\ \Psi^\dagger\ \nabla\ \Psi + V(r)\Psi^\dagger\Psi\right)\mathrm{d}\boldsymbol{r} \\ &= \sum_{k,l} a_k^\dagger(t)a_l(t)\int\left(\frac{\hbar^2}{2M}\nabla\ \varphi_k^*\ \nabla\ \varphi_l + V(r)\varphi_k^*\varphi_l\right)\mathrm{d}\boldsymbol{r} \\ &= \sum_{k,l} a_k^\dagger(t)a_l(t)\int\varphi_k^*(\boldsymbol{r})\left(-\frac{\hbar^2}{2M}\nabla^2 + V(r)\right)\varphi_l(\boldsymbol{r})\,\mathrm{d}\boldsymbol{r} = \sum_{k,l} a_k^\dagger a_l H_{kl}\end{aligned} \tag{1.6.22}$$

其中

$$H_{kl} = \int\varphi_k^*(\boldsymbol{r})\left(-\frac{\hbar^2}{2M}\nabla^2 + V\right)\varphi_l(\boldsymbol{r})\,\mathrm{d}\boldsymbol{r} = \varepsilon_k\delta_{kl} \tag{1.6.23}$$

在二次量子化表象中算符 H 可表示为

$$H = \sum_k \varepsilon_k N_k = \sum_k \varepsilon_k a_k^\dagger a_k \tag{1.6.24}$$

物质场 Hamiltonian 算符的本征值为

$$E = \sum_k n_k \varepsilon_k \tag{1.6.25}$$

$\Phi_{n_1 n_2 \cdots n_k \cdots}$是 Hamiltonian 算符的本征态。物质场由独立粒子组成,场的总能量是独立粒子能量的和。如果 Hamiltonian 算符与时间无关,则

$$[H, \sum_k N_k] = 0 \tag{1.6.26}$$

成立。以上这个表象被称为粒子数表象。$a_k^\dagger$ 表示产生一个在空间任意位置,能量为 ε_k 的粒子算符。$\Psi^\dagger(\boldsymbol{r},t) = \sum_k a_k^\dagger(t)\varphi_k^*(\boldsymbol{r})$表示在确定的空间位置 $\boldsymbol{r}$ 上产生一个能量不确定的粒子算符。

3. 费米子系统二次量子化

费米子系统服从 Pauli 不相容原理,在同时刻任何微观态的占有数只能是 0 或 1,因此定义算符 $a_k, a_l^\dagger$ 满足下面的反对易关系:

$$\{a_k, a_l^\dagger\} \equiv a_k a_l^\dagger + a_l^\dagger a_k = \delta_{kl} \tag{1.6.27}$$

$$\{a_k, a_l\} = 0 \qquad \{a_k^\dagger, a_l^\dagger\} = 0 \tag{1.6.28}$$

在(1.6.27)式中都指相同时刻,不再明确标出,k 态的粒子数算符为

$$N_k = a_k^\dagger a_k \tag{1.6.29}$$

由(1.6.28)式得到对产生算符有 $a_k^\dagger a_k^\dagger = 0$;对湮灭算符有 $a_k a_k = 0$,即一个微观态仅可存在一个粒子,不可能同时产生两个全同粒子,也不可能湮灭两个全同粒子,(1.6.28)式直接表明了泡利不相容原理。同时可以证明

$$N_k^2 = a_k^\dagger a_k a_k^\dagger a_k = a_k^\dagger(1 - a_k^\dagger a_k)a_k = a_k^\dagger a_k = N_k \text{ 以及 } N_k|n_k\rangle = n_k|n_k\rangle \tag{1.6.30}$$

由于本征值 $n_k \geqslant 0$,因此满足(1.6.30)式的粒子数算符本征值只能是

$$n_k^2 = n_k = \begin{cases} 1 \\ 0 \end{cases} \quad \text{对任意 } k$$

如果系统中 k 态存在一个粒子时,允许湮灭这个粒子,而 k 态没有粒子时,则没有 k 态的粒子可湮灭;相反,如果系统中 k 态没有粒子时,允许产生一个 k 态粒子,而 k 态已经有粒子时,则不允许再产生 k 态的粒子。综上所述,对 k 态粒子产生和湮灭算符作用到具有粒子数为 n_k 态的结果是

$$\begin{cases} a_k \varphi_{n_k} = n_k \varphi_{n_k - 1} \\ a_k^\dagger \varphi_{n_k} = (1 - n_k)\varphi_{n_k + 1} \end{cases} \tag{1.6.31}$$

对于多个费米子态可由算符 $a_k^\dagger$ 作用在真空态 Φ^0 得到

$$\Phi_{1,2,\cdots,k\cdots} = a_1^\dagger a_2^\dagger \cdots a_k^\dagger \cdots \Phi^0$$

此态除相因子外已经是归一的。因为 $a_1^\dagger$ 之间是反对易的,需要约定态的排列次序来确定相因子。定义按下标增加排列,因此有

$$\begin{cases} a_k^\dagger \Phi_{n_1 n_2 \cdots n_k \cdots} = (-1)^{S_k}(1 - n_k)\Phi_{n_1 n_2 \cdots n_k + 1 \cdots} \\ a_k \Phi_{n_1 n_2 \cdots n_k \cdots} = (-1)^{S_k} n_k \Phi_{n_1 n_2 \cdots n_k - 1 \cdots} \end{cases} \tag{1.6.32}$$

且有

$$S_k = \sum_{l=1}^{k-1} n_l$$

其中 $n_l=0$ 或 1 是 $a_k^\dagger$ 在达到 k 态前波函数中其他 $a_{l<k}^\dagger$ 算符的个数。同样得到场算符满足的反对易关系，

$$\{\boldsymbol{\Psi}(\boldsymbol{r},t),\boldsymbol{\Psi}^\dagger(\boldsymbol{r}',t)\}=\delta(\boldsymbol{r}-\boldsymbol{r}')$$
$$\{\boldsymbol{\Psi}(\boldsymbol{r},t),\boldsymbol{\Psi}(\boldsymbol{r}',t)\}=0,\qquad \{\boldsymbol{\Psi}^\dagger(\boldsymbol{r},t),\boldsymbol{\Psi}^\dagger(\boldsymbol{r}',t)\}=0 \tag{1.6.33}$$

物质场的二次量子化显然是采用了 Heisenberg 绘景，算符 a_k 及所有可观察量算符是时间的函数，在 Heisenberg 绘景中，由(1.4.14)式得到的算符 a_k 和 $a_k^\dagger$ 运动方程为

$$\frac{\mathrm{d}a_k}{\mathrm{d}t}=\frac{\mathrm{i}}{\hbar}[H,a_k],\qquad \frac{\mathrm{d}a_k^\dagger}{\mathrm{d}t}=\frac{\mathrm{i}}{\hbar}[H,a_k^\dagger] \tag{1.6.34}$$

运动方程对玻色子和费米子都成立。

前面只考虑了平均场的情况，平均场以外，粒子之间还存在两体剩余相互作用，物质场的哈密顿量表示为

$$H=\int\left(\frac{\hbar^2}{2m}\nabla\boldsymbol{\Psi}^\dagger\nabla\boldsymbol{\Psi}+V\boldsymbol{\Psi}^\dagger\boldsymbol{\Psi}\right)\mathrm{d}\boldsymbol{r}+\frac{1}{2}\iint\boldsymbol{\Psi}^\dagger(\boldsymbol{r}',t)\boldsymbol{\Psi}^\dagger(\boldsymbol{r},t)V(|\boldsymbol{r}-\boldsymbol{r}'|)\boldsymbol{\Psi}(\boldsymbol{r},t)\boldsymbol{\Psi}(\boldsymbol{r}',t)\mathrm{d}\boldsymbol{r}\mathrm{d}\boldsymbol{r}' \tag{1.6.35}$$

通常将这两体相互作用处理为两体剩余相互作用，将 $\boldsymbol{\Psi}$ 按 φ_k 展开(1.6.4)式，代入(1.6.35)式，得到

$$H(t)=\sum_{kl}a_k^\dagger a_l H_{kl}+\frac{1}{2}\sum_{klmn}a_k^\dagger a_l^\dagger a_m a_n V_{klmn} \tag{1.6.36}$$

其中

$$H_{kl}=\int\varphi_k^*(\boldsymbol{r})H\varphi_l(\boldsymbol{r})\mathrm{d}\boldsymbol{r}$$

$$V_{klmn}=\iint\varphi_k^*(\boldsymbol{r}')\varphi_l^*(\boldsymbol{r})V(|\boldsymbol{r}-\boldsymbol{r}'|)\varphi_m(\boldsymbol{r})\varphi_n(\boldsymbol{r}')\mathrm{d}\boldsymbol{r}\mathrm{d}\boldsymbol{r}'$$

选取单粒子哈密顿量 H 的本征态作基，得到

$$H=\sum_k a_k^\dagger a_k\varepsilon_k+\frac{1}{2}\sum_{klmn}a_k^\dagger a_l^\dagger a_m a_n V_{klmn} \tag{1.6.37}$$

1.7　习题

(1)由测不准关系(Heisenberg's uncertainty)$\Delta p\Delta x\approx\hbar$ 估算氢原子的第一能级能量。

(2)由测不准关系证明原子核内无自由电子存在，核半径 $R\approx\Delta x$ 为几个费米量级，$1\,\mathrm{fm}=10^{-15}\,\mathrm{m}$。

(3)应用合流超几何函数求解下面给出中心位势的束缚态本征能级

$$V(r)=\frac{A}{r^2}-\frac{B}{r}\qquad 且\ A>0,B>0$$

其位势形状如图 1.3 所示。

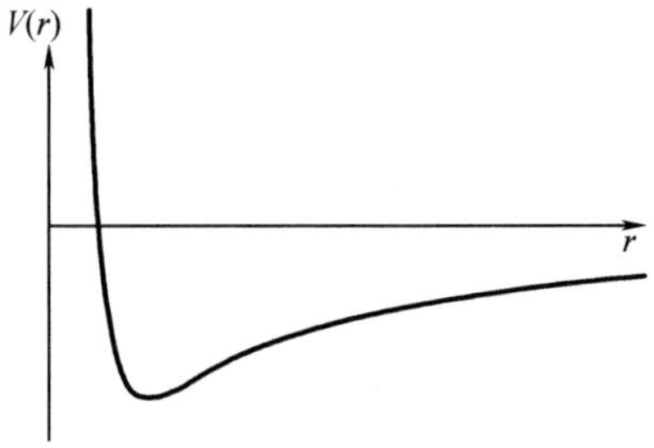

图 1.3　$V(r)$ 位势示意图

(4)体系由 N 个角动量为 1 的全同玻色子组成,哈密顿算符 $\hat{H}$ 的本征态为 $|n_{-1}n_0n_1\rangle$,且粒子数为 $n_{-1}+n_0+n_1=N$,$\hat{\alpha}^{\dagger}_{\mu}$,$\hat{\alpha}_{\mu}$分别是 $\mu=1,0,-1$ 的产生和湮灭算符,三粒子体系哈密顿算符为

$$\hat{H}=\hbar\omega\sum_{\mu=-1}^{1}\left(\hat{\alpha}_{\mu}^{\dagger}\hat{\alpha}_{\mu}+\frac{1}{2}\right) \tag{1.7.1}$$

(a)求证$\hat{\alpha}_{\mu}|n_{\mu}\rangle=\sqrt{n_{\mu}}|n_{\mu}-1\rangle$,$\hat{\alpha}_{\mu}^{\dagger}|n_{\mu}\rangle=\sqrt{1+n_{\mu}}|n_{\mu}+1\rangle$;

(b)求出单粒子态上的粒子数算符 $\hat{N}_{\mu}=\hat{\alpha}_{\mu}^{\dagger}\hat{\alpha}_{\mu}$的本征值;

(c)求出 $\hat{H}$ 的本征值。

(5)求证:下面三个算符之间的对易可以写为

$$[A,BC]=B[A,C]+[A,B]C=\{A,B\}C-B\{A,C\}$$

$$[AB,C]=[A,C]B+A[B,C]=A\{B,C\}-\{A,C\}B$$

(6)证明角动量的笛卡尔分量在球坐标中的表示。

$$L_x=\mathrm{i}\hbar\left[\sin\varphi\frac{\partial}{\partial\theta}+\cot\theta\cos\varphi\frac{\partial}{\partial\varphi}\right]$$

$$L_y=\mathrm{i}\hbar\left[-\cos\varphi\frac{\partial}{\partial\theta}+\cot\theta\sin\varphi\frac{\partial}{\partial\varphi}\right]$$

$$L_z=-\mathrm{i}\hbar\frac{\partial}{\partial\varphi}$$

第 2 章　角动量理论

角动量是和物理系统的转动性质相联系的物理量,系统在转动下的对称性表示角动量守恒。在经典力学中 Hamiltonian 量在空间转动下不变,系统具有转动不变性,即 Hamiltonian量与角动量的泊松括号为零,轨道角动量是运动常数。量子力学中 Hamiltonian 量与角动量算符对易,角动量是运动常数。与经典力学不同的是在量子力学中虽然角动量算符的三个分量与Hamiltonian量对易,但是任意两个分量不对易,即它们不能同时有确定的本征值。在量子力学中不仅有与空间时间相联系的轨道角动量,还有与系统内禀性质有关的量,如自旋。角动量理论在核反应以及核结构的研究中,占有非常重要的地位。随着实验技术的进步,实验上能够越来越精确地测量核反应的角分布、级联发射的角关联以及核结构谱学。为此,基于各种理论模型推导核结构和核反应的理论公式,并应用理论公式的计算结果解释核结构和核反应的实验测量结果等,角动量理论是必须具备的基本理论方法,关于角动量理论已经有不少的专著。本章介绍常用的角动量基本知识,学习角动量耦合的 Clebsch - Gordon 系数的性质。

2.1　角动量算符的本征值及矩阵表示

经典力学中一个粒子在固定坐标下的角动量定义是 $\boldsymbol{L}=\boldsymbol{r}\times\boldsymbol{p}$,其中 $\boldsymbol{r}$ 是粒子的位置矢量,$\boldsymbol{p}$ 是它的线性动量。在量子力学中粒子的位置矢量和动量满足对易关系,$[r_i,p_j]=\mathrm{i}\hbar\delta_{ij}$;$[r_i,r_j]=[p_i,p_j]=0$,其中 $i,j=1,2,3$。应用这些关系,可以得到角动量分量之间的对易关系。例如

$$[L_x,L_y]=[yp_z-zp_y,zp_x-xp_z]=y[p_z,z]p_x+[z,p_z]p_yx=\mathrm{i}\hbar(-yp_x+p_yx)=\mathrm{i}\hbar L_z$$

因而得到

$$[L_x,L_y]=\mathrm{i}\hbar L_z,[L_y,L_z]=\mathrm{i}\hbar L_x,[L_z,L_x]=\mathrm{i}\hbar L_y \tag{2.1.1}$$

或角动量分量之间的对易关系表示为

$$[L_i,L_j]=\mathrm{i}\varepsilon_{ijk}\hbar L_k \tag{2.1.2}$$

其中 ε_{ijk}是完全反对称单位张量(the complete antisymmetric Levi - Civita symble),它的定义为

$$\varepsilon_{ijk}=\begin{cases}1, & \text{当 } i,j,k \text{ 为偶置换时,即}=123,312,231\\ -1, & \text{当 } i,j,k \text{ 为奇置换时,即}=321,132,213\\ 0, & \text{当 } i,j,k \text{ 至少有两个指标相同时}\end{cases} \tag{2.1.3}$$

且满足求和关系

$$\sum_k \varepsilon_{ijk}\varepsilon_{lmk}=\delta_{il}\delta_{jm}-\delta_{im}\delta_{jl} \tag{2.1.4}$$

角动量算符是厄密算符

$$L_x^{\dagger}=L_x,\quad L_y^{\dagger}=L_y,\quad L_z^{\dagger}=L_z \tag{2.1.5}$$

利用矢量积的表示

$$\boldsymbol{L}\times\boldsymbol{L}=\begin{vmatrix}\boldsymbol{e}_x & \boldsymbol{e}_y & \boldsymbol{e}_z\\ L_x & L_y & L_z\\ L_x & L_y & L_z\end{vmatrix}=\mathrm{i}\hbar\boldsymbol{L}$$

对易关系式(2.1.2)可以表示为

$$\boldsymbol{L}\times\boldsymbol{L}=\mathrm{i}\hbar\boldsymbol{L} \tag{2.1.6}$$

其中 $\boldsymbol{e}_i$ 为 i 方向的单位矢量。在矢量代数中,两个相同的普通矢量的矢积有 $\boldsymbol{A}\times\boldsymbol{A}=0$,因而(2.1.6)式所表征的关系是量子力学独有的特性,当 $\hbar\to 0$ 时,退化为经典力学。在量子力学中满足(2.1.2)式 或(2.1.6)式的力学量就是角动量,记为 $\boldsymbol{J}$。

可以证明角动量平方与各角动量分量可对易:

$$\boldsymbol{J}^2=J_x^2+J_y^2+J_z^2,\quad [\boldsymbol{J}^2,J_i]=0,\quad i=x,y,z$$

以 $i=x$ 为例,利用(1.3.9)式和(2.1.2)式

$$\begin{aligned}[\boldsymbol{J}^2,J_x]&=[J_x^2,J_x]+[J_y^2,J_x]+[J_z^2,J_x]\\ &=[J_y,J_x]J_y+J_y[J_y,J_x]+[J_z,J_x]J_z+J_z[J_z,J_x]\\ &=-\mathrm{i}\hbar J_zJ_y-\mathrm{i}\hbar J_yJ_z+\mathrm{i}\hbar J_yJ_z+\mathrm{i}\hbar J_zJ_y=0\end{aligned}$$

由于 J_i 之间不能对易,因而仅有一个 J_i 与 $\boldsymbol{J}^2$ 有共同的本征态,不失一般性选 $J_i=J_z$。若 $\psi(J^2m)$ 为 $\boldsymbol{J}^2$,J_z 的共同本征态,对应的本征值分别为 J^2 和 m(J 和 m 的值待定)。由于 J_z 是 $\boldsymbol{J}$ 在 z 轴的投影,可见总有 $|m|\leqslant J$。

$$\boldsymbol{J}^2\psi(J^2m)=J^2\hbar^2\psi(J^2m),\qquad J_z\psi(J^2m)=m\hbar\psi(J^2m) \tag{2.1.7}$$

引入上升、下降算符,它们的定义分别为

$$J_+=J_x+\mathrm{i}J_y,\qquad J_-=J_x-\mathrm{i}J_y \tag{2.1.8}$$

很容易看出,有 $J_\pm^\dagger=J_\mp$,因此上升、下降算符是非厄密的,而 J_+J_- 和 J_-J_+ 是厄密的。与角动量 J_x 和 J_y 的逆关系为

$$J_x=\frac{1}{2}(J_++J_-),\qquad J_y=-\frac{\mathrm{i}}{2}(J_+-J_-)$$

显然,上升、下降算符与总角动量可对易 $[J^2,J_\pm]=0$,而与角动量 Z 分量的对易关系为

$$[J_z,J_\pm]=[J_z,J_x]\pm\mathrm{i}[J_z,J_y]=\pm\hbar J_x+\mathrm{i}\hbar J_y=\pm\hbar[J_x\pm\mathrm{i}J_y]=\pm\hbar J_\pm \tag{2.1.9}$$

且有下面恒等式成立

$$J_+J_-=J_x^2+J_y^2-\mathrm{i}[J_x,J_y]=J_x^2+J_y^2+\hbar J_z=J^2-J_z(J_z-\hbar)$$

和

$$J_-J_+=J_x^2+J_y^2+\mathrm{i}[J_x,J_y]=J_x^2+J_y^2-\hbar J_z=J^2-J_z(J_z+\hbar)$$

由上面两式利用 $J_\pm$ 可以给出 $\boldsymbol{J}^2$ 的几种不同的恒等表达式

$$\boldsymbol{J}^2=J_+J_-+J_z(J_z-\hbar)=J_-J_++J_z(J_z+\hbar)=J_z^2+\frac{1}{2}(J_+J_-+J_-J_+) \tag{2.1.10}$$

由于 $J_\pm$ 与 $\boldsymbol{J}^2$ 之间对易,因而有

$$\boldsymbol{J}^2(J_\pm\psi(J^2m))=J_\pm\boldsymbol{J}^2\psi(J^2m)=J^2\hbar^2(J_\pm\psi(J^2m))$$

可见,$J_\pm\psi(J^2m)$ 也是 $\boldsymbol{J}^2$ 的本征函数并有相同本征值。由(2.1.9)式得到

$$J_zJ_\pm\psi(J^2m)=(J_\pm J_z\pm\hbar J_\pm)\psi(J^2m)=(m\pm 1)\hbar J_\pm\psi(J^2m) \tag{2.1.11}$$

由此看出 $J_\pm\psi(J^2m)$ 也是 J_z 的本征态,本征值为 $(m\pm 1)\hbar$,相应的磁量子数上升、下降 $1\hbar$,这样就可以理解 $J_\pm$ 被称为上升、下降算符的物理意义了。

由于 $m^2 \leqslant J^2$，因此在 J^2 的值确定的情况下，m 有上、下界，设最大值为 j，最小值为 j'。这时应该有

$$\begin{cases} J_+\psi(J^2 m=j)=0 \\ J_-\psi(J^2 m=j')=0 \end{cases} \tag{2.1.12}$$

利用公式(2.1.10)得到

$$\boldsymbol{J}^2\psi(J^2 j)=[J_-J_+ + J_z(J_z+\hbar)]\psi(J^2 j)=j(j+1)\hbar^2\psi(J^2 j)$$

同时，可以得到

$$\boldsymbol{J}^2\psi(J^2 j')=[J_+J_- + J_z(J_z-\hbar)]\psi(J^2 j')=j'(j'-1)\hbar^2\psi(J^2 j')$$

我们得到 $j(j+1)=j'(j'-1)$，即

$$(j+j')(j-j'+1)=0$$

有两个解：$j'=-j$ 和 $j'=j+1$，后者不满足 $j>j'$ 的条件。由此得到(2.1.6)式中 $\boldsymbol{J}^2$ 的本征值

$$J^2=j(j+1),\quad -j\leqslant m\leqslant j$$

m 可取的 $2j+1$ 个值为 $-j,-j+1,\cdots,j-1,j$，由于 $2j+1$ 为正整数，则 j 只能是整数或半整数。下面简记 $\psi(J^2 m)\equiv\psi(jm)$，对应于角动量算符 $\boldsymbol{J}^2$ 和 J_z 的本征值分别为 $j(j+1)\hbar^2$ 和 $m\hbar$，

$$\begin{aligned} \boldsymbol{J}^2\psi(jm)&=j(j+1)\hbar^2\psi(jm) \\ J_z\psi(jm)&=m\hbar\psi(jm) \end{aligned}\qquad j=\begin{cases}0,1,2\cdots \\ 1/2,3/2\cdots\end{cases} \tag{2.1.13}$$

m 取 $2j+1$ 个值，表示角动量算符的矩阵为 $2j+1$ 维，且满足归一化条件 $\langle\psi(jm)|\psi(jm)\rangle=1$。

为了得到角动量算符的矩阵，下面推导角动量的升降态的归一化系数。注意到当力学量 A 作用在波函数时，它的共轭态有下面表达式

$$\langle A\psi(jm)|=|A\psi(jm)\rangle^{\dagger}=\langle\psi(jm)|A^{\dagger}$$

将上升算符作用到波函数后，得到

$$\begin{aligned} \langle J_+\psi(jm)|J_+\psi(jm)\rangle&=\langle\psi(jm)|J_-J_+|\psi(jm)\rangle=\langle\psi(jm)|J^2-J_z(J_z+\hbar)|\psi(jm)\rangle \\ &=[j(j+1)-m(m+1)]\hbar^2\langle\psi(jm)|\psi(jm)\rangle \\ &=(j-m)(j+m+1)\hbar^2 \end{aligned} \tag{2.1.14}$$

其中因子 $(j-m)$ 的存在，保证了当波函数的磁量子数 $m=j$ 时，在上升算符的作用下，满足 $J_+\psi(jm=j)=0$。

将下降算符作用到波函数后，得到

$$\begin{aligned} \langle J_-\psi(jm)|J_-\psi(jm)\rangle&=\langle\psi(jm)|J_+J_-|\psi(jm)\rangle=\langle\psi(jm)|J^2-J_z(J_z-\hbar)|\psi(jm)\rangle \\ &=[j(j+1)-m(m-1)]\hbar^2\langle\psi(jm)|\psi(jm)\rangle \\ &=(j+m)(j-m+1)\hbar^2 \end{aligned} \tag{2.1.15}$$

同样因子 $(j+m)$ 的存在，当波函数的磁量子数 $m=-j$ 时，在下降算符的作用下，满足 $J_-\psi(jm=-j)=0$。可见只要 $|m|<j$，$J_\pm\psi(jm)$ 的归一化系数不为 0，则有

$$J_\pm\psi(jm)=\hbar\sqrt{(j\mp m)(j\pm m+1)}\,\psi(jm\pm1) \tag{2.1.16}$$

利用上述结果可以得到角动量算符的矩阵表示，它对应的基向量的矩阵表示是

$$\begin{pmatrix}1\\0\\0\\\vdots\\0\end{pmatrix},\begin{pmatrix}0\\1\\0\\\vdots\\0\end{pmatrix},\cdots,\begin{pmatrix}0\\0\\0\\\vdots\\1\end{pmatrix} \tag{2.1.17}$$

其中,磁量子数的排序为 $m=j,m=j-1,\cdots,m=-j$。这时 $\boldsymbol{J}^2 J_z$ 为对角的实矩阵

$$\langle j'm'|\boldsymbol{J}^2|jm\rangle=j(j+1)\hbar^2\delta_{jj'}\delta_{mm'}$$
$$\langle j'm'|J_z|jm\rangle=m\hbar\delta_{jj'}\delta_{mm'} \tag{2.1.18}$$

由(2.1.16)式看出,上升、下降算符 $J_\pm$ 的非 0 矩阵元不在对角线上,它的矩阵元的表示为

$$\langle jm\pm1|J_\pm|jm\rangle=\hbar\sqrt{(j\mp m)(j\pm m+1)} \tag{2.1.19}$$

更普遍的上升、下降算符矩阵元的表示形式可以写成

$$\langle j'm'|J_\pm|jm\rangle=\hbar\sqrt{(j\mp m)(j\pm m+1)}\delta_{jj'}\delta_{m'm\pm1} \tag{2.1.20}$$

由角动量守恒,不同角动量 $j\neq j'$ 的波函数的叠积为 0。以下仅考虑相同角动量 j 的矩阵表示。有了上升、下降算符 $J_\pm$ 矩阵表示,再利用(2.1.8)式就可得到角动量 J_x 和 J_y 的矩阵表示。由上升、下降算符 $J_\pm$ 表示看出,角动量 J_x 和 J_y 的矩阵都是对角线为零的矩阵。具体表示如下

$$\langle jm'|J_x|jm\rangle=\frac{\hbar}{2}\sqrt{(j-m)(j+m+1)}\delta_{m'm+1}+\frac{\hbar}{2}\sqrt{(j+m)(j-m+1)}\delta_{m'm-1} \tag{2.1.21}$$

和

$$\langle jm'|J_y|jm\rangle=-\frac{i\hbar}{2}\sqrt{(j-m)(j+m+1)}\delta_{m'm+1}+\frac{i\hbar}{2}\sqrt{(j+m)(j-m+1)}\delta_{m'm-1} \tag{2.1.22}$$

当选择 z 轴为量子轴时,J_z 为对角矩阵,仅 J_y 是虚的。因此用(2.1.18)式,(2.1.21)式和(2.1.22)式可以得到角动量 J 在任意方向投影算符的 $2j+1$ 维矩阵表示。这里要注意的是,在(2.1.21)式和(2.1.22)式中,m' 为行指标,m 为列指标。对于每个角动量 j,磁量子数的取值范围是 $m,m'=j,j-1,\cdots-j+1,-j$,每个磁量子数有 $2j+1$ 个取值,因此角动量 J 的矩阵表示是 $(2j+1)$ 维的方阵。

下面具体写出两个例子:

(1)$J=1/2$(二维),由(2.1.18)式,(2.1.21)式和(2.1.22)式得到

$$J_x=\frac{\hbar}{2}\begin{pmatrix}0&1\\1&0\end{pmatrix},J_y=\frac{\hbar}{2}\begin{pmatrix}0&-i\\i&0\end{pmatrix},J_z=\frac{\hbar}{2}\begin{pmatrix}1&0\\0&-1\end{pmatrix},J^2=\frac{3}{4}\hbar^2\begin{pmatrix}1&0\\0&1\end{pmatrix} \tag{2.1.23}$$

这是二维自旋空间的角动量矩阵表示,自旋为 1/2 的自旋空间的角动量标记为 $\boldsymbol{s}$,

$$\boldsymbol{s}=\frac{\hbar}{2}\boldsymbol{\sigma},\qquad \boldsymbol{\sigma}\text{ 为泡利矩阵} \tag{2.1.24}$$

由此得到了泡利矩阵的表示。$\boldsymbol{s}$ 满足(2.1.6)式的角动量对易性质

$$\boldsymbol{s}\times\boldsymbol{s}=i\hbar\boldsymbol{s} \tag{2.1.25}$$

将(2.1.24)式代入到(2.1.25)式,得到泡利矩阵矢积的乘积结果是

$$\boldsymbol{\sigma}\times\boldsymbol{\sigma}=2i\boldsymbol{\sigma} \tag{2.1.26}$$

利用上述的矢量乘积的关系得到

$$[\boldsymbol{\sigma}_i,\boldsymbol{\sigma}_j]=2i\varepsilon_{ijk}\boldsymbol{\sigma}_k,\quad i\neq j\text{ 或 }\boldsymbol{\sigma}_i\boldsymbol{\sigma}_j=i\varepsilon_{ijk}\boldsymbol{\sigma}_k \tag{2.1.27}$$

说明 $\boldsymbol{\sigma}_i\boldsymbol{\sigma}_j=-\boldsymbol{\sigma}_j\boldsymbol{\sigma}_i,i\neq j$,利用这个性质得到泡利矩阵的另一个性质:

$$\boldsymbol{\sigma}_i^2=1,\quad \{\boldsymbol{\sigma}_i,\boldsymbol{\sigma}_j\}=0,\quad i\neq j,\quad \text{合并为}\{\boldsymbol{\sigma}_i,\boldsymbol{\sigma}_j\}=2\delta_{ij} \tag{2.1.28}$$

泡利矩阵既为厄密的又是幺正的矩阵,$\boldsymbol{\sigma}_i^\dagger=\boldsymbol{\sigma}_i^{-1}=\boldsymbol{\sigma}_i,i=x,y,z$。

在二维自旋空间中上升、下降算符的矩阵表示分别为

$$J_+=J_x+iJ_y=\hbar\begin{pmatrix}0&1\\0&0\end{pmatrix},\quad J_-=J_x-iJ_y=\hbar\begin{pmatrix}0&0\\1&0\end{pmatrix} \tag{2.1.29}$$

显然有

$$J_+\begin{pmatrix}1\\0\end{pmatrix}=0,\quad J_+\begin{pmatrix}0\\1\end{pmatrix}=\hbar\begin{pmatrix}1\\0\end{pmatrix},\quad J_-\begin{pmatrix}1\\0\end{pmatrix}=\hbar\begin{pmatrix}0\\1\end{pmatrix},\quad J_-\begin{pmatrix}0\\1\end{pmatrix}=0 \tag{2.1.30}$$

(2) $J=1$（三维）由(2.1.18)式,(2.1.21)式和(2.1.22)式得到

$$J_x=\frac{\hbar}{\sqrt{2}}\begin{pmatrix}0&1&0\\1&0&1\\0&1&0\end{pmatrix},J_y=\frac{\hbar}{\sqrt{2}}\begin{pmatrix}0&-\mathrm{i}&0\\\mathrm{i}&0&-\mathrm{i}\\0&\mathrm{i}&0\end{pmatrix},J_z=\hbar\begin{pmatrix}1&0&0\\0&0&0\\0&0&-1\end{pmatrix},J^2=2\hbar^2\begin{pmatrix}1&0&0\\0&1&0\\0&0&1\end{pmatrix} \tag{2.1.31}$$

这是 $J=1$ 角动量矩阵表示。可验证它们都满足 $[J_i,J_j]=\mathrm{i}\hbar\varepsilon_{ijk}J_k$。

我们可以进一步讨论轨道角动量算符 $\boldsymbol{L}$ 与动量算符 $\boldsymbol{p}$ 之间的对易关系。由于动量与坐标的不同分量对易,因而有

$$\boldsymbol{L}\cdot\boldsymbol{p}=\boldsymbol{p}\cdot\boldsymbol{L}=0 \tag{2.1.32}$$

计算它们的矢量乘积 $\boldsymbol{L}\times\boldsymbol{p}$,先用 x 分量展开

$$\begin{aligned}(\boldsymbol{L}\times\boldsymbol{p})_x&=L_yp_z-L_zp_y=(zp_x-xp_z)p_z-(xp_y-yp_x)p_y=zp_xp_z-xp_z^2-xp_y^2+yp_xp_y\\&=-x(p_x^2+p_y^2+p_z^2)+xp_x^2+zp_xp_z+yp_xp_y\\&=-xp^2+(xp_x+zp_z+yp_y)p_x=-xp^2+(\boldsymbol{r}\cdot\boldsymbol{p})p_x\end{aligned}$$

同样可以写出其他两维分量的表示,因此有

$$\boldsymbol{L}\times\boldsymbol{p}=-\boldsymbol{r}p^2+(\boldsymbol{r}\cdot\boldsymbol{p})\boldsymbol{p} \tag{2.1.33}$$

用完全反对称单位张量的求和性质可以直接得到

$$\begin{aligned}\boldsymbol{L}\times\boldsymbol{p}&=\sum_{klm}\varepsilon_{klm}\Big(\sum_{ij}\varepsilon_{ijk}r_ip_j\Big)p_l\boldsymbol{e}_m=\sum_{klmij}\varepsilon_{lmk}\varepsilon_{ijk}r_ip_jp_l\boldsymbol{e}_m\\&=\sum_{lmij}(\delta_{li}\delta_{mj}-\delta_{lj}\delta_{mi})r_ip_jp_l\boldsymbol{e}_m=(\boldsymbol{r}\cdot\boldsymbol{p})\boldsymbol{p}-\boldsymbol{r}p^2\end{aligned} \tag{2.1.34}$$

再看 $\boldsymbol{p}\times\boldsymbol{L}$ 的矢量展开表示,也先用 x 分量展开

$$\begin{aligned}(\boldsymbol{p}\times\boldsymbol{L})_x&=p_yL_z-p_zL_y=p_y(xp_y-yp_x)-p_z(zp_x-xp_z)\\&=xp_y^2-p_yyp_x-p_zzp_x+xp_z^2=xp_y^2+\mathrm{i}\hbar p_x-yp_yp_x+\mathrm{i}\hbar p_x-zp_zp_x+xp_z^2\\&=x(p_x^2+p_y^2+p_z^2)-xp_x^2+2\mathrm{i}\hbar p_x-yp_yp_x-zp_zp_x=xp^2-\boldsymbol{r}\cdot\boldsymbol{p}p_x+2\mathrm{i}\hbar p_x\end{aligned}$$

同样可以写出其他两维分量的表示,因此在 $\boldsymbol{p}\times\boldsymbol{L}$ 的矢量的矢积表示为

$$\boldsymbol{p}\times\boldsymbol{L}=\boldsymbol{r}p^2-(\boldsymbol{r}\cdot\boldsymbol{p})\boldsymbol{p}+2\mathrm{i}\hbar\boldsymbol{p} \tag{2.1.35}$$

由(2.1.33)式和(2.1.35)式得到角动量和动量算符矢量乘积在不同顺序下的相加结果

$$\boldsymbol{p}\times\boldsymbol{L}+\boldsymbol{L}\times\boldsymbol{p}=2\mathrm{i}\hbar\boldsymbol{p} \tag{2.1.36}$$

这个关系式也是量子力学效应,并在相对论径向方程建立时得到应用。

2.2　两个角动量耦合 Clebsch－Gordon 系数

若两个单粒子各自角动量分别为 $\boldsymbol{J}_1$ 和 $\boldsymbol{J}_2$,或是一个粒子在不同空间的两个角动量,如轨道角动量和自旋,由于二者不是一个粒子的物理量或不是同一空间的物理量,它们之间是可对易的,$[\boldsymbol{J}_1,\boldsymbol{J}_2]=0$ 或者 $[\boldsymbol{L},\boldsymbol{S}]=0$,满足上述条件的两个角动量可以耦合。设($\boldsymbol{J}_1^2$,$J_{1z}$)的本征态为 $\psi(j_1,m_1)$,$m_1=j_1,j_1-1,\cdots,-j_1+1,-j_1$,有 $2j_1+1$ 个分量,其本征方程为

$$J_1^2\psi(j_1,m_1)=j_1(j_1+1)\hbar^2\psi(j_1,m_1),\quad J_{1z}\psi(j_1,m_1)=m_1\hbar\psi(j_1,m_1) \tag{2.2.1}$$

($\boldsymbol{J}_2$,J_{2z})的本征态为 $\psi(j_2,m_2)$,$m_2=j_2,j_2-1,\cdots,-j_2+1,-j_2$,共 $2j_2+1$ 个分量,本征方程

为

$$J_2^2\psi(j_2,m_2)=j_2(j_2+1)\hbar^2\psi(j_2,m_2),\quad J_{2z}\psi(j_2,m_2)=m_2\hbar\psi(j_2,m_2) \tag{2.2.2}$$

两个基矢乘积组成$(2j_1+1)(2j_2+1)$维空间,波函数乘积$\psi(j_1,m_1)\psi(j_2,m_2)$是$J_1^2,J_{1z},J_2^2,J_{2z}$的共同本征函数,在这$(2j_1+1)(2j_2+1)$维空间的任意态可以用它们来展开,以它们作基矢的表象称为非耦合表象。总角动量为

$$J=J_1+J_2 \tag{2.2.3}$$

但是$\psi(j_1,m_1)\psi(j_2,m_2)$不是总角动量的本征态。

总角动量算符$\boldsymbol{J}$满足如下的性质:

(1)$\boldsymbol{J}$也满足角动量的基本对易关系:$\boldsymbol{J}\times\boldsymbol{J}=\mathrm{i}\hbar\boldsymbol{J}$,且为厄密的$\boldsymbol{J}^\dagger=\boldsymbol{J}$。

证明:

$$\begin{aligned}\boldsymbol{J}\times\boldsymbol{J}=(\boldsymbol{J}_1+\boldsymbol{J}_2)\times(\boldsymbol{J}_1+\boldsymbol{J}_2)&=\boldsymbol{J}_1\times\boldsymbol{J}_1+\boldsymbol{J}_1\times\boldsymbol{J}_2+\boldsymbol{J}_2\times\boldsymbol{J}_1+\boldsymbol{J}_2\times\boldsymbol{J}_2\\&=\mathrm{i}\hbar(\boldsymbol{J}_1+\boldsymbol{J}_2)+\boldsymbol{J}_1\times\boldsymbol{J}_2-\boldsymbol{J}_1\times\boldsymbol{J}_2=\mathrm{i}\hbar\boldsymbol{J}\end{aligned}$$

(2)$\boldsymbol{J}^2$与$\boldsymbol{J}_1^2$和$\boldsymbol{J}_2^2$对易,$[\boldsymbol{J}^2,\boldsymbol{J}_1^2]=0,[\boldsymbol{J}^2,\boldsymbol{J}_2^2]=0$。

(3)$\boldsymbol{J}^2$与它的任意一个分量对易,$[\boldsymbol{J}^2,J_i]=0,i=x,y,z$,但不与$\boldsymbol{J}_1$或$\boldsymbol{J}_2$的任意分量对易。

为了得到总角动量的本征波函数,用力学量$\boldsymbol{J}^2,\boldsymbol{J}_1^2,\boldsymbol{J}_2^2,J_z=J_{1z}+J_{2z}$的共同本征波函数$\psi(j_1j_2,jm)$作为基矢。这时$j$的取值范围是:$j$的最大值为$j_{\max}=j_1+j_2$;而$j$的最小值为$j_{\min}=|j_1-j_2|$。对每个$j$值磁量子数取值范围是$-j\leqslant m\leqslant j$。因此,用等差数列的求和公式得到耦合表象的维数为

$$\begin{aligned}\sum_{j=j_{\min}}^{j_{\max}}(2j+1)&=\frac{1}{2}(2j_{\max}+1+2j_{\min}+1)(j_{\max}-j_{\min}+1)\\&=(j_{\max}+1)^2-j_{\min}^2=(2j_1+1)(2j_2+1)\end{aligned} \tag{2.2.4}$$

可以看出,$\boldsymbol{J}^2,\boldsymbol{J}_1^2,\boldsymbol{J}_2^2,J_z$在$(2j_1+1)(2j_2+1)$维空间作为一组力学量完全集合,它们的本征函数波$\psi(j_1j_2,jm)$作基矢的表象称为耦合表象。非耦合表象和耦合表象的维数都是$(2j_1+1)(2j_2+1)$,因此,两种表象之间可以通过幺正变换联系起来,其幺正变换形式表示为

$$\psi(j_1j_2,jm)=\sum_{m_1m_2}C_{j_1m_1j_2m_2}^{j\ m}\psi(j_1m_1)\psi(j_2m_2) \tag{2.2.5}$$

其中$C_{j_1m_1j_2m_2}^{j\ m}$为两个表象之间的变换系数,称为 Clebsch - Gordon 系数,或表示为$<jm|j_1m_1j_2m_2>$,以下简称 CG 系数。CG 系数给出总角动量为$\boldsymbol{J}=\boldsymbol{J}_1+\boldsymbol{J}_2$,对应$\boldsymbol{J}^2$和$\boldsymbol{J}_z$的本征值为$j,m=m_1+m_2$的总角动量本征函数中非耦合表象中波函数$\psi(j_1m_1)\psi(j_2m_2)$的概念。

另外一个常用的是 3 $-j$ 符号,与上面 CG 系数定义差一个因子

$$\begin{pmatrix}j_1 & j_2 & j\\ m_1 & m_2 & -m\end{pmatrix}=(-1)^{j_1-j_2+m}\frac{1}{\sqrt{2j+1}}C_{j_1m_1j_2m_2}^{j\ m} \tag{2.2.6}$$

下面讨论 CG 系数性质。

1. CG 系数的多项式表示

采用群论的方法可以得到 CG 系数的多项式普遍表达式。一般常用的有 Racah 形式和 Edmonds 形式,其具体的表达式分别是:

Racah 形式[①]：

$$C_{j_1m_1j_2m_2}^{j\ m}=\sqrt{(2j+1)(j_1+m_1)!\ (j_1-m_1)!\ (j_2+m_2)!\ (j_2-m_2)!\ (j+m)!\ (j-m)!}\times\sqrt{\frac{(j_1+j_2-j)!\ (j+j_1-j_2)!\ (j+j_2-j_1)!}{(j_1+j_2+j+1)!}}\sum_{\nu}\frac{(-1)^{\nu}}{\nu!}[(j_1+j_2-j-\nu)!\ (j_1-m_1-\nu)!\ (j_2+m_2-\nu)!\ (j-j_2+m_1+\nu)!\ (j-j_1-m_2+\nu)!]^{-1}\delta_{m,m_1+m_2}\tag{2.2.7}$$

Edmonds 形式：

$$C_{j_1m_1j_2m_2}^{j\ m}=\sqrt{\frac{(2j+1)(j_1+j_2-j)!\ (j_1-m_1)!\ (j_2-m_2)!\ (j+m)!\ (j-m)!}{(j+j_1+j_2+1)!\ (j+j_1-j_2)!\ (j-j_1+j_2)!\ (j_1+m_1)!\ (j_2+m_2)!}}\times\sum_{\nu}(-1)^{j_1-m_1+\nu}\frac{(j_1+m_1+\nu)!\ (j_1+j_2-m_1-\nu)!}{\nu!\ (j-m-\nu)!\ (j_1-m_1-\nu)!\ (j_2-j+m+\nu)!}\delta_{m,m_1+m_2}\tag{2.2.8}$$

ν 的求和上下限由不出现负数阶乘来确定。

2. CG 系数非零必要条件

(1)由于 $J_z=J_{1z}+J_{2z}$，作用到(2.2.5)式两边得到

$$\begin{aligned}m\hbar\Psi(j_1j_2,jm)&=\sum_{m_1m_1}C_{j_1m_1j_2m_2}^{j\ m}(J_{1z}+J_{2z})\Psi(j_1m_1)\Psi(j_2m_2)\\&=m\hbar\sum_{m_1m_2}C_{j_1m_1j_2m_2}^{j\ m}\psi(j_1m_1)\psi(j_2m_2)\\&=\sum_{m_1m_2}(m_1+m_2)\hbar C_{j_1m_1j_2m_2}^{j\ m}\psi(j_1m_1)\psi(j_2m_2)\end{aligned}$$

即

$$\sum_{m_1m_2}(m-m_1-m_2)\hbar C_{j_1m_1j_2m_2}^{j\ m}\psi(j_1m_1)\psi(j_2m_2)=0$$

由于 $\psi(j_1m_1)\psi(j_2m_2)$ 是 $(2j_1+1)(2j_2+1)$ 维彼此独立的非零的完备基，上式成立条件是

$$m=m_1+m_2\tag{2.2.9}$$

(2)由于要求 $|m|=|m_1+m_2|\leqslant j$，因而 $|m_1+m_2|>j$ 时 $C_{j_1m_1j_2m_2}^{j\ m}=0$。

(3)必须满足矢量求和关系

$$|j_1-j_2|\leqslant j\leqslant j_1+j_2\tag{2.2.10}$$

否则 $C_{j_1m_1j_2m_2}^{j\ m}=0$。

3. CG 系数的幺正性

从 CG 系数的多项式普遍表达式(2.2.7)式和(2.2.8)式看出，CG 系数为实数

$$(C_{j_1m_1j_2m_2}^{j\ m})^*=C_{j_1m_1j_2m_2}^{j\ m}\tag{2.2.11}$$

利用两个表象的基矢的正交性可以很容易地证明 CG 系数的正交性，事实上由 $\psi(j_1j_2,jm)$ 的正交关系

$$\langle\psi(j_1j_2,jm)|\psi(j_1j_2,j'm')\rangle=\delta_{jj'}\delta_{mm'}\tag{2.2.12}$$

---

① G. Racah, Phys. Rev. 62,438,1942.

代入(2.2.5)式所示的两个角动量耦合表达式可得

$$
\begin{aligned}
&\langle\psi(j_1j_2,jm)|\psi(j_1j_2,j'm')\rangle\\
&=\delta_{jj'}\delta_{mm'}\\
&=\sum_{m_1m_2m_1'm_2'}C_{j_1m_1j_2m_2}^{j\ m}C_{j_1m_1'j_2m_2'}^{j'\ m'}\langle\psi(j_1m_1)|\psi(j_1m_1')\rangle\langle\psi(j_2m_2)|\psi(j_2m_2')\rangle\\
&=\sum_{m_1m_2m_1'm_2'}C_{j_1m_1j_2m_2}^{j\ m}C_{j_1m_1'j_2m_2'}^{j'\ m'}\delta_{m_1m_1'}\delta_{m_2m_2'}=\sum_{m_1m_2}C_{j_1m_1j_2m_2}^{j\ m}C_{j_1m_1j_2m_2}^{j'\ m'}
\end{aligned}
$$

得到 CG 系数的正交性

$$
\sum_{m_1m_2}C_{j_1m_1j_2m_2}^{j\ m}C_{j_1m_1j_2m_2}^{j'\ m'}=\delta_{jj'}\delta_{mm'} \tag{2.2.13}
$$

需要注意的是,在(2.2.13)式中,两个 CG 系数的上标 j,j',m,m' 为给定值,因此对 m_1 和 m_2 的求和不是自由的。这意味着如果对 m_1 求和时有 $m_2=m-m_1$。这个 CG 系数的正交性应该严格写成

$$
\sum_{m_1}C_{j_1m_1j_2m-m_1}^{j\ m}C_{j_1m_1j_2m'-m_1}^{j'\ m'}=\delta_{jj'}\delta_{mm'} \tag{2.2.14}
$$

在约化 CG 系数的过程中必须要注意求和中自由磁量子数的个数,这儿仅有一个磁量子数为自由求和。

由于 $\psi(j_1j_2,jm)$ 也是完备基,两粒子的乘积态波函数可以用耦合表象的波函数展开,展开表示为

$$
\psi(j_1m_1)\psi(j_2m_2)=\sum_j C_{j_1m_1j_2m_2}^{j\ m}\psi(j_1j_2,jm) \tag{2.2.15}
$$

上面等式中的 $\psi(j_1j_2,jm)$ 继续利用(2.4.5)式展开

$$
\psi(j_1m_1)\psi(j_2m_2)=\sum_j C_{j_1m_1j_2m_2}^{j\ m}\sum_{m_1'm_2'}C_{j_1m_1'j_2m_2'}^{j\ m}\psi(j_1m_1')\psi(j_2m_2') \tag{2.2.16}
$$

两边乘上 $\psi^*(j_1m_1'')\psi^*(j_2m_2'')$ 并积分,代入(2.2.15)式,利用波函数的正交性得到

$$
\begin{aligned}
&\langle\psi(j_1m_1'')|\psi(j_1m_1)\rangle\langle\psi(j_1m_2'')|\psi(j_1m_2)\rangle\\
&=\delta_{m_1''m_1}\delta_{m_2''m_2}=\sum_j C_{j_1m_1j_2m_2}^{j\ m}\sum_{m_1'm_2'}C_{j_1m_1'j_2m_2'}^{j\ m}\langle\psi(j_1m_1''|\psi(j_1m_1')\rangle\langle\psi(j_2m_2'')|\psi(j_2m_2')\rangle\\
&=\sum_j C_{j_1m_1j_2m_2}^{j\ m}\sum_{m_1'm_2'}C_{j_1m_1'j_2m_2'}^{j\ m}\delta_{m_1''m_1'}\delta_{m_2''m_2'}=\sum_j C_{j_1m_1j_2m_2}^{j\ m}C_{j_1m_1''j_2m_2''}^{j\ m}
\end{aligned}
$$

再将 m_1'' 和 m_2'' 分别记为 m_1' 和 m_2',得到 CG 系数的另一个正交性

$$
\sum_j C_{j_1m_1j_2m_2}^{j\ m}C_{j_1m_1'j_2m_2'}^{j\ m}=\delta_{m_1m_1'}\delta_{m_2m_2'} \tag{2.2.17}
$$

4. CG 系数的对称性

由 CG 系数的一般表示,得到了如下 CG 系数的对称关系式

$$
\begin{cases}
C_{j_1m_1j_2m_2}^{j\ m}=(-1)^{j_1+j_2-j}C_{j_1-m_1j_2-m_2}^{j\ -m}\\
C_{j_1m_1j_2m_2}^{j\ m}=(-1)^{j_1+j_2-j}C_{j_2m_2j_1m_1}^{j\ m}\\
C_{j_1m_1j_2m_2}^{j\ m}=(-1)^{j_1-m_1}\sqrt{\dfrac{2j+1}{2j_2+1}}C_{j_1m_1j-m}^{j_2\ -m_2}\\
C_{j_1m_1j_2m_2}^{j\ m}=(-1)^{j_2+m_2}\sqrt{\dfrac{2j+1}{2j_1+1}}C_{j-mj_2m_2}^{j_1\ -m_1}
\end{cases} \tag{2.2.18}
$$

这种对称关系式在推导核结构和核反应理论公式中得到广泛应用。在 CG 系数约化过程中

经常反复应用上述四个对称性质，以约化对磁量子数求和，简化公式的表示。注意到在角动量耦合中仅有两种情况：三个角动量全为整数；两个角动量为半整数，一个为整数。因而这里(-1)的幂指数必须是整数，有$(-1)^n=(-1)^{-n}$。

由(2.2.6)式所表示的 CG 系数的 $3-j$ 系数具有更好的对称性形式：

$$\begin{pmatrix} j_1 & j_2 & j_3 \\ m_1 & m_2 & m_3 \end{pmatrix} = \begin{pmatrix} j_3 & j_1 & j_2 \\ m_3 & m_1 & m_2 \end{pmatrix} = \begin{pmatrix} j_2 & j_3 & j_1 \\ m_2 & m_3 & m_1 \end{pmatrix}$$

$$= (-1)^{j_1+j_2+j_3} \begin{pmatrix} j_1 & j_3 & j_2 \\ m_1 & m_3 & m_2 \end{pmatrix} = (-1)^{j_1+j_2+j_3} \begin{pmatrix} j_2 & j_1 & j_3 \\ m_2 & m_1 & m_3 \end{pmatrix}$$

$$= (-1)^{j_1+j_2+j_3} \begin{pmatrix} j_3 & j_2 & j_1 \\ m_3 & m_2 & m_1 \end{pmatrix} = (-1)^{j_1+j_2+j_3} \begin{pmatrix} j_1 & j_2 & j_3 \\ -m_1 & -m_2 & -m_3 \end{pmatrix}$$

常用的一些特殊 CG 系数关系：

$$C_{j_1m_100}^{j\ m} = \delta_{j_1j}\delta_{m_1m}$$

利用 CG 系数对称性(2.2.18)式得到

$$C_{j_1m_1j_2m_2}^{0\ 0} = \frac{(-1)^{j_1-m_1}}{\sqrt{2j_2+1}}\delta_{j_1j_2}\delta_{m_1-m_2} \tag{2.2.19}$$

即

$$C_{jmj-m}^{0\ 0} = \frac{(-1)^{j-m}}{\sqrt{2j+1}}$$

利用 CG 系数的对称关系可以约化下面等式，得到

$$\sum_m (-1)^{j-m} C_{jmj-m}^{L\ 0} = \sqrt{2j+1} \sum_m C_{jmj-m}^{L\ 0} C_{jmj-m}^{0\ 0} = \sqrt{2j+1}\,\delta_{L0} \tag{2.2.20}$$

这个关系式在 CG 系数的约化过程中会经常得到应用。

对磁量子数全为 0 的 CG 系数 $C_{j_10j_20}^{j\ 0}$有如下表示：

(1)当j_1+j_2+j为奇数时，$C_{j_10j_20}^{j\ 0}=0$。由于磁量子数为 0，因此在 CG 系数中所有角动量为整数。

(2)当$j_1+j_2+j=2n$为偶数时，

$$C_{j_10j_20}^{j\ 0} = \frac{(-1)^{n-j}n!\ \sqrt{2j+1}}{(n-j_1)!\ (n-j_2)!\ (n-j)!}\sqrt{\frac{(j_1+j_2-j)!\ (j_1+j-j_2)!\ (j_2+j-j_1)!}{(j_1+j_2+j+1)!}} \tag{2.2.21}$$

对$j_2=\frac{1}{2}\hbar$的 CG 系数由表 2.1 给出。

表 2.1　CG 系数 $C_{j_1m-\mu\frac{1}{2}\mu}^{j\ m}$

j	$\mu=1/2$	$\mu=-1/2$
$j_1+1/2$	$\sqrt{\dfrac{j_1+m+\frac{1}{2}}{2j_1+1}}$	$\sqrt{\dfrac{j_1-m+\frac{1}{2}}{2j_1+1}}$
$j_1-1/2$	$-\sqrt{\dfrac{j_1-m+\frac{1}{2}}{2j_1+1}}$	$\sqrt{\dfrac{j_1+m+\frac{1}{2}}{2j_1+1}}$

下面以一个粒子轨道角动量$j_1=1$和自旋为 1/2 的波函数$\varphi(m)\chi(m')$耦合成$\psi(j,m)$

之间的关系为例，直观地给出耦合表象与非耦合表象之间的关系。这时总角动量可以取的值为$j=1\pm\frac{1}{2}=\frac{3}{2}$和$\frac{1}{2}$。当$j=\frac{3}{2}$时$m=\pm\frac{1}{2},\pm\frac{3}{2}$，是4维的；当$j=\frac{1}{2}$时$m=\pm\frac{1}{2}$，是2维的。由(2.2.5)式给出的耦合表示为

$$\psi(j,m)=\sum_{m_1}C_{1m_1\frac{1}{2}m-m_1}^{j\ m}\varphi(m_1)\chi(m-m_1)$$

用上式对六维耦合表象波函数逐一展开，注意到，在给定CG系数中m值后，确定了m_1的可取值范围，并将CG系数由表2.1查出，得到

$$\psi(\frac{3}{2},\frac{3}{2})=C_{11\frac{1}{2}\frac{1}{2}}^{\frac{3}{2}\frac{3}{2}}\varphi(1)\chi\left(\frac{1}{2}\right)=\varphi(1)\chi\left(\frac{1}{2}\right)$$

$$\psi(\frac{3}{2},\frac{1}{2})=C_{11\frac{1}{2}-\frac{1}{2}}^{\frac{3}{2}\frac{1}{2}}\varphi(1)\chi\left(-\frac{1}{2}\right)+C_{10\frac{1}{2}\frac{1}{2}}^{\frac{3}{2}\frac{1}{2}}\varphi(0)\chi\left(\frac{1}{2}\right)$$

$$=\sqrt{\frac{1}{3}}\varphi(1)\chi\left(-\frac{1}{2}\right)+\sqrt{\frac{2}{3}}\varphi(0)\chi\left(\frac{1}{2}\right)$$

$$\psi(\frac{3}{2},-\frac{1}{2})=C_{10\frac{1}{2}-\frac{1}{2}}^{\frac{3}{2}-\frac{1}{2}}\varphi(0)\chi\left(-\frac{1}{2}\right)+C_{1-1\frac{1}{2}\frac{1}{2}}^{\frac{3}{2}-\frac{1}{2}}\varphi(-1)\chi\left(\frac{1}{2}\right)$$

$$=\sqrt{\frac{2}{3}}\varphi(0)\chi\left(-\frac{1}{2}\right)+\sqrt{\frac{1}{3}}\varphi(-1)\chi\left(\frac{1}{2}\right)$$

$$\psi(\frac{3}{2},-\frac{3}{2})=C_{1-1\frac{1}{2}-\frac{1}{2}}^{\frac{3}{2}-\frac{3}{2}}\varphi(-1)\chi\left(-\frac{1}{2}\right)=\varphi(-1)\chi\left(-\frac{1}{2}\right)$$

$$\psi(\frac{1}{2},\frac{1}{2})=C_{11\frac{1}{2}-\frac{1}{2}}^{\frac{1}{2}\frac{1}{2}}\varphi(1)\chi\left(-\frac{1}{2}\right)+C_{10\frac{1}{2}\frac{1}{2}}^{\frac{1}{2}\frac{1}{2}}\varphi(0)\chi\left(\frac{1}{2}\right)$$

$$=\sqrt{\frac{2}{3}}\varphi(1)\chi\left(-\frac{1}{2}\right)-\sqrt{\frac{1}{3}}\varphi(0)\chi\left(\frac{1}{2}\right)$$

$$\psi(\frac{1}{2},-\frac{1}{2})=C_{10\frac{1}{2}-\frac{1}{2}}^{\frac{1}{2}-\frac{1}{2}}\varphi(0)\chi\left(-\frac{1}{2}\right)+C_{1-1\frac{1}{2}\frac{1}{2}}^{\frac{1}{2}-\frac{1}{2}}\varphi(-1)\chi\left(\frac{1}{2}\right)$$

$$=\sqrt{\frac{1}{3}}\varphi(0)\chi\left(-\frac{1}{2}\right)-\sqrt{\frac{2}{3}}\varphi(-1)\chi\left(\frac{1}{2}\right)$$

为了清晰起见，由表2.2给出耦合系数值。

表2.2 轨道角动量1和自旋为1/2的粒子波函数耦合表象和非耦合表象之间的关系

$\psi(j,m)$	$\varphi(1)\chi(\frac{1}{2})$	$\varphi(1)\chi(-\frac{1}{2})$	$\varphi(0)\chi(\frac{1}{2})$	$\varphi(0)\chi(-\frac{1}{2})$	$\varphi(-1)\chi(\frac{1}{2})$	$\varphi(-1)\chi(-\frac{1}{2})$
$\psi(\frac{3}{2},\frac{3}{2})$	1	0	0	0	0	0
$\psi(\frac{3}{2},\frac{1}{2})$	0	$\sqrt{\frac{1}{3}}$	$\sqrt{\frac{2}{3}}$	0	0	0
$\psi(\frac{3}{2},-\frac{1}{2})$	0	0	0	$\sqrt{\frac{2}{3}}$	$\sqrt{\frac{1}{3}}$	0
$\psi(\frac{3}{2},-\frac{3}{2})$	0	0	0	0	0	1
$\psi(\frac{1}{2},\frac{1}{2})$	0	$\sqrt{\frac{2}{3}}$	$-\sqrt{\frac{1}{3}}$	0	0	0
$\psi(\frac{1}{2},-\frac{1}{2})$	0	0	0	$\sqrt{\frac{1}{3}}$	$-\sqrt{\frac{2}{3}}$	0

显然,每个波函数 $\psi(j,m)$ 都是归一的,而且彼此之间正交,即对不同 j,$j=\frac{3}{2}$ 和 $j=\frac{1}{2}$,或不同 m 的波函数都正交。另外,由(2.2.15)式给出的非耦合表象波函数乘积用耦合表象波函数展开的系数是按表 2.2 中的列来给出,也满足正交归一性。这是耦合表象与非耦合表象波函数之间耦合关系的一个简单示例。其他角动量也可以如上写出,但是展开项很多。

另外,由表 2.2 给出了非耦合表象的六维波函数是由一个 6×6 维幺正矩阵变换成耦合表象的波函数。这个幺正矩阵 $\boldsymbol{U}$ 表示为

$$\boldsymbol{U}=\begin{pmatrix}1&0&0&0&0&0\\0&\sqrt{\frac{1}{3}}&\sqrt{\frac{2}{3}}&0&0&0\\0&0&0&\sqrt{\frac{2}{3}}&\sqrt{\frac{1}{3}}&0\\0&0&0&0&0&1\\0&\sqrt{\frac{2}{3}}&-\sqrt{\frac{1}{3}}&0&0&0\\0&0&0&\sqrt{\frac{1}{3}}&-\sqrt{\frac{2}{3}}&0\end{pmatrix}$$

因此表 2.2 可以简写成

$$\boldsymbol{\Psi}=\boldsymbol{U}\boldsymbol{\Phi}$$

其中 $\boldsymbol{\Psi}$ 是耦合表象的态矢量,$\boldsymbol{\Phi}$ 是非耦合表象的态矢量。可以验证矩阵 $\boldsymbol{U}$ 是幺正的,即 $\boldsymbol{U}^{\dagger}=\boldsymbol{U}^{-1}$,

$$\boldsymbol{U}\boldsymbol{U}^{\dagger}=\begin{pmatrix}1&0&0&0&0&0\\0&\sqrt{\frac{1}{3}}&\sqrt{\frac{2}{3}}&0&0&0\\0&0&0&\sqrt{\frac{2}{3}}&\sqrt{\frac{1}{3}}&0\\0&0&0&0&0&1\\0&\sqrt{\frac{2}{3}}&-\sqrt{\frac{1}{3}}&0&0&0\\0&0&0&\sqrt{\frac{1}{3}}&-\sqrt{\frac{2}{3}}&0\end{pmatrix}\begin{pmatrix}1&0&0&0&0&0\\0&\sqrt{\frac{1}{3}}&0&0&\sqrt{\frac{2}{3}}&0\\0&\sqrt{\frac{2}{3}}&0&0&-\sqrt{\frac{1}{3}}&0\\0&0&\sqrt{\frac{2}{3}}&0&0&\sqrt{\frac{1}{3}}\\0&0&\sqrt{\frac{1}{3}}&0&0&-\sqrt{\frac{2}{3}}\\0&0&0&1&0&0\end{pmatrix}=\boldsymbol{I}$$

其中 $\boldsymbol{I}$ 是六维单位矩阵,验证了上面两个表象之间的 CG 系数变换是幺正变换。其他角动量也可以如上写出,只是展开维数不同而已,但同样可以得到两个表象之间的 CG 系数变换是幺正变换的结果。

利用 CG 系数的性质可以得到如下不同磁量子数之间 CG 系数关系式:

$$[L(L+1)-l_1(l_1+1)-l_2(l_2+1)]C_{l_10l_20}^{L\ 0}=\sqrt{l_1(l_1+1)l_2(l_2+1)}[1+(-1)^{l_1+l_2-L}]C_{l_11l_2-1}^{L\ 0} \tag{2.2.22}$$

证明:当两个粒子角动量分别为 l_1 和 l_2 耦合成总角动量 L 为整数,磁量子数为 0 时,

$$\psi(l_1,l_2,L0)=\sum_m C_{l_1-ml_2m}^{L\ 0}\psi(l_1-m)\psi(l_2m) \tag{2.2.23}$$

利用(2.1.8)式给出的 l_x, l_y 用上升下降算符表示的形式,可以得到

$$\begin{aligned}\boldsymbol{l}_1\cdot\boldsymbol{l}_2 &= l_{1x}l_{2x}+l_{1y}l_{2y}+l_{1z}l_{2z}\\ &=\frac{1}{4}[(l_{1+}+l_{1-})(l_{2+}+l_{2-})-(l_{1+}-l_{1-})(l_{2+}-l_{2-})]+l_{1z}l_{2z}\\ &=\frac{1}{2}[l_{1+}l_{2-}+l_{1-}l_{2+}]+l_{1z}l_{2z}\end{aligned}$$

因此可将总角动量展开成下面形式

$$L^2=(\boldsymbol{l}_1+\boldsymbol{l}_2)^2=\boldsymbol{l}_1^2+\boldsymbol{l}_2^2+2\boldsymbol{l}_1\cdot\boldsymbol{l}_2=\boldsymbol{l}_1^2+\boldsymbol{l}_2^2+l_{1+}l_{2-}+2l_{1z}l_{2z}+l_{1-}l_{2+}$$

改写为

$$L^2-\boldsymbol{l}_1^2-\boldsymbol{l}_2^2=l_{1+}l_{2-}+2l_{1z}l_{2z}+l_{1-}l_{2+} \tag{2.2.24}$$

将其作用到上面的波函数式(2.2.23)上,消去等式中的 $\hbar^2$ 因子,得到

$$\begin{aligned}&[L(L+1)-l_1(l_1+1)-l_2(l_2+1)]\psi(l_1,l_2,L0)\\ &=\sum_m C_{l_1-ml_2m}^{L\ 0}\sqrt{(l_1+m)(l_1-m+1)}\sqrt{(l_2+m)(l_2-m+1)}\psi(l_11-m)\psi(l_2m-1)-\\ &\quad\sum_m 2m^2C_{l_1-ml_2m}^{L\ 0}\psi(l_1-m)\psi(l_2m)+\\ &\quad\sum_m C_{l_1-ml_2m}^{L\ 0}\sqrt{(l_1-m)(l_1+m+1)}\sqrt{(l_2-m)(l_2+m+1)}\psi(l_1-m-1)\psi(l_2m+1)\end{aligned}$$

再将磁量子数为0的乘积波函数 $\psi^*(l_10)\psi^*(l_20)$ 左乘到上面等式两边,并积分,利用波函数的正交性和利用式(2.2.23),有 $\langle\psi(l_10)\psi(l_20)|\psi(l_1,l_2,L0)\rangle=C_{l_10l_20}^{L\ 0}$。因而方程左边为

$$[L(L+1)-l_1(l_1+1)-l_2(l_2+1)]C_{l_10l_20}^{L\ 0}$$

方程右边第一项的积分结果是

$$\langle\psi(l_10)|\psi(l_11-m)\rangle\langle\psi(l_20)|\psi(l_2m-1)\rangle=\delta_{m,1}$$

得到在第一项中 $m=1$,系数为 $\sqrt{l_1(l_1+1)l_2(l_2+1)}$,第二项的积分得到 $m=0$,第三项的积分结果是

$$\langle\psi(l_10)|\psi(l_1-m-1)\rangle\langle\psi(l_20)|\psi(l_2m+1)\rangle=\delta_{m,-1}$$

得到第三项中 $m=-1$,系数为 $\sqrt{l_1(l_1+1)l_2(l_2+1)}$。因此得到CG系数的不同磁量子数之间有如下关系:

$$[L(L+1)-l_1(l_1+1)-l_2(l_2+1)]C_{l_10l_20}^{L\ 0}=\sqrt{l_1(l_1+1)l_2(l_2+1)}[C_{l_1-1l_21}^{L\ 0}+C_{l_11l_2-1}^{L\ 0}]$$

由CG系数的对称性(见式(2.2.18)) $C_{l_1-1l_21}^{L\ 0}=(-1)^{l_1+l_2-L}C_{l_11l_2-1}^{L\ 0}$,得到

$$[L(L+1)-l_1(l_1+1)-l_2(l_2+1)]C_{l_10l_20}^{L\ 0}=\sqrt{l_1(l_1+1)l_2(l_2+1)}[1+(-1)^{l_1+l_2-L}]C_{l_11l_2-1}^{L\ 0}$$

当 $l_1+l_2-L=$ 奇数时,$C_{l_10l_20}^{L\ 0}=0$。

2.3 三个角动量耦合——Racah 系数

在两个角动量的耦合基础上,我们可以进一步讨论三个角动量耦合,甚至更多角动量耦合问题。例如两个带自旋的粒子之间的耦合,可以是每个粒子的轨道角动量 $\boldsymbol{L}_i$ 与自旋 $\boldsymbol{S}_i$ 耦合成总角动量 $\boldsymbol{J}_i$,然后两个粒子的角动量耦合成总角动量 $\boldsymbol{J}$,这种表象称为 jj 耦合。另一种是两个粒子轨道角动量耦合和自旋分别耦合成总轨道角动量 $\boldsymbol{L}$ 和总自旋 $\boldsymbol{S}$,然后耦合为总角动量 $\boldsymbol{J}$,称为 LS 耦合。角动量耦合系数就是讨论不同表象之间的幺正变换关系。这里

我们只讨论到三个和四个角动量的耦合，本节讨论三个角动量耦合的不同表象之间的变换关系。

对三个角动量的耦合

$$\boldsymbol{J}=\boldsymbol{J}_1+\boldsymbol{J}_2+\boldsymbol{J}_3$$

其耦合途径是先将两个角动量耦合起来，再与另一个角动量耦合，得到总角动量。可以相互对易的六个算符是 $J_1^2, J_2^2, J_3^2, J_{\text{int}}^2, J^2$ 和 J_z，其中 $\boldsymbol{J}_{\text{int}}=\boldsymbol{J}_1+\boldsymbol{J}_2$ 是一种耦合表象。另外的耦合表象是 $\boldsymbol{J}_{\text{int}}=\boldsymbol{J}_2+\boldsymbol{J}_3$ 或 $\boldsymbol{J}_{\text{int}}=\boldsymbol{J}_1+\boldsymbol{J}_3$。

我们考虑上面两种耦合表象之间的幺正变换关系，其耦合图像由图 2.1 给出。

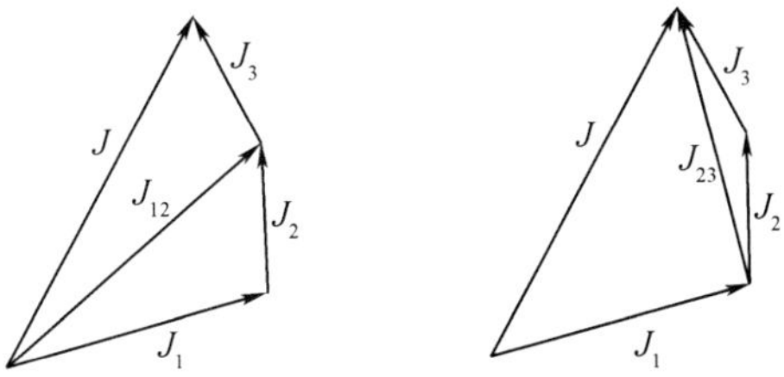

图 2.1　三个角动量不同顺序耦合示意图

1. Racah 系数定义

三个角动量 $\boldsymbol{J}_1, \boldsymbol{J}_2, \boldsymbol{J}_3$，它们耦合成总角动量 $\boldsymbol{J}$ 的两种途径：$(\boldsymbol{J}_1, \boldsymbol{J}_2)$ 耦合成 $\boldsymbol{J}_{12}$，再与 $\boldsymbol{J}_3$ 耦合成 $\boldsymbol{J}$；也可以 $(\boldsymbol{J}_2, \boldsymbol{J}_3)$ 耦合成 $\boldsymbol{J}_{23}$，再与 $\boldsymbol{J}_1$ 耦合成 $\boldsymbol{J}$。这两种耦合表象之间的变换可用一个幺正变换 $R_{j_{23}j_{12}}$ 联系起来

$$\psi_{jm}(j_{12})=\sum_{j_{23}} R_{j_{23}j_{12}}\psi_{jm}(j_{23}) \tag{2.3.1}$$

上述两种耦合可以用下面的显式表示给出

$$\begin{aligned}\psi_{jm}(j_{12})&=\sum_{m_1m_2m_3} C_{j_1m_1j_2m_2}^{j_{12}\ m_{12}} C_{j_{12}m_{12}j_3m_3}^{j\ m}\psi_{j_1m_1}(1)\psi_{j_2m_2}(2)\psi_{j_3m_3}(3)\\ \psi_{jm}(j_{23})&=\sum_{m_1m_2m_3} C_{j_1m_1j_{23}m_{23}}^{j\ m} C_{j_2m_2j_3m_3}^{j_{23}\ m_{23}}\psi_{j_1m_1}(1)\psi_{j_2m_2}(2)\psi_{j_3m_3}(3)\end{aligned} \tag{2.3.2}$$

定义符号 $\hat{j}=\sqrt{2j+1}$，Racah 系数定义为

$$R_{j_{23}j_{12}}=\hat{j}_{12}\hat{j}_{23}W(j_1j_2jj_3;j_{12}j_{23}) \tag{2.3.3}$$

Racah 系数与 CG 系数一样都是描述不同表象之间的变换系数。

将(2.3.2)式代入(2.3.1)式，两边乘上 $\psi_{j_1m_1}^*(1)\psi_{j_2m_2}^*(2)\psi_{j_3m_3}^*(3)$ 并积分，利用波函数的正交性消去对磁量子数的求和，得到

$$C_{j_1m_1j_2m_2}^{j_{12}\ m_{12}} C_{j_{12}m_{12}j_3m_3}^{j\ m}=\sum_{j_{23}}\hat{j}_{12}\hat{j}_{23}W(j_1j_2jj_3;j_{12}j_{23})C_{j_1m_1j_{23}m_{23}}^{j\ m}C_{j_2m_2j_3m_3}^{j_{23}\ m_{23}} \tag{2.3.4}$$

这是一个很有用的公式，角动量耦合的顺序变化时，即从 $\boldsymbol{J}_1+\boldsymbol{J}_2=\boldsymbol{J}_{12}$ 再耦合成 $\boldsymbol{J}_{12}+\boldsymbol{J}_3=\boldsymbol{J}$，与从 $\boldsymbol{J}_2+\boldsymbol{J}_3=\boldsymbol{J}_{23}$ 再耦合成 $\boldsymbol{J}_1+\boldsymbol{J}_{23}=\boldsymbol{J}$ 之间的 CG 系数关系。

进而在(2.3.4)式乘上 $C_{j_2m_2j_3m_3}^{j_{23}\ m_2+m_3}=C_{j_2m_2j_3m_3}^{j_{23}\ m_{23}}$，对 m_2 求和，且保持 $m_2+m_3=m_{23}$ 不变时，利用 CG 系数正交性(2.2.14)，得到

$$\sum_{m_2,\text{固定}m_{23}} C_{j_1m_1j_2m_2}^{j_{12}\ m_{12}} C_{j_{12}m_{12}j_3m_3}^{j\ m} C_{j_2m_2j_3m_3}^{j_{23}\ m_{23}}=\hat{j}_{12}\hat{j}_{23}C_{j_1m_1j_{23}m_{23}}^{j\ m}W(j_1j_2jj_3;j_{12}j_{23}) \tag{2.3.5}$$

它可以约化 CG 系数与 Racah 系数乘积成为三个 CG 系数对一个磁量子数求和的方式。

对(2.3.5)式再乘上 $C_{j_1m_1j_{23}m_{23}}^{j\ m}$ 保持 $m_1+m_2+m_3$ 不变，对 m_1 求和，得到

$$\hat{j}_{12}\hat{j}_{23}W(j_1j_2jj_3;j_{12}j_{23})=\sum_{m_1m_2}C_{j_1m_1j_2m_2}^{j_{12}\ m_{12}}C_{j_{12}m_{12}j_3m_3}^{j\ m}C_{j_2m_2j_3m_3}^{j_{23}\ m_{23}}C_{j_1m_1j_{23}m_{23}}^{j\ m} \tag{2.3.6}$$

由此得到 Racah 系数的计算公式。可以看出 Racah 系数是由四个 CG 系数求和而成。特别需要注意的是，在(2.3.6)式中 m 是一个固定值，因而这里 m_3 求和不是自由求和，它已经包括在 m_1,m_2 求和之中，在(2.3.6)式中磁量子数仅有两个为自由求和。

2. Racah 系数性质

这里仅给出 Racah 系数的对称性质，如果需要详细了解这些对称性质，可参阅一些专门研究角动量理论的书籍①。

(1)循环性质(对称性)

$$\begin{aligned}W(abcd;ef)&=W(badc;ef)=W(cdab;ef)=W(acbd;fe)\\&=(-1)^{e+f-a-d}W(ebcf;ad)=(-1)^{e+f-b-c}W(aefd;bc)\end{aligned} \tag{2.3.7}$$

这是很有用的公式，在需要改变角变动量顺序时常常用到。

(2)正交关系

$$\sum_e(2e+1)(2f+1)W(abcd;ef)W(abcd;eg)=\delta_{fg} \tag{2.3.8}$$

(3)相加关系

$$\sum_e(2e+1)(-1)^{a+b-e}W(abcd;ef)W(bacd;eg)=W(agfb;dc) \tag{2.3.9}$$

利用这些性质常常能使表达式大大简化，熟练掌握上述 Racah 系数性质，可以将理论公式约化成很简单的结果。

作为应用示例，利用 Racah 系数性质，可以证明下式成立：

$$\hat{l}_a\hat{l}_bW(l_aj_al_bj_b;\frac{1}{2}l)C_{l_a0\,l_b0}^{l\ 0}=\frac{1}{2}[1+(-1)^{l+l_a+l_b}]C_{j_a\frac{1}{2}j_b-\frac{1}{2}}^{l\ 0} \tag{2.3.10}$$

证明：由 $C_{l_a0l_b0}^{l\ 0}$ 非 0 条件得知，l_a 以及 l_b 为整数，$l+l_a+l_b$ 为偶数。应用(2.3.5)式，这时符号对应关系为(括号内为目前符号，而括号外为(2.3.5)式中的符号)

$$j_1(l_a)\quad m_1(0);\quad j_2(\frac{1}{2})\quad m_2(m_2);\quad j_{12}(j_a)\quad m_{12}(m_2);$$

$$j(l)\quad m(0);\quad j_3(j_b)\quad m_3(-m_2);\quad j_{23}(l_b)\quad m_{23}(0);$$

这时(2.3.5)式在目前符号下的表示

$$\sum_{m_2}C_{l_a0\frac{1}{2}m_2}^{j_a\ m_2}C_{j_am_2j_b-m_2}^{l\ 0}C_{\frac{1}{2}m_2j_b-m_2}^{l_b\ 0}=\hat{j}_a\hat{l}_bC_{l_a0l_b0}^{l\ 0}W(l_a\frac{1}{2}lj_b;j_al_b) \tag{2.3.11}$$

利用 CG 系数的对称性，上式可改写为

$$\sqrt{\frac{2j_a+1}{2l_a+1}}\sum_{m_2}(-1)^{j_a-l_a-m_2}C_{j_am_2\frac{1}{2}-m_2}^{l_a\ 0}C_{j_am_2j_b-m_2}^{l\ 0}C_{j_bm_2\frac{1}{2}-m_2}^{l_b\ 0}=\hat{j}_a\hat{l}_bC_{l_a0l_b0}^{l\ 0}W(l_a\frac{1}{2}lj_b;j_al_b)$$

利用 Racah 系数的对称性(2.3.7)式，上式右边最后一个关系式为

$$W(l_a\frac{1}{2}lj_b;j_al_b)=(-1)^{j_a+l_b-\frac{1}{2}-l}W(l_aj_al_bj_b;\frac{1}{2}l)$$

---

① D. M. Brink and G. R. Satchler, Angular Momentum, Oxford University Press, First edition 1962, Second edition 1968, Third edition 1994

经过相因子的约化，注意到 $l_a + l_b + l =$ 偶数，(2.3.11)式变为

$$\sum_{m_2} (-1)^{\frac{1}{2}-m_2} C^{l_a\;\;0}_{j_a m_2 \frac{1}{2} -m_2} C^{l\;\;0}_{j_a m_2 j_b -m_2} C^{l_b\;\;0}_{j_b m_2 \frac{1}{2} -m_2} = \hat{l}_a \hat{l}_b W(l_a j_a l_b j_b;\frac{1}{2} l) C^{l\;\;0}_{l_a 0 l_b 0} \qquad (2.3.12)$$

由 CG 系数表2.1 看出，在 $\mu = -\frac{1}{2}$，$m = 0$ 时，对 $j = l \pm \frac{1}{2}$两种情况的 CG 系数均为$\sqrt{\frac{1}{2}}$。因此，当对 $m_2 = \pm\frac{1}{2}$求和时，利用 CG 系数对称性(2.2.18)式，将第二个磁量子数均换为 $\mu = -\frac{1}{2}$，这时有

$$C^{l\;\;0}_{j\frac{1}{2}\frac{1}{2}-\frac{1}{2}} = \sqrt{\frac{1}{2}},\quad C^{l\;\;0}_{j-\frac{1}{2}\frac{1}{2}\frac{1}{2}} = (-1)^{j+\frac{1}{2}-l} C^{l\;\;0}_{j\frac{1}{2}\frac{1}{2}-\frac{1}{2}} = (-1)^{j+\frac{1}{2}-l}\sqrt{\frac{1}{2}}$$

因此对 $m_2 = \pm\frac{1}{2}$求和后，(2.3.12)式左边变为

$$\begin{aligned}\sum_{m_2=\pm\frac{1}{2}} (-1)^{\frac{1}{2}-m_2} C^{l_a\;\;0}_{j_a m_2 \frac{1}{2} -m_2} C^{l\;\;0}_{j_a m_2 j_b -m_2} C^{l_b\;\;0}_{j_b m_2 \frac{1}{2} -m_2} &= C^{l_a\;\;0}_{j_a\frac{1}{2}\frac{1}{2}-\frac{1}{2}} C^{l\;\;0}_{j_a\frac{1}{2}j_b-\frac{1}{2}} C^{l_b\;\;0}_{j_b\frac{1}{2}\frac{1}{2}-\frac{1}{2}} - C^{l_a\;\;0}_{j_a-\frac{1}{2}\frac{1}{2}\frac{1}{2}} C^{l\;\;0}_{j_a-\frac{1}{2}j_b\frac{1}{2}} C^{l_b\;\;0}_{j_b-\frac{1}{2}\frac{1}{2}\frac{1}{2}} \\ &= \frac{1}{2}[1 + (-1)^{l+l_a+l_b}] C^{l\;\;0}_{j_a\frac{1}{2}j_b-\frac{1}{2}}\end{aligned}$$

代入(2.3.12)式，得到(2.3.10)式。

另一个应用示例是，约化两个 CG 系数和一个 Racah 系数乘积对一个角动量求和，

$$\sum_{l} C^{l\;\;0}_{j_a\frac{1}{2}j_c-\frac{1}{2}} C^{l\;\;0}_{j_b\frac{1}{2}j_d-\frac{1}{2}} W(j_a j_b j_c j_d;jl) = \frac{(-1)^{j_a+j_c-j}}{2j+1} C^{j\;\;1}_{j_a\frac{1}{2}j_b\frac{1}{2}} C^{j\;\;1}_{j_c\frac{1}{2}j_d\frac{1}{2}} \qquad (2.3.13)$$

证明：利用 CG 系数对称性(2.2.18)式，

$$\sum_{l} C^{l\;\;0}_{j_a\frac{1}{2}j_c-\frac{1}{2}} C^{l\;\;0}_{j_b\frac{1}{2}j_d-\frac{1}{2}} W(j_a j_b j_c j_d;jl) = \sum_{l} C^{l\;\;0}_{j_b\frac{1}{2}j_d-\frac{1}{2}} (-1)^{j_a-\frac{1}{2}} \sqrt{\frac{2l+1}{2j_c+1}} C^{j_c\;\;\frac{1}{2}}_{j_a\frac{1}{2}l0} W(j_a j_b j_c j_d;jl) \qquad (2.3.14)$$

应用(2.3.5)式，

$$C^{j_c\;\;\frac{1}{2}}_{j_a\frac{1}{2}l0} W(j_a j_b j_c j_d;jl) = \frac{1}{\sqrt{(2j+1)(2l+1)}} \sum_{m} C^{j\;\;m+\frac{1}{2}}_{j_a\frac{1}{2}j_b m} C^{j_c\;\;\frac{1}{2}}_{jm+\frac{1}{2}j_d-m} C^{l\;\;0}_{j_b m j_d -m}$$

代入(2.3.14)式右边得到

$$\sum_{l} C^{l\;\;0}_{j_b\frac{1}{2}j_d-\frac{1}{2}} \frac{(-1)^{j_a-\frac{1}{2}}}{\sqrt{(2j+1)(2j_c+1)}} \sum_{m} C^{j\;\;m+\frac{1}{2}}_{j_a\frac{1}{2}j_b m} C^{j_c\;\;\frac{1}{2}}_{jm+\frac{1}{2}j_d-m} C^{l\;\;0}_{j_b m j_d -m}$$

对 l 求和得到因子 $\delta_{m\frac{1}{2}}$，这时方程(2.3.14)右式被约化为

$$\frac{(-1)^{j_a-\frac{1}{2}}}{\sqrt{(2j+1)(2j_c+1)}} C^{j\;\;1}_{j_a\frac{1}{2}j_b\frac{1}{2}} C^{j_c\;\;\frac{1}{2}}_{j1j_d-\frac{1}{2}} = \frac{(-1)^{j_a+j_c-j}}{2j+1} C^{j\;\;1}_{j_a\frac{1}{2}j_b\frac{1}{2}} C^{j\;\;1}_{j_c\frac{1}{2}j_d\frac{1}{2}}$$

其中上式左边第二个 CG 系数两次应用了式(2.2.18)的对称性，最终证明式(2.3.13)成立。

特殊情况：当一个角动量值为 0 时，Racah 系数的简单表示为

$$W(abcd;0f) = \frac{(-1)^{f-b-d}\delta_{ab}\delta_{cd}}{\sqrt{(2b+1)(2d+1)}} \qquad (2.3.15)$$

此外还经常用 $6-j$ 符号代替 Racah 系数，它们之间关系为

$$\begin{Bmatrix} j_1 & j_2 & j_3 \\ l_1 & l_2 & l_3 \end{Bmatrix} = (-1)^{j_1+j_2+l_1+l_2} W(j_1 j_2 l_2 l_1; j_3 l_3) \tag{2.3.16}$$

6 $-j$ 符号有很好的对称性，任意两列左右互换和上下互换都保持不变：

$$\begin{Bmatrix} j_1 & j_2 & j_3 \\ l_1 & l_2 & l_3 \end{Bmatrix} = \begin{Bmatrix} j_2 & j_1 & j_3 \\ l_2 & l_1 & l_3 \end{Bmatrix} = \cdots = \begin{Bmatrix} l_1 & l_2 & l_3 \\ j_1 & j_2 & j_3 \end{Bmatrix} = \cdots \tag{2.3.17}$$

当其中一个角动量值为 0 时，记 $s = j_1 + j_2 + j_3$，6 $-j$ 系数可简单表示为

$$\begin{Bmatrix} j_1 & j_2 & j_3 \\ 0 & j_3 & j_2 \end{Bmatrix} = (-1)^s \frac{1}{\sqrt{(2j_2+1)(2j_3+1)}} \tag{2.3.18}$$

当其中一个角动量为$\frac{1}{2}$时，6 $-j$ 系数可简单表示为

$$\begin{Bmatrix} j_1 & j_2 & j_3 \\ \frac{1}{2} & j_3-\frac{1}{2} & j_2+\frac{1}{2} \end{Bmatrix} = (-1)^s \sqrt{\frac{(j_1+j_3-j_2)(j_1+j_2-j_3+1)}{(2j_2+1)(2j_2+2)2j_3(2j_3+1)}} \tag{2.3.19}$$

$$\begin{Bmatrix} j_1 & j_2 & j_3 \\ \frac{1}{2} & j_3-\frac{1}{2} & j_2-\frac{1}{2} \end{Bmatrix} = (-1)^s \sqrt{\frac{(j_2+j_3-j_1)(j_1+j_2+j_3+1)}{2j_2(2j_2+1)2j_3(2j_3+1)}} \tag{2.3.20}$$

$$\begin{Bmatrix} j_1 & j_2 & j_3 \\ \frac{1}{2} & j_3+\frac{1}{2} & j_2-\frac{1}{2} \end{Bmatrix} = (-1)^s \sqrt{\frac{(j_1+j_3-j_2+1)(j_1+j_2-j_3)}{2j_2(2j_2+1)(2j_3+1)(2j_3+2)}} \tag{2.3.21}$$

$$\begin{Bmatrix} j_1 & j_2 & j_3 \\ \frac{1}{2} & j_3+\frac{1}{2} & j_2+\frac{1}{2} \end{Bmatrix} = (-1)^{s+1} \sqrt{\frac{(j_1+j_2+j_3+2)(j_2+j_3-j_1+1)}{(2j_2+1)(2j_2+2)(2j_3+1)(2j_3+2)}} \tag{2.3.22}$$

2.4 四个角动量的耦合 9 $-j$ 符号

四个角动量 $\boldsymbol{J}_1, \boldsymbol{J}_2, \boldsymbol{J}_3, \boldsymbol{J}_4$ 可以通过两种耦合方式建立两套新的耦合表象。一种是角动量 $\boldsymbol{J}_1$ 和 $\boldsymbol{J}_2$ 耦合成 $\boldsymbol{J}_{12}$，$\boldsymbol{J}_3$ 和 $\boldsymbol{J}_4$ 耦合成 $\boldsymbol{J}_{34}$，然后 $\boldsymbol{J}_{12}$ 和 $\boldsymbol{J}_{34}$ 再耦合成总角动量 $\boldsymbol{J}$，表示为

$$\Psi(j_1 j_2(j_{12}), j_3 j_4(j_{34}), jm) \tag{2.4.1}$$

第二种耦合方式是角动量 $\boldsymbol{J}_1$ 先和 $\boldsymbol{J}_3$ 耦合成 $\boldsymbol{J}_{13}$，$\boldsymbol{J}_2$ 以及 $\boldsymbol{J}_4$ 耦合成 $\boldsymbol{J}_{24}$，然后 $\boldsymbol{J}_{13}$ 和 $\boldsymbol{J}_{24}$ 再耦合成总角动量 $\boldsymbol{J}$，表示为

$$\Psi(j_1 j_3(j_{13}), j_2 j_4(j_{24}), jm) \tag{2.4.2}$$

这两种耦合表象的基矢可以通过一个 9 $-j$ 符号相联系，这个 9 $-j$ 符号就是两种不同顺序角动量耦合表象之间的幺正变换。

$$\begin{aligned} \Psi(j_1 j_2(j_{12}), j_3 j_4(j_{34}), jm) &= \sum_{j_{13} j_{24}} (j_{13} j_{24}, j | j_{12} j_{34}, j) \Psi(j_1 j_3(j_{13}), j_2 j_4(j_{24}), jm) \\ &= \sum_{j_{13} j_{24}} \hat{j}_{12} \hat{j}_{34} \hat{j}_{13} \hat{j}_{24} \begin{Bmatrix} j_1 & j_2 & j_{12} \\ j_3 & j_4 & j_{34} \\ j_{13} & j_{24} & j \end{Bmatrix} \Psi(j_1 j_3(j_{13}), j_2 j_4(j_{24}), jm) \end{aligned} \tag{2.4.3}$$

9 $-j$ 符号定义为

$$\begin{Bmatrix} j_1 & j_2 & j_{12} \\ j_3 & j_4 & j_{34} \\ j_{13} & j_{24} & j \end{Bmatrix} = \frac{1}{\hat{j}_{12} \hat{j}_{34} \hat{j}_{13} \hat{j}_{24}} \langle (j_1 j_2) j_{12}, (j_3 j_4) j_{34}, j | (j_1 j_3) j_{13}, (j_2 j_4) j_{24}, j \rangle \tag{2.4.4}$$

9 - j 符号也可以用 6 - j 或 3 - j 符号来表示：

$$\begin{Bmatrix} j_1 & j_2 & j_{12} \\ j_3 & j_4 & j_{34} \\ j_{13} & j_{24} & j \end{Bmatrix} = \sum_{j'} (-1)^{2j'}(2j'+1)\begin{Bmatrix} j_1 & j_2 & j_{12} \\ j_{34} & j & j' \end{Bmatrix}\begin{Bmatrix} j_3 & j_4 & j_{34} \\ j_2 & j' & j_{24} \end{Bmatrix}\begin{Bmatrix} j_{13} & j_{24} & j \\ j' & j_1 & j_3 \end{Bmatrix}$$

$$= \sum_{\text{所有}m} \begin{pmatrix} j_1 & j_2 & j_{12} \\ m_1 & m_2 & m_{12} \end{pmatrix}\begin{pmatrix} j_3 & j_4 & j_{34} \\ m_3 & m_4 & m_{34} \end{pmatrix}\begin{pmatrix} j_{13} & j_{24} & j \\ m_{13} & m_{24} & m \end{pmatrix} \times$$

$$\begin{pmatrix} j_1 & j_3 & j_{13} \\ m_1 & m_3 & m_{13} \end{pmatrix}\begin{pmatrix} j_2 & j_4 & j_{24} \\ m_2 & m_4 & m_{24} \end{pmatrix}\begin{pmatrix} j_{12} & j_{34} & j \\ m_{12} & m_{34} & m \end{pmatrix} \tag{2.4.5}$$

9 - j 符号有很好的对称性，在行与列按顺序对换或两个对角线反射等变换下保持不变，例如

$$\begin{Bmatrix} j_1 & j_2 & j_{12} \\ j_3 & j_4 & j_{34} \\ j_{13} & j_{24} & j \end{Bmatrix} = \begin{Bmatrix} j_1 & j_3 & j_{13} \\ j_2 & j_4 & j_{24} \\ j_{12} & j_{34} & j \end{Bmatrix} = \begin{Bmatrix} j_{13} & j_{24} & j \\ j_1 & j_2 & j_{12} \\ j_3 & j_4 & j_{34} \end{Bmatrix} \tag{2.4.6}$$

而行或列奇次对调时符号相差一个因子 $(-1)^s$。s 是 9 - j 符号中所有角动量之和。即 $s = j_1 + j_2 + j_3 + j_4 + j_{12} + j_{34} + j_{13} + j_{24} + j$。例如

$$\begin{Bmatrix} j_1 & j_2 & j_{12} \\ j_3 & j_4 & j_{34} \\ j_{13} & j_{24} & j \end{Bmatrix} = (-1)^s\begin{Bmatrix} j_3 & j_4 & j_{34} \\ j_1 & j_2 & j_{12} \\ j_{13} & j_{24} & j \end{Bmatrix} = (-1)^s\begin{Bmatrix} j_2 & j_1 & j_{12} \\ j_{24} & j_{13} & j \\ j_4 & j_3 & j_{34} \end{Bmatrix} \tag{2.4.7}$$

9 - j 符号有如下的正交关系：

$$\sum_{gh} (2g+1)(2h+1)\begin{Bmatrix} a & b & e \\ c & d & f \\ g & h & k \end{Bmatrix}\begin{Bmatrix} a & b & e' \\ c & d & f' \\ g & h & k \end{Bmatrix} = \frac{\delta_{e'e}\delta_{f'f}}{(2e+1)(2f+1)} \tag{2.4.8}$$

以及合成关系

$$\sum_{gh} (-1)^{h+m-f-2b}(2g+1)(2h+1)\begin{Bmatrix} a & b & e \\ c & d & f \\ g & h & k \end{Bmatrix}\begin{Bmatrix} a & c & g \\ d & b & h \\ l & m & k \end{Bmatrix} = \begin{Bmatrix} a & b & e \\ d & c & f \\ l & m & k \end{Bmatrix} \tag{2.4.9}$$

当 9 - j 符号中的一个元素为零时，可退化为一个 6 - j 符号：

$$\begin{Bmatrix} a & b & e \\ c & d & e \\ f & f & 0 \end{Bmatrix} = \begin{Bmatrix} 0 & e & e \\ f & d & b \\ f & c & a \end{Bmatrix} = \begin{Bmatrix} e & 0 & e \\ c & f & a \\ d & f & b \end{Bmatrix} = \cdots = \frac{(-1)^{b+c+e+f}}{\sqrt{(2e+1)(2f+1)}}\begin{Bmatrix} a & b & e \\ d & c & f \end{Bmatrix} \tag{2.4.10}$$

如果两个粒子的角动量分别为 (l_1, s_1)，(l_2, s_2)，其中 l 表示轨道角动量，s 表示自旋。两个粒子总角动量有两种耦合方式，一种是将每个粒子的总角动量分别耦合

$$\boldsymbol{j}_1 = \boldsymbol{l}_1 + \boldsymbol{s}_1 \qquad \boldsymbol{j}_2 = \boldsymbol{l}_2 + \boldsymbol{s}_2$$

再通过 $\boldsymbol{J} = \boldsymbol{j}_1 + \boldsymbol{j}_2$ 耦合成两粒子的总角动量 J 称为 $j - j$ 耦合。另一种耦合方式是先将两个粒子的轨道角动量耦合成总轨道角动量 $\boldsymbol{L} = \boldsymbol{l}_1 + \boldsymbol{l}_2$，自旋耦合成总自旋 $\boldsymbol{S} = \boldsymbol{s}_1 + \boldsymbol{s}_2$，然后通过 $\boldsymbol{J} = \boldsymbol{L} + \boldsymbol{S}$ 耦合成两粒子的总角动量 $\boldsymbol{J}$，称为 $L - S$ 耦合。这两种耦合方式之间可以通过 9 - j 符号来变换。

$$\psi(j_1 j_2, jm) = \sum_{LS} \langle l_1 s_1(j_1) l_2 s_2(j_2) J | l_1 l_2(L) s_1 s_2(S) J \rangle \psi(L, S, jm)$$

$$= \sum_{LS} \hat{j}_1\hat{j}_2\hat{L}\hat{S}\begin{Bmatrix} l_1 & s_1 & j_1 \\ l_2 & s_2 & j_2 \\ L & S & J \end{Bmatrix}\psi(LS,jm) \tag{2.4.11}$$

2.5 习题

(1)利用上升下降算符得到的角动量为$\frac{1}{2}\hbar$矩阵表示的公式,写出泡利矩阵

$$\boldsymbol{\sigma}_x = \begin{pmatrix} 0 & 1 \\ 1 & 0 \end{pmatrix},\quad \boldsymbol{\sigma}_y = \begin{pmatrix} 0 & -\mathrm{i} \\ \mathrm{i} & 0 \end{pmatrix},\quad \boldsymbol{\sigma}_z = \begin{pmatrix} 1 & 0 \\ 0 & -1 \end{pmatrix} \tag{2.5.1}$$

并证明 Pauli 算符满足下面等式

$$\{\boldsymbol{\sigma}_i,\boldsymbol{\sigma}_j\} = 2\delta_{ij},\qquad [\boldsymbol{\sigma}_i,\boldsymbol{\sigma}_j] = 2\mathrm{i}\varepsilon_{ijk}\boldsymbol{\sigma}_k,\quad i\neq j$$

以及

$$\boldsymbol{\sigma}\times\boldsymbol{\sigma} = \begin{vmatrix} \boldsymbol{i} & \boldsymbol{j} & \boldsymbol{k} \\ \boldsymbol{\sigma}_x & \boldsymbol{\sigma}_y & \boldsymbol{\sigma}_z \\ \boldsymbol{\sigma}_x & \boldsymbol{\sigma}_y & \boldsymbol{\sigma}_z \end{vmatrix} = 2\mathrm{i}\boldsymbol{\sigma}$$

(2)$\boldsymbol{\sigma}$为泡利矩阵,$\boldsymbol{A}$ 和 $\boldsymbol{B}$ 为两个任意与 $\boldsymbol{\sigma}$ 可对易的矢量,证明下式关系成立

$$(\boldsymbol{\sigma}\cdot\boldsymbol{A})(\boldsymbol{\sigma}\cdot\boldsymbol{B}) = I\boldsymbol{A}\cdot\boldsymbol{B} + \mathrm{i}\boldsymbol{\sigma}\cdot(\boldsymbol{A}\times\boldsymbol{B}) \tag{2.5.2}$$

(3)利用 CG 系数的对称性,证明:当 $l_1+l_2+l_3=$ 奇数时,$C_{l_10l_20}^{l_3\ 0}=0$。

(4)$\boldsymbol{L}$ 和 $\boldsymbol{P}$ 分别为角动量和动量算符,证明下列关系成立

$$\boldsymbol{L}\cdot\boldsymbol{P} = \boldsymbol{P}\cdot\boldsymbol{L} = 0 \tag{2.5.3}$$

$$\boldsymbol{L}\times\boldsymbol{P} + \boldsymbol{P}\times\boldsymbol{L} = 2\mathrm{i}\boldsymbol{P} \tag{2.5.4}$$

(5)令 $\hbar=1$,波函数$|\psi\rangle$既是角动量的本征函数,又是算符$(\boldsymbol{\sigma}\cdot\boldsymbol{L})$的本征函数,且有$(\boldsymbol{\sigma}\cdot\boldsymbol{L})|\psi\rangle=\lambda|\psi\rangle$。利用$(\boldsymbol{\sigma}\cdot\boldsymbol{L})^2$的展开表示,求出本征值 λ 与角动量本征值 l 的关系。

(6)利用 Racah 系数性质,求证

$$\sum_l(-1)^l C_{j_a\frac{1}{2}j_c\frac{1}{2}}^{l\ 1} C_{j_b\frac{1}{2}j_d\frac{1}{2}}^{l\ 1} W(j_aj_bj_cj_d;jl) = \frac{(-1)^{j_a+j_b}}{2j+1} C_{j_a\frac{1}{2}j_b-\frac{1}{2}}^{j\ 0} C_{j_c\frac{1}{2}j_d-\frac{1}{2}}^{j\ 0} \tag{2.5.5}$$

(7)求证 CG 系数的磁量子数满足下面递推关系

$$\sqrt{(j-m)(j+m+1)}\,C_{j_1m_1\ j_2m_2}^{j\ \ m+1} = \sqrt{(j_1+m_1)(j_1-m_1+1)}\,C_{j_1m_1-1\ j_2m_2}^{j\ \ m} + \sqrt{(j_2+m_2)(j_2-m_2+1)}\,C_{j_1m_1\ j_2m_2-1}^{j\ \ m} \tag{2.5.6}$$

和

$$\sqrt{(j+m)(j-m+1)}\,C_{j_1m_1\ j_2m_2}^{j\ \ m-1} = \sqrt{(j_1-m_1)(j_1+m_1+1)}\,C_{j_1m_1+1\ j_2m_2}^{j\ \ m} + \sqrt{(j_2-m_2)(j_2+m_2+1)}\,C_{j_1m_1\ j_2m_2+1}^{j\ \ m} \tag{2.5.7}$$

(8)写出 $L=1\hbar$ 的矩阵,以及它们各次幂的表示。

(9)证明下面关系式(见附录 2 中 B17 到 B23 的推导)

$$\nabla = \boldsymbol{e}_r\frac{\partial}{\partial r} - \frac{1}{r^2}(\boldsymbol{r}\times\boldsymbol{r}\times\nabla) = \boldsymbol{e}_r\frac{\partial}{\partial r} - \frac{\mathrm{i}}{\hbar}\frac{1}{r^2}\boldsymbol{r}\times\boldsymbol{L}$$

第3章 量子理论中的对称性和守恒定律

物理学研究中对称性为我们提供了强有力的研究工具，一个物理体系，在某种变换下不改变运动规律，我们称该系统具有一种对称性。当一个物理体系具有一定的对称性时，可以得到对应的力学量守恒。时空对称性是最普遍的对称性，相应于不同惯性参考系中描述物理规律的等价性，在经典力学中已经论述过这种对称性。运动方程对应于某种变换的不变性，即哈密顿量在变换下的不变性，对应系统的守恒定律。例如，空间的均匀性，可以得到一个保守系统在无外力的情况下动量守恒，这就是牛顿第一定律。又例如，空间的各向同性，得到角动量守恒。本章将学习用量子力学的方式，研究物理体系的对称性。对称性的研究与量子力学的概念和原理相结合，应用于微观领域，量子力学比经典力学具有更多的对称性，而一种对称性往往对应一个力学量的守恒。如何应用量子力学的方法讨论波函数和算符在对称变换下的变换规则，以及运动方程在对称变换下的不变性与力学量守恒的关系，是本章的学习内容。

3.1 量子系统中对称性的一般讨论

1. 对称变换下波函数的变换

量子系统的性质由它的 Hamiltonian 量确定，若 Hamiltonian 量在一定线性变换下不变时，则这种变换被称为对称变换。我们感兴趣的是研究在对称变换下波函数的变换行为。描述量子系统在 t 时刻的波函数 $\psi(\boldsymbol{r},t)$ 满足 Schrödinger 方程

$$\mathrm{i}\hbar\frac{\partial\psi(\boldsymbol{r},t)}{\partial t}=H\psi(\boldsymbol{r},t) \tag{3.1.1}$$

考虑新的参考系$(\boldsymbol{r}',t')$，在新参考系中描述上述运动状态的波函数 $\psi'(\boldsymbol{r}',t')$ 可以由原来的波函数来确定，

$$\psi'(\boldsymbol{r}',t')=\Lambda\psi(\boldsymbol{r},t) \tag{3.1.2}$$

$\boldsymbol{r}',\boldsymbol{r}$ 是空间内同一点在两个坐标系中的坐标；t',t 是同一时刻在两系统中的时间坐标，Λ 描述除空间－时间坐标替换以外的变换，对于标量场 $\Lambda=1$。$\psi'(\boldsymbol{r}',t')$ 随 t' 变化满足方程在新坐标系下的 Schrödinger 方程

$$\mathrm{i}\hbar\frac{\partial\psi'(\boldsymbol{r}',t')}{\partial t'}=H\psi'(\boldsymbol{r}',t') \tag{3.1.3}$$

对于孤立系统，新老坐标系的 Schrödinger 方程是完全相同的，$\psi'(\boldsymbol{r}',t')$ 可看成是在老坐标系中 Schrödinger 方程的另一个解，即系统的另一种可能的运动状态。这时 $\psi'(\boldsymbol{r}',t')$ 被看成 $\psi(\boldsymbol{r},t)$ 在老坐标系统中的一个运动状态的变换。

对称变换可以用以下两种不同的方式描述：

主动观点：$(\boldsymbol{r},t)$，$(\boldsymbol{r}',t')$ 是在同一参考系中不同的空间坐标点，描述系统在对称变换下的运动状态的变换。

被动观点：$(\boldsymbol{r},t)$，$(\boldsymbol{r}',t')$ 是在两坐标系中空间同一点的运动状态，即我们常用的坐标变

换，在这种变换方式下，它不能描述"内部"对称性(internal symmetrics)。例如不能描述系统变成它的空间反射态，也不能描述不连续的空间－时间的对称性。

主动观点是将物理体系进行对称变换，例如转动整个物理体系而坐标系保持不动。这种方式可以描述物理体系的"内部"对称性，因此下面用主动观点讨论物理体系的对称性。

采用主动观点，$(\boldsymbol{r},t)$和$(\boldsymbol{r}',t')$是同一个坐标系中不同点，

$$\psi'(\boldsymbol{r}',t') = \Lambda\psi(\boldsymbol{r},t) = \Lambda\psi(\boldsymbol{r}(\boldsymbol{r}',t'),t(\boldsymbol{r}',t'))$$

若系统对于某种变换 u 具有对称性，即态 $\psi(\boldsymbol{r},t)$ 在变换后

$$\psi(\boldsymbol{r},t) \rightarrow \psi'(\boldsymbol{r},t) = u\psi(\boldsymbol{r},t)$$

既保持概率不变，

$$\langle\psi'|\psi'\rangle = \langle\psi|\psi\rangle \tag{3.1.4}$$

又保持运动规律不变

$$\mathrm{i}\hbar\frac{\partial}{\partial t}\psi' = H\psi' \tag{3.1.5}$$

Wigner 一般性定理：保持态矢量内积绝对值不变的变换只能是幺正的或反幺正的。

在对称变换下，波函数变换形式：$\psi \rightarrow \psi' = u\psi$，算符变换形式为 $\Omega \rightarrow \Omega' = u\Omega u^{\dagger}$。

幺正变换或反幺正变换后系统具有如下性质：

(1) Ω,Ω'有相同的本征值。因为幺正变换满足

$$uu^{\dagger} = u^{\dagger}u = 1 \quad 即 \quad u^{\dagger} = u^{-1} \tag{3.1.6}$$

若有 $\Omega\psi = \omega\psi$，幺正变换后

$$u\Omega\psi = u\Omega u^{\dagger}u\psi = \Omega'\psi' = \omega u\psi = \omega\psi'$$

因此算符幺正变换后，具有相同的本征值

$$\Omega'\psi' = \omega\psi' \tag{3.1.7}$$

(2) 算符运算方式保持不变

若 $\Omega_1\Omega_2 = \Omega_3$ 或 $\Omega_1 + \Omega_2 = \Omega_3$，则有

$$\Omega_1'\Omega_2' = \Omega_3' \quad 或 \quad \Omega_1' + \Omega_2' = \Omega_3' \tag{3.1.8}$$

(3) 任意算符期望值不变

$$\langle\psi|\Omega|\psi\rangle = \langle\psi|u^{\dagger}u\Omega u^{\dagger}u|\psi\rangle = \langle\psi'|\Omega'|\psi'\rangle \tag{3.1.9}$$

(4) 波函数的归一化性质不变

$$\langle\psi|\psi\rangle = \langle\psi|u^{\dagger}u|\psi\rangle = \langle\psi'|\psi'\rangle \tag{3.1.10}$$

这是幺正变换的结果。

2. 对称变换群

为了讨论对称变换，需要了解一些群的基本知识，在这里仅对群的基本概念作简单介绍，有关群论的详细知识需要学习群论课程。

数学上群的定义为：定义了乘积规则$\mathcal{G}_\alpha\mathcal{G}_\beta = \mathcal{G}_\gamma$ 的集合 $G = \{\mathcal{G}_0, \mathcal{G}_1, \mathcal{G}_2, \cdots, \mathcal{G}_\alpha, \cdots\}$，如果满足下面四个条件，则这个集合称之为群。

(1) 封闭性：对任意$\mathcal{G}_\alpha \in G$, $\mathcal{G}_\beta \in G$，有$\mathcal{G}_\alpha\mathcal{G}_\beta \in G$；

(2) 结合律：$\mathcal{G}_\alpha(\mathcal{G}_\beta\mathcal{G}_\gamma) = (\mathcal{G}_\alpha\mathcal{G}_\beta)\mathcal{G}_\gamma$；

(3) 存在恒元：在这个集合中，存在$\mathcal{G}_0$，对任意的$\mathcal{G}_\alpha$，都有$\mathcal{G}_0\mathcal{G}_\alpha = \mathcal{G}_\alpha$, $\mathcal{G}_\alpha\mathcal{G}_0 = \mathcal{G}_\alpha$；

(4) 任意群元存在逆元：对任意的$\mathcal{G}_\alpha$，存在一个$\mathcal{G}_\alpha^{-1} \in G$，使得

$$\mathcal{G}_\alpha^{-1}\mathcal{G}_\alpha=\mathcal{G}_\alpha\mathcal{G}_\alpha^{-1}=\mathcal{G}_0$$

对称变换群：若一组幺正变换构成的集合形成群，而且这些变换不改变运动体系性质（量子力学中对应于这些对称变换算符与 Hamiltonian 可易），则这个群称为对称变换群。

每个对称变换$\mathcal{G}_\alpha$与物理上的幺正算符 $u(\alpha)$ 相联系，我们称这个幺正算符为这个群的表示，用这种方式将物理变换对应成数学上的矩阵运算。若

$$\mathcal{G}_\alpha\mathcal{G}_\beta=\mathcal{G}_\gamma \quad \text{对应} \quad u(\gamma)=\mathrm{e}^{\mathrm{i}C_{\alpha\beta}}u(\alpha)u(\beta)$$

若可以选择对 G 群任意 α,β 有 $C_{\alpha\beta}=0$，这样群 G 与 Hilbert 空间算符的群同构（isomorphism）。也就是说，算符 u 形成在 Hilbert 空间的群表示。换句话说，每个对称变换与一个幺正矩阵相对应，称该幺正矩阵是这个对称变换群的表示。显然，同维数的幺正矩阵组成一个群，它满足上述群的四个条件。这时群的乘法定义为矩阵乘法，幺正矩阵包含单位矩阵。群可以分为以下几类：

连续群：参数可连续变化，$\lim\limits_{\alpha\to 0}\mathcal{G}_\alpha=\mathcal{G}_0$；

分立群：参数不能连续变化；

无限群：群元个数无限；

有限群：群元个数有限，例如点群。

由幺正矩阵的知识可以知道，一般群元之间是不可对易的，若一个群的群元之间可以对易，则这个群称为 Abel 群，反之则称为非 Abel 群。

3. 幺正变换算符

幺正变换可以写成

$$u(\alpha)=\mathrm{e}^{-\mathrm{i}\alpha\mathcal{G}} \tag{3.1.11}$$

其中，$\mathcal{G}$为厄密算符，$\mathcal{G}^\dagger=\mathcal{G}$，称为对称变换群的生成元，又称为变换的无穷小算符，指数上的负号对应于主动变换，因此 $u(\alpha)$ 是幺正的。为了得到幺正变换算符，首先讨论对称变换的无穷小变换算符，当$|\delta\alpha|\ll 1$ 时，幺正变换算符与单位算符只相差无穷小，

$$u(\delta\alpha)=1-\mathrm{i}\delta\alpha\,\mathcal{G} \tag{3.1.12}$$

对多参数情况

$$u(\delta\alpha_1,\delta\alpha_2,\cdots,\delta\alpha_P)=1-\mathrm{i}\sum_{j=1}^{P}\delta\alpha_j\,\mathcal{G}_j \tag{3.1.13}$$

由于在矩阵表示下，一般$\mathcal{G}_j$ 之间不可交换。一个力学量算符 Ω_k 在 $u(\delta\alpha)$ 的无穷小变换下

$$u(\delta\alpha)\Omega_k u^{-1}(\delta\alpha)=(1-\mathrm{i}\delta\alpha\,\mathcal{G})\Omega_k(1+\mathrm{i}\delta\alpha\,\mathcal{G})=\Omega_k-\mathrm{i}\delta\alpha[\mathcal{G},\Omega_k]=\Omega_k+\delta\Omega_k$$

上述等式展开，约去了 $\delta\alpha^2$ 以上的高级项，可以得到在无穷小变换下力学量算符 Ω_k 所满足的方程

$$\mathrm{i}\frac{\delta\Omega_k}{\delta\alpha}=[\mathcal{G},\Omega_k],\quad k=1,2,\cdots,N \tag{3.1.14}$$

在多参数情况下

$$\mathrm{i}\frac{\delta\Omega_k}{\delta\alpha_j}=[\mathcal{G}_j,\Omega_k],\quad j=1,\cdots,P\quad k=1,2,\cdots,N \tag{3.1.15}$$

(3.1.14)式和(3.1.15)式是确定无穷小算符的方程。

3.2 对称性与守恒定律

若动力学定律在对称群 $G\{\mathcal{G}_0\ \mathcal{G}_1\cdots\mathcal{G}_\alpha\cdots\}$ 的变换下是不变的,它即表示量子跃迁概率不变。这个不变条件的数学表示为:$\omega_{i\to f}=\omega_{i'\to f'}$。且在$\mathcal{G}_\alpha$ 变换下$|i\rangle\to|i'\rangle=u(\alpha)|i\rangle$, $|f\rangle\to|f'\rangle=u(\alpha)|f\rangle$。跃迁概率写成

$$|\langle f(t)|T(t,t_0)|i(t_0)\rangle|^2=\omega_{i\to f} \tag{3.2.1}$$

经过变换后

$$\omega_{i'\to f'}=|\langle f'(t)|T(t,t_0)|i'(t_0)\rangle|^2=|\langle f(t)|u^\dagger(\alpha)T(t,t_0)u(\alpha)|i(t_0)\rangle|^2$$

由跃迁概率不变,并对任意初末态$|i\rangle$, $|f\rangle$都成立,即有

$$u^\dagger(\alpha)T(t,t_0)u(\alpha)=T(t,t_0) \tag{3.2.2}$$

两边左乘 $u(\alpha)$,利用 $u(\alpha)u^\dagger(\alpha)=u(\alpha)u^{-1}(\alpha)=1$ 得到

$$T(t,t_0)u(\alpha)=u(\alpha)T(t,t_0) \quad 或 \quad [u(\alpha),T(t,t_0)]=0 \tag{3.2.3}$$

幺正变换 $u(\alpha)$与时间发展算符(time - development operator)可对易。

我们说对称变换$\mathcal{G}_\alpha$ 作用下时间发展算符不变,或哈密顿量不变,利用时间发展算符的积分方程的表示(1.4.8)式得到时间发展算符与幺正变换 $u(\alpha)$的对易满足的积分方程为

$$[T(t,t_0),u(\alpha)]=-\frac{\mathrm{i}}{\hbar}\int_{t_0}^{t}[HT(t',t_0),u(\alpha)]\mathrm{d}t'=0$$

由于幺正变换 $u(\alpha)$与时间发展算符可对易,这时积分中的对易关系可约化为

$$\begin{aligned}[HT(t',t_0),u(\alpha)]&=HT(t',t_0)u(\alpha)-u(\alpha)HT(t',t_0)\\&=Hu(\alpha)T(t',t_0)-u(\alpha)HT(t',t_0)\\&=[H,u(\alpha)]T(t',t_0)=0\end{aligned}$$

这个等式在任意时刻 t'都成立,因此得到

$$[H,u(\alpha)]=0 \tag{3.2.4}$$

若对称变换的幺正矩阵 $u(\alpha)$与哈密顿量可对易,这时 $u(\alpha)$为一个运动常数。但是特别需要注意的是运动常数必须是物理可观测量,物理可观测量必须由厄密算符来表示。但是幺正矩阵不一定是厄密算符,不对应一个物理可观测的力学量。幺正变换(3.1.11)式中无穷小算符$\mathcal{G}$是厄密的,它与哈密顿量可对易,

$$[H,\mathcal{G}]=0 \tag{3.2.5}$$

因而厄密的无穷小算符$\mathcal{G}$对应的物理力学量是个守恒量。

若对称变换群有 p 个无穷小算符$\mathcal{G}_1,\mathcal{G}_2,\cdots,\mathcal{G}_p$,每一个无穷小算符可以给出一个守恒定律,但一般情况下$\mathcal{G}_i$ 之间不可对易,即表示不同$\mathcal{G}_i$ 不可同时测量,因而不能给出 p 个守恒量。若$\mathcal{G}_1\ \mathcal{G}_2\cdots\mathcal{G}_p$ 之间仅有 r 个算符之间可对易,r 表示这个对称群的阶数(rank of the group)。此外在群表示中还存在一些算符,它们与无穷小算符具有非线性关系,并与每个群元的表示都对易。换句话说,存在群的一些不变量,因为与每个无穷小算符都对易,它们与 Hamiltonian 量对易,因此也是运动常数,即好量子数,在群论中称之为 Casimir 算子。例如:转动对称变换下,无穷小算符相应于角动量算符的三个分量,J_x,J_y,J_z 它们之间不互相对易,群的阶数 $r=1$,其中仅有一个分量可以为运动常数。而转动群的 Casimir 算子是 $J^2=J_x^2+J_y^2+J_x^2$。这时若选 J_z 的本征值为守恒的量子数,H,J^2,J_z 三者可对易,相应的本征值分别为 $E,j(j+1),m$。

对于分立的对称群不存在无穷小算符,每个群元是分离的,例如空间反射对称性。反射对称变换只有两个群元:么元$\mathcal{G}_0$和反射变换$\mathcal{G}_1$,且两次反射变换后又回到原状态$\mathcal{G}_1^2=\mathcal{G}_0$,这就意味着$u(P)^2=1$。

小结:系统的 Hamiltonian 量在对称变换下的不变性与系统的动力学不变性是等价论述。

(1)当且仅当存在一个对称变换群时,系统有一个守恒定律。

(2)如果$\psi(t)$为动力学方程的解,那么$u(\alpha)\psi(t)$也是方程的解。

(3)若在t_0时刻$\mathcal{G}$的期望值为$\langle\mathcal{G}\rangle$,那么在任意时刻它的期望值也是$\langle\mathcal{G}\rangle$。

(4)若在t_0时刻,$\psi(t_0)$为算符相应于本征值$\mathcal{G}$的本征态,则在任何时刻$\psi(t)$仍是相应于本征值$\mathcal{G}$的本征态。

(5)力学量算符是厄密的,而所有的对称变换是幺正或反幺正的。

3.3　位形空间平移不变性与动量守恒

对量子系统质心坐标进行无穷小位移,因此不影响系统内的相对运动状态。三维空间位移矢量为

$$\boldsymbol{\alpha}=(\alpha_1,\alpha_2,\alpha_3) \tag{3.3.1}$$

由平行四边形的矢量加法关系得知,各方向之间的位移是可以交换的,可见空间位移的对称群是 Abel 群。么元为

$$\boldsymbol{\alpha}=(0,0,0) \tag{3.3.2}$$

群的乘法为矢量合成

$$\mathcal{G}_\alpha\,\mathcal{G}_{\alpha'}=\mathcal{G}_{\alpha''},\quad \boldsymbol{\alpha}+\boldsymbol{\alpha}'=\boldsymbol{\alpha}'' \tag{3.3.3}$$

在 Euclidean 空间中系统坐标位移可写为

$$\boldsymbol{R}\xrightarrow{\mathcal{G}_\alpha}\boldsymbol{R}+\boldsymbol{\alpha},\quad u(\alpha)=1-\mathrm{i}\sum_{k=1}^{3}\alpha_k\,\mathcal{G}_k \tag{3.3.4}$$

记三维 Euclidean 空间坐标为q_1,q_2,q_3,对应的共轭动量记为p_1,p_2,p_3,自旋算符为s_1,s_2,s_3。在讨论空间位移时,无穷小变换下坐标算符的变换为

$$\Omega_k=q_k,\qquad \delta q_k=-\delta\alpha_k \tag{3.3.5}$$

由于位移仅作用位形空间,因而有$\delta p_k=0,\delta s_k=0$。若仅沿“1”方向移动,由方程(3.1.15)得到

$$\mathrm{i}\frac{\delta q_1}{\delta\alpha_1}=[\mathcal{G}_1,q_1],\quad \mathrm{i}\frac{\delta q_2}{\delta\alpha_1}=0,\quad \mathrm{i}\frac{\delta q_3}{\delta\alpha_1}=0 \tag{3.3.6}$$

因此由(3.3.5)式得到

$$[\mathcal{G}_1,q_1]=-\mathrm{i},\quad [\mathcal{G}_1,q_2]=0,\quad [\mathcal{G}_1,q_3]=0 \tag{3.3.7}$$

由方程(3.3.7)可以发现,这个生成元一定是动量算符

$$\mathcal{G}_1=-\mathrm{i}\,\boldsymbol{\nabla}_1=\frac{1}{\hbar}p_1 \tag{3.3.8}$$

即沿“1”方向的动量算符。同理可得沿其他方向的动量算符

$$\mathcal{G}_2=\frac{1}{\hbar}p_2,\quad \mathcal{G}_3=\frac{1}{\hbar}p_3 \tag{3.3.9}$$

由于位形空间平移是整个物理系统的平移,即质心运动系统的平移,而质心运动的哈

密顿量仅有动能项，为自由运动，位移算符与质心运动的动能 $H=p^2/2M$ 可对易。得到

$$[H,p_k]=0,\quad k=1,2,3 \tag{3.3.10}$$

因而由空间均匀性，得到动量守恒。p_k 之间$(k=1,2,3)$可对易，群的阶数 $r=3$，因而三个方向动量都守恒。平移对称群的幺正变换表示为

$$u(\boldsymbol{\alpha})=\mathrm{e}^{-\frac{\mathrm{i}}{\hbar}\boldsymbol{\alpha}\cdot\boldsymbol{p}},\quad \boldsymbol{p}=-\mathrm{i}\hbar\nabla \tag{3.3.11}$$

波函数变换可以表示为

$$\psi^u=\mathrm{e}^{-\frac{\mathrm{i}}{\hbar}\boldsymbol{\alpha}\cdot\boldsymbol{p}}\psi=\mathrm{e}^{-\boldsymbol{\alpha}\cdot\nabla}\psi \tag{3.3.12}$$

对其进行泰勒展开

$$\mathrm{e}^{-\boldsymbol{\alpha}\cdot\nabla}\psi=\left[1-\boldsymbol{\alpha}\cdot\nabla+\frac{1}{2!}(\alpha^2\nabla^2)-\frac{1}{3!}(\alpha^3\nabla^3)\cdots\right]\psi(\boldsymbol{R})$$

该式恰为 $\psi(\boldsymbol{R}-\boldsymbol{\alpha})$ 的泰勒展开，因此得到

$$u(\boldsymbol{\alpha})\psi(\boldsymbol{R})=\mathrm{e}^{-\boldsymbol{\alpha}\cdot\nabla}\psi(\boldsymbol{R})=\psi(\boldsymbol{R}-\boldsymbol{\alpha}) \tag{3.3.13}$$

因而位移算符的物理意义是明显的，对 $\boldsymbol{R}\xrightarrow{\mathcal{G}_\alpha}\boldsymbol{R}+\boldsymbol{\alpha}$ 变换，对应波函数变换是对波函数坐标的逆变换。表示主动观点下将物理体系的质心 $\boldsymbol{R}$ 移动 $\boldsymbol{\alpha}$ 时，其性质与 $\boldsymbol{R}-\boldsymbol{\alpha}$ 位置的波函数性质相同。

3.4 时间平移不变性与能量守恒

如果运动系统对时间平移（仅一维）具有不变性，对时间平移 α，则有

$$t\xrightarrow{\mathcal{G}_\alpha}t+\alpha,\quad u(\alpha)=1-\mathrm{i}\alpha\,\mathcal{G} \tag{3.4.1}$$

幺元是 $\alpha=0$。无穷小时间位移引起力学量中坐标、动量和自旋的变化为

$$\delta q_k=\dot{q}_k\delta t\qquad \delta p_k=\dot{p}_k\delta t\qquad \delta s_k=\dot{s}_k\delta t \tag{3.4.2}$$

由 Heisenberg 运动方程(1.4.15)，(1.4.16)两边乘 i 得到

$$-\frac{1}{\hbar}[H,q_k]=\mathrm{i}\dot{q}_k\qquad -\frac{1}{\hbar}[H,p_k]=\mathrm{i}\dot{p}_k\qquad -\frac{1}{\hbar}[H,s_k]=\mathrm{i}\dot{s}_k \tag{3.4.3}$$

可以看出，当生成元取为$\mathcal{G}=-\frac{1}{\hbar}H$ 时，且力学量 Ω^H 满足（即为方程(3.1.14)）

$$\frac{\mathrm{d}\Omega^H}{\mathrm{d}t}=\frac{\mathrm{i}}{\hbar}[H^H,\Omega^H] \tag{3.4.4}$$

因而时间平移无穷小算符为 Hamiltonian 量，其幺正变换为

$$u(\alpha)=\mathrm{e}^{\frac{\mathrm{i}}{\hbar}H\alpha},\quad \alpha\text{ 是时间平移量} \tag{3.4.5}$$

由 Schrödinger 方程 $i\hbar\frac{\partial}{\partial t}=H$ 得到幺正变换表示

$$u(\alpha)=\mathrm{e}^{-\alpha\frac{\partial}{\partial t}} \tag{3.4.6}$$

波函数对幺正变换进行泰勒展开

$$\psi^u(t)=\mathrm{e}^{-\alpha\frac{\partial}{\partial t}}\psi(t)=\left(1-\alpha\frac{\partial}{\partial t}+\frac{\alpha^2}{2}\frac{\partial^2}{\partial t^2}+\cdots\right)\psi(t)=\psi(t-\alpha) \tag{3.4.7}$$

波函数为时间的逆变换，即变换后 t 时刻 $\psi^u(t)$ 的行为与变换前 $t-a$ 时刻 $\psi(t-\alpha)$ 行为相同。由于

$$[H,\mathcal{G}] = -\frac{1}{\hbar}[H,H] = 0 \tag{3.4.8}$$

成立,由运动系统对时间平移不变性得到运动系统的能量守恒。

3.5　转动不变性与角动量守恒

若运动系统具有空间的各向同性,例如在中心力场中运动,Hamiltonian 量仅是相对距离 r 的函数,因此运动系统对转动不变。位形空间的转动为三维转动,应该对应有三个无穷小算符。由于绕不同轴的转动是不可对易的,因而三个无穷小算符可对易的生成元个数仅为 1(阶数 $r=1$),转动群是一阶的。在笛卡尔坐标中,考虑系统绕 z 轴转 α 角,系统的转动相应于坐标的反转,即

$$\boldsymbol{q}' = R_z^{-1}(\alpha)\boldsymbol{q} = \begin{pmatrix} \cos\alpha & -\sin\alpha & 0 \\ \sin\alpha & \cos\alpha & 0 \\ 0 & 0 & 1 \end{pmatrix}\begin{pmatrix} q_1 \\ q_2 \\ q_3 \end{pmatrix} \tag{3.5.1}$$

在无穷小 $\delta\alpha$ 转动情况下 $\cos\delta\alpha \to 1$, $\sin\delta\alpha \to \delta\alpha$。

对沿 z 轴无穷小 $\delta\alpha$ 转动矩阵是

$$R_z(\delta\alpha) = \begin{pmatrix} 1 & \delta\alpha & 0 \\ -\delta\alpha & 1 & 0 \\ 0 & 0 & 1 \end{pmatrix} \tag{3.5.2}$$

由此得到在沿 z 轴 $\delta\alpha$ 转动后,坐标和动量以及自旋的各分量变化为

$$\begin{cases} \delta q_1 = \delta\alpha q_2 & \delta p_1 = \delta\alpha p_2 & \delta s_1 = \delta\alpha s_2 \\ \delta q_2 = -\delta\alpha q_1 & \delta p_2 = -\delta\alpha p_1 & \delta s_2 = -\delta\alpha s_1 \\ \delta q_3 = 0 & \delta p_3 = 0 & \delta s_3 = 0 \end{cases} \tag{3.5.3}$$

先不考虑自旋情况下,由方程(3.1.15) $\mathrm{i}\dfrac{\delta\Omega_K}{\delta\alpha} = [\mathcal{G}_3,\Omega_K]$ 出发,代入力学量 Ω_K 分别为 q_i, p_i, 得到

$$[\mathcal{G}_3,q_1] = \mathrm{i}q_2 \qquad [\mathcal{G}_3,p_1] = \mathrm{i}p_2 \tag{3.5.4}$$

$$[\mathcal{G}_3,q_2] = -\mathrm{i}q_1 \qquad [\mathcal{G}_3,p_2] = -\mathrm{i}p_1 \tag{3.5.5}$$

$$[\mathcal{G}_3,q_3] = 0 \qquad [\mathcal{G}_3,p_3] = 0 \tag{3.5.6}$$

将上面得到的对易关系应用到与角动量的对易关系时得到下面结果

$$\begin{aligned}[\mathcal{G}_3,L_1] &= [\mathcal{G}_3,q_2p_3 - q_3p_2] = [\mathcal{G}_3,q_2]p_3 + q_2[\mathcal{G}_3,p_3] - [\mathcal{G}_3,q_3]p_2 - q_3[\mathcal{G}_3,p_2] \\ &= -\mathrm{i}q_1p_3 + \mathrm{i}q_3p_1 = \mathrm{i}[q_3p_1 - q_1p_3] = \mathrm{i}L_2 = \frac{1}{\hbar}[L_3,L_1]\end{aligned} \tag{3.5.7}$$

$$\begin{aligned}[\mathcal{G}_3,L_2] &= [\mathcal{G}_3,q_3p_1 - q_1p_3] = [\mathcal{G}_3,q_3]p_1 + q_3[\mathcal{G}_3,p_1] - [\mathcal{G}_3,q_1]p_3 - q_1[\mathcal{G}_3,p_3] \\ &= \mathrm{i}q_3p_2 - \mathrm{i}q_2p_3 = -\mathrm{i}[q_2p_3 - q_3p_2] = -\mathrm{i}L_1 = \frac{1}{\hbar}[L_3,L_2]\end{aligned} \tag{3.5.8}$$

$$\begin{aligned}[\mathcal{G}_3,L_3] &= [\mathcal{G}_3,q_1p_2 - q_2p_1] = [\mathcal{G}_3,q_1]p_2 + q_1[\mathcal{G}_3,p_2] - [\mathcal{G}_3,q_2]p_1 - q_2[\mathcal{G}_3,p_1] \\ &= \mathrm{i}q_2p_2 - \mathrm{i}q_1p_1 + \mathrm{i}q_1p_1 - \mathrm{i}q_2p_2 = 0 = \frac{1}{\hbar}[L_3,L_3]\end{aligned} \tag{3.5.9}$$

上面结果中最后一项是由(2.1.2)式给出,因此得到绕 z 轴转动的生成元为

$$\mathcal{G}_3 = \frac{1}{\hbar}L_3 \tag{3.5.10}$$

从 Heisenberg 对易关系

$$[q_i, p_k] = \mathrm{i}\hbar\delta_{ik}$$

也可直接得到

$$\mathcal{G}_3 = \frac{1}{\hbar}(q_1p_2 - q_2p_1)$$

对应的幺正变换为 $u_z(\alpha) = \mathrm{e}^{-\frac{\mathrm{i}}{\hbar}\alpha L_3}$，波函数变换为 $\psi^u = \mathrm{e}^{-\frac{\mathrm{i}}{\hbar}\alpha L_3}\psi$。

同样可证，绕 x 轴和 y 轴转动的生成元分别为$\mathcal{G}_1 = \frac{1}{\hbar}L_1$ 和$\mathcal{G}_2 = \frac{1}{\hbar}L_2$。

为给出坐标转动下态的变换，波函数用球谐函数展开

$$\psi(\boldsymbol{r}) = \sum_{lm} C_{lm}u_l(r)Y_{lm}(\theta\varphi) = \sum C_{lm}u_l(r)P_l^m(\theta)\mathrm{e}^{\mathrm{i}m\varphi} \tag{3.5.11}$$

由于有 $L_3Y_{lm}(\theta\varphi) = m\hbar Y_{lm}(\theta\varphi)$，波函数中在沿 z 轴坐标转动 α 角后，得到

$$u(\alpha)\psi = \sum C_{lm}u_l(r)P_l^m(\theta)\mathrm{e}^{\mathrm{i}m(\varphi-\alpha)}$$

波函数变换对应是 φ 角 α 的逆转。一般情况下转动 $\boldsymbol{\alpha} = (\alpha_1, \alpha_2, \alpha_3)$ 的幺正变换可以写为

$$u(\alpha_1, \alpha_2, \alpha_3) = \mathrm{e}^{-\frac{\mathrm{i}}{\hbar}(\alpha_3L_3 + \alpha_2L_2 + \alpha_1L_1)} \tag{3.5.12}$$

进一步讨论自旋空间情况，由(3.5.3)式，自旋力学量为 $\boldsymbol{s}$，自旋在系统转动下的行为是一个矢量，即与坐标和动量有相同的变换。系统绕 z 轴无穷小转动时有

$$[\mathcal{G}_3^{(s)}, s_1] = \mathrm{i}s_2 = \frac{1}{\hbar}[s_3, s_1]$$

$$[\mathcal{G}_3^{(s)}, s_2] = -\mathrm{i}s_1 = \frac{1}{\hbar}[s_3, s_2]$$

$$[\mathcal{G}_3^{(s)}, s_3] = 0 = \frac{1}{\hbar}[s_3, s_3] \tag{3.5.13}$$

由上式对比得到系统绕 z 轴转动自旋空间的生成元为$\mathcal{G}_z^{(s)} = \frac{1}{\hbar}s_z$。同理可得，对于系统绕任意 i 轴转动自旋空间的生成元为

$$\mathcal{G}_i^{(s)} = \frac{1}{\hbar}s_i \quad i = 1, 2, 3 \tag{3.5.14}$$

当自旋为 1/2 时，$\mathcal{G}_i^{(s)} = \frac{1}{2}\sigma_i$，在系统绕任意轴 i 转动 β 角，利用泡利矩阵的性质 $\sigma_i^{2n} = I$ 和 $\sigma_i^{2n+1} = \sigma_i$，用余旋和正旋的泰勒展开得到

$$\mathrm{e}^{-\mathrm{i}\beta\frac{s_i}{\hbar}} = \mathrm{e}^{-\mathrm{i}\frac{\beta}{2}\sigma_i} = \sum_{n=\text{偶}} \frac{1}{n!}\left(-\mathrm{i}\frac{\beta}{2}\right)^n + \sum_{n=\text{奇}} \frac{1}{n!}\left(-\mathrm{i}\frac{\beta}{2}\right)^n\sigma_i = I\cos\frac{\beta}{2} - \mathrm{i}\sigma_i\sin\frac{\beta}{2} \tag{3.5.15}$$

因此得到系统绕 x,y,z 轴转动的自旋空间幺正变换矩阵分别表示为

$$\mathrm{e}^{-\mathrm{i}\frac{\beta}{\hbar}s_x} = \mathrm{e}^{-\mathrm{i}\frac{\beta}{2}\sigma_x} = I\cos\frac{\beta}{2} - \mathrm{i}\sigma_x\sin\frac{\beta}{2} = \begin{pmatrix} \cos\frac{\beta}{2} & -\mathrm{i}\sin\frac{\beta}{2} \\ -\mathrm{i}\sin\frac{\beta}{2} & \cos\frac{\beta}{2} \end{pmatrix} \tag{3.5.16}$$

$$e^{-i\frac{\beta}{\hbar}s_y}=e^{-i\frac{\beta}{2}\sigma_y}=I\cos\frac{\beta}{2}-i\sigma_y\sin\frac{\beta}{2}=\begin{pmatrix}\cos\frac{\beta}{2} & -\sin\frac{\beta}{2}\\ \sin\frac{\beta}{2} & \cos\frac{\beta}{2}\end{pmatrix}\tag{3.5.17}$$

$$e^{-i\frac{\beta}{\hbar}s_z}=e^{-i\frac{\beta}{2}\sigma_z}=I\cos\frac{\beta}{2}-i\sigma_z\sin\frac{\beta}{2}=\begin{pmatrix}e^{-i\frac{\beta}{2}} & 0\\ 0 & e^{i\frac{\beta}{2}}\end{pmatrix}\tag{3.5.18}$$

自旋空间与位形空间为不同的空间,自旋算符与位形空间算符可对易,因而当转动时,无穷小算符可独立分成两部分$\mathcal{G}_i^{(r)}+\mathcal{G}_i^{(s)}$,总角动量为$\boldsymbol{J}=\boldsymbol{L}+\boldsymbol{s}$,转动的幺正变换写为

$$u(\alpha_1,\alpha_2,\alpha_3)=e^{-\frac{i}{\hbar}(\alpha_3J_3+\alpha_2J_2+\alpha_1J_1)}=e^{-\frac{i}{\hbar}\boldsymbol{\alpha}\cdot\boldsymbol{J}}\tag{3.5.19}$$

需要特别注意的是,由于角动量算符是在指数上面,在这种表示下,角动量算符的前后次序是不能交换的。

由空间各向同性和 Hamiltonian 量转动不变性得到角动量守恒

$$[H,\boldsymbol{L}^2]=[H,\boldsymbol{s}^2]=[H,\boldsymbol{J}^2]=0\tag{3.5.20}$$

3.6　空间反射不变性与宇称守恒

宇称是反映物理系统在空间反射下的一个特性。所谓的空间反射是指在欧氏空间的坐标各分量变号,用 P 表示空间反射变换 $\boldsymbol{r}\xrightarrow{P}-\boldsymbol{r}$。宇称是研究在空间反射情况下的运动系统的对称性问题。若一个运动系统 Hamiltonian 量在空间反射下不变,则系统的宇称守恒。

空间反射变换仅有两个群元:

$$\mathcal{G}_0=I\qquad(\text{幺元}),\qquad \mathcal{G}_1=P\qquad(\text{反射})\tag{3.6.1}$$

且 $P^2=I$,表示两次空间反射系统又回到原来状态。在空间反射变换下坐标和动量反号,

$$q_k\xrightarrow{P}-q_k\qquad p_k\xrightarrow{P}-p_k\tag{3.6.2}$$

由角动量的定义 $\boldsymbol{L}=\boldsymbol{r}\times\boldsymbol{p}$,因而角动量在空间反射下不改变符号,自旋也是角动量,不改变符号,

$$\boldsymbol{L}\xrightarrow{P}\boldsymbol{L}\qquad s_k\xrightarrow{P}s_k\tag{3.6.3}$$

由于空间反射变换不是连续变换,不能用无穷小变换方式来讨论,空间反射变换表示是分立群,寻找一个幺正变换群 $u(P)$ 使得如下关系成立:

$$\begin{aligned}&u(P)q_ku^\dagger(P)=-q_k\quad\text{或}\quad\{u(P),q_k\}=0\\&u(P)p_ku^\dagger(P)=-p_k\quad\text{或}\quad\{u(P),p_k\}=0\\&u(P)s_ku^\dagger(P)=s_k\quad\text{或}\quad[u(P),s_k]=0\end{aligned}\tag{3.6.4}$$

我们不可能由基本力学量算符 q,p,s 来构成一个幺正变换 $u(P)$ 满足上述的对易关系,这意味着算符 $u(P)$ 不对应于任何的经典物理量,因而与空间反射不变性相联系的守恒量——宇称没有经典力学量的对应。

为了考虑自旋空间的自由度,需要引入一个内禀宇称概念。内禀宇称表示粒子(或核系统)的内禀空间在空间反射变换下的变换性质。例如:中子、质子、介子等粒子,通常将它们看作点粒子,实际上它们是有内部结构的,在空间反射变换下有不同的变换性质。如:中

子(n)、质子(p)、氘核(d)、α 粒子等内禀宇称为正 $\xi=1$，而 π 介子、γ 光子的内禀宇称为负 $\xi=-1$。因而进行空间反射变换时必须将内禀宇称考虑在内，波函数在空间反射变换下要满足如下关系

$$\psi^{u}(\boldsymbol{r},s_z)\equiv u(P)\psi(\boldsymbol{r},s_z)=\xi\psi(-\boldsymbol{r},s_z) \tag{3.6.5}$$

由此可知：

(1)由于 $\boldsymbol{L}=\boldsymbol{q}\times\boldsymbol{p}$ 轨道角动量算符在空间反射时不变，因此宇称和轨道角动量是可以对易的，即 $[u(P),\boldsymbol{L}]=0$ 或 $[u(P),u(\alpha_1\alpha_2\alpha_3)]=0$。因而轨道角动量的本征态也是宇称算符的本征态。

(2) $[u(P),\boldsymbol{s}]=0$ 表示自旋与宇称可以同时测量。

下面讨论空间反射变换时幺正变换 $u(P)$ 的数学表示，引入坐标空间的完备基矢 $|\boldsymbol{r},s_z\rangle$，$\psi(\boldsymbol{r},s_z)$ 是波函数在这个基矢下的表示 $\psi(\boldsymbol{r},s_z)=\langle\boldsymbol{r},s_z|\psi\rangle$，其完备性的表达式为

$$\int \mathrm{d}\boldsymbol{r}\sum_{s_z}|\boldsymbol{r},s_z\rangle\langle\boldsymbol{r},s_z|=1 \tag{3.6.6}$$

这时 $u(P)$ 的矩阵元可表示为

$$\langle\boldsymbol{r},s_z|u(P)|\boldsymbol{r}',s_z'\rangle=\xi\delta_{s_zs_z'}\delta(\boldsymbol{r}+\boldsymbol{r}') \tag{3.6.7}$$

其中包含了内禀宇称 ξ 以及 $\boldsymbol{r}\to-\boldsymbol{r}$ 的变换关系。由波函数的正交关系

$$\langle\boldsymbol{r},s_z|\boldsymbol{r}'s_z'\rangle=\delta_{s_zs_z'}\delta(\boldsymbol{r}-\boldsymbol{r}') \tag{3.6.8}$$

再由完备性的表达式(3.6.6)找到空间反射变换时幺正变换 $u(P)$ 的表示为

$$u(P)=\xi\int \mathrm{d}\boldsymbol{r}\sum_{s_z}|\boldsymbol{r},s_z\rangle\langle-\boldsymbol{r},s_z| \tag{3.6.9}$$

在空间反射情况下波函数的变换行为满足(3.6.5)式，事实上

$$\begin{aligned}\psi^{u}(\boldsymbol{r},s_z)&=u(P)\psi(\boldsymbol{r},s_z)=\int \mathrm{d}\boldsymbol{r}'\sum_{s_z'}\langle\boldsymbol{r},s_z|u(P)|\boldsymbol{r}',s_z'\rangle\psi(\boldsymbol{r}',s_z')\\&=\int \mathrm{d}\boldsymbol{r}'\xi\delta(\boldsymbol{r}+\boldsymbol{r}')\psi(\boldsymbol{r}',s_z)=\xi\psi(-\boldsymbol{r},s_z)\end{aligned} \tag{3.6.10}$$

由 $u(P)$ 的表示可以看出：$u(P)$ 不仅为幺正的，并且为厄密的。事实上

$$\begin{aligned}u^{\dagger}(P)&=\xi\int \mathrm{d}\boldsymbol{r}\sum_{s_z}|-\boldsymbol{r},s_z\rangle\langle\boldsymbol{r},s_z| \quad (\text{令 } \boldsymbol{r}=-\boldsymbol{r})\\&=\xi\int \mathrm{d}\boldsymbol{r}\sum_{s_z}|\boldsymbol{r},s_z\rangle\langle-\boldsymbol{r},s_z|=u(P)\end{aligned} \tag{3.6.11}$$

对于两次空间反射有 $u(P)^2=1$，得到

$$u^{\dagger}(P)=u^{-1}(P)=u(P) \tag{3.6.12}$$

因此空间反射变换算符既是幺正算符也是厄密算符，在核强相互作用中，有中心力、自旋轨道力和张量力。这时 Hamiltonian 量可表示为

$$\begin{aligned}H&=T+H_c+H_{so}+H_{ts}\\&=T+H_c(r)+V_{so}(r)\boldsymbol{s}\cdot\boldsymbol{l}+V_{ts}(r)\left[3\frac{(\boldsymbol{\sigma}_1\cdot\boldsymbol{r})(\boldsymbol{\sigma}_2\cdot\boldsymbol{r})}{r^2}-\boldsymbol{\sigma}_1\cdot\boldsymbol{\sigma}_2\right]\end{aligned}$$

中心力仅是标量 r 的函数，$\boldsymbol{s}\cdot\boldsymbol{l}$ 在空间反射下不变，同样张量力也在空间反射下不变，显然 Hamiltonian 量与 P 可对易。又知重力、电磁力仅是标量 r 的函数，与 P 也可对易。在空间反射下 Hamiltonian 量不变的对称性相应于宇称守恒。

粒子的自由运动用平面波表示，平面波是动量算符的本征函数，即

$$\boldsymbol{p}\mathrm{e}^{i\boldsymbol{k}\cdot\boldsymbol{r}} = -i\hbar\nabla\mathrm{e}^{i\boldsymbol{k}\cdot\boldsymbol{r}} = \hbar\boldsymbol{k}\mathrm{e}^{i\boldsymbol{k}\cdot\boldsymbol{r}}$$

当坐标空间用球坐标表示时,空间反射在球坐标中的角度变化是

$$\theta\Rightarrow\pi-\theta,\qquad \varphi\Rightarrow\pi+\varphi \tag{3.6.13}$$

由图 3.1 给出空间反射下立方体角变化的示意图。

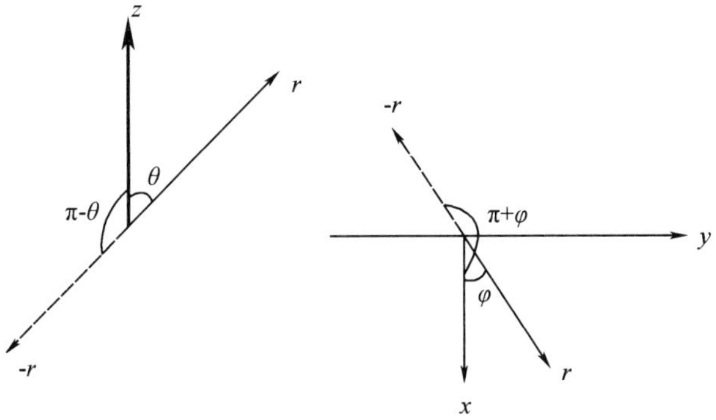

图 3.1　空间反射下立体角变化的示意图

平面波的分波展开公式为[14]

$$\mathrm{e}^{i\boldsymbol{k}\cdot\boldsymbol{r}} = \sum_{l=0}^{\infty}\mathrm{i}^{l}(2l+1)j_l(kr)P_l(\cos\theta) \tag{3.6.14}$$

其中,$j_l(kr)$是球贝塞尔函数,$P_l(x)$是 Legendre 多项式,由 $\cos(\pi-\theta)=-\cos\theta$ 和 $P_l(-x)=(-1)^l P_l(x)$,平面波中 l 分波的宇称是$(-1)^l$,由于平面波是各种角动量分波的叠加,因而平面波无确定宇称,即

$$u(P)\mathrm{e}^{i\boldsymbol{k}\cdot\boldsymbol{r}} = \mathrm{e}^{-i\boldsymbol{k}\cdot\boldsymbol{r}}\quad 与\quad \mathrm{e}^{i\boldsymbol{k}\cdot\boldsymbol{r}}\text{二者为线性独立的} \tag{3.6.15}$$

1956 年美籍华人理论物理学家李政道和杨振宁预言了在弱相互作用中宇称会出现不守恒,即在 Hamiltonian 量中包含了赝标量,在空间反射下改变符号。基于这种理论预言,1957 年美籍华人实验物理学家吴健雄用极化钴源作 β - 衰变的精确测量,的确观察到 β - 衰变的左右不对称的结果,证实在弱相互作用情况下宇称不守恒,打破了在任何相互作用情况下宇称都守恒的传统观念。

3.7　时间反演不变性和超选择定则

在经典物理中,若 $\boldsymbol{x}(t)$是一个可能的运动轨道,满足牛顿方程

$$m\frac{\mathrm{d}^2\boldsymbol{x}(t)}{\mathrm{d}t^2} = -\nabla V \tag{3.7.1}$$

$-\nabla V$ 是外力,它的时间反演解 $\boldsymbol{x}^{\tau}(t)=\boldsymbol{x}(-t)$也是一个可能轨道,也满足牛顿方程。

$$m\frac{\mathrm{d}^2\boldsymbol{x}(t)}{\mathrm{d}t^2} = m\frac{\mathrm{d}^2\boldsymbol{x}(-t)}{\mathrm{d}(-t)^2} = m\frac{\mathrm{d}^2\boldsymbol{x}^{\tau}(t)}{\mathrm{d}t^2} = -\nabla V \tag{3.7.2}$$

经典运动在时间反演下速度方向相反,即$\frac{\mathrm{d}\boldsymbol{x}^{\tau}(t)}{\mathrm{d}t^2} = -\frac{\mathrm{d}\boldsymbol{x}(t)}{\mathrm{d}t}$。这是由于经典力学中物体在一定场 V 中运动有确定轨道,$\boldsymbol{x}(t)$与 $\boldsymbol{x}^{\tau}(t)=\boldsymbol{x}(-t)$为互逆过程,称 $\boldsymbol{x}^{\tau}(t)$为 $\boldsymbol{x}(t)$的时间反演态。但是在量子力学中由于没有经典轨道概念,情况就不同了。若态 $\psi(t)$满足Schrödinger 方程,但在时间反演下 $\psi(-t)$满足的方程是

$$i\hbar\frac{\partial\psi(-t)}{\partial(-t)}=-i\hbar\frac{\partial\psi(-t)}{\partial t}=-H\psi(-t)\neq H\psi(-t) \tag{3.7.3}$$

因而 $\psi(-t)$ 不满足 Schrödinger 方程，$\psi(-t)$ 不是时间反演态。对 Schrödinger 方程两边取复共轭

$$\left[i\hbar\frac{\partial\psi(-t)}{\partial(-t)}\right]^*=i\hbar\frac{\partial\psi^*(-t)}{\partial t}=H\psi^*(-t) \tag{3.7.4}$$

可以看出，波函数的复共轭的时间反演 $\psi^*(-t)$ 为 Schrödinger 方程解。

时间反演对称群 $u(T)$ 由两个群元组成

$$\mathcal{G}_0=I \quad 幺元, \quad \mathcal{G}_1=T \quad 时间反演, \quad 且有 \quad \mathcal{G}_1\mathcal{G}_1=\mathcal{G}_0 \tag{3.7.5}$$

时间反演变换是将时间符号改变

$$t\xrightarrow{T}-t \tag{3.7.6}$$

在时间反演变换下，坐标和动量的变化是

$$q_k\xrightarrow{T}q_k \qquad p_k\xrightarrow{T}-p_k \tag{3.7.7}$$

角动量和自旋在时间反演变换下的行为是

$$\boldsymbol{L}=\boldsymbol{r}\times\boldsymbol{p}\xrightarrow{T}-\boldsymbol{L} \qquad \boldsymbol{s}\xrightarrow{T}-\boldsymbol{s} \tag{3.7.8}$$

时间反射变换表示是分立群，它的幺正变换群 $u(T)$ 使得如下关系成立：

$$\begin{aligned}
&u(T)q_ku^\dagger(T)=q_k \text{ 或 }\{u(T),q_k\}=0\\
&u(T)p_ku^\dagger(T)=-p_k \text{ 或 }\{u(T),p_k\}=0\\
&u(T)s_ku^\dagger(T)=-s_k \text{ 或 }\{u(T),s_k\}=0
\end{aligned} \tag{3.7.9}$$

与空间反射一样，幺正变换 $u(T)$ 不能由基本的力学量算符 q_k,p_k,s_k 来组成，因此没有对应的经典力学量。在不考虑自旋的情况下可以看到，$u(T)$ 仅简单地相应于一个复共轭算符 K

$$u(T)=K \tag{3.7.10}$$

复共轭算符是一个反幺正算符，与幺正算符的不同之处在于：

对幺正算符 Ω 满足下面运算关系：

$$\Omega(\lambda\psi)=\lambda\Omega\psi, \qquad \langle\psi|\Omega^\dagger|\varphi\rangle=\langle\Omega\psi|\varphi\rangle \tag{3.7.11}$$

而对反幺正算符 Ω 满足下面运算关系：

$$\Omega(\lambda\psi)=\lambda^*\Omega\psi, \qquad \langle\psi|\Omega^\dagger|\varphi\rangle=\langle\Omega\psi|\varphi\rangle^* \tag{3.7.12}$$

下面给出复共轭算符 K 的运算性质：

(1)作用到波函数上 $K\psi(\boldsymbol{r})=\psi^*(\boldsymbol{r})$，这里上标用 * 符号表示复共轭。

(2)在坐标表象中算符变换是取算符的复共轭，注意这里不是厄密共轭

$$K\Omega K^{-1}=\Omega^* \tag{3.7.13}$$

即

$$\langle\psi|K\Omega K^{-1}|\varphi\rangle=\int\psi^*(\boldsymbol{r})\Omega^*\varphi(\boldsymbol{r})\mathrm{d}\boldsymbol{r} \tag{3.7.14}$$

(3)K 是反幺正算符，且有 $K^2=1$，因此 $K=K^{-1}$。这个性质导致不改变波函数的内积，即

$$\langle\psi|\varphi\rangle=\langle\psi|K^{-1}K|\varphi\rangle=\langle K\psi|K\varphi\rangle^*=\left(\int\psi(\boldsymbol{r})\varphi^*(\boldsymbol{r})\mathrm{d}\boldsymbol{r}\right)^*$$

$$= \int \psi^*(\boldsymbol{r})\varphi(\boldsymbol{r})\mathrm{d}\boldsymbol{r} = \langle \psi | \varphi \rangle \tag{3.7.15}$$

包含自旋的情况下,时间反演的幺正变换 $u(T)^\dagger = u(T)^{-1}$ 可以记为

$$u(T) = BK \tag{3.7.16}$$

其中 B 仅作用到自旋空间,而 K 作用到全部空间,包括自旋空间和位形空间。在时间反演下 $\boldsymbol{s} \xrightarrow{T} -\boldsymbol{s}$,即 $u(T)s_k u(T)^\dagger = -s_k$。在选定坐标下,取 s_z 为实对角矩阵,则 $Ks_3K^{-1} = s_z^* = s_z$,由角动量满足的对易关系得到 s_y, s_z 中只有一个为虚的,即在 K 算符作用下改变符号。通常取 s_y 为虚的,即

$$Ks_yK^{-1} = -s_y \tag{3.7.17}$$

而 s_x 为实的,即 $Ks_xK^{-1} = s_x$,如自旋为$\frac{1}{2}$的情况,$\boldsymbol{s} = \frac{1}{2}\hbar\boldsymbol{\sigma}$,$\sigma_y$ 为虚的。

在时间反演变换下满足方程(3.7.9),要求

$$Bs_xB^\dagger = -s_x, \quad Bs_yB^\dagger = s_y, \quad Bs_zB^\dagger = -s_z \tag{3.7.18}$$

这个变换相当于在自旋空间沿 y 轴转动 π 角。自旋空间的转动可表示为

$$B = \mathrm{e}^{-\frac{\mathrm{i}}{\hbar}\pi s_y} \tag{3.7.19}$$

在自旋为$\frac{1}{2}$情况下,用(3.5.17)式,其中 $\beta = \pi$,得到 B 算符在自旋空间的表示

$$B = \mathrm{e}^{-\mathrm{i}\frac{\pi}{2}\sigma_y} = -\mathrm{i}\boldsymbol{\sigma}_y = \begin{pmatrix} 0 & -1 \\ 1 & 0 \end{pmatrix} \tag{3.7.20}$$

在时间反演变换中,存在一种特殊情况,这就是双时间反演:对于自旋为$\frac{1}{2}$的情况,由于 $B = -\mathrm{i}\boldsymbol{\sigma}_y$ 是实数,B 与 K 可以对易,因而在双时间反演下有

$$u(T)^2 = B^2K^2 = B^2 = \{-\mathrm{i}\boldsymbol{\sigma}_y\}^2 = -\boldsymbol{\sigma}_y^2 = -1 \tag{3.7.21}$$

自旋为 0 时 $B = 1$,有 $u(T)^2 = 1$;而自旋为$\frac{1}{2}$时,$u(T)^2 = -1$。一般情况 $u(T)^2$ 的本征值为 ±1。

$$u(T)^2\psi = \pm\psi \tag{3.7.22}$$

可以普遍验证:当 s 为整数时为 +1;当 s 为半整数时为 −1。

$$\begin{cases} s = 0, & u^2 = 1 & \text{自旋算符为 } 0 \\ s = 1/2, & u^2 = -1 & \text{自旋算符为 } \boldsymbol{\sigma}_y \\ s = 1, & u^2 = 1 & \text{自旋算符为 } L_y \end{cases} \tag{3.7.23}$$

其中,$s = 1$ 的情况见本章习题(3.8.6)式。

因而波函数 ψ 可被分成两类:在双时间反演下有

$$u^2\psi_+ = \psi_+ \qquad u^2\psi_- = -\psi_- \tag{3.7.24}$$

由于已知的任意力学量在两次取复共轭及自旋空间沿 Y 轴转动两次 π 后不发生任何变化,即

$$uu\Omega u^\dagger u^\dagger = uu\Omega u^{-1}u^{-1} = \Omega$$

因此存在下面等式

$$\langle \psi_+ | \Omega | \psi_- \rangle = \langle \psi_+ | (u^\dagger)^2 (uu\Omega u^{-1}u^{-1})(u)^2 | \psi_- \rangle = -\langle \psi_+ | \Omega | \psi_- \rangle = 0 \tag{3.7.25}$$

由此可见,波函数 ψ 可以分为两个子空间,彼此相互之间不能跃迁,这被称为超选择定则。

由于自旋为半整数的粒子是费米子,而自旋为整数的粒子是玻色子,双时间反演下的超选择定则表示,这两种粒子体系之间跃迁是禁戒的。

小结:在非相对论情况下空间-时间对称性,得到了如下守恒定则:

空间平移-动量守恒,对应的幺正变换为 $u(\alpha)=e^{-\frac{i}{\hbar}\boldsymbol{p}\cdot\boldsymbol{\alpha}}$;

时间平移-能量守恒,对应的幺正变换为 $u(\alpha)=e^{\frac{i}{\hbar}H\alpha}$或 $e^{-\alpha\frac{\partial}{\partial t}}$;

空间转动-角动量守恒,对应的幺正变换为 $u(\alpha)=e^{-\boldsymbol{\alpha}\cdot\boldsymbol{J}/\hbar}$;

空间反射-宇称守恒,对应的幺正变换为 $u=P$;

时间反演-超选择定则,对应的幺正变换为 $u=e^{-\frac{i}{\hbar}\pi s_y}K$,自旋算符为$\frac{1}{2}$时为 $-i\sigma_y K$。

3.8 习题

(1)坐标反射算符 P 的定义为:$P\Phi(\boldsymbol{r})=\Phi(-\boldsymbol{r})$,$P$ 的本征值称为态的宇称。确定 P 的可能的本征值,并证明:P 与线性动量 $\boldsymbol{p}$ 反对易,即

$$\{p,P\}=\boldsymbol{p}P+P\boldsymbol{p}=0 \tag{3.8.1}$$

当一个态为动量的本征态时,这个本征态能否有确定的宇称值?给出 P 与角动量之间的对易关系,角动量算符的本征态是否有确定的宇称值?一个在保守力场中运动的粒子,保持宇称守恒的条件是什么?

(2)求证

$$e^{-i\beta\frac{s_i}{\hbar}}=e^{-i\frac{\beta}{2}\sigma_i}=I\cos\frac{\beta}{2}-i\boldsymbol{\sigma}_i\sin\frac{\beta}{2} \tag{3.8.2}$$

(3)在 $\boldsymbol{\sigma}_z$ 为对角矩阵表示的坐标表示下,求出:

①系统绕 Z 轴转动$\frac{\pi}{2}$角度后的 $\boldsymbol{\sigma}_x$ 矩阵表示;

②系统绕 X 轴转动$\frac{\pi}{2}$角度后的 $\boldsymbol{\sigma}_y$ 矩阵表示;

③系统绕 Y 轴转动$\frac{\pi}{2}$角度后的 $\boldsymbol{\sigma}_z$ 矩阵表示。

(4)记 $\hbar=1$,则在角动量 $L=1$ 时,对于任意方向 $i=x,y,z$ 都有

$$L_i^{2n+1}=L_i,\quad L_i^{2n}=L_i^2,\quad n=1,2,3\cdots \tag{3.8.3}$$

求出 $L=1$ 沿 $i=x,y,z$ 轴转动 β 角度的矩阵的一般表示

$$e^{-i\beta L_i}=I-L_i^2+L_i^2\cos\beta-iL_i\sin\beta \tag{3.8.4}$$

(5)在时间反演超选择定则中,证明当自旋 $s=1\hbar$ 时,在双时间反演下

$$u^2(T)\psi_+=\psi_+ \tag{3.8.5}$$

成立。

第 4 章　转动矩阵和约化矩阵元

本章介绍波函数在系统转动变换下的性质,系统具有确定角动量的情况下,波函数的变化用转动矩阵来表示。学习群论中的幺正转动群的描述,给出转动矩阵的表示,以及转动矩阵的正交性和合成关系;在特定情况下得到转动矩阵与球谐函数和Legendre多项式之间的关系,其中将涉及较多的数学问题。研究转动矩阵的主要目的之一是由转动矩阵的性质得到量子力学跃迁矩阵元的 Wigner – Eckart 定理,求得各种力学量的约化矩阵元的表示,并阐述约化矩阵元的应用价值。

4.1　转动算符的矩阵表示——D 函数

确定角动量算符的本征值必须首先选定量子化轴,在这个坐标系中角动量平方和一个角动量分量的矩阵是对角的,其本征值分别为 $j(j+1)$ 及 m,而 m 表示角动量在这个量子化轴的分量的本征值。通过前面的讨论得知:系统转动的幺正变换可以用以角动量算符为无穷小算符来表示 $R(\boldsymbol{\alpha})=\mathrm{e}^{-\frac{\mathrm{i}}{\hbar}\boldsymbol{\alpha}\cdot\boldsymbol{J}}$,系统转动对称性相应于系统的角动量守恒。角动量 J^2 与转动幺正变换算符对易 $[J^2,R]=0$,因而 J^2 的本征态在系统转动下仍然是具有相同本征值的本征态,即

$$J^2R(\boldsymbol{\alpha})\psi(jm)=j(j+1)\hbar^2R\psi(jm) \tag{4.1.1}$$

在一般情况下 J_z 与转动算符 $R(\boldsymbol{\alpha})$ 是不可对易的,因此 $R(\boldsymbol{\alpha})\psi(jm)$ 不再是 J_z 对应于同一本征值的本征态。但 $R(\boldsymbol{\alpha})\psi(jm)$ 总可以表示成一组磁量子数为 m' 的波函数的线性叠加,这种叠加写成下面形式

$$R(\boldsymbol{\alpha})\Psi(jm)=\sum_{m'}D^j_{m'm}(\boldsymbol{\alpha})\Psi(jm') \tag{4.1.2}$$

其中 $D^j_{m'm}(\boldsymbol{\alpha})$ 被定义为转动矩阵,又称为 $\boldsymbol{D}$ 函数,转动矩阵的矩阵元表示为

$$D^j_{m'm}(\boldsymbol{\alpha})\equiv\langle jm'|R|jm\rangle=\langle jm'|\mathrm{e}^{-\frac{\mathrm{i}}{\hbar}\boldsymbol{\alpha}\cdot\boldsymbol{J}}|jm\rangle \tag{4.1.3}$$

波函数对 $R(\boldsymbol{\alpha})$ 的转动变换关系可由(4.1.2)式给出。

4.2　空间转动的 Euler 角和转动矩阵 D 函数的性质

空间转动通常用 Eular 转动来表示,它相当于先沿 z 轴转动 γ 角,再沿 y 轴转动 β 角,继而再沿 z 轴转动 α 角。[①]

$$R(\alpha\beta\gamma)=R(\alpha)R(\beta)R(\gamma)=\mathrm{e}^{-\frac{\mathrm{i}}{\hbar}\alpha J_z}\mathrm{e}^{-\frac{\mathrm{i}}{\hbar}\beta J_y}\mathrm{e}^{-\frac{\mathrm{i}}{\hbar}\gamma J_z} \tag{4.2.1}$$

在 Eular 转动后,$R\psi(jm)$ 不再是 J_z 的本征态,而是 J_z 的各本征态的线性组合。这个线性组合用转动矩阵 $D^j_{m'm}(\alpha\beta\gamma)$ 来描述,并满足下列关系

$$R(\alpha\beta\gamma)\psi(jm)=\sum_{m'}D^j_{m'm}(\alpha\beta\gamma)\psi(jm')=\sum_{m'}\langle jm'|R(\alpha\beta\gamma)|jm\rangle\psi(jm') \tag{4.2.2}$$

---

① 曾谨言. 量子力学Ⅱ. 第三版. 北京:科学出版社,2000

由此得到 Eular 转动的矩阵表示

$$D^j_{m'm}(\alpha\beta\gamma)=\langle jm'|R(\alpha\beta\gamma)|jm\rangle \tag{4.2.3}$$

沿量子轴 z 的转动矩阵是对角矩阵，且有

$$e^{-\frac{i}{\hbar}\gamma J_z}|jm>=e^{-i\gamma m}|jm> \tag{4.2.4}$$

所以 Eular 转动矩阵的一般形式可表示为

$$\begin{aligned}D^j_{m'm}(\alpha\beta\gamma)&=\langle jm'|e^{-\frac{i}{\hbar}\alpha J_z}e^{-\frac{i}{\hbar}\beta J_y}e^{-\frac{i}{\hbar}\gamma J_z}|jm\rangle\\&=e^{-i\alpha m'-i\gamma m}\langle jm'|e^{-\frac{i}{\hbar}\beta J_y}|jm\rangle\equiv e^{-i\alpha m'-i\gamma m}d^j_{m'm}(\beta)\end{aligned} \tag{4.2.5}$$

其中绕 y 轴转动的转动矩阵是非对角矩阵，其表示为

$$d^j_{m'm}(\beta)=\langle jm'|e^{-\frac{i}{\hbar}\beta J_y}|jm\rangle \tag{4.2.6}$$

例如在 $j=1/2$ 的情况，由于 $\boldsymbol{\sigma}_y^{2n}=1$，以及 $\boldsymbol{\sigma}_y^{2n+1}=\boldsymbol{\sigma}_y$，因此得到

$$d^{\frac{1}{2}}_{m'm}(\beta)=\langle\frac{1}{2}m'|e^{-i\beta\frac{1}{2}\boldsymbol{\sigma}_y}|\frac{1}{2}m\rangle=I\cos\frac{\beta}{2}\delta_{m'm}-i\sin\frac{\beta}{2}\langle\frac{1}{2}m'|\boldsymbol{\sigma}_y|\frac{1}{2}m\rangle$$

代入 $\boldsymbol{\sigma}_y$ 的矩阵表示得到

$$d^{\frac{1}{2}}_{m'm}(\beta)=\begin{pmatrix}\cos\frac{\beta}{2} & -\sin\frac{\beta}{2}\\ \sin\frac{\beta}{2} & \cos\frac{\beta}{2}\end{pmatrix} \tag{4.2.7}$$

自旋空间 $d^j_{m'm}$ 是 $2j+1=2$ 维矩阵。因而 Eular 转动的二维转动矩阵表示为

$$D^{\frac{1}{2}}_{m'm}(\alpha\beta\gamma)=e^{-im'\alpha}d^{\frac{1}{2}}_{m'm}(\beta)e^{-im\gamma}=\begin{pmatrix}e^{-i(\alpha+\gamma)/2}\cos\frac{\beta}{2} & -\sin\frac{\beta}{2}e^{-i(\alpha-\gamma)/2}\\ e^{i(\alpha-\gamma)/2}\sin\frac{\beta}{2} & e^{i(\alpha+\gamma)/2}\cos\frac{\beta}{2}\end{pmatrix} \tag{4.2.8}$$

可以验证二维转动矩阵(4.2.8)式是幺正的。

$d^j_{m'm}(\beta)$ 满足的微分方程为

$$\left[\frac{1}{\sin\beta}\frac{\partial}{\partial\beta}\left(\sin\beta\frac{\partial}{\partial\beta}\right)-\frac{m^2+m'^2-2mm'\cos\beta}{\sin^2\beta}+j(j+1)\right]d^j_{m'm}(\beta)=0 \tag{4.2.9}$$

它的解 $d^j_{m'm}(\beta)$ 函数的普遍表达式可以写成多项式的形式①

$$d^j_{m'm}(\beta)=\sqrt{(j+m)!\,(j-m)!\,(j+m')!\,(j-m')!}$$
$$\sum_k\frac{(-1)^{j-m-k}}{(j-m-k)!\,(j-m'-k)!\,(m+m'+k)!\,k!}\left(\sin\frac{\beta}{2}\right)^{2j-m-m'-2k}\left(\cos\frac{\beta}{2}\right)^{m+m'-2k} \tag{4.2.10}$$

另一种等价多项式表示为

$$d^j_{m'm}(\beta)=\sqrt{(j+m)!\,(j-m)!\,(j+m')!\,(j-m')!}$$
$$\sum_k\frac{(-1)^k}{(j+m-k)!\,(j-m'-k)!\,(m'-m+k)!\,k!}\left(-\sin\frac{\beta}{2}\right)^{m'-m+2k}\left(\cos\frac{\beta}{2}\right)^{2j+m-m'-2k} \tag{4.2.11}$$

由此看出，$d^j_{m'm}(\beta)$ 函数为实数，$(d^j_{m'm}(\beta))^*=d^j_{m'm}(\beta)$，由(4.2.6)式取共轭，且有

$$d^j_{m'm}(\beta)=d^j_{mm'}(-\beta) \tag{4.2.12}$$

在(4.2.11)式中作如下变换，$m\to-m'$ 和 $m'\to-m$ 后，(4.2.11)式不变，由此得到

$$d^j_{m'm}(\beta)=d^j_{-m-m'}(\beta) \tag{4.2.13}$$

在(4.2.10)式中作如下变换，$m\to m'$和$m'\to m$仅相差一个相因子，由此得到

$$d^j_{m'm}(\beta)=(-1)^{m-m'}d^j_{mm'}(\beta) \tag{4.2.14}$$

由(4.2.13)式和(4.2.14)式给出

$$d^j_{m'm}(\beta)=(-1)^{m-m'}d^j_{-m'-m}(\beta) \tag{4.2.15}$$

当$\beta=\pi$时，有$d^j_{m'm}(\pi)=(-1)^{j+m}\delta_{m'-m}$。由(4.2.15)式可以得到转动矩阵的厄密共轭满足下面的等式

$$D^{j*}_{m'm}(\alpha\beta\gamma)=(-1)^{m'-m}D^j_{-m'-m}(\alpha\beta\gamma) \tag{4.2.16}$$

由(4.2.14)式和(4.2.3)式得到转动矩阵下标置换后相当于α与γ角的交换

$$D^j_{m'm}(\alpha\beta\gamma)=(-1)^{m-m'}D^j_{mm'}(\gamma\beta\alpha) \tag{4.2.17}$$

4.3　转动矩阵的正交归一性和耦合规则

转动矩阵具有如下性质：

1. 正交归一性

由波函数的正交性和 Wigner 一般性定理：保持态矢量内积绝对值不变的变换只能是幺正的或反幺正的，故有$RR^\dagger=1$。可以得到

$$\langle\psi(jm')|\psi(jm'')\rangle=\langle\psi(jm')|R^\dagger R|\psi(jm'')\rangle=\delta_{m'm''} \tag{4.3.1}$$

将(4.1.2)式代入

$$\begin{aligned}\langle\psi(jm')|\psi(jm'')\rangle&=\sum_\mu D^{j*}_{\mu m'}(\alpha\beta\gamma)\sum_\nu D^j_{\nu m''}(\alpha\beta\gamma)\langle\psi(j\mu)|\psi(j\nu)\rangle\\&=\sum_\mu D^{j*}_{\mu m'}(\alpha\beta\gamma)\sum_\nu D^j_{\nu m''}(\alpha\beta\upsilon)\delta_{\mu\nu}=\delta_{m'm''}\end{aligned}$$

由此得到转动矩阵的正交性

$$\sum_\mu D^{j*}_{\mu m'}(\alpha\beta\gamma)D^j_{\mu m''}(\alpha\beta\gamma)=\delta_{m'm''} \tag{4.3.2}$$

再利用(4.2.17)式，将α与γ互换，得到转动矩阵的另一个正交性

$$\sum_\mu D^{j*}_{m''\mu}(\alpha\beta\gamma)D^j_{m'\mu}(\alpha\beta\gamma)=\delta_{m'm''} \tag{4.3.3}$$

2. 转动矩阵的耦合性质

已知两个角动量本征态的耦合关系(2.2.5)式，

$$\psi(jm)=\sum_{m_1m_2}C^{j\ m}_{j_1m_1j_2m_2}\psi(j_1m_1)\psi(j_2m_2)$$

系统在空间转动下的变换得到(为了简化，以下不再标出转动矩阵中的α,β,γ角)

$$\begin{aligned}\sum_\mu D^j_{\mu m}\psi(j\mu)&=\sum_{m_1m_2}C^{j\ m}_{j_1m_1j_2m_2}\sum_{\mu_1\mu_2}D^{j_1}_{\mu_1m_1}\psi(j_1\mu_1)D^{j_2}_{\mu_2m_2}\psi(j_2\mu_2)\\&=\sum_{m_1m_2}\sum_{\mu_1\mu_2}C^{j\ m}_{j_1m_1j_2m_2}D^{j_1}_{\mu_1m_1}D^{j_2}_{\mu_2m_2}\sum_{j'}C^{j'\mu_1+\mu_2}_{j_1\mu_1j_2\mu_2}\psi(j',\mu_1+\mu_2)\end{aligned} \tag{4.3.4}$$

两边乘$\psi^*(j\mu')$并积分，利用波函数的正交性得到

$$\begin{aligned}\sum_\mu D^j_{\mu m}\langle\psi(j\mu')|\psi(j\mu)\rangle&=\sum_\mu D^j_{\mu m}\delta_{\mu'\mu}=D^j_{\mu'm}\\&=\sum_{m_1m_2}\sum_{\mu_1\mu_2}C^{j\ m}_{j_1m_1j_2m_2}D^{j_1}_{\mu_1m_1}D^{j_2}_{\mu_2m_2}\sum_{j'}C^{j'\mu_1+\mu_2}_{j_1\mu_1j_2\mu_2}\langle\psi(j\mu')|\psi(j',\mu_1+\mu_2)\rangle\end{aligned}$$

$$= \sum_{m_1m_2}\sum_{\mu_1\mu_2} C_{j_1m_1j_2m_2}^{j\ m} D_{\mu_1m_1}^{j_1} D_{\mu_2m_2}^{j_2} \sum_{j'} C_{j_1\mu_1j_2\mu_2}^{j'\mu_1+\mu_2} \delta_{j'j}\delta_{\mu',\mu_1+\mu_2}$$

$$= \sum_{m_1m_2}\sum_{\mu_1\mu_2} C_{j_1m_1j_2m_2}^{j\ m} D_{\mu_1m_1}^{j_1} D_{\mu_2m_2}^{j_2} C_{j_1\mu_1j_2\mu_2}^{j\ \mu'}$$

将 μ' 改记为 μ，因此给出由两个 CG 系数耦合完成的转动矩阵耦合公式

$$D_{\mu m}^{j}(\alpha\beta\gamma) = \sum_{m_1m_2}\sum_{\mu_1\mu_2} C_{j_1\mu_1j_2\mu_2}^{j\ \mu} C_{j_1m_1j_2m_2}^{j\ m} D_{\mu_1m_1}^{j_1}(\alpha\beta\gamma) D_{\mu_2m_2}^{j_2}(\alpha\beta\gamma) \tag{4.3.5}$$

再从波函数的非耦合表象用耦合表象展开的关系(2.2.15)式出发

$$\psi(j_1m_1)\psi(j_2m_2) = \sum_j C_{j_1m_1j_2m_2}^{j\ m}\psi(jm)$$

在对等式两边进行转动变换时，并将 $\psi(j\mu)$ 写成两个波函数的耦合形式，得到

$$\sum_{\mu_1\mu_2} D_{\mu_1m_1}^{j_1} D_{\mu_2m_2}^{j_2}\psi(j_1\mu_1)\psi(j_2\mu_2) = \sum_j C_{j_1m_1j_2m_2}^{j\ m}\sum_\mu D_{\mu m}^{j}\psi(j\mu)$$

$$= \sum_j C_{j_1m_1j_2m_2}^{j\ m}\sum_\mu D_{\mu m}^{j}\sum_\nu C_{j_1\nu j_2\mu-\nu}^{j\ \mu}\psi(j_1\nu)\psi(j_2\mu-\nu)$$

两边乘 $\psi^*(j_1\mu_1')\psi^*(j_2\mu_2')$ 并积分，利用波函数的正交性得到

$$\sum_{\mu_1\mu_2} D_{\mu_1m_1}^{j_1} D_{\mu_2m_2}^{j_2}\langle\psi(j_1\mu_1')|\psi(j_1\mu_1)\rangle\langle\psi(j_1\mu_2')|\psi(j_2\mu_2)\rangle$$

$$= \sum_{\mu_1\mu_2} D_{\mu_1m_1}^{j_1} D_{\mu_2m_2}^{j_2}\delta_{\mu_1,\mu_1'}\delta_{\mu_2,\mu_2'} = D_{\mu_1'm_1}^{j_1} D_{\mu_2'm_2}^{j_2}$$

$$= \sum_j C_{j_1m_1j_2m_2}^{j\ m}\sum_\mu D_{\mu m}^{j}\sum_\nu C_{j_1\nu j_2\mu-\nu}^{j\ \mu}\langle\psi(j_1\mu_1')|\psi(j_1\nu)\rangle\langle\psi(j_1\mu_2')|\psi(j_2\mu-\nu)\rangle$$

$$= \sum_j C_{j_1m_1j_2m_2}^{j\ m}\sum_\mu D_{\mu m}^{j}\sum_\nu C_{j_1\nu j_2\mu-\nu}^{j\ \mu}\delta_{\mu_1'\nu}\delta_{\mu_2',\mu-\nu} = \sum_j C_{j_1m_1j_2m_2}^{j\ m}\sum_\mu D_{\mu m}^{j} C_{j_1\mu_1'j_2\mu-\mu_1'}^{j\ \mu}\delta_{\mu,\mu_1'+\mu_2'}$$

$$= \sum_j C_{j_1m_1j_2m_2}^{j\ m} D_{\mu_1'+\mu_2'm}^{j} C_{j_1\mu_1'j_2\mu_2'}^{j\ \mu}$$

将 μ_1',μ_2' 改记为 μ_1,μ_2，由此得到著名的 Clebsch - Gordon 级数，它是 $\boldsymbol{D}$ 矩阵的耦合规则，

$$D_{\mu_1m_1}^{j_1}(\alpha\beta\gamma) D_{\mu_2m_2}^{j_2}(\alpha\beta\gamma) = \sum_j C_{j_1\mu_1j_2\mu_2}^{j\ \mu} C_{j_1m_1j_2m_2}^{j\ m} D_{\mu m}^{j}(\alpha\beta\gamma) \tag{4.3.6}$$

4.4 $\boldsymbol{D}$ 函数的积分性质

两个转动矩阵 $D_{\mu_1m_1}^{j_1 *}(\alpha\beta\gamma) D_{\mu_2m_2}^{j_2}(\alpha\beta\gamma)$ 乘积在单位球面的积分 $\int \mathrm{d}\Omega$ 下具有正交性。单位球面积分的定义是

$$\int \mathrm{d}\Omega = \int_0^{2\pi}\mathrm{d}\gamma\int_0^{\pi}\sin\beta\mathrm{d}\beta\int_0^{2\pi}\mathrm{d}\alpha = 8\pi^2 \tag{4.4.1}$$

利用(4.2.16)式以及转动矩阵耦合公式(4.3.6)得到

$$\int_0^{2\pi}\mathrm{d}\gamma\int_{-1}^{1}\mathrm{d}\cos\beta\int_0^{2\pi}\mathrm{d}\alpha D_{\mu_1m_1}^{j_1 *}(\alpha\beta\gamma) D_{\mu_2m_2}^{j_2}(\alpha\beta\gamma)$$

$$= \int_0^{2\pi}\mathrm{d}\gamma\int_{-1}^{1}\mathrm{d}\cos\beta\int_0^{2\pi}\mathrm{d}\alpha(-1)^{m_1-\mu_1} D_{-\mu_1-m_1}^{j_1}(\alpha\beta\gamma) D_{\mu_2m_2}^{j_2}(\alpha\beta\gamma)$$

$$= \int_0^{2\pi}\mathrm{d}\gamma\int_{-1}^{1}\mathrm{d}\cos\beta\int_0^{2\pi}\mathrm{d}\alpha(-1)^{m_1-\mu_1}\sum_j C_{j_1-\mu_1j_2\mu_2}^{j\ \mu_2-\mu_1} C_{j_1-m_1j_2m_2}^{j\ m_2-m_1} D_{\mu_2-\mu_1,m_2-m_1}^{j}(\alpha\beta\gamma)$$

应用(4.2.5)式，其中转动矩阵 $\boldsymbol{D}$ 可表示为

$$D_{\mu_2-\mu_1,m_2-m_1}^{j}(\alpha\beta\gamma) = \mathrm{e}^{-\mathrm{i}(\mu_2-\mu_1)\alpha} d_{\mu_2-\mu_1,m_2-m_1}^{j}(\beta)\mathrm{e}^{-\mathrm{i}(m_2-m_1)\gamma} \tag{4.4.2}$$

对 α 和 γ 的积分，由周期函数的性质得到

$$\int_0^{2\pi} e^{-i(\mu_2-\mu_1)\alpha}d\alpha = 2\pi\delta_{\mu_1\mu_2}, \quad \int_0^{2\pi} e^{-i(m_2-m_1)\gamma}d\gamma = 2\pi\delta_{m_1m_2} \tag{4.4.3}$$

代入上面的积分表示后，积分约化为

$$\begin{aligned}&\int_0^{2\pi} d\gamma \int_{-1}^{1} d\cos\beta \int_0^{2\pi} d\alpha D_{\mu_1 m_1}^{j_1 *}(\alpha\beta\gamma) D_{\mu_2 m_2}^{j_2}(\alpha\beta\gamma)\\ &= (2\pi)^2 \int_{-1}^{1} d\cos\beta \delta_{\mu_1\mu_2}\delta_{m_1m_2}(-1)^{m_1-\mu_1}\sum_j C_{j_1 -\mu_1 j_2\mu_2}^{j\ \mu_2-\mu_1} C_{j_1 -m_1 j_2 m_2}^{j\ m_2-m_1} d_{00}^{j}(\beta)\end{aligned}$$

由方程(4.2.9)可以得到 $d_{00}^{j}(\theta)$ 满足的微分方程简化为

$$\left(\frac{1}{\sin\theta}\frac{\partial}{\partial\theta}(\sin\theta\frac{\partial}{\partial\theta}) + j(j+1)\right)d_{00}^{j}(\theta) = 0$$

其中 j 必须为正整数，用 l 来表示。若以 $x=\cos\theta$ 为自变量，上面方程变为

$$\left((1-x^2)\frac{d^2}{dx^2} - 2x\frac{d}{dx} + l(l+1)\right)d_{00}^{l}(\theta) = 0 \tag{4.4.4}$$

这就是 Legendre 多项式所满足的方程。因而 $d_{00}^{l}(\theta) = P_l(\cos\theta)$，并利用单个 Legendre 多项式的积分(C12)式，对 β 积分得到因子 $2\delta_{j0}$。将以上结果代入单位球面积分公式得到

$$\int d\Omega D_{\mu_1 m_1}^{j_1 *}(\alpha\beta\gamma) D_{\mu_2 m_2}^{j_2}(\alpha\beta\gamma) = 8\pi^2(-1)^{m_1-\mu_1} C_{j_1 -\mu_1 j_2 \mu_1}^{0\ 0} C_{j_1 -m_1 j_2 m_1}^{0\ 0}\delta_{\mu_1\mu_2}\delta_{m_1m_2} \tag{4.4.5}$$

再利用 CG 系数的性质(2.2.19)式，代入到(4.4.5)式，最终得到两个转动矩阵满足在单位球面积分的正交性

$$\int d\Omega D_{\mu_1 m_1}^{j_1 *}(\alpha\beta\gamma) D_{\mu_2 m_2}^{j_2}(\alpha\beta\gamma) = \frac{8\pi^2}{2j_1+1}\delta_{m_1m_2}\delta_{\mu_1\mu_2}\delta_{j_1j_2} \tag{4.4.6}$$

两个转动矩阵在单位球面积分的正交性将在下面求解不可约张量算符的约化矩阵元中得到应用。

4.5　D 函数与球谐函数的关系

球谐函数 $Y_{lm}(\theta,\varphi)$ 是角动量算符的本征态，它在空间转动变换下由 **D** 矩阵来变换，

$$Y_{lm}(\theta',\varphi') = \sum_{m'} D_{m'm}^{l}(\alpha\beta\gamma) Y_{lm'}(\theta,\varphi) \tag{4.5.1}$$

可以证明如下定义的 $\mathcal{G}$ 在空间转动下是不变的，

$$\mathcal{G} = \sum_m Y_{lm}^*(\theta_1,\varphi_1) Y_{lm}(\theta_2,\varphi_2) \tag{4.5.2}$$

在空间转动下，应用转动矩阵的正交关系(4.3.3)式得到

$$\begin{aligned}R\,\mathcal{G} &= \sum_{mm_1m_2} D_{m_1 m}^{l *}(\alpha\beta\gamma) Y_{lm_1}^*(\theta_1,\varphi_1) D_{m_2 m}^{l}(\alpha\beta\gamma) Y_{lm_2}(\theta_2,\varphi_2)\\ &= \sum_{m_1m_2}\delta_{m_1m_2} Y_{lm_1}^*(\theta_1,\varphi_1) Y_{lm_2}(\theta_2,\varphi_2) = \sum_{m_1} Y_{lm_1}^*(\theta_1,\varphi_1) Y_{lm_1}(\theta_2,\varphi_2) = \mathcal{G}\end{aligned}$$

上式在任意立体角的情况下都成立，因此 $\mathcal{G}$ 在空间转动下是转动不变量，与坐标无关。当考虑一个特殊的坐标，$\theta_1=0,\varphi_1=0$，以及 $\theta_2=\theta,\varphi_2=0$，

$$Y_{lm}(0,0) = \sqrt{\frac{2l+1}{4\pi}}\delta_{m0}, \qquad Y_{lm}(\theta,0) = \sqrt{\frac{2l+1}{4\pi}}P_l(\cos\theta)$$

代入(4.5.2)式，由此得到球谐函数的加法定理。

$$\sum_m Y_{lm}^*(\theta_1,\varphi_1) Y_{lm}(\theta_2,\varphi_2) = \frac{2l+1}{4\pi}P_l(\cos\theta) \tag{4.5.3}$$

其中 θ 是两个立体角为(θ_1,φ_1)和(θ_2,φ_2)的矢量之间的夹角,即在进行空间转动时两个矢量夹角是不变的,这种在转动下不变的量是标量。其中 $P_l(\cos\theta)$是 Legendre 多项式。

在(4.5.3)式中取 $\theta_1=\theta_2\equiv\theta$,以及 $\varphi_1=\varphi_2\equiv\varphi$,这时它们的夹角为 0。利用 Legendre 多项式的性质 $P_l(1)=1$,得到

$$\sum_m Y_{lm}^*(\theta,\varphi)Y_{lm}(\theta,\varphi)=\sum_m(-1)^m Y_{l-m}(\theta,\varphi)Y_{lm}(\theta,\varphi)=\frac{2l+1}{4\pi} \tag{4.5.4}$$

在 $m'=m''=0$ 和 $\alpha=0$ 的情况下,$\boldsymbol{D}$ 函数正交性(4.3.3)式变为

$$\sum_m D_{0m}^{l*}(0\beta\gamma)D_{0m}^l(0\beta\gamma)=1 \tag{4.5.5}$$

(4.5.4)式与(4.5.5)式比较,得到转动矩阵 $\boldsymbol{D}$ 在 $m'=0$ 的情况下与球谐函数的关系是

$$D_{0m}^l(0,\theta,\varphi)=\sqrt{\frac{4\pi}{2l+1}}Y_{l-m}(\theta,\varphi) \tag{4.5.6}$$

这个结果在习题 1 中也得到验证。

转动矩阵的耦合规则(4.3.6)式在 $\mu_1=\mu_2=0$ 以及 $\alpha=0$ 的情况下变为

$$D_{0m_1}^{l_1}(0,\theta,\varphi)D_{0m_2}^{l_2}(0,\theta,\varphi)=\sum_L C_{l_10l_20}^{L\ 0}C_{l_1m_1l_2m_2}^{L\ M}D_{0M}^L(0,\theta,\varphi) \tag{4.5.7}$$

代入 D 函数与球谐函数的关系式(4.5.6),得到了球谐函数的合成规则

$$Y_{l_1m_1}(\theta\varphi)Y_{l_2m_2}(\theta\varphi)=\sum_L\sqrt{\frac{(2l_1+1)(2l_2+1)}{4\pi(2L+1)}}C_{l_1m_1l_2m_2}^{L\ M}C_{l_10l_20}^{L\ 0}Y_{LM}(\theta,\varphi) \tag{4.5.8}$$

回顾上面的结果得到如下关系式

$$D_{00}^l(0,\theta,0)=d_{00}^l(\theta)=\sqrt{\frac{4\pi}{2l+1}}Y_{l0}(\theta,0)=P_l(\cos\theta) \tag{4.5.9}$$

由此看出,转动矩阵 $\boldsymbol{D}$ 的一个磁量子数为 0 时,退化为球谐函数,当另一个磁量子数也为 0 时,退化为 Legendre 多项式。球谐函数和 Legendre 多项式是转动矩阵 $\boldsymbol{D}$ 函数的特殊情况。由于 $P_0(x)=1$,因此 $D_{00}^0=1$。

有关球谐函数与 Legendre 多项式的关系的详细内容参见附录 3。

4.6 球基坐标

在研究空间转动的性质时,球基坐标是比笛卡尔坐标更为方便的坐标表示形式。球基坐标有如下定义,球基坐标的单位矢量 $\boldsymbol{\varepsilon}_\mu$, $\mu=1,0,-1$ 与笛卡尔坐标的单位矢量 $\boldsymbol{e}_i$, $i=x,y,z$ 之间的关系为

$$\begin{aligned}\boldsymbol{\varepsilon}_1&=-\frac{1}{\sqrt{2}}(\boldsymbol{e}_x+\mathrm{i}\boldsymbol{e}_y)\\ \boldsymbol{\varepsilon}_0&=\boldsymbol{e}_z\\ \boldsymbol{\varepsilon}_{-1}&=\frac{1}{\sqrt{2}}(\boldsymbol{e}_x-\mathrm{i}\boldsymbol{e}_y)\end{aligned} \tag{4.6.1}$$

且有

$$\boldsymbol{\varepsilon}_\mu^*=(-1)^\mu\boldsymbol{\varepsilon}_{-\mu}$$

逆关系为

$$\begin{aligned} \boldsymbol{e}_x &= -\frac{1}{\sqrt{2}}(\boldsymbol{\varepsilon}_1 - \boldsymbol{\varepsilon}_{-1}) \\ \boldsymbol{e}_y &= \frac{\mathrm{i}}{\sqrt{2}}(\boldsymbol{\varepsilon}_1 + \boldsymbol{\varepsilon}_{-1}) \\ \boldsymbol{e}_z &= \boldsymbol{\varepsilon}_0 \end{aligned} \tag{4.6.2}$$

可以验证,球基坐标的单位矢量的正交性关系满足下式

$$(-1)^{\mu'}\boldsymbol{\varepsilon}_\mu \cdot \boldsymbol{\varepsilon}_{-\mu'} = \boldsymbol{\varepsilon}_\mu \cdot \boldsymbol{\varepsilon}_{\mu'}^* = \delta_{\mu\mu'} \tag{4.6.3}$$

矢量 $\boldsymbol{A}$ 在笛卡尔坐标系中的分量为(A_x, A_y, A_z),表示为 $\boldsymbol{A} = A_x\boldsymbol{e}_x + A_y\boldsymbol{e}_y + A_z\boldsymbol{e}_z$。而矢量在球基坐标下分量的表示形式为

$$\boldsymbol{A} = \sum_{\mu=-1}^{1}(-1)^\mu A_\mu \boldsymbol{\varepsilon}_{-\mu} \tag{4.6.4}$$

将笛卡尔坐标系的坐标的单位矢量(4.6.2)式代入得到

$$\begin{aligned} \boldsymbol{A} &= -A_1\boldsymbol{\varepsilon}_{-1} + A_0\boldsymbol{\varepsilon}_0 - A_{-1}\boldsymbol{\varepsilon}_1 = A_x\boldsymbol{e}_x + A_y\boldsymbol{e}_y + A_z\boldsymbol{e}_z \\ &= A_x\left[-\frac{1}{\sqrt{2}}(\boldsymbol{\varepsilon}_1 - \boldsymbol{\varepsilon}_{-1})\right] + A_y\left[\frac{\mathrm{i}}{\sqrt{2}}(\boldsymbol{\varepsilon}_1 + \boldsymbol{\varepsilon}_{-1})\right] + A_z\boldsymbol{e}_0 \\ &= -\left[-\frac{1}{\sqrt{2}}(A_x + \mathrm{i}A_y)\right]\boldsymbol{\varepsilon}_{-1} - \left[\frac{1}{\sqrt{2}}(A_x - \mathrm{i}A_y)\right]\boldsymbol{\varepsilon}_1 + A_0\boldsymbol{e}_0 \end{aligned}$$

对比(4.6.4)式,得到在球基坐标下各分量 A_1, A_0, A_{-1} 与笛卡尔坐标系各分量 A_x, A_y, A_z 之间的关系为

$$A_1 = -\frac{1}{\sqrt{2}}(A_x + \mathrm{i}A_y),\quad A_0 = A_z,\quad A_{-1} = \frac{1}{\sqrt{2}}(A_x - \mathrm{i}A_y) \tag{4.6.5}$$

其逆关系为

$$A_x = -\frac{1}{\sqrt{2}}(A_1 - A_{-1}),\quad A_y = \frac{\mathrm{i}}{\sqrt{2}}(A_1 + A_{-1}),\quad A_z = A_0 \tag{4.6.6}$$

利用(4.6.3)式和(4.6.4)式,得到两个矢量的点积在球基坐标下的表示为

$$\boldsymbol{A} \cdot \boldsymbol{B} = \sum_\mu (-1)^\mu A_\mu B_{-\mu} \tag{4.6.7}$$

以矢量 $\boldsymbol{r}$ 为例,在球基坐标下的分量用笛卡尔坐标分量表示,并由球坐标关系得到

$$\begin{aligned} r_1 &= -\frac{1}{\sqrt{2}}(x + \mathrm{i}y) = -\frac{1}{\sqrt{2}}r\sin\theta(\cos\varphi + \mathrm{i}\sin\varphi) = -\frac{r}{\sqrt{2}}\sin\theta \mathrm{e}^{\mathrm{i}\varphi} \\ r_0 &= z = r\cos\theta \\ r_{-1} &= \frac{1}{\sqrt{2}}(x - \mathrm{i}y) = \frac{1}{\sqrt{2}}r\sin\theta(\cos\varphi - \mathrm{i}\sin\varphi) = \frac{r}{\sqrt{2}}\sin\theta \mathrm{e}^{-\mathrm{i}\varphi} \end{aligned}$$

比较 $l=1$ 球谐函数的表示,得到在球基坐标下矢量 $\boldsymbol{r}$ 的分量可以用 $l=1$ 的球谐函数来表示

$$r_\mu = \sqrt{\frac{4\pi}{3}}rY_{1\mu}(\theta\varphi) \tag{4.6.8}$$

在转动变换下,球基坐标下各分量 r_μ 的变换具有 $D^{l=1}$ 的变换性质,

$$R(\alpha\beta\gamma)r_\mu R^{-1}(\alpha\beta\gamma) = \sum_{\mu'} D^1_{\mu'\mu}(\alpha\beta\gamma)r_{\mu'} \tag{4.6.9}$$

张量是用它在系统改变时的变换性质来定义的。在讨论角动量和宇称本征态时,系统的变换是转动和空间反射,不可约张量由系统转动下的变换性质来分类,即按 $D^l_{m'm}$ 的变换

来分类。这儿要区别于在线性代数中我们熟悉的笛卡尔(Cartesian)张量,系统改变时满足下面的幺正变换关系,我们称为笛卡尔张量:标量、矢量及张量,

$$
\begin{aligned}
&\text{标量} \quad (\text{零秩张量}) \quad T' = T \\
&\text{矢量} \quad (\text{一秩张量}) \quad T'_i = \sum_j a_{ij} T_j \\
&\text{二秩张量} \quad T'_{ij} = \sum_{lm} a_{il} a_{jm} T_{lm} \\
&\gamma\ \text{秩张量} \quad T'_{\underbrace{ijk\cdots}_{\gamma}} = \sum_{lmn} \underbrace{a_{il} a_{jm} a_{kn} \cdots}_{\gamma} T_{lmn\cdots}
\end{aligned}
\tag{4.6.10}
$$

笛卡尔张量按系统变换的 $\boldsymbol{D}$ 函数分类通常是可约的,例如笛卡尔二秩张量 T_{ij} 的九个分量可以表示为[10]

$$
\boldsymbol{T} = \frac{1}{3} T\delta_{ij} + A_k + S_{ij} \tag{4.6.11}
$$

其中

$$
T = \sum_i T_{ii} \quad A_k = (T_{ij} - T_{ji})/2 \quad i,j,k\ \text{循环} \quad S_{ij} = (T_{ij} + T_{ji} - \frac{2}{3} T\delta_{ij})/2 \tag{4.6.12}
$$

这三组量在坐标转动下分别与 $L=0,1,2$ 的球谐函数一样变换,分别称为 0,1,2 秩球张量,即笛卡尔二秩张量 T_{ij} 的九个分量的组合在球张量表示下可以构成一个标量、一个一秩张量和一个迹为零的二秩张量,因此它是可约的。

进一步理解"不可约(或可约)"一词的物理含义,以笛卡尔二秩张量的分量 z^2 为例,$z = \sqrt{\frac{4\pi}{3}} r Y_{10}$,并利用球谐函数的合成公式(4.5.8)式,得到

$$
z^2 = \frac{4\pi r^2}{3} (Y_{10})^2 = \frac{4\pi r^2}{3} \sum_L \sqrt{\frac{3\times 3}{4\pi(2L+1)}} (C^{L\ 0}_{1010})^2 Y_{L0} = \frac{\sqrt{4\pi} r^2}{3} \left[Y_{00} + \frac{2}{\sqrt{5}} Y_{20} \right] \tag{4.6.13}
$$

其中 $C^{2\ 0}_{1010} = \sqrt{\frac{2}{3}}$,$C^{1\ 0}_{1010} = 0$,$C^{0\ 0}_{1010} = -\sqrt{\frac{1}{3}}$,因而在 z^2 中不仅包含了角动量 $L=2$,而且还包含了 $L=0$ 的成分,在空间转动变换时没有唯一确定的角动量,因此 z^2 是可约的。

4.7 不可约张量算符

不可约张量算符在角动量理论中具有很重要的作用。

1. 不可约张量算符定义

L 秩的不可约张量算符是一套 $2L+1$ 个算符 $T_{LM}(M=-L,\cdots,L)$,在空间转动下的变换性质满足下列变换关系:

$$
RT_{LM}R^{-1} = \sum_{M'} D^L_{M'M}(\alpha\beta\gamma) T_{LM'} \tag{4.7.1}
$$

注意这里讨论的是算符,L 只能是整数。

2. 不可约张量算符的运算规则

令 $T_{L_1M_1}(\boldsymbol{A}_1)$ 和 $T_{L_2M_2}(\boldsymbol{A}_2)$ 分别为 L_1 和 L_2 秩张量,$\boldsymbol{A}_1$,$\boldsymbol{A}_2$ 表示两个张量随着变化的所有其他变量,例如球谐函数的变量为 $\boldsymbol{A} = (\theta,\varphi)$。

加法：两个 L 秩张量的和仍然是 L 秩张量，为各对应的分量求和

$$T_{LM}(1)+T_{LM}(2)=T_{LM}(1,2) \tag{4.7.2}$$

乘法：当两个任意秩不可约张量，即 L_1,L_2 秩张量之间用 CG 系数耦合成有确定的角动量 L 秩张量，这种耦合方式称为不可约张量算符的乘法。

$$T_{LM}(1,2)=\sum_{M_1M_2}C_{L_1M_1L_2M_2}^{\ L\ M}T_{L_1M_1}(1)T_{L_2M_2}(2) \tag{4.7.3}$$

当 $T_{L_1M_1}(1)$ 和 $T_{L_2M_2}(2)$ 都是不可约张量算符时，上面不可约张量算符的乘法给出的 $T_{LM}(1,2)$ 仍然是不可约张量算符，在空间转动下满足(4.7.1)式。

下面验证这个乘法在任意转动下都满足不可约张量的定义

$$RT_{LM}(1,2)R^{-1}=\sum_{M_1M_2M_1'M_2'}C_{L_1M_1L_2M_2}^{\ L\ M}D_{M_1'M_1}^{L_1}D_{M_2'M_2}^{L_2}T_{L_1M_1'}(1)T_{L_2M_2'}(2)$$

其中两个转动矩阵可由(4.3.6)式的转动矩阵耦合关系得到

$$D_{M_1'M_1}^{L_1}D_{M_2'M_2}^{L_2}=\sum_{L'}C_{L_1M_1'L_2M_2'}^{\ L'\ M'}C_{L_1M_1L_2M_2}^{\ L'\ M}D_{M'M}^{L'} \tag{4.7.4}$$

代入上式得到

$$RT_{LM}(1,2)R^{-1}=\sum_{M_1M_2M_1'M_2'}C_{L_1M_1L_2M_2}^{\ L\ M}\sum_{L'}C_{L_1M_1'L_2M_2'}^{\ L'\ M'}C_{L_1M_1L_2M_2}^{\ L'\ M}D_{M'M}^{L'}T_{L_1M_1'}(1)T_{L_2M_2'}(2)$$

并利用 CG 系数对 M_1,M_2 求和的正交性

$$\sum_{M_1M_2}C_{L_1M_1L_2M_2}^{\ L\ M}C_{L_1M_1L_2M_2}^{\ L'\ M}=\delta_{LL'} \tag{4.7.5}$$

再利用不可约张量算符的乘法定义(4.7.3)式得到

$$RT_{LM}(1,2)R^{-1}=\sum_{M_1'M_2'}C_{L_1M_1'L_2M_2'}^{\ L\ M'}D_{M'M}^{L}T_{L_1M_1'}(1)T_{L_2M_2'}(2)=\sum_{M'}D_{M'M}^{L}T_{LM'}(1,2) \tag{4.7.6}$$

其中对 M_1',M_2' 求和是独立的，可以换为对 M_1',M' 求和。由此证明了在(4.7.3)式定义的不可约张量算符的乘法规则下，两个在任意转动下都满足(4.7.1)式定义的不可约张量算符，其“乘积”仍是一个不可约张量算符。

3. 张量的收缩

利用不可约张量算符的乘法规则，两个 L 秩的不可约张量算符可以构成一个零秩张量，称为收缩或张量的无向积

$$\mathcal{G}=\sum_{M}(-1)^{M}T_{LM}(1)T_{L-M}(2) \tag{4.7.7}$$

由 CG 系数的性质

$$C_{LM\,L-M}^{\ 0\ 0}=\frac{(-1)^{L-M}}{\sqrt{2L+1}}$$

(4.7.7)式为

$$\mathcal{G}=(-1)^{L}\sqrt{2L+1}\sum_{M}C_{LM\,L-M}^{\ 0\ 0}T_{LM}(1)T_{L-M}(2)$$

可以验证标量$\mathcal{G}$在转动变换下不变。球谐函数的(4.5.2)式就是一个典型的不可约张量收缩的例子。

平面波 $e^{i\boldsymbol{k}\cdot\boldsymbol{r}}$的指数是两个矢量的无向积，$\boldsymbol{k}\cdot\boldsymbol{r}$ 在转动变换下是个不变量，平面波的展开也显示两个张量的收缩，

$$e^{i\boldsymbol{k}\cdot\boldsymbol{r}}=4\pi\sum_{l=0}^{\infty}i^{l}j_{l}(kr)\sum_{m}(-1)^{m}Y_{lm}(\Omega_k)Y_{l-m}(\Omega_r) \tag{4.7.8}$$

4. 不可约张量算符的 Racah 定义

(4.7.1)式给出的不可约张量算符的定义是由算符在转动下的变换性质来定义的，Racah 用张量算符的分量与角动量算符的对易规则来定义：一组算符 T_{LM}，如果与角动量算符的对易关系满足以下关系，

$$[J_\mu, T_{LM}] = (-1)^\mu \hbar C_{LM+\mu 1-\mu}^{L\ \ M} \sqrt{L(L+1)}\, T_{L,M+\mu} \tag{4.7.9}$$

则 T_{LM} 组成 L 秩不可约张量，称为不可约张量算符的 Racah 定义。

J_μ 是球基坐标下角动量算符的分量，J_1, J_0, J_{-1} 的表示与上升下降算符 J_+, J_-，以及 J_z 之间的关系为

$$\begin{cases} J_1 = -\dfrac{1}{\sqrt{2}}(J_x + \mathrm{i}J_y) = -\dfrac{1}{\sqrt{2}}J_+ \\ J_0 = J_z \\ J_{-1} = \dfrac{1}{\sqrt{2}}(J_x - \mathrm{i}J_y) = \dfrac{1}{\sqrt{2}}J_- \end{cases} \tag{4.7.10}$$

利用上升和下降算符作用到波函数上的(2.1.16)式

$$J_\pm \psi(LM) = \hbar \sqrt{(L \mp M)(L \pm M + 1)}\, \psi(LM \pm 1) \tag{4.7.11}$$

(4.7.9)右式与 CG 系数相关，在表 4.1 中我们给出 $l_2 = 1\hbar$ 的 CG 系数。

表 4.1　$l_2 = 1\hbar$ 的 CG 系数 $C_{lm-\mu 1\mu}^{j\ \ m}$

j	$\mu=1$	$\mu=0$	$\mu=-1$
$l+1$	$\sqrt{\dfrac{(l+m)(l+m+1)}{(2l+1)(2l+2)}}$	$\sqrt{\dfrac{(l-m+1)(l+m+1)}{(2l+1)(l+1)}}$	$\sqrt{\dfrac{(l-m)(l-m+1)}{(2l+1)(2l+2)}}$
l	$-\sqrt{\dfrac{(l+m)(l-m+1)}{2l(l+1)}}$	$\dfrac{m}{\sqrt{l(l+1)}}$	$\sqrt{\dfrac{(l-m)(l+m+1)}{2l(l+1)}}$
$l-1$	$\sqrt{\dfrac{(l-m)(l-m+1)}{2l(2l+1)}}$	$-\sqrt{\dfrac{(l-m)(l+m)}{l(2l+1)}}$	$\sqrt{\dfrac{(l+m)(l+m+1)}{2l(2l+1)}}$

由(4.7.11)式和 CG 系数表 4.1 第二行对比得到

$$J_\mu |LM\rangle = (-1)^\mu \hbar C_{LM+\mu 1-\mu}^{L\ \ M} \sqrt{L(L+1)}\, |L, M+\mu\rangle \tag{4.7.12}$$

可以证明不可约张量算符的 Racah 定义与(4.7.1)式的定义是完全等价的。为简化起见仅绕 Z 轴作无穷小转动 $\delta\varphi$，由转动矩阵的定义(4.2.1)式得到

$$RT_{LM}R^{-1} = \mathrm{e}^{-\frac{\mathrm{i}}{\hbar}\delta\varphi J_z} T_{LM} \mathrm{e}^{\frac{\mathrm{i}}{\hbar}\delta\varphi J_z} = \sum_{M'} D_{M'M}^L(\delta\varphi, 0, 0)\, T_{LM'} \tag{4.7.13}$$

其中绕 Z 轴转动的矩阵元是对角矩阵

$$D_{M'M}^L(\delta\varphi, 0, 0) = \mathrm{e}^{-\mathrm{i}M\delta\varphi}\delta_{M'M}$$

这时(4.7.13)式的右边有

$$\sum_{M'} D_{M'M}^L(\delta\varphi, 0, 0)\, T_{LM'} = \sum_{M'} \mathrm{e}^{-\mathrm{i}M\delta\varphi}\delta_{M'M} T_{LM'} = (1 - \mathrm{i}\delta\varphi M) T_{LM} = T_{LM} - \mathrm{i}\delta\varphi M T_{LM} \tag{4.7.14}$$

从(4.7.13)式左边将 R 展开到 $\delta\varphi$ 的一次项，略去 $\delta\varphi$ 的二次项，得到

$$\left(1 - \frac{\mathrm{i}}{\hbar}\delta\varphi J_z\right) T_{LM} \left(1 + \frac{\mathrm{i}}{\hbar}\delta\varphi J_z\right) = T_{LM} - \frac{\mathrm{i}}{\hbar}\delta\varphi [J_z, T_{LM}] \tag{4.7.15}$$

由(4.7.14)式与(4.7.15)式相等，消去 $i\delta\varphi$ 因子，由表 4.1 得知

$$C_{LM10}^{L\ M} = \frac{M}{\sqrt{L(L+1)}}$$

可以得到

$$[J_z, T_{LM}] = \hbar M T_{LM} = \hbar C_{LM10}^{L\ M}\sqrt{L(L+1)}\,T_{LM}$$

由此证明了不可约张量算符的 Racah 定义(4.7.9)式在 $\mu = 0$ 的情况成立。

4.8　不可约张量算符的约化矩阵元——Wigner – Eckart 定理

1. Wigner – Eckart 定理

不可约张量算符在角动量算符本征态的矩阵元与角动量磁量子数之间的关系可以完全包含在 CG 系数中，与磁量子数无关部分称为约化矩阵元。不可约张量算符的矩阵元可表示为

$$\langle j'm' | T_{LM} | jm \rangle = \frac{1}{\sqrt{2j'+1}} C_{jmLM}^{j'\ m'} \langle j' \| T_L \| j \rangle \tag{4.8.1}$$

称为 Wigner – Eckart 定理。其中$\langle j' \| T_L \| j \rangle$称为约化矩阵元。Wigner – Eckart 定理把物理过程中与磁量子数有关的几何性质全部包含在 CG 系数之中，而动力学性质则包含在与磁量子数无关的约化矩阵元之中。

需要注意的是，不可约张量算符的约化矩阵元的表示有两种定义：(4.8.1)式是 Edmonds[11]的定义，这是目前广泛应用的；Rose[10]的定义没有$\dfrac{1}{\sqrt{2j'+1}}$因子。在运算时必须采用一致的定义。

下面证明 Wigner – Eckart 定理。对于一个跃迁矩阵元，在转动变换下，引入 $R^\dagger R = 1$ 的因子，分别对波函数和不可约张量算符进行转动变换，并应用转动矩阵的合成公式(4.3.6)，可以得到

$$\begin{aligned}
\langle j'm' | T_{LM} | jm \rangle &= \langle j'm' | R^\dagger R T_{LM} R^\dagger R | jm \rangle \\
&= \sum_{\mu} D_{\mu m'}^{j'\,*} \sum_{M'} D_{M'M}^{L} \sum_{\nu} D_{\nu m}^{j} \langle j'\mu | T_{LM'} | j\nu \rangle \\
&= \sum_{\mu M'\nu} D_{\mu m'}^{j'\,*} \sum_{J} C_{LM'j\nu}^{JM'+\nu} C_{LMjm}^{JM+m} D_{M'+\nu M+m}^{J} \langle j'\mu | T_{LM'} | j\nu \rangle
\end{aligned} \tag{4.8.2}$$

上式对任意转动都成立，两边对 Euler 转动的球面积分，由于(4.8.2)式左边与角度无关，因而

$$\int \mathrm{d}\Omega \langle j'm' | T_{LM} | jm \rangle = 8\pi^2 \langle j'm' | T_{LM} | jm \rangle$$

而(4.8.2)式右边可利用转动矩阵在单位球面积分的正交性(4.4.6)式得到

$$\int \mathrm{d}\Omega D_{\mu m'}^{j'\,*} D_{M'+\nu M+m}^{J} = \frac{8\pi^2}{2J+1} \delta_{j'J} \delta_{\mu M'+\nu} \delta_{m'M+m}$$

两边同时消去因子 $8\pi^2$，并利用 δ 函数约化得到

$$\begin{aligned}
\langle j'm' | T_{LM} | jm \rangle &= \frac{1}{2j'+1} \delta_{m'M+m} C_{LMjm}^{j'\ m'} \sum_{M'\nu} C_{LM'j\nu}^{j'M'+\nu} \langle j'M'+\nu | T_{LM'} | j\nu \rangle \\
&= \frac{1}{2j'+1} \delta_{m'M+m} C_{jmLM}^{j'\ m'} \sum_{M'\nu} C_{j\nu LM'}^{j'M'+\nu} \langle j'M'+\nu | T_{LM'} | j\nu \rangle
\end{aligned}$$

其中两个 CG 系数下标同时互换后，由 CG 系数对称性出现的相因子抵消，并注意到 $\delta_{m'M+m}$ 已经包含在 CG 系数之中，得到

$$\langle j'm' | T_{LM} | jm\rangle = \frac{1}{2j'+1} C_{jmLM}^{j'\ m'} \sum_{M'\nu} C_{j\nu\ LM'}^{j'M'+\nu} \langle j'M'+\nu | T_{LM'} | j\nu\rangle \tag{4.8.3}$$

对比(4.8.1)式，除 CG 系数 $C_{jmLM}^{j'\ m'}$ 包含了跃迁矩阵元的磁量子数 m,M,m' 之外，其余部分都是在磁量子数的求和状态，与跃迁矩阵元的磁量子数无关，这部分就是约化矩阵元，改记 $M'\to\mu$ 得到求解约化矩阵元的计算公式

$$\langle j' \| T_L \| j\rangle = \frac{1}{\sqrt{2j'+1}} \sum_{\mu\nu} C_{j\nu\ l\mu}^{j'\mu+\nu} \langle j'\mu+\nu | T_{l\mu} | j\nu\rangle \tag{4.8.4}$$

这也是求解约化矩阵元的一个方法，需要注意的是，这时对 μ,ν 的求和是独立自由求和。

下面给出一些常用的约化矩阵元。

2. 球谐函数的约化矩阵元

利用三个球谐函数积分公式(C9)

$$\langle l_f \| Y_l \| l_i\rangle = \frac{1}{\sqrt{2l_f+1}} \sum_{\mu\nu} C_{l_i\nu l\mu}^{l_f\mu+\nu} \langle l_f\mu+\nu | Y_{l\mu} | l_i\nu\rangle = \frac{1}{\sqrt{2l_f+1}} \sum_{\mu\nu} C_{l_i\nu l\mu}^{l_f\mu+\nu} \int Y_{l_f\mu+\nu}^{*} Y_{l\mu} Y_{l_i\nu} \mathrm{d}\Omega$$

$$= \frac{1}{\sqrt{2l_f+1}} \sum_{\mu\nu} C_{l_i\nu l\mu}^{l_f\ \mu+\nu} \sqrt{\frac{(2l+1)(2l_i+1)}{4\pi(2l_f+1)}} C_{l_i\nu l\mu}^{l_f\mu+\nu} C_{l0l_i0}^{l_f0} \tag{4.8.5}$$

这里必须注意到，对 μ 和 ν 的求和是独立的，因而 $\mu+\nu$ 值并非确定值。这时 CG 系数求和就得到 $2l_f+1$ 因子，

$$\sum_{\mu\nu} C_{l_i\nu l\mu}^{l_f\mu+\nu} C_{l_i\nu l\mu}^{l_f\mu+\nu} = \sum_{M\nu} C_{l_i\nu lM-\nu}^{l_f\ M} C_{l_i\nu lM-\nu}^{l_f\ M} = \sum_{M=-l_f}^{M=l_f} 1 = 2l_f+1 \tag{4.8.6}$$

由此得到球谐函数的约化矩阵元

$$\langle l_f \| Y_l \| l_i\rangle = \frac{1}{\sqrt{4\pi}} C_{l_i0l0}^{l_f0} \sqrt{(2l_i+1)(2l+1)} \tag{4.8.7}$$

3. 角动量算符的约化矩阵元

由(4.7.12)式已知

$$J_\mu | j\nu\rangle = (-1)^\mu C_{j\mu+\nu 1-\mu}^{j\ \nu} \sqrt{j(j+1)} | j,\mu+\nu\rangle \tag{4.8.8}$$

从(4.8.4)式出发

$$\langle j' \| J \| j\rangle = \frac{1}{\sqrt{2j'+1}} \sum_{\mu\nu} C_{j\nu 1\mu}^{j'\mu+\nu} \langle j'\mu+\nu | J_\mu | j\nu\rangle = \frac{\sqrt{j(j+1)}}{\sqrt{2j'+1}} \sum_{\mu\nu} (-1)^\mu C_{j\nu 1\mu}^{j'\mu+\nu} C_{j\mu+\nu 1-\mu}^{j\ \ \nu}$$

利用 CG 系数的对称性

$$C_{j\mu+\nu 1-\mu}^{j\ \ \nu} = (-1)^{1-\mu} C_{j-\nu 1-\mu}^{j-\mu-\nu} = (-1)^\mu C_{j\nu 1\mu}^{j\mu+\nu}$$

得到角动量的约化矩阵元

$$\langle j' \| J \| j\rangle = \frac{1}{\sqrt{2j'+1}} \sum_{\mu\nu} C_{j\nu 1\mu}^{j'\mu+\nu} C_{j\nu 1\mu}^{j\mu+\nu} \sqrt{j(j+1)} = \sqrt{j(j+1)(2j+1)}\,\delta_{jj'} \tag{4.8.9}$$

同样对 μ 和 ν 的求和是独立的，应用(4.8.6)式，给出因子 $2j+1$。

在 $j'=j=\frac{1}{2}$ 的自旋情况时：

$$\langle \frac{1}{2} \| S \| \frac{1}{2} \rangle = \sqrt{\frac{3}{2}} \quad 或 \quad \langle \frac{1}{2} \| \sigma \| \frac{1}{2} \rangle = \sqrt{6} \tag{4.8.10}$$

4. 球谐函数在自旋角度波函数上的约化矩阵元

自旋角度波函数是一个粒子的自旋波函数与径向角度波函数耦合成具有确定总角动量的波函数

$$| l\, \frac{1}{2} jm \rangle = \sum_{\mu} C_{lm-\mu \frac{1}{2}\mu}^{j\ \ m} Y_{lm-\mu}(\theta\varphi) \chi_{\frac{1}{2}\mu}(\sigma) \tag{4.8.11}$$

应用约化矩阵元的计算公式(4.8.4)式，将自旋角度波函数代入后，利用自旋波函数的正交性得到

$$\langle l_a \frac{1}{2} j' \| Y_l(\hat{r}) \| l_b \frac{1}{2} j \rangle = \frac{1}{\sqrt{2j'+1}} \sum_{m\nu\mu} C_{j\nu\ \ lm}^{j'm+\nu} C_{l_a m+\nu-\mu \frac{1}{2}\mu}^{j'\ \ m+\nu} C_{l_b \nu-\mu \frac{1}{2}\mu}^{j\ \ \nu} \langle Y_{l_a m+\nu-\mu} | Y_{lm} | Y_{l_b \nu-\mu} \rangle$$

用(C9)式，代入三个球谐函数积分结果

$$\langle l_a \frac{1}{2} j' \| Y_l(\hat{r}) \| l_b \frac{1}{2} j \rangle = \sqrt{\frac{(2l+1)(2l_b+1)}{4\pi(2l_a+1)(2j'+1)}} \underline{C_{l0\ l_b 0}^{l_a\ 0}} \times \sum_{m\nu\mu} \underline{C_{j\nu\ \ lm}^{j'm+\nu}} C_{l_a m+\nu-\mu \frac{1}{2}\mu}^{j'\ \ m+\nu} C_{l_b \nu-\mu \frac{1}{2}\mu}^{j\ \ \nu} C_{lm\ \ l_b\nu-\mu}^{l_a\ \ m+\nu-\mu}$$

其中利用 CG 系数的对称性，对有下画线的 CG 系数作如下变换

$$C_{l0\ l_b 0}^{l_a\ 0} = (-1)^{l_b} \frac{\hat{l}_a}{\hat{l}} C_{l_a 0\ l_b 0}^{l\ \ 0} \qquad C_{j\nu\ \ lm}^{j'm+\nu} = (-1)^{l+j-j'} C_{lm\ \ j\nu}^{j'm+\nu}$$

这时上式变为

$$\langle l_a \frac{1}{2} j' \| Y_l(\hat{r}) \| l_b \frac{1}{2} j \rangle = \sqrt{\frac{(2l+1)(2l_b+1)(2j'+1)}{4\pi(2l_a+1)}} C_{l_a 0\ l_b 0}^{l\ \ 0} (-1)^{l_b+l+j-j'} \frac{\hat{l}_a}{\hat{l}} \times \sum_{m\nu\mu} C_{lm\ \ l_b\nu-\mu}^{l_a\ \ m+\nu-\mu} C_{l_a m+\nu-\mu \frac{1}{2}\mu}^{j'\ \ m+\nu} C_{lm\ \ j\nu}^{j'm+\nu} C_{l_b \nu-\mu \frac{1}{2}\mu}^{j\ \ \nu}$$

由四个 CG 系数构成 Racah 系数，对比(2.3.6)式，其中

$$j_1 = l,\quad j_2 = l_b,\quad j_3 = \frac{1}{2},\quad j_{12} = l_a,\quad j_{23} = j,\quad j = j'$$

注意到 Racah 系数中仅有两个磁量子数的自由求和，其中对 ν, m 的求和外，对 μ 的任意求和出现因子 $2j'+1$，利用(2.3.6)式得到

$$\sum_{m\nu\mu} C_{lm\ \ j\nu}^{j'm+\nu} C_{l_a m+\nu-\mu \frac{1}{2}\mu}^{j'\ \ m+\nu} C_{l_b \nu-\mu \frac{1}{2}\mu}^{j\ \ \nu} C_{lm\ \ l_b\nu-\mu}^{l_a\ \ m+\nu-\mu} = (2j'+1) \hat{l}_a \hat{j} W(l l_b j' \frac{1}{2}; l_a j)$$

由此得到自旋角度波函数约化矩阵元为

$$\langle l_a \frac{1}{2} j' \| Y_l(\hat{r}) \| l_b \frac{1}{2} j \rangle = \frac{\hat{j}\hat{j}'\hat{l}_a \hat{l}_b}{\sqrt{4\pi}} (-1)^{l+j-j'+l_b} W(l l_b j' \frac{1}{2}; l_a j) C_{l_a 0\ l_b 0}^{l\ \ 0} \tag{4.8.12}$$

上式中 $C_{l_a 0\ l_b 0}^{l\ \ 0}$ 要求 $l_a + l_b + l$ 为偶数。利用 Racah 系数循环性质(2.3.7)式得到

$$W(l l_b j' \frac{1}{2}; l_a j) = (-1)^{l_a+j-l-\frac{1}{2}} W(l_a l_b j' j; l \frac{1}{2}) = (-1)^{l_a+j-l-\frac{1}{2}} W(l_a j' l_b j; \frac{1}{2} l)$$

利用(2.3.10)式，这时 $j_a = j'$，$j_b = j$，得到

$$W(l_a j' l_b j; \frac{1}{2} l) C_{l_a 0\ l_b 0}^{l\ \ 0} = \frac{1}{\sqrt{(2l_a+1)(2l_b+1)}} C_{j'\frac{1}{2} j -\frac{1}{2}}^{l\ \ 0} \frac{1}{2} [1 + (-1)^{l_a+l_b+l}]$$

进而计算(-1)的因子

$$(-1)^{l+j-j'+l_b+l_a+j-l-\frac{1}{2}}=(-1)^{j-j'+j-l-\frac{1}{2}}=(-1)^{j'+l-\frac{1}{2}}$$

其中j,j'均为半整数,因此$j+j$是奇数,使得j'改变正负号。经过上述约化后,得到球谐函数在自旋角度波函数上的约化矩阵元为

$$\langle l_a\frac{1}{2}j'\parallel Y_l(\hat{r})\parallel l_b\frac{1}{2}j\rangle=\frac{(-1)^{j'+l-\frac{1}{2}}}{\sqrt{4\pi}}\hat{j}'\hat{j}C^{l\,0}_{j'\frac{1}{2}j-\frac{1}{2}}\times\frac{1}{2}[1+(-1)^{l_a+l_b+l}] \quad (4.8.13)$$

5. Wigner - Eckart 定理的应用

下面给出一些例子,说明 Wigner - Eckart 定理在分析物理问题中的意义:

(1)一般情况下,由描述几何因子的 CG 系数 $C^{j'm'}_{jmJ\mu}$ 的性质给出初末态的选择定则,即满足恒等关系 $m'=\mu+m$,和角动量之间耦合的三角关系$\Delta(j',J,j)$。

(2)跃迁概率可以简化表示,例如对非极化测量的结果是对初态求平均,对末态求和,即磁量子数求和,得到

$$\begin{aligned}\frac{1}{(2j+1)}\sum_{mm'}|\langle n'j'm|T_{\lambda\mu}|njm\rangle|^2&=\frac{1}{(2j+1)(2j'+1)}\sum_{mm'}|C^{j'm'}_{jm\lambda\mu}\langle n'j'\parallel\hat{T}_\lambda\parallel nj\rangle|^2\\&=\frac{1}{(2j+1)(2j'+1)}\sum_{mm'}\frac{2j'+1}{2\lambda+1}C^{\lambda-\mu}_{jmj'-m'}C^{\lambda-\mu}_{jmj'-m'}|\langle n'j'\parallel T_\lambda\parallel nj\rangle|^2\\&=\frac{1}{(2j+1)(2\lambda+1)}|\langle n'j'\parallel\hat{T}_\lambda\parallel nj\rangle|^2\end{aligned} \quad (4.8.14)$$

其中μ是固定的,对m,m'求和只有一个是自由的。

(3)磁矩算符为$\boldsymbol{\mu}=g_s\boldsymbol{s}+g_L\boldsymbol{L}$,其中$g_s,g_L$为回转磁比,态$\psi(jm)=|jm\rangle$的磁矩为

$$\langle jm'|\mu_\lambda|jm\rangle=\frac{1}{\sqrt{2j+1}}C^{j\,m'}_{jm1\lambda}\langle j\parallel\mu\parallel j\rangle \quad 其中 \quad \langle j\parallel\mu\parallel j\rangle=\sqrt{j(j+1)(2j+1)} \quad (4.8.15)$$

由于$\boldsymbol{\mu}$在球基下的分量为一秩张量算符,矩阵元出现$C^{jm'}_{jm1\mu}$所以$j=0$的态没有磁矩。

(4)电四极矩算符为

$$\hat{Q}_{20}=3z^2-r^2=\sqrt{\frac{16\pi}{5}}r^2Y_{20} \quad (4.8.16)$$

由于

$$\langle jj|\hat{Q}_{20}|jj\rangle=\frac{1}{\sqrt{2j+1}}C^{jj}_{jj20}\langle j\parallel Q\parallel j\rangle$$

对于$j=0,\frac{1}{2}$的态没有四极矩,而氘核自旋为$j=1$,因此氘核具有四极矩。

4.9 习题

(1)写出$L=1\hbar$的转动矩阵$D^1_{m'm}(\alpha,\beta,\gamma)$,并验证幺正性。

(2)J_μ为角动量J在球基坐标下的分量,证明

$$J^2=\sum_\mu(-1)^\mu J_\mu J_{-\mu}$$

(3)已知l为偶数的 Legerdre 多项式是偶函数,而l为奇数的 Legerdre 多项式是奇函数。

由 Legerdre 多项式合成公式(C8),以及 CG 系数的性质证明:两个 Legerdre 多项式乘积的奇偶性,与合成后的一个 Legerdre 多项式奇偶性相同。

(4)由球谐函数合成公式(4.5.8)证明:z^2 是可约张量,而$(3z^2-r^2)$是不可约张量。

(5)一个无自旋粒子由波函数 $\Psi=k[x+y+2z]e^{-\alpha r}$表示,其中 k 和 α 是实常数。试求:

(a)粒子的总角动量是多少?

(b)角动量的 z 分量的期望值是多少?

(c)测量到角动量的 z 分量 L_z 为 0 的概率是多少?

(d)找到粒子在(θ,φ)方向的立体角 $d\Omega$ 内的概率是多大?

(6)自旋为 1/2 的粒子在空间转动的欧拉角为$(0,\beta,\gamma)$,求出波函数

$$\psi=\begin{pmatrix}a\\b\end{pmatrix}\quad 满足归一化条件\quad \langle\psi|\psi\rangle=|a|^2+|b|^2=1$$

在转动后 ψ^u 的表示。

(7)求证由(4.4.6)式给出的转动矩阵在单位球面积分的正交性

$$\int d\Omega D^{j_1 *}_{\mu_1 m_1}(\alpha\beta\gamma)D^{j_2}_{\mu_2 m_2}(\alpha\beta\gamma)=\frac{8\pi^2}{2j_1+1}\delta_{m_1 m_2}\delta_{\mu_1\mu_2}\delta_{j_1 j_2}$$

见从(4.4.1)式到(4.1.5)式的推导过程。

(8)证明球谐函数的下面组合为空间转动不变量

$$\mathcal{G}=\sum_m Y^*_{lm}(\theta_1,\varphi_1)Y_{lm}(\theta_2,\varphi_2)$$

应用转动矩阵的正交关系(4.3.3)式,直接得到上述结果。

(9)利用球谐函数的合成公式,证明下面的等式成立。

$$\cos\theta Y_{l,m}(\theta,\varphi)=\sqrt{\frac{(l+m)(l-m)}{(2l+1)(2l-1)}}Y_{l-1,m}(\theta,\varphi)+\sqrt{\frac{(l+m+1)(l-m+1)}{(2l+1)(2l+3)}}Y_{l+1,m}(\theta,\varphi)$$

$$\sin\theta e^{i\varphi}Y_{l,m}(\theta,\varphi)=\sqrt{\frac{(l-m)(l-m-1)}{(2l+1)(2l-1)}}Y_{l-1,m+1}(\theta,\varphi)-\sqrt{\frac{(l+m+1)(l+m+2)}{(2l+1)(2l+3)}}Y_{l+1,m+1}(\theta,\varphi)$$

$$\sin\theta e^{-i\varphi}Y_{l,m}(\theta,\varphi)=-\sqrt{\frac{(l+m)(l+m-1)}{(2l+1)(2l-1)}}Y_{l-1,m-1}(\theta,\varphi)+\sqrt{\frac{(l-m+1)(l-m+2)}{(2l+1)(2l+3)}}Y_{l+1,m-1}(\theta,\varphi)$$

第5章　量子散射理论

5.1　引言

人们对物质构成的认识是由表及里,认识的手段是由被动到主动,对微观世界的认识也是经历了这样一个过程。最早是由核的衰变和放射性的现象得知核内是有结构的。卢瑟福的 α 粒子散射实验进一步认识到原子核的结构图像,人们逐渐应用各种碰撞过程,散射实验,更加细致地认识了核内结构。用主动手段来探索微观世界更深层次的结构,目前的实验,入射能量在不断提高,实验精度大大提高,手段也更加多样化,认识的层次逐渐深入。对核结构和核反应的知识主要来自于散射实验,本章将介绍描述和分析弹性散射现象的量子力学方法。

弹性散射是指散射后入射粒子和靶核的内禀结构不发生任何变化,是散射中最简单的过程。描述弹性散射过程的图像,一般选入射粒子束方向沿 Z 轴,靶核在原点,探测器放在 (r,θ,φ) 位置。测量弹性散射的角分布,又称弹性散射微分截面,其定义是

$$\sigma(\theta,\varphi)=\frac{\mathrm{d}\sigma}{\mathrm{d}\Omega}=\frac{I(\Omega)}{I_0} \tag{5.1.1}$$

其中分子 $I(\Omega)$ 表示单位时间内,在 r 位置,Ω 方向单位立体角散射粒子数,而分母 I_0 表示单位时间单位面积入射粒子数,显然 $\sigma(\theta,\varphi)$ 的量纲为面积。

入射平面波是有确定动量方向在空间无限延展的波,对一个极小尺寸的原子核发生散射,定态弹性散射过程的图像由图 5.1 给出。

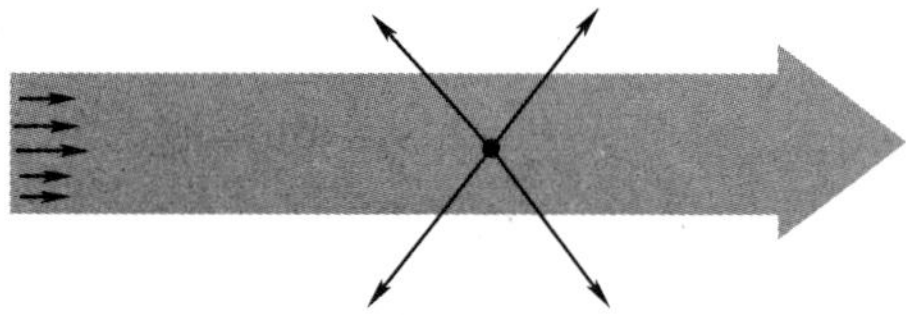

图 5.1　定态弹性散射过程的示意图

在定态弹性散射过程中,散射波在 $r\to\infty$ 的渐近形式表示为

$$\Psi^{+}(\boldsymbol{r})\xrightarrow{r\to\infty}\varphi(\boldsymbol{r})+\Psi_{SC}=\varphi(\boldsymbol{r})+f(\theta,\varphi)\frac{\mathrm{e}^{\mathrm{i}kr}}{r} \tag{5.1.2}$$

其中 $\varphi(\boldsymbol{r})=\mathrm{e}^{\mathrm{i}\boldsymbol{kr}}$ 是描述入射粒子的平面波,$\boldsymbol{k}$ 为波矢,量纲为 $[k]=L^{-1}$。在(5.1.2)式中第二项 Ψ_{SC} 是被位势散射后的球面散射波,$f(\theta,\varphi)$ 为散射振幅。$\frac{\mathrm{e}^{\mathrm{i}kr}}{r}$ 为球面发散波,而 $\frac{\mathrm{e}^{-\mathrm{i}kr}}{r}$ 是球面会聚波。

由概率流(1.2.30)式得到入射粒子平面波 φ 对应的入射流为

$$\boldsymbol{j}_i=\frac{\hbar}{2\mu\mathrm{i}}(\varphi^{*}\nabla\varphi-\varphi\nabla\varphi^{*})=\frac{\hbar\boldsymbol{k}}{\mu}=v_0=\boldsymbol{I}_0 \tag{5.1.3}$$

将(5.1.2)式中球面散射波的部分代入概率流(1.2.30)式利用在球坐标下的梯度算符

$$\nabla=\frac{\partial}{\partial r}\boldsymbol{e}_r+\frac{1}{r}\frac{\partial}{\partial\theta}\boldsymbol{e}_\theta+\frac{1}{r\sin\theta}\frac{\partial}{\partial\varphi}\boldsymbol{e}_\varphi$$

注意到单位立体角在 r 处的面积随 r^2 加大,得到沿 $\boldsymbol{r}$ 方向单位立体角散射粒子的散射流为

$$I(\Omega)=j_r r^2=\frac{\hbar r^2}{2\mu\mathrm{i}}(\Psi_{SC}^*\nabla_r\Psi_{SC}-\Psi_{SC}\nabla_r\Psi_{SC}^*)=\frac{\hbar k}{\mu}|f(\Omega)|^2=v_0|f(\Omega)|^2 \tag{5.1.4}$$

由(5.1.1)式给出弹性散射微分截面为

$$\frac{\mathrm{d}\sigma}{\mathrm{d}\Omega}=|f(\Omega)|^2=\sigma(\theta,\varphi) \tag{5.1.5}$$

因此,求解弹性散射微分截面问题归结于求解散射振幅。这与量子力学中求解概率归结于求振幅的特性一致。另外,与波函数一样,散射振幅也存在一个不确定的相因子。

微分截面对 4π 角度积分得到弹性散射积分截面

$$\sigma=\int\sigma(\theta,\varphi)\mathrm{d}\Omega \tag{5.1.6}$$

在球坐标系中的立体角积分是

$$\int\mathrm{d}\Omega=\int_0^{2\pi}\mathrm{d}\varphi\int_0^{\pi}\sin\theta\mathrm{d}\theta=\int_0^{2\pi}\mathrm{d}\varphi\int_{-1}^{1}\mathrm{d}\cos\theta \tag{5.1.7}$$

在核物理中,截面单位是靶,$1\ \mathrm{b}=10^{-28}\ \mathrm{m}^2=100\ \mathrm{fm}^2$。

5.2　散射微分截面的坐标系变换

在实验室坐标系中进行实验测量,这时靶核处于静止状态,而我们只对散射的动力学问题感兴趣。在第1章中已经讨论了,对两体碰撞可以分为一个系统的质心运动和一个质量为约化质量 μ 的相对运动,其中约化质量由公式(1.2.23)给出。不考虑自由的质心运动,理论上只在质心坐标系中来讨论,即只研究碰撞系统的动力学问题。将理论计算结果与实验测量联系起来,必须讨论实验室坐标系与质心坐标系的转换。

质量为 m_a 的入射粒子在实验室系以速度 $\boldsymbol{v}_0$ 轰击在实验室系中静止的质量为 m_A 的靶核。系统的总能量,即实验室系入射粒子的能量为 $\varepsilon_0=\frac{1}{2}m_a v_0^2$。质心运动速度记为 $\boldsymbol{V}_\mathrm{C}$,记 $M=m_a+m_A$,质心能量为 $E_\mathrm{C}=\frac{1}{2}MV_\mathrm{C}^2$。系统的总能量守恒,质心系中相对运动能量为

$$E=\varepsilon_0-E_\mathrm{C} \tag{5.2.1}$$

下面用 C 和 l 分别标记散射后在质心坐标系和实验室坐标系中的动量和速度。质心坐标系中 a 粒子的动量为

$$\boldsymbol{p}_a^C=m_a(\boldsymbol{v}_0-\boldsymbol{V}_C) \tag{5.2.2}$$

质心坐标系中靶核 A 的动量为

$$\boldsymbol{p}_A^C=-m_A\boldsymbol{V}_C \tag{5.2.3}$$

在质心坐标系中总动量为零

$$\boldsymbol{p}_a^C+\boldsymbol{p}_A^C=0 \tag{5.2.4}$$

记 $M=m_a+m_A$,由此得到质心运动速度为

$$\boldsymbol{V}_C=\frac{m_a}{M}\boldsymbol{v}_0 \tag{5.2.5}$$

由此可见,质心运动速度总是沿入射粒子的运动方向。

散射后,入射粒子和靶核在实验室系中的速度 $\boldsymbol{v}^l$ 和在质心系中的速度 $\boldsymbol{v}^C$ 满足下面的矢

量相加关系,

$$\boldsymbol{v}_a^l = \boldsymbol{v}_a^C + \boldsymbol{V}_C \qquad \boldsymbol{v}_A^l = \boldsymbol{v}_A^C + \boldsymbol{V}_C \tag{5.2.6}$$

若取入射粒子运动方向$\boldsymbol{v}_0$沿 Z 轴,两个运动坐标系中的方位角满足 $\varphi^l = \varphi^C$,散射粒子与 Z 轴的夹角在实验室系和质心系分别为 θ^l 和 θ^C。将散射后$\boldsymbol{v}^C$和$\boldsymbol{v}^l$在 Z 轴和垂直于 Z 轴的平面上投影,得到如下结果

$$\begin{cases} v_a^l\cos\theta^l = V_C + v_a^C\cos\theta^C \\ v_a^l\sin\theta^l = v_a^C\sin\theta^C \end{cases} \tag{5.2.7}$$

这种速度合成关系如图 5.2 所示。

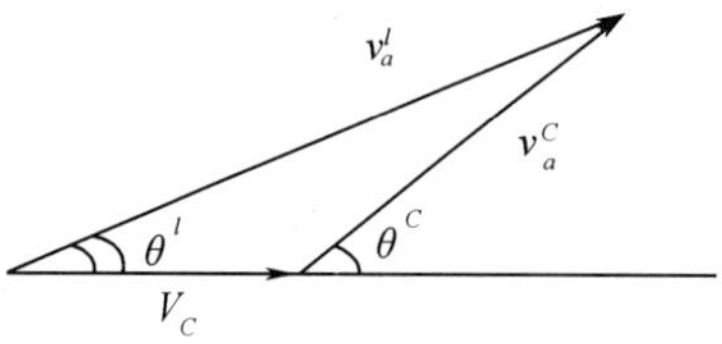

图 5.2　实验系速度 v^l 和质心系中的速度 v^C 矢量关系的示意图

将(5.2.6)式中两式相除得到

$$\tan\theta^l = \frac{v_a^C\sin\theta^C}{V_C + v_a^C\cos\theta^C} = \frac{\sin\theta^C}{\gamma + \cos\theta^C} \tag{5.2.8}$$

其中

$$\gamma \equiv \frac{V_C}{v_a^C} \tag{5.2.9}$$

弹性散射情况下,质心系中粒子散射前后的速率不变,即为

$$v_a^C = v_0 - V_C = v_0 - \frac{m_a}{M}v_0 = \frac{m_A}{M}v_0 \tag{5.2.10}$$

由此得到在弹性散射情况中的 γ 值为

$$\gamma = \frac{m_a}{m_A} \tag{5.2.11}$$

将(5.2.8)式改写为

$$\cos\theta^l = \frac{1}{\sqrt{1+\tan^2\theta^l}} = \frac{\gamma + \cos\theta^C}{\sqrt{\gamma^2 + 2\gamma\cos\theta^C + 1}} \tag{5.2.12}$$

由此得到两个坐标系散射角度之间的关系。对(5.2.12)式两边微分得到

$$-\sin\theta^l\mathrm{d}\theta^l = -\frac{1+\gamma\cos\theta^C}{(\gamma^2+2\gamma\cos\theta^C+1)^{\frac{3}{2}}}\sin\theta^C\mathrm{d}\theta^C \tag{5.2.13}$$

两个坐标系立体角之间的关系存在一个因子:

$$\mathrm{d}\Omega^l = \sin\theta^l\mathrm{d}\theta^l\mathrm{d}\varphi^l = \frac{|1+\gamma\cos\theta^C|}{(\gamma^2+2\gamma\cos\theta^C+1)^{\frac{3}{2}}}\mathrm{d}\Omega^C \tag{5.2.14}$$

微分截面描述的散射概率与坐标系无关,两个坐标系之间的散射微分截面满足:

$$\sigma(\theta^l,\varphi^l)\mathrm{d}\Omega^l = \sigma(\theta^C,\varphi^C)\mathrm{d}\Omega^C \tag{5.2.15}$$

得到实验室系和质心系散射微分截面的转换关系为

$$\sigma(\theta^l,\varphi^l) = \left|\frac{\mathrm{d}\Omega^C}{\mathrm{d}\Omega^l}\right|\sigma(\theta^C,\varphi^C) = \frac{(\gamma^2+2\gamma\cos\theta^C+1)^{\frac{3}{2}}}{|1+\gamma\cos\theta^C|}\sigma(\theta^C,\varphi^C) \tag{5.2.16}$$

其中

$$\left|\frac{\mathrm{d}\Omega^C}{\mathrm{d}\Omega^l}\right| = \frac{(\gamma + 2\gamma\cos\theta^C + 1)^{\frac{3}{2}}}{|1 + \gamma\cos\theta^C|} \tag{5.2.17}$$

称为雅克比(Jacobi)因子。在理论计算中得到的散射微分截面的结果,还需要乘上雅克比因子才能与实验测量的散射微分截面值相比较。雅克比因子使实验室系中小角度散射的权重比大角度散射的权重大。

在质心系中,入射粒子和靶核的动量大小相同,方向相反,即 $p_a = p_A \equiv p$,因此相对运动能量(5.2.1)为两个粒子能量之和

$$E = \frac{p^2}{2m_a} + \frac{p^2}{2m_A} = \frac{p^2}{2\mu} \tag{5.2.18}$$

由(5.2.6)式给出的速度矢量合成关系可以得到在散射角为 θ^l 时,散射粒子在实验室系的能量为

$$\varepsilon_a^l(\theta^l) = \frac{1}{2}m_a|v_a^C + \boldsymbol{V}_C|^2 = \frac{1}{2}m_a(v_a^C)^2 + m_a v_a^C V_C\cos\theta^C + \frac{1}{2}m_a V_C^2$$

由(5.2.9)式 $V_C = \gamma v_a^C$ 和 $\varepsilon_a^C = \frac{1}{2}m_a(v_a^C)^2$ 代入上式得到在实验室系散射角为 θ^l 的出射粒子能量与质心系出射粒子能量之间的关系为

$$\varepsilon_a^l(\theta^l) = \varepsilon_a^C(1 + 2\gamma\cos\theta^C + \gamma^2) \tag{5.2.19}$$

当入射粒子的质量 m_a 小于靶核质量 m_A 时,则有 $\gamma < 1$,这时 $V_C < v_a^C$,由速度合成关系得到 θ^l 可以在 0 到 π 之间变换($-1 \leqslant \cos\theta^l \leqslant 1$);而入射粒子的质量大于靶核质量时,即 $m_a > m_A$,则有 $\gamma > 1$,这时质心运动速率大于质心系中的散射粒子的速率,即 $V_C > v_a^C$,由速度合成关系得到在实验室系中 θ^l 有一个极大值

$$\sin\theta_{\max}^l = \frac{1}{\gamma} \quad 或 \quad \cos\theta_{\max}^l = \frac{1}{\gamma}\sqrt{\gamma^2 - 1} \tag{5.2.20}$$

这表示在实验室系中存在一个最大出射角 $\theta_{\max}^l$,即 $0 \leqslant \theta^l \leqslant \theta_{\max}^l$。因而在实验室系中观察不到大于 $\theta^l > \theta_{\max}^l$ 角度的散射粒子,这是在(5.2.14)式中取绝对值的原因,这种情况发生在重离子反应中。

当相同粒子对撞时,$\gamma = 1$,$E = \varepsilon_0/2$,即在质心系中相对运动能量只是实验室能量的一半。散射角 $\cos\theta^l = \sqrt{(1 + \cos\theta^C)/2}$,即 $\theta^l = \theta^C/2$。

5.3　无自旋粒子在势场中的散射

考虑一个质量为 μ 的无自旋粒子在势场 $V(r)$ 中的散射。要求 $V(r)$ 为有限力程,核力场 $V(r)$ 的特点是短程力,满足此条件。假定当 $r > d$ 时,$V(r)$ 可忽略,d 被称为力程。当 $r > d$ 时粒子可看成自由运动,波函数可以用平面波来描述,入射粒子动量与波矢之间的关系为 $\boldsymbol{p} = \hbar\boldsymbol{k}$,则散射态能量 E 为

$$E = \frac{p^2}{2\mu} = \frac{\hbar^2 k^2}{2\mu} > 0 \tag{5.3.1}$$

入射束流为一个稳定流,出射流也是稳定流,在这种情况下散射过程变成定态问题。定态方程为

$$\left[-\frac{\hbar^2}{2\mu}\nabla^2+V(\boldsymbol{r})\right]\Psi(\boldsymbol{r})=E\Psi(\boldsymbol{r}) \tag{5.3.2}$$

其中 $\Psi(\boldsymbol{r})$是有位势存在的情况下的散射波函数,(5.3.2)式可改写为

$$(\nabla^2+k^2)\Psi(\boldsymbol{r})=U(\boldsymbol{r})\Psi(\boldsymbol{r}) \quad 其中 \quad U(\boldsymbol{r})=\frac{2\mu}{\hbar^2}V(\boldsymbol{r}) \tag{5.3.3}$$

求解散射 Schrödinger 方程的解,得到散射振幅。引入微分算符 L

$$L\equiv\nabla^2+k^2 \tag{5.3.4}$$

显然平面波满足 $L\varphi(\boldsymbol{r})=0$。定态方程(5.3.3)可改写为

$$L\Psi(\boldsymbol{r})=U(\boldsymbol{r})\Psi(\boldsymbol{r}) \tag{5.3.5}$$

用 Green 函数求解定态散射方程(5.3.3),Green 函数满足下面方程

$$LG(\boldsymbol{r},\boldsymbol{r}')=\delta(\boldsymbol{r}-\boldsymbol{r}') \tag{5.3.6}$$

定态方程(5.3.5)的微分方程可改写成如下积分方程形式:

$$\Psi(\boldsymbol{r})=\varphi(\boldsymbol{r})+\int G(\boldsymbol{r},\boldsymbol{r}')U(\boldsymbol{r}')\Psi(\boldsymbol{r}')\mathrm{d}\boldsymbol{r}' \tag{5.3.7}$$

这与微分方程(5.3.5)完全等价。事实上将 L 作用到积分方程(5.3.7)上,直接得到方程(5.3.5),因此散射问题归结为求解 Green 函数。

先将 δ 函数用平面波展开,相当于作 Fourier 变换(Fourier transformation),

$$\delta(\boldsymbol{r}-\boldsymbol{r}')=\frac{1}{(2\pi)^3}\int \mathrm{e}^{\mathrm{i}\boldsymbol{q}\cdot(\boldsymbol{r}-\boldsymbol{r}')}\mathrm{d}\boldsymbol{q} \tag{5.3.8}$$

由(5.3.6)得到

$$G(\boldsymbol{r},\boldsymbol{r}')=L^{-1}\delta(\boldsymbol{r}-\boldsymbol{r}')=\frac{1}{\nabla^2+k^2}\delta(\boldsymbol{r}-\boldsymbol{r}')=\frac{1}{(2\pi)^3}\int\frac{\mathrm{e}^{\mathrm{i}\boldsymbol{q}\cdot(\boldsymbol{r}-\boldsymbol{r}')}}{k^2-q^2}\mathrm{d}\boldsymbol{q} \tag{5.3.9}$$

在球坐标中:

$$\boldsymbol{q}\cdot(\boldsymbol{r}-\boldsymbol{r}')=q|\boldsymbol{r}-\boldsymbol{r}'|\cos\theta=qx\cos\theta \tag{5.3.10}$$

其中 θ 为矢量 $\boldsymbol{q}$ 和矢量 $\boldsymbol{r}-\boldsymbol{r}'$之间的夹角,$x=|\boldsymbol{r}-\boldsymbol{r}'|$,将积分元 $\mathrm{d}\boldsymbol{q}=\mathrm{d}\cos\theta\mathrm{d}\varphi q^2\mathrm{d}q$ 代入到(5.3.9)式,对 φ 和 $\cos\theta$ 积分,Green 函数可约化为

$$\begin{aligned}G(\boldsymbol{r},\boldsymbol{r}')&=\frac{1}{(2\pi)^3}\int\frac{\mathrm{e}^{\mathrm{i}qx\cos\theta}}{k^2-q^2}\mathrm{d}\cos\theta\mathrm{d}\varphi q^2\mathrm{d}q\\&=\frac{1}{(2\pi)^2}\int_0^\infty\frac{q^2}{\mathrm{i}qx(k^2-q^2)}(\mathrm{e}^{\mathrm{i}qx}-\mathrm{e}^{-\mathrm{i}qx})\mathrm{d}q=\frac{1}{4\pi^2\mathrm{i}x}\int_0^\infty\frac{q}{k^2-q^2}(\mathrm{e}^{\mathrm{i}qx}-\mathrm{e}^{-\mathrm{i}qx})\mathrm{d}q\end{aligned}$$

将第二项中 q 变号,积分延展成 $-\infty\leqslant q\leqslant\infty$ 得到 Green 函数的积分表示

$$G(\boldsymbol{r},\boldsymbol{r}')=\frac{1}{4\pi^2\mathrm{i}x}\int_{-\infty}^{\infty}\frac{q}{k^2-q^2}\mathrm{e}^{\mathrm{i}qx}\mathrm{d}q \tag{5.3.11}$$

该积分有两个极点 $q=\pm k$,为此将 q 从实轴延拓到 q 的复平面上,进行围道积分,在上复平面($\mathrm{Im}q>0,x>0$)的大半圆上 $\mathrm{e}^{\mathrm{i}qx}|_{q\to\infty,\mathrm{Im}q>0}\to0$。因此 Green 函数可以写成围道积分的形式

$$G(\boldsymbol{r},\boldsymbol{r}')=-\frac{1}{4\pi^2\mathrm{i}x}\oint_{\cap}\frac{q}{q^2-k^2}\mathrm{e}^{\mathrm{i}qx}\mathrm{d}q \tag{5.3.12}$$

由图 5.3 给出球面散射波的围道积分示意图,这种围道使极点 $-k$ 不在围道积分之内。

应用留数定理

$$\oint\frac{F(x)}{x-x_0}\mathrm{d}x=2\pi\mathrm{i}F(x_0)$$

得到 Green 函数散射波的解为(上标 + 表示散射波)

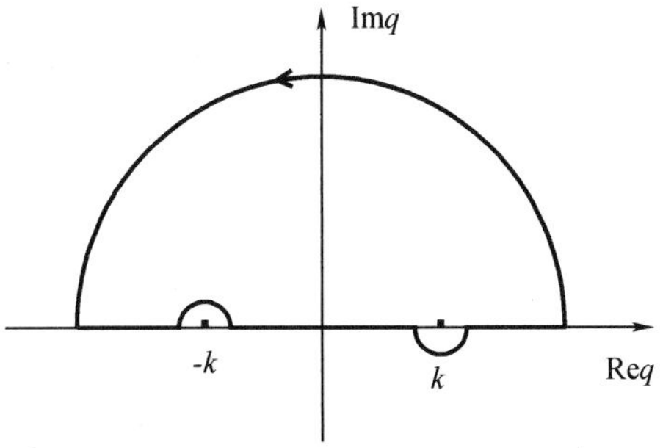

图 5.3　围道积分示意图

$$G^{+}(\boldsymbol{r}-\boldsymbol{r}') = -2\pi\mathrm{i}\cdot\frac{1}{4\pi^{2}\mathrm{i}x}\cdot\frac{k}{2k}\mathrm{e}^{\mathrm{i}kx} = -\frac{\mathrm{e}^{\mathrm{i}kx}}{4\pi x} \tag{5.3.13}$$

代入方程(5.3.7)后,散射波函数的解变成

$$\Psi^{+}(\boldsymbol{r}) = \varphi(\boldsymbol{r}) - \frac{1}{4\pi}\int\frac{\mathrm{e}^{\mathrm{i}kx|\boldsymbol{r}-\boldsymbol{r}'|}}{|\boldsymbol{r}-\boldsymbol{r}'|}U(\boldsymbol{r}')\Psi^{+}(\boldsymbol{r}')\mathrm{d}\boldsymbol{r}' \tag{5.3.14}$$

有限力程的情况下,上面积分中 r'仅局限在位势的力程范围内,数量级是费米(fm),而 r 是指探测器的位置,数量级是米(m)的量级,相当于 $r\to\infty$ 处,因此分母中 $|\boldsymbol{r}-\boldsymbol{r}'|\sim r$ 是一个很好的近似,而指数相位部分是描述相位的变化,必须考虑一级近似项。这时

$$k|\boldsymbol{r}-\boldsymbol{r}'| = k\sqrt{r^{2}+r'^{2}-2\boldsymbol{r}\cdot\boldsymbol{r}'} \approx kr\left(1-\frac{\boldsymbol{r}}{r^{2}}\cdot\boldsymbol{r}'\right) = kr-\boldsymbol{k}_{f}\cdot\boldsymbol{r}' \tag{5.3.15}$$

其中 $\boldsymbol{k}_{f}=k\dfrac{\boldsymbol{r}}{r}$为出射波矢,得到(5.3.14)式中被积分量的近似表示形式为

$$\frac{\mathrm{e}^{\mathrm{i}k|\boldsymbol{r}-\boldsymbol{r}'|}}{|\boldsymbol{r}-\boldsymbol{r}'|} \approx \frac{\mathrm{e}^{\mathrm{i}kr}}{r}\mathrm{e}^{-\mathrm{i}\boldsymbol{k}_{f}\cdot\boldsymbol{r}'} \tag{5.3.16}$$

代入方程(5.3.14)得散射波函数的渐近表示

$$\Psi^{+}(\boldsymbol{r}) = \varphi(\boldsymbol{r}) - \frac{1}{4\pi}\left[\int\mathrm{e}^{-\mathrm{i}\boldsymbol{k}_{f}\cdot\boldsymbol{r}'}U(\boldsymbol{r}')\Psi^{+}(\boldsymbol{r}')\mathrm{d}\boldsymbol{r}'\right]\frac{\mathrm{e}^{\mathrm{i}kr}}{r} \tag{5.3.17}$$

与(5.1.2)式给出的散射波渐近形式表示比较,得到散射振幅为

$$f(\theta,\varphi) = -\frac{1}{4\pi}\int\mathrm{e}^{-\mathrm{i}\boldsymbol{k}_{f}\cdot\boldsymbol{r}}U(\boldsymbol{r})\Psi^{+}(\boldsymbol{r})\mathrm{d}\boldsymbol{r} \tag{5.3.18}$$

因此弹性散射微分截面为

$$\frac{\mathrm{d}\sigma(\Omega)}{\mathrm{d}\Omega} = |f(\theta,\varphi)|^{2} = \frac{1}{(4\pi)^{2}}\left|\int\mathrm{e}^{-\mathrm{i}\boldsymbol{k}_{f}\cdot\boldsymbol{r}}U(\boldsymbol{r})\Psi^{+}(\boldsymbol{r})\mathrm{d}\boldsymbol{r}\right|^{2} \tag{5.3.19}$$

这里虽然得到微分截面表示,但还未最终解决问题,因为散射振幅 $f(\theta,\varphi)$之中仍然包含有散射波 $\Psi^{+}(\boldsymbol{r})$这个未知量。下面将具体讨论计算散射振幅的近似方法。

5.4　Born 近似和 Born 近似的适用条件

1. Born 近似

玻恩(Born)近似的实质是迭代法。散射波展开的零级近似项为平面波,

$$\Psi^{+(0)}(\boldsymbol{r}) = \varphi(\boldsymbol{r}) = \mathrm{e}^{\mathrm{i}\boldsymbol{k}\boldsymbol{r}} \tag{5.4.1}$$

一级 Born 近似项，即将散射波零级展开项代入散射波的方程(5.3.17)的右边：

$$\Psi^{+(1)}(\boldsymbol{r}) = -\frac{1}{4\pi}\int \frac{e^{ik|\boldsymbol{r}-\boldsymbol{r}'|}}{|\boldsymbol{r}-\boldsymbol{r}'|}U(\boldsymbol{r}')\Psi^{+(0)}(\boldsymbol{r}-\boldsymbol{r}')d\boldsymbol{r}' \tag{5.4.2}$$

n 级 Born 近似项为

$$\Psi^{+(n)}(\boldsymbol{r}) = -\frac{1}{4\pi}\int \frac{e^{ik|\boldsymbol{r}-\boldsymbol{r}'|}}{|\boldsymbol{r}-\boldsymbol{r}'|}U(\boldsymbol{r}')\Psi^{+(n-1)}(\boldsymbol{r}')d\boldsymbol{r}' \tag{5.4.3}$$

因此散射波可被展开为

$$\Psi^{+} = \Psi^{+(0)} + \Psi^{+(1)} + \Psi^{+(2)} + \cdots$$

这被称为 Born 迭代展开。显然，将所有无穷展开项求和后得到方程(5.3.14)。记入射波沿 Z 轴方向，入射波和出射波分别为

$$e^{i\boldsymbol{k}_i\cdot\boldsymbol{r}} = e^{ikz} = \varphi_i(\boldsymbol{r}),\qquad e^{i\boldsymbol{k}_f\cdot\boldsymbol{r}} = \varphi_f(\boldsymbol{r}) \tag{5.4.4}$$

其中 $|\boldsymbol{k}_i| = |\boldsymbol{k}_f| = k$，表示在散射过程中仅改变出射粒子方向，而不改变波矢的大小。散射振幅的展开为

$$f(\theta,\varphi) = -\frac{1}{4\pi}\int \varphi_f^*(\boldsymbol{r})U(\boldsymbol{r})\varphi_i(\boldsymbol{r})d\boldsymbol{r} + \left(-\frac{1}{4\pi}\right)^2\iint \varphi_f^*(\boldsymbol{r})U(\boldsymbol{r})\frac{e^{ik|\boldsymbol{r}-\boldsymbol{r}'|}}{|\boldsymbol{r}-\boldsymbol{r}'|}U(\boldsymbol{r}')\varphi_i(\boldsymbol{r}')d\boldsymbol{r}d\boldsymbol{r}' + \cdots \tag{5.4.5}$$

第一项称为散射振幅的一级 Born 近似(以后简称为 Born 近似)，同样包含第二项的解称为散射振幅的二级 Born 近似。Born 近似的散射振幅的表示为

$$f(\theta,\varphi) = -\frac{1}{4\pi}\int e^{-i\boldsymbol{k}_f\cdot\boldsymbol{r}'}U(\boldsymbol{r}')e^{i\boldsymbol{k}_i\cdot\boldsymbol{r}'}d\boldsymbol{r}' = -\frac{1}{4\pi}\int e^{i(\boldsymbol{k}_i-\boldsymbol{k}_f)\cdot\boldsymbol{r}'}U(\boldsymbol{r}')d\boldsymbol{r}' \tag{5.4.6}$$

记 $\boldsymbol{q} = \boldsymbol{k}_i - \boldsymbol{k}_f$ 为动量转移，其矢量关系如图5.4所示，散射振幅的角度 θ,φ 是 $\boldsymbol{k}_f$ 的方向。应用(5.3.3)式，代入 $U = \frac{2\mu}{\hbar^2}V$，在 Born 近似下散射振幅可表示为

$$f(\theta,\varphi) = -\frac{\mu}{2\pi\hbar^2}\int e^{i\boldsymbol{q}\cdot\boldsymbol{r}}V(\boldsymbol{r})d\boldsymbol{r} = -\frac{\mu c^2}{2\pi(\hbar c)^2}\int e^{i\boldsymbol{q}\cdot\boldsymbol{r}}V(\boldsymbol{r})d\boldsymbol{r} \tag{5.4.7}$$

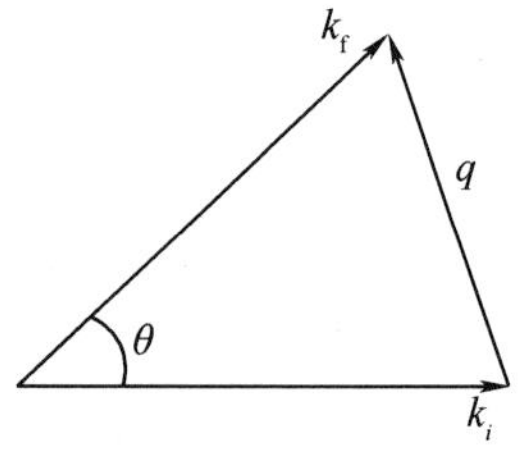

图 5.4 动量转移示意图

因此，散射振幅仅是散射方向 θ 和波矢 k 的函数。由(5.4.7)式很容易看出，散射振幅的量纲是长度 L。动量转移可表示为

$$q = \sqrt{k_i^2 + k_f^2 - 2k_ik_f\cos\theta} = \sqrt{2k^2(1-\cos\theta)} = 2k\sin\frac{\theta}{2} \tag{5.4.8}$$

记 θ' 为 $\boldsymbol{q}$ 和 $\boldsymbol{r}$ 之间的夹角，对中心势 $V(r)$ 的散射振幅在 Born 近似下(5.4.7)式的表示为

$$f(\theta) = -\frac{\mu}{2\pi\hbar^2}\int e^{iqr\cos\theta'}V(r)r^2 dr d\cos\theta' d\varphi'$$

对 θ',φ' 积分后

$$f(\theta) = -\frac{\mu}{\hbar^2}\int_0^\infty V(r)\frac{e^{iqr}-e^{-iqr}}{iqr}r^2 dr = -\frac{2\mu}{q\hbar^2}\int_0^\infty V(r)r\sin(qr)dr \tag{5.4.9}$$

因此，在 Born 近似下的散射振幅为

$$f_{\text{Born}}(\theta) = -\frac{2\mu}{\hbar^2 q}\int_0^\infty V(r)r\sin(qr)dr \tag{5.4.10}$$

这时散射微分截面的公式为

$$\sigma(\theta,\varphi)\equiv\frac{\mathrm{d}\sigma}{\mathrm{d}\Omega}=|f(\theta)|^2=\frac{4\mu^2}{\hbar^4q^2}\left|\int_0^\infty V(r)r\sin(qr)\mathrm{d}r\right|^2 \tag{5.4.11}$$

称为平面波 Born 近似(PWBA)。由(5.4.11)式看出 $V(r)$ 场必须随着 r 增大比 r^{-1} 下降更快,积分才有限。转移动量越大,截面越小,对于高能散射时(k 很大),$\sigma(\theta)$ 主要集中在小角度。给定一个中心位势 $V(r)$ 就可以得到散射的微分截面。另外,在平面波 Born 近似下,弹性散射微分截面与位势的符号无关,位势的符号仅给出一个相因子。用平面波 Born 近似计算,使得对位垒($V_0>0$)与位阱($V_0<0$)的计算结果相同,这显然是平面波 Born 近似存在的缺欠。

弹性散射的积分截面为

$$\sigma=\int\sigma(\theta)\mathrm{d}\Omega=\frac{8\pi\mu^2}{\hbar^4}\int_0^\pi\frac{1}{q^2}\left|\int_0^\infty V(r)r\sin(qr)\mathrm{d}r\right|^2\sin\theta\mathrm{d}\theta \tag{5.4.12}$$

对任意位势 $V(r)$,讨论在极限情况下的积分截面的渐近表示:

(1)当 $k\to0$ 时,$\sin qr\approx qr$,由(5.4.11)式得到低能极限情况下积分截面为

$$\sigma=\frac{16\pi\mu^2}{\hbar^4}\left|\int_0^\infty V(r)r^2\mathrm{d}r\right|^2 \tag{5.4.13}$$

因此,在 Born 近似下,低能极限散射截面与能量无关。σ 的量纲为 L^2。在后面的 Born 近似适用条件的讨论中将看到在低能极限下 Born 近似往往是不适用的。

(2)当 $k\to\infty$ 时,利用下面等式将 q 作为自变量的积分来代替对 θ 的积分。

$$\sin\theta\mathrm{d}\theta=2\sin\frac{\theta}{2}\cos\frac{\theta}{2}\mathrm{d}\theta=4\sin\frac{\theta}{2}\mathrm{d}\sin\frac{\theta}{2}=\frac{q}{k^2}\mathrm{d}q=\frac{\mathrm{d}q^2}{2k^2} \tag{5.4.14}$$

θ 的积分限为 $0\to\pi$,对应 q 的积分限是 $0\to2k$,对 q^2 的积分限是 $0\to(2k)^2$。当 $k\to\infty$ 时,q 的积分限变为 $0\to\infty$,应用(5.3.1)式,将 k^2 转换成能量,积分截面为

$$\sigma=\frac{4\pi\mu}{\hbar^2E}\int_0^\infty\frac{\mathrm{d}q}{q}\left|\int_0^\infty V(r)r\sin(qr)\mathrm{d}r\right|^2 \tag{5.4.15}$$

因此在高能极限情况下,积分截面随 $1/E$ 下降。

下面给出用 Born 近似方法计算微分截面的几个例子:

(1)在图 5.5 给出如下势场,其中 A 的量纲是 EL,a 的量纲是 L

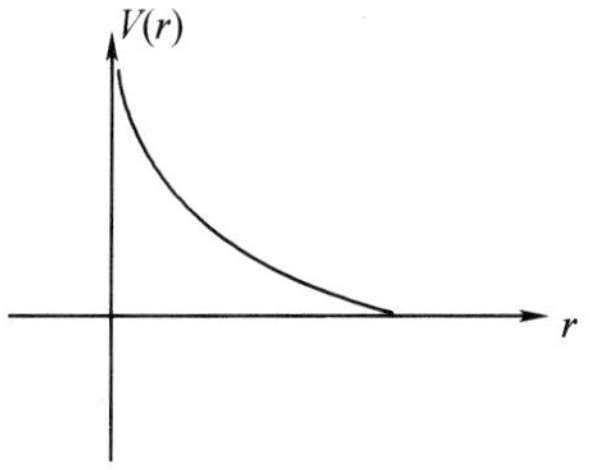

图 5.5　屏蔽库仑场位势图

$$V(r)=\frac{A}{r}\mathrm{e}^{-\frac{r}{a}} \tag{5.4.16}$$

利用(5.4.10)式散射振幅为

$$f(\theta)=-\frac{2\mu A}{\hbar^2q}\int_0^\infty\mathrm{e}^{-\frac{r}{a}}\sin(qr)\mathrm{d}r$$

利用正旋函数的指数表示,得到对位势的积分为

$$f(\theta)=-\frac{2\mu}{\hbar^2q}\frac{A}{2\mathrm{i}}\int_0^\infty(\mathrm{e}^{-\frac{r}{a}+\mathrm{i}qr}-\mathrm{e}^{-\frac{r}{a}-\mathrm{i}qr})\mathrm{d}r=-\frac{2\mu A}{\hbar^2[(\frac{1}{a})^2+q^2]}$$

利用(5.4.8)式 q 的表示,得到微分截面为

$$\sigma(\theta)=|f(\theta)|^2=\left(\frac{2\mu A}{\frac{\hbar^2}{a^2}+\hbar^2q^2}\right)^2=\left(\frac{2\mu A}{\frac{\hbar^2}{a^2}+4k^2\hbar^2\sin^2\frac{\theta}{2}}\right)^2 \tag{5.4.17}$$

利用(5.4.14)式，令 $x=(\hbar q)^2$，得到积分截面为

$$\sigma = \int\sigma(\theta)\mathrm{d}\Omega = \frac{2\pi}{2k^2}\int_0^{(2k)^2}\sigma(q)\mathrm{d}q^2 = \frac{2\pi}{2k^2}\int_0^{(2k)^2}\left(\frac{2\mu A}{\frac{\hbar^2}{a^2}+\hbar^2q^2}\right)^2\mathrm{d}q^2$$

$$= \frac{\pi(2\mu A)^2}{(k\hbar)^2}\int_0^{(2k\hbar)^2}\frac{\mathrm{d}x}{(\frac{\hbar^2}{a^2}+x)^2} = \frac{4\pi(2\mu Aa)^2}{\hbar^2(\frac{\hbar^2}{a^2}+4k^2\hbar^2)}$$

$$= \left(\frac{\mu A}{\hbar}\right)^2\frac{16\pi a^2}{(\frac{\hbar}{a})^2+8\mu E} = \left(\frac{\mu c^2A}{\hbar c}\right)^2\frac{16\pi a^2}{(\frac{\hbar c}{a})^2+8\mu c^2E} \tag{5.4.18}$$

可以验证，σ 的量纲是 L^2。

在电子与原子散射中，当屏蔽半径 $a\to\infty$ 时，位势(5.4.16)就变为点电荷库仑场，且 $A=Ze^2$，这时(5.4.17)式就是在小角度发散的卢瑟福散射公式。

$$\sigma(\theta) = \left(\frac{2\mu A}{4k^2\hbar^2\sin^2\frac{\theta}{2}}\right)^2 = \frac{Z^2e^4}{4\mu^2v^4\sin^4\frac{\theta}{2}} \tag{5.4.19}$$

利用(5.4.13)式可以得到在低能极限下散射积分截面值为

$$\sigma\approx\frac{16\pi\mu^2}{\hbar^4}\left|A\int_0^\infty \mathrm{e}^{-\frac{r}{a}}r\mathrm{d}r\right|^2 = \left(\frac{\mu A}{\hbar}\right)^2\frac{16\pi a^4}{\hbar^2}$$

相当于在(5.4.18)式分母中略去含 E 的项。利用(5.4.14)式可以得到在高能极限下散射积分截面值为

$$\sigma = \frac{4\pi\mu}{\hbar^2E}\int_0^\infty\frac{\mathrm{d}q}{q}\left|A\int_0^\infty \mathrm{e}^{-\frac{r}{a}}\sin(qr)\mathrm{d}r\right|^2 = \frac{4\pi\mu}{\hbar^2E}\int_0^\infty\frac{\mathrm{d}q}{q}\left(\frac{Aq}{(\frac{1}{a})^2+q^2}\right)^2$$

$$= \frac{2\pi\mu A^2}{\hbar^2E}\int_0^\infty\frac{\mathrm{d}q^2}{[(\frac{1}{a})^2+q^2]^2} = \frac{2\pi\mu A^2a^2}{\hbar^2E}$$

相当于在(5.4.18)式分母中仅保留含 E 的项。由此验证了上面的结果。

(2)球对称方阱，如图5.6所示

$$V(r) = \begin{cases} 0, & r>d \\ -V_0, & r\leqslant d\end{cases} \tag{5.4.20}$$

得到散射振幅为

$$f(\theta) = -\frac{2\mu}{\hbar^2q}\int_0^\infty V(r)r\sin(qr)\mathrm{d}r = \frac{2\mu V_0}{\hbar^2q}\int_0^d r\sin(qr)\mathrm{d}r$$

利用分部积分公式

$$\int x\sin qx\mathrm{d}x = -\frac{1}{q}\int x\mathrm{d}\cos qx = \frac{1}{q^2}\sin qx - \frac{1}{q}x\cos qx$$

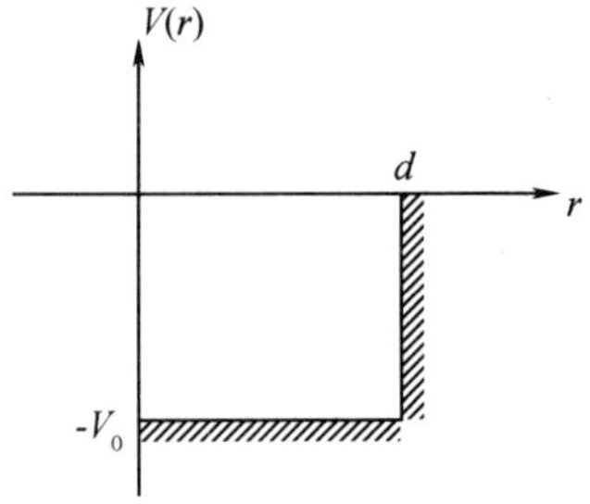

图5.6 位势图

散射振幅为

$$f(\theta) = \frac{2\mu V_0}{\hbar^2q^3}[\sin qx - qx\cos qx]_0^d = \frac{2\mu V_0}{\hbar^2q^3}[\sin qd - qd\cos qd]$$

因此微分截面为

$$\frac{\mathrm{d}\sigma}{\mathrm{d}\Omega}=\frac{4\mu^2V_0^2}{\hbar^4q^6}[qd\cos(qd)-\sin(qd)]^2 \tag{5.4.21}$$

在计算积分散射截面时，利用(5.4.12)式，其中 q 为自变量，积分限为 $0\to2k$。记 $x\equiv qd$，这时弹性散射积分截面的积分形式变为

$$\sigma=8\pi\frac{\mu^2V_0^2d^4}{\hbar^4k^2}\int_0^{2kd}(x\cos x-\sin x)^2\frac{1}{x^5}\mathrm{d}x$$

利用积分公式

$$\int_0^{2kd}\frac{1}{x^5}(x\cos x-\sin x)^2\mathrm{d}x=\frac{1}{4}\left(1-\frac{1}{x^2}+\frac{2\sin x\cos x}{x^3}-\frac{\sin^2x}{x^4}\right)\Bigg|_0^{2kd}$$

当 $x\to0$ 时，应用罗比塔法则，得到下限在 $x\to0$ 时有

$$\lim_{x\to0}\frac{x^4-x^2+2x\sin x\cos x-\sin^2x}{4x^4}=0$$

得到积分散射截面为

$$\sigma=\frac{2\pi\mu^2V_0^2d^4}{\hbar^4k^2}\left[1-\frac{1}{(2kd)^2}+\frac{2\sin(2kd)\cos(2kd)}{(2kd)^3}-\frac{\sin^2(2kd)}{(2kd)^4}\right] \tag{5.4.22}$$

在低能极限下，注意在 $x\equiv kd\to0$ 时，上式为 $\frac{0}{0}$ 型分式，用四次罗比塔法则才能得到确定值（或 $\sin x$ 和 $\cos x$ 必须展开到三次项），得到 $\sigma=\frac{16\pi\mu^2V_0^2d^6}{9\hbar^4}$，$kd\to0$，与 E 无关，或用式(5.4.13)直接积分得到相同的结果。而在高能极限下 $x\equiv kd\to\infty$ 时，仅保留(5.4.22)式中第一项，将 k^2 转换位能量，其结果为

$$\sigma=\frac{\pi\mu}{E}\left(\frac{V_0d}{\hbar}\right)^2\quad kd\gg1，与 E 成反比 \tag{5.4.23}$$

由以上结果可以看出，在 Born 近似下，方阱与方垒的结果是相同的。

(3) 指数下降型位势

$$V(r)=V_0\mathrm{e}^{-\alpha r},\qquad(\alpha>0) \tag{5.4.24}$$

这时 V_0 的量纲是 E，而 α 的量纲是 L^{-1}，利用下面技巧求解积分公式

$$\begin{aligned}\int_0^\infty \mathrm{e}^{-\alpha r}r\sin(qr)\mathrm{d}r&=-\frac{\mathrm{d}}{\mathrm{d}q}\int_0^\infty \mathrm{e}^{-\alpha r}\cos(qr)\mathrm{d}r=-\frac{1}{2}\frac{\mathrm{d}}{\mathrm{d}q}\int_0^\infty[\mathrm{e}^{-\alpha r+\mathrm{i}qr}+\mathrm{e}^{-\alpha r-\mathrm{i}qr}]\mathrm{d}r\\&=-\frac{1}{2}\frac{\mathrm{d}}{\mathrm{d}q}\left[\frac{1}{\alpha-\mathrm{i}q}+\frac{1}{\alpha+\mathrm{i}q}\right]=-\frac{1}{2}\frac{\mathrm{d}}{\mathrm{d}q}\frac{2\alpha}{(\alpha^2+q^2)}=\frac{2\alpha q}{(\alpha^2+q^2)^2}\end{aligned} \tag{5.4.25}$$

得到(5.4.10)式表示散射振幅

$$f(\theta)=-\frac{4\mu V_0\alpha}{\hbar^2(\alpha^2+q^2)^2} \tag{5.4.26}$$

微分截面为

$$\frac{\mathrm{d}\sigma}{\mathrm{d}\Omega}=|f(\theta)|^2=\left(\frac{4\mu V_0\alpha}{\hbar^2}\right)^2\frac{1}{(\alpha^2+q^2)^4}=\frac{(4\mu V_0\alpha)^2}{\hbar^4(\alpha^2+4k^2\sin^2\frac{\theta}{2})^4} \tag{5.4.27}$$

积分截面为

$$\sigma=\int\frac{\mathrm{d}\sigma}{\mathrm{d}\Omega}\mathrm{d}\Omega=2\pi\int_{-1}^1\frac{\mathrm{d}\sigma}{\mathrm{d}\Omega}\mathrm{d}\cos\theta$$

利用(5.4.14)式,将对 $\cos\theta$ 的积分变换为 q^2 作自变量进行积分,得到

$$\int_0^{(2k)^2}\frac{\mathrm{d}q^2}{(\alpha^2+q^2)^4}=-\left[\frac{1}{3(\alpha^2+q^2)^3}\right]_0^{(2k)^2}=\frac{1}{3\alpha^6}-\frac{1}{3(\alpha^2+4k^2)^3}=\frac{3\alpha^4k^2+12\alpha^2k^4+16k^6}{3\alpha^6(\alpha^2+4k^2)^3}$$

于是散射积分截面为

$$\sigma=\frac{64\pi(\mu V_0)^2}{3\hbar^4\alpha^4}\times\frac{3\alpha^4+12\alpha^2k^2+16k^4}{(\alpha^2+4k^2)^3}\tag{5.4.28}$$

可以验证,σ 的量纲是 L^2。

对于极限情况下的渐近表示为

$$\sigma=\begin{cases}64\pi\left(\dfrac{\mu V_0}{\hbar^2\alpha^3}\right)^2 & kd\ll1,\text{与能量无关}\\[2ex] \dfrac{8\pi\mu V_0^2}{3\hbar^2\alpha^4E} & kd\gg1,\text{与 }E\text{ 成反比}\end{cases}\tag{5.4.29}$$

同样可以验证,其结果与由(5.4.13)式和(5.4.15)式的计算结果一致。

另外,对位势的积分也可以用对 α 求导,得到与(5.4.25)式相同的结果

$$\int_0^\infty \mathrm{e}^{-\alpha r}r\sin(qr)\,\mathrm{d}r=-\frac{\mathrm{d}}{\mathrm{d}\alpha}\int_0^\infty \mathrm{e}^{-\alpha r}\sin(qr)\,\mathrm{d}r=\frac{2\alpha q}{(\alpha^2+q^2)^2}\tag{5.4.30}$$

2. Born 近似适用条件

由于在 Born 近似中忽略了高次项,这意味着在 Born 展开中如果下式成立,

$$\boldsymbol{\Psi}^{+(0)}\gg\boldsymbol{\Psi}^{+(1)}\gg\boldsymbol{\Psi}^{+(2)}\gg\cdots$$

则 Born 展开的迭代过程会很快收敛,Born 近似才是适用的,由(5.4.5)式看出,这要求有下列不等式成立

$$|\varphi_i(\boldsymbol{r})|\gg\frac{1}{4\pi}\left|\int\frac{\mathrm{e}^{\mathrm{i}k|\boldsymbol{r}-\boldsymbol{r}'|}}{|\boldsymbol{r}-\boldsymbol{r}'|}U(\boldsymbol{r}')\varphi_i(\boldsymbol{r}')\,\mathrm{d}\boldsymbol{r}'\right|\tag{5.4.31}$$

由于短程位势限制,$\varphi_i(\boldsymbol{r}')$ 主要贡献在 $r<d$ 的区域,作为粗略估算仅考虑在 $r=0$ 处,且有 $\varphi_i(0)=1$。这时 Born 近似适用条件要求

$$\frac{1}{4\pi}\left|\int\frac{\mathrm{e}^{\mathrm{i}kr'}}{r'}U(r')\mathrm{e}^{\mathrm{i}\boldsymbol{k}\cdot\boldsymbol{r}'}\mathrm{d}\boldsymbol{r}'\right|=\frac{1}{2}\left|\int\mathrm{e}^{\mathrm{i}kr'(1+\cos\theta)}U(r')r'\mathrm{d}r'\mathrm{d}\cos\theta\right|\ll1$$

对 $\cos\theta$ 积分后得到 Born 近似适用条件为

$$\frac{1}{k}\left|\int_0^\infty\mathrm{e}^{\mathrm{i}kr'}U(r')\sin(kr')\,\mathrm{d}r'\right|=\frac{\mu}{k\hbar^2}\left|\int_0^\infty V(r)(\mathrm{e}^{2\mathrm{i}kr}-1)\,\mathrm{d}r\right|\ll1\tag{5.4.32}$$

以(5.4.16)式给出的位势 $V(r)=\dfrac{A}{r}\mathrm{e}^{-\frac{r}{a}}$ 为例,代入(5.4.32)式,这时 Born 近似适用条件的不等式变为

$$\frac{\mu A}{\hbar^2k}\left|\int_0^\infty\frac{\mathrm{e}^{-r/a}}{r}(\mathrm{e}^{2\mathrm{i}kr}-1)\,\mathrm{d}r\right|\ll1\tag{5.4.33}$$

为了完成积分,令

$$I(a)\equiv\int_0^\infty(\mathrm{e}^{2\mathrm{i}kr}-1)\frac{\mathrm{e}^{-r/a}}{r}\mathrm{d}r\tag{5.4.34}$$

对 a 求导

$$\frac{\mathrm{d}I(a)}{\mathrm{d}a}=\frac{1}{a^2}\int_0^\infty(\mathrm{e}^{2\mathrm{i}kr}-1)\mathrm{e}^{-r/a}\mathrm{d}r=\frac{1}{a^2}\int_0^\infty\left[\mathrm{e}^{\left(-\frac{1}{a}+2\mathrm{i}k\right)r}-\mathrm{e}^{-\frac{r}{a}}\right]\mathrm{d}r$$

$$=\frac{1}{a^2}\left[\frac{e^{\left(-\frac{1}{a}+2ik\right)r}}{-\frac{1}{a}+2ik}-\frac{e^{-\frac{r}{a}}}{-\frac{1}{a}}\right]_0^\infty=\frac{1}{a^2}\left[\frac{1}{\frac{1}{a}-2ik}-\frac{1}{\frac{1}{a}}\right]=\frac{2ik}{1-2ika}$$

对 a 作积分,由于在 $a=0$ 时位势趋向于 0,得到满足 $I(a=0)=0$ 的解为

$$I(a)=-\ln(1-2ika)$$

利用复变函数求模公式得到

$$|\ln(1-2ika)|=\ln(\sqrt{1+4k^2a^2})=\ln\left(\sqrt{1+\frac{8\mu c^2}{(\hbar c)^2}Ea^2}\right)\approx 1$$

因此(5.4.33)式中绝对值部分近似为 1 的数量级,因此下面不等式成立

$$\frac{\mu A}{\hbar^2 k}\ll 1$$

写成能量的形式时,Born 近似适用条件为

$$E\gg\frac{\mu c^2A^2}{2(\hbar c)^2} \tag{5.4.35}$$

考虑电子散射情况,$A\sim 1.44Z$ MeV fm,$\mu c^2\approx 0.511$ MeV。代入(5.4.35)式得到电子能量要满足 $E\gg 1.3\times 10^{-5}Z^2$ MeV。因此,对于电子散射,Born 近似适用的能量可以很低。在原子物理中 Born 近似是比较普遍适用的方法。

当然,对不同的位势得到的不等式会有所不同,但是其结果在定性上是一致的。而对于核子散射,$A\sim 20$ MeV fm,$\mu c^2\approx 1\ 000$ MeV。代入(5.4.35)式得到核子能量要满足 $E\gg$ 5 MeV。因此,对于核子散射,只有在能量比较高时 Born 近似才能适用,核子入射能量比较低时 Born 近似就不适用了。

为此,我们需要寻找其他方法来描述低能核势散射的理论计算方法,这就是下面将要介绍的相移分析方法。

5.5　粒子在球对称场中散射的分波法

Born 近似仅在高能或弱势的散射中适用,因而需要进一步寻找适用于低能强势散射的理论描述方法。如果有限力程位势 $V(r)$ 为球对称的,哈密顿量具有转动不变性,角动量是个好量子数,用分波法来讨论比较方便。在没有位势时的波函数解为平面波,其分波展开在 $r\to\infty$ 的渐近行为是具有确定相位的球面波,而在有位势时的波函数解在 $r\to\infty$ 的渐近行为仍然是球面波,但其球面发散波的相位发生变化,这个相位变化反映了散射位势的作用。相对自由粒子相位,每个分波相位的变化称为相移,下面介绍由相移得到散射振幅和散射截面的方法。

1. Schrödinger 径向方程的解

用分离变量法来求解 Schrödinger 方程,波函数可以表示为 $\psi(\boldsymbol{r})=\sum_{lm}R_l(r)Y_{lm}(\theta,\varphi)$。附录 2 中(B14)已经给出在球坐标系中 l 分波的径向方程为

$$\frac{1}{r^2}\frac{\partial}{\partial r}\left(r^2\frac{\partial}{\partial r}\right)R_l(r)-\frac{l(l+1)}{r^2}R_l(r)+k^2R_l(r)=U(r)R_l(r)$$

进而对径向波函数进行下面变换

$$R_l(r)=\frac{u_l(r)}{r} \tag{5.5.1}$$

l 分波径向方程变为

$$\frac{d^2}{dr^2}u_l(r)+\left[k^2-\frac{l(l+1)}{r^2}\right]u_l(r)=U(r)u_l(r) \tag{5.5.2}$$

方程在零点的解有限,即 $R_l(0)$ 有限,得到零点的边界条件为

$$u_l(r)\xrightarrow{r\to 0}0 \tag{5.5.3}$$

当势 $U(r)$ 在 $r\to 0$ 的变化不快于$\frac{1}{r}$时,则 $U(r)$ 和 k^2 项与离心力项$\frac{l(l+1)}{r^2}$相比可忽略,这时方程(5.5.2)可以表示为

$$\left[\frac{d^2}{dr^2}-\frac{l(l+1)}{r^2}\right]u_l(r)=0$$

$u_l(r)$的零点行为可表示为

$$u_l(r)\sim r^{l+1} \tag{5.5.4}$$

方程的另一个解 r^{-l}不满足边界条件(5.5.3)式。当 r 足够大时,即 r 远大于势 $U(r)$的力程 d 时,$U(r)$可以忽略,方程(5.5.2)变为

$$\frac{d^2}{dr^2}u_l(r)+\left[k^2-\frac{l(l+1)}{r^2}\right]u_l(r)=0 \tag{5.5.5}$$

这个方程的两个独立解是

$$krj_l(kr) \quad 和 \quad krn_l(kr)$$

其中 $j_l(kr)$是球 Bessel 函数,$n_l(kr)$是球 Neumann 函数,它与半整阶的 Bessel 函数有下面的关系[15](见附录4)

$$\begin{cases} j_l(kr)=\sqrt{\dfrac{\pi}{2kr}}J_{l+1/2}(kr) \\ n_l(kr)=(-1)^{l+1}\sqrt{\dfrac{\pi}{2kr}}J_{-l-1/2}(kr) \end{cases} \tag{5.5.6}$$

也可取 $j_l(kr)$和 $n_l(kr)$的线性组合作为独立解。

$$\begin{cases} h_l^+(kr)=h_l^{(1)}(kr)=j_l(kr)+in_l(kr) \\ h_l^-(kr)=h_l^{(2)}(kr)=j_l(kr)-in_l(kr) \end{cases} \tag{5.5.7}$$

它们分别称为第一类和第二类 Hankel 函数。其逆关系为

$$\begin{cases} j_l(kr)=\dfrac{1}{2}[h_l^+(kr)+h_l^-(kr)] \\ n_l(kr)=\dfrac{1}{2i}[h_l^+(kr)-h_l^-(kr)] \end{cases} \tag{5.5.8}$$

球 Bessel 函数 $j_l(kr)$和球 Neumann 函数 $n_l(kr)$具有如下的渐近行为,在零点的行为是[14]

$$j_l(kr)\to\frac{1}{(2l+1)!!}(kr)^l, \quad 当\ kr\to 0\ 时 \tag{5.5.9}$$

$$n_l(kr)\to-\frac{(2l-1)!!}{(kr)^{l+1}}, \quad 当\ kr\to 0\ 时 \tag{5.5.10}$$

$j_l(kr)$在 $kr=0$ 点的解有限,称为正则解,$j_l(kr=0)=\delta_{l0}$,因而仅有 $l=0$ 的分波在零点的值为非 0 值。$n_l(kr)$在 $kr=0$ 点发散,称为非正则解。在无穷远处 $kr\to\infty$,球 Bessel 函数$j_l(x)$和球 Neumann 函数 $n_l(kr)$的渐近行为是(详见附录 4)

$$j_l(kr)\xrightarrow{kr\to\infty}\frac{1}{kr}\sin(kr-\frac{l}{2}\pi) \tag{5.5.11}$$

$$n_l(kr)\xrightarrow{kr\to\infty}\frac{(-1)^{l+1}}{kr}\cos(kr+\frac{l}{2}\pi)=-\frac{1}{kr}\cos(kr-\frac{l}{2}\pi) \tag{5.5.12}$$

进而得到第一类和第二类 Hankel 函数的渐近表示分别为(见 D35 和 D36)

$$h^+(kr)=j_l(kr)+\mathrm{i}n_l(kr)\xrightarrow{kr\to\infty}-\frac{\mathrm{i}}{kr}\mathrm{e}^{\mathrm{i}(kr-\frac{l}{2}\pi)} \tag{5.5.13}$$

$$h^-(kr)=j_l(kr)-\mathrm{i}n_l(kr)\xrightarrow{kr\to\infty}\frac{\mathrm{i}}{kr}\mathrm{e}^{-\mathrm{i}(kr-\frac{l}{2}\pi)} \tag{5.5.14}$$

由此可见,$h_l^+(kr)$是球面发散波,而 $h_l^-(kr)$是球面会聚波。因此,Schrödinger 方程的分波径向方程的一般解也可以用 $h_l^+(kr)$和 $h_l^-(kr)$的线性组合来表示,其组合系数由边界条件来确定。

2. 散射的 S 矩阵和相移

有限力程的位势在力程外为 0,因此在力程外 Schrödinger 径向方程是齐次方程,方程的普遍解可表示为这个齐次方程两个独立解的线性组合,可以用球 Bessel 函数和球 Neumann 函数的线性组合,也可以用第一类和第二类 Hankel 函数的线性组合。我们选择下面的表示形式

$$R_l(r)=\frac{1}{2}[h_l^-(r)+S_lh_l^+(r)] \tag{5.5.15}$$

其物理含义是,位势不改变球面会聚波,而改变球面发散波 $h_l^+(kr)$的振幅,引进一个变换系数 S_l,在纯弹性散射的情况下,质心系中没有能量的交换,入射粒子只改变运动方向,没有其他粒子的产生和消失,出射流的振幅不发生变化,散射后仅相位发生了变化。在这个物理要求下需要有

$$|S_l|=1 \tag{5.5.16}$$

S_l 称为散射的 S 矩阵,是复数,它由位势性质来确定。在弹性散射情况,可以用实的相移 δ_l 来表示

$$S_l=\mathrm{e}^{2\mathrm{i}\delta_l} \tag{5.5.17}$$

以满足物理条件(5.5.16)式。它的恒等变换式为

$$1-S_l=-2\mathrm{i}\mathrm{e}^{\mathrm{i}\delta_l}\sin\delta_l \tag{5.5.18}$$

将平面波展开式(3.6.14)中球贝塞尔函数用 Hankel 函数表示,即 $j_l(kr)=\frac{1}{2}[h_l^-(kr)+h_l^+(kr)]$,

$$\varphi(\boldsymbol{r})=\sum_l \mathrm{i}^l(2l+1)\frac{1}{2}[h_l^-(kr)+h_l^+(kr)]P_l(\cos\theta) \tag{5.5.19}$$

受势场 $U(r)$作用后,散射波可表示为

$$\psi^+(\boldsymbol{r})=\sum_l \mathrm{i}^l(2l+1)\frac{1}{2}[h_l^-(kr)+S_lh_l^+(kr)]P_l(\cos\theta) \tag{5.5.20}$$

将相移表示代入后,由(5.5.13)式和(5.5.14)式得到散射波无穷远渐近行为

$$\psi^+(\boldsymbol{r})\xrightarrow{kr\to\infty}\sum_l \mathrm{i}^l(2l+1)P_l(\cos\theta)\frac{1}{2}\left[\frac{\mathrm{i}}{kr}\mathrm{e}^{-\mathrm{i}(kr-\frac{l}{2}\pi)}-\frac{\mathrm{i}}{kr}\mathrm{e}^{2\mathrm{i}\delta_l}\mathrm{e}^{\mathrm{i}(kr-\frac{l}{2}\pi)}\right]$$
$$=\sum_l \mathrm{i}^l(2l+1)P_l(\cos\theta)\frac{\mathrm{i}\mathrm{e}^{\mathrm{i}\delta_l}}{2kr}\left(\mathrm{e}^{-\mathrm{i}(kr-\frac{l}{2}\pi+\delta_l)}-\mathrm{e}^{\mathrm{i}(kr-\frac{l}{2}\pi+\delta_l)}\right)$$

因此位势散射波函数的渐近表示为

$$\psi^+(\boldsymbol{r})\xrightarrow{kr\to\infty}=\sum_l \mathrm{i}^l(2l+1)P_l(\cos\theta)\frac{\mathrm{e}^{\mathrm{i}\delta_l}}{kr}\sin\left(kr-\frac{l\pi}{2}+\delta_l\right) \tag{5.5.21}$$

与平面波的渐近行为比较，

$$\varphi(\boldsymbol{r})=\sum_l \mathrm{i}^l(2l+1)j_l(kr)P_l(\cos\theta)\xrightarrow{kr\to\infty}\sum_l \mathrm{i}^l(2l+1)P_l(\cos\theta)\frac{1}{kr}\sin\left(kr-\frac{l\pi}{2}\right) \tag{5.5.22}$$

可以看出位势产生相移的物理意义。散射波的每个分波的相位相对平面波的相位移动了 δ_l，而振幅的大小没有改变，散射过程可以看作入射的平面波经过散射改变了相位。

利用第一、二类 Hankel 函数与 $j_l(kr)$ 和 $n_l(kr)$ 之间的关系，做恒等变换

$$\frac{1}{2}[h_l^-+S_lh_l^+]=\frac{1}{2}[h_l^-+h_l^+-h_l^++S_lh_l^+]=j_l+\frac{(S_l-1)}{2}h_l^+$$

上式中可以归结为平面波的分波加上球面散射波的 l 分波的表示。不计常数因子，这时径向散射波的 l 分波可改写为

$$R_l(r)=j_l+\frac{(S_l-1)}{2}h_l^+ \tag{5.5.23}$$

当 $kr\to\infty$ 时，利用 h_l^+ 的渐近表示(5.5.13)式，其中 $\mathrm{e}^{-\frac{l}{2}\mathrm{i}\pi}=(-\mathrm{i})^l$，由此得到散射波的渐近形式

$$\Psi^+(\boldsymbol{r})\to\varphi(\boldsymbol{r})+\frac{\mathrm{i}}{2k}\sum_{l=0}^{\infty}(2l+1)P_l(\cos\theta)(1-S_l)\frac{\mathrm{e}^{\mathrm{i}kr}}{r} \tag{5.5.24}$$

与散射波的渐近形式的普遍表示(5.1.2)对比，得到散射振幅为

$$f(\theta)=\frac{\mathrm{i}}{2k}\sum_{l=0}^{\infty}(2l+1)P_l(\cos\theta)(1-S_l)=\frac{1}{k}\sum_{l=0}^{\infty}(2l+1)P_l(\cos\theta)\mathrm{e}^{\mathrm{i}\delta_l}\sin\delta_l \tag{5.5.25}$$

显然，在没有势场情况 $V=0,S_l=1,\delta_l=0$，散射振幅 $f(\theta)=0$。

散射微分截面由散射振幅来表示

$$\frac{\mathrm{d}\sigma}{\mathrm{d}\Omega}=|f(\theta)|^2=\frac{1}{4k^2}\left|\sum_l(2l+1)P_l(\cos\theta)(1-S_l)\right|^2$$
$$=\frac{1}{k^2}\left|\sum_l(2l+1)P_l(\cos\theta)\mathrm{e}^{\mathrm{i}\delta_l}\sin\delta_l\right|^2 \tag{5.5.26}$$

积分截面为

$$\sigma=\int\frac{\mathrm{d}\sigma}{\mathrm{d}\Omega}\mathrm{d}\Omega=\frac{2\pi}{4k^2}\int\left|\sum_l(2l+1)P_l(\cos\theta)(1-S_l)\right|^2\mathrm{d}\cos\theta \tag{5.5.27}$$

利用勒让德多项式 $P_l(\cos\theta)$ 的正交关系(C11)式

$$\int_{-1}^{1}P_l(x)P_{l'}(x)\mathrm{d}x=\frac{2}{2l+1}\delta_{ll'}$$

得到散射积分截面的分波表示形式

$$\sigma = \sum_l \sigma_l = \frac{\pi}{k^2} \sum_l (2l+1) |1 - S_l|^2 = \frac{4\pi}{k^2} \sum_l (2l+1) \sin^2\delta_l \tag{5.5.28}$$

每个分波的散射截面为

$$\sigma_l = \frac{4\pi}{k^2}(2l+1)\sin^2\delta_l \tag{5.5.29}$$

且

$$\sigma_l \leqslant \frac{4\pi}{k^2}(2l+1)$$

当 $\delta_l(k) = (n + \frac{1}{2})\pi$, $n = 0, \pm 1, \pm 2, \cdots$时，分波截面达到极大值，

$$\sigma_l^{\max} = \frac{4\pi}{k^2}(2l+1) \tag{5.5.30}$$

相移 δ_l 为 k 的函数，若当某个能量使 $\delta_l(k) = n\pi$ 时，则有 $\sigma_l = 0$，在此能量下，该分波散射截面为 0。

1921 年 C. Ramsauer 测量低能电子在惰性气体原子上散射时，发现电子能量在 E_e = 0.7 eV时截面出现极小。低能电子在惰性气体的原子上散射的位势可以用一个深位阱描述，这是当位阱足够深时，使 $\delta_0 \sim \pi$ 而造成。这个现象称为 Ramsauer – Townsend 效应。

在 $\theta = 0$ 时，$\cos(\theta) = 1$。利用 Legerdre 多项式的性质 $P_l(1) = 1$，由散射振幅(5.5.25)式可以得到朝前散射振幅

$$f(\theta = 0) = \frac{1}{k} \sum_l (2l+1) e^{i\delta_l} \sin\delta_l \tag{5.5.31}$$

它的虚部为

$$\mathrm{Im} f(\theta = 0) = \frac{1}{k} \sum_l (2l+1) \sin^2\delta_l \tag{5.5.32}$$

与积分截面(5.5.27)式比较，得到散射积分截面与 $\theta = 0$ 方向的散射振幅的虚部的关系满足

$$\sigma = \frac{4\pi}{k} \mathrm{Im} f(\theta = 0) \tag{5.5.33}$$

这表示弹性散射积分截面是由朝前方向的散射振幅的虚部来确定的，称为光学定理(Optical theorem)。

光学定理：当相互作用势是厄密的，朝前方向的散射振幅的虚部正比于散射的积分截面。

实际上这个关系是普遍存在的，只要求相互作用势是厄密的，在非弹性散射存在时，光学定理也成立，它是概率守恒的直接结果。

3. 相移和相互作用势

首先定性地建立相移与相互作用势之间的一般关系。考虑入射粒子在两个势 $U(r)$，$\overline{U}(r)$作用下的散射，在相同入射能量的情况下，Schödinger 径向方程分别是

$$\begin{cases} \left[\frac{d^2}{dr^2} + k^2 - \frac{l(l+1)}{r^2}\right] u_l(r) = U(r) u_l(r) \\ \left[\frac{d^2}{dr^2} + k^2 - \frac{l(l+1)}{r^2}\right] \overline{u}_l(r) = \overline{U}(r) \overline{u}_l(r) \end{cases} \tag{5.5.34}$$

波函数分别满足边界条件

$$u_l(r=0)=\bar{u}_l(r=0)=0$$

上面两式两边分别左乘 $\bar{u}_l(r)$,$u_l(r)$,再相减,$k^2-\frac{l(l+1)}{r^2}$项相消,利用下面等式

$$\bar{u}_l(r)\frac{\mathrm{d}^2}{\mathrm{d}r^2}u_l(r)-u_l(r)\frac{\mathrm{d}^2}{\mathrm{d}r^2}\bar{u}(r)=\frac{\mathrm{d}}{\mathrm{d}r}\left[\bar{u}_l(r)\frac{\mathrm{d}}{\mathrm{d}r}u_l(r)-u_l(r)\frac{\mathrm{d}}{\mathrm{d}r}\bar{u}_l(r)\right]$$

对 r 从 $0\to\infty$ 的积分,得到

$$\left|\left[\bar{u}_l(r)\frac{\mathrm{d}}{\mathrm{d}r}u_l(r)-u_l(r)\frac{\mathrm{d}}{\mathrm{d}r}\bar{u}_l(r)\right]\right|_0^\infty=\int_0^\infty[U(r)-\bar{U}(r)]u_l(r)\bar{u}_l(r)\mathrm{d}r \tag{5.5.35}$$

由 $r=0$ 的边界条件,左边仅有 $kr\to\infty$ 的部分非 0,根据(5.5.21)式,其渐近行为是

$$u_l\to\frac{1}{k}\mathrm{e}^{\mathrm{i}\delta_l}\sin\left(kr-\frac{l\pi}{2}+\delta_l\right)\quad 和\quad \bar{u}_l\to\frac{1}{k}\mathrm{e}^{\mathrm{i}\bar{\delta}_l}\sin\left(kr-\frac{l\pi}{2}+\bar{\delta}_l\right)$$

(5.5.35)式左边可以化成

$$\frac{1}{k}\mathrm{e}^{\mathrm{i}(\delta_l+\bar{\delta}_l)}\left[\sin\left(kr-\frac{l\pi}{2}+\delta_l\right)\cos\left(kr-\frac{l\pi}{2}+\bar{\delta}_l\right)-\cos\left(kr-\frac{l\pi}{2}+\bar{\delta}_l\right)\sin\left(kr-\frac{l\pi}{2}+\delta_l\right)\right]$$

$$=\frac{1}{k}\mathrm{e}^{\mathrm{i}(\delta_l+\bar{\delta}_l)}\sin(\bar{\delta}_l-\delta_l)=-\frac{1}{k}\mathrm{e}^{\mathrm{i}(\delta_l+\bar{\delta}_l)}\sin(\delta_l-\bar{\delta}_l) \tag{5.5.36}$$

因此得到

$$\mathrm{e}^{\mathrm{i}(\delta_l+\bar{\delta}_l)}\sin(\delta_l-\bar{\delta}_l)=-k\int_0^\infty(U-\bar{U})u_l(r)\bar{u}_l(r)\mathrm{d}r \tag{5.5.37}$$

当 $\bar{U}\to0$ 的情况下,$\bar{\delta}_l\to0$,$\bar{u}_l(r)=rj_l(kr)$由上式可得

$$\mathrm{e}^{\mathrm{i}\delta_l}\sin\delta_l=-k\int_0^\infty Uu_l(r)j_l(kr)r\mathrm{d}r \tag{5.5.38}$$

利用公式(5.5.37)可以讨论相移与势的关系,在势的微小改变下 $\Delta U=\bar{U}-U$,相移和波函数的变化都是个小量,

$$\Delta\delta_l=\bar{\delta}_l-\delta_l=-k\int_0^\infty u_l^2\Delta U\mathrm{d}r \tag{5.5.39}$$

若对任意 r,有 $\bar{U}>U(r)$,即 $\Delta U>0$,则 $\bar{\delta}_l<\delta_l$。反之,若对任意 r,有 $\bar{U}<U(r)$,即 $\Delta U<0$,则 $\bar{\delta}_l>\delta_l$。对于排斥势,可以想象它是由 $U(r)=0$ 连续由 $\Delta U>0$,$\Delta\delta_l<0$ 的方式变来的,得到 $\delta_l<0$,相移为负。反之,对吸引势 $U<0$,相移为正。

波函数为 0 的地方称为节点,对自由粒子,节点为

$$kr_0=\frac{l\pi}{2}+n\pi \tag{5.5.40}$$

而散射波的节点为

$$kr_0=\frac{l\pi}{2}-\delta_l+n\pi \tag{5.5.41}$$

对于排斥势 $U>0$,相移为负 $\delta_l<0$,波函数的节点受排斥势场的作用向外推,因此比自由粒子波的节点位置大。而吸引势 $U<0$,相移为正 $\delta_l>0$,因此波函数的节点受吸引势场的作用向内拉动,比自由粒子波的节点位置小。这种图像如图 5.7 所示。图 5.7 中虚线为自由粒子的正旋曲线,实线是位势散射后示意的波函数。

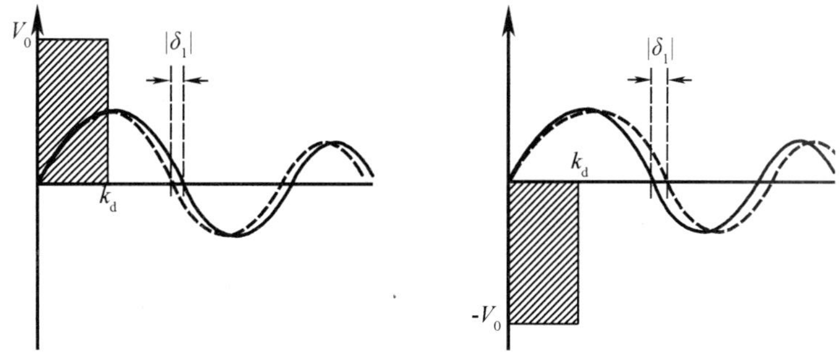

图 5.7　在排斥势和吸引势中波函数行为示意图

4. 离心位垒产生的相移

从散射相移的角度来看，平面波中已经包含了散射相移。它是来自于齐次径向方程中的离心位垒

$$V_l(r) \equiv \frac{l(l+1)}{r^2} \tag{5.5.42}$$

是排斥位垒，在 $r \to 0$ 时为无穷大，有阻止粒子进入零点的功能，如图 5.8 所示。

分波的 l 越大，离心位垒阻止能力越强。若将 l 分波的齐次径向方程改写为

$$\frac{1}{r^2}\frac{\partial}{\partial r}\left(r^2\frac{\partial}{\partial r}\right)R_l(r) + k^2R_l(r) = \frac{l(l+1)}{r^2}R_l(r) \tag{5.5.43}$$

这个方程的齐次解是对应 $l=0$ 分波的解

$$R_{l=0}(r) = \frac{\sin(kr)}{r}$$

而考虑了离心位垒后，方程解是 $j_l(kr)$，由 (5.5.21) 给出平面波的渐近形式中，l 分波由正能排斥的离心位垒产生的负值相移是

$$\delta_l = -\frac{l}{2}\pi \tag{5.5.44}$$

可见在没有其他位势的情况下，离心位垒在平面波中已经对每个 l 分波产生了相移。

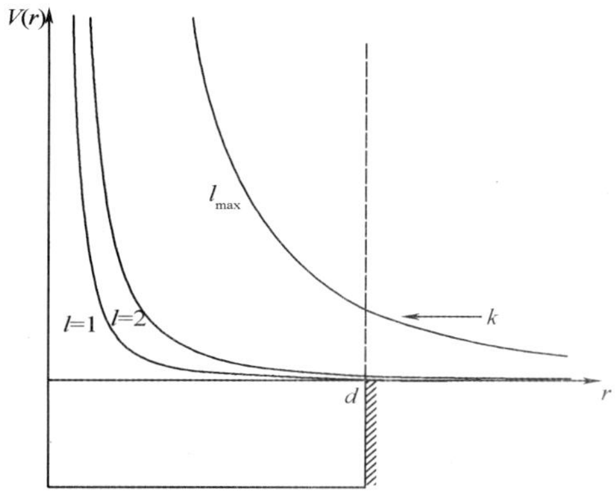

图 5.8　在离心位垒示意图

对于能量为 k 的入射粒子，由分波径向方程 (B14) 可以看出，在有限力程为 d 的位势作用下，总有分波 l 使下面表达式成立

$$\frac{l(l+1)}{d^2} \geqslant k^2 \quad 或 \quad l(l+1) \geqslant (kd)^2 \tag{5.5.45}$$

满足上面等式的分波值记为 l_{max}，且近似有 $l_{max} \approx kd$，这表明那些 $l \geqslant l_{max}$ 的分波的离心位垒阻止了粒子进入这个有限力程位势中，使得有限力程的位势对这些分波的相移的贡献很小。

离心位垒值是随分波 l 增加而单调增大，在确定入射能的情况下，总会存在一个 l 值，其离心位垒会阻止入射波进入到有限位势之内，使得位势产生的相移 $\delta_l \to 0$。入射能量越大，阻止入射波进入到有限位势之内对应的 l 值越大。同样，在相同 l 值下，能量越低离心位垒的阻止效应越强。这说明有限力程位势产生的相移 δ_l 随分波 l 增大而单调减小。入射能量越低，分波 l 相移出现 $\delta_l \to 0$ 的情况越早，即分波展开收敛得越快。

因此,在低能散射中,仅需要计算少数几个分波 $l < l_{\max}$ 相移的贡献。$l=0$ 分波不存在离心位垒,在很低能的情况,$l=0$ 分波变成最主要项。相移方法为低能核散射提供了有效的计算方法。

5.6 散射长度和有效力程

1. 散射长度与截面

分波法是将波函数按分波 l 展开,只有当级数收敛很快,只需考虑少数几个分波时,分波法才有实用价值,低能散射就是这种情况。

前面已经给出,当 $k\to 0$ 时,必须有 $\delta_l \to 0$,否则 l 分波散射截面 σ_l 会发散,这是在低能散射情况下必须满足的条件。在低能散射仅考虑 $l=0$ 分波的情况下,定义散射长度:

$$\alpha = -\lim_{k\to 0}\frac{\tan\delta_0(k)}{k} = -\lim_{k\to 0}\frac{\sin\delta_0(k)}{k} \tag{5.6.1}$$

或等价写为

$$\lim_{k\to 0} k\cot\delta_0 = -\frac{1}{\alpha} \tag{5.6.2}$$

因此,散射长度是 $k\to 0$,且 $\delta_l \to 0$ 的极限值(相差一个负号)。

由(5.5.26)式可以得到在低能极限下的微分截面为

$$\frac{\mathrm{d}\sigma}{\mathrm{d}\Omega}\approx |f_0|^2 = \left|\frac{\mathrm{e}^{\mathrm{i}\delta_0}}{k}\sin\delta_0\right|^2_{k\to 0} = \alpha^2 \tag{5.6.3}$$

积分截面为

$$\sigma = 4\pi\alpha^2 \tag{5.6.4}$$

散射长度直接与低能核反应截面相联系,散射长度的值是直接由实验测量低能情况下的散射截面值来得到,而且也可以用给定的位势求解出与实验测量值相符的结果来确定位势参数。

2. 有效力程

在低能散射情况下,仅考虑 $l=0$ 分波。对于相同的位势 $U(r)$,两个不同的波矢 k_1, k_2 对应的波函数分别为 u_1, u_2,分别满足 u 的径向方程

$$\begin{cases}\left(\dfrac{\mathrm{d}^2}{\mathrm{d}r^2}+k_1^2\right)u_1 = U(r)u_1 \\ \left(\dfrac{\mathrm{d}^2}{\mathrm{d}r^2}+k_2^2\right)u_2 = U(r)u_2\end{cases} \tag{5.6.5}$$

波函数 u 满足在 $u(r=0)=0$ 的边界条件,两式分别乘以 u_2, u_1 再相减,方程(5.6.5)变成

$$u_1\frac{\mathrm{d}^2}{\mathrm{d}r^2}u_2 - u_2\frac{\mathrm{d}^2}{\mathrm{d}r^2}u_1 = \frac{\mathrm{d}}{\mathrm{d}r}\left[u_1\frac{\mathrm{d}u_2}{\mathrm{d}r} - u_2\frac{\mathrm{d}u_1}{\mathrm{d}r}\right] = (k_1^2 - k_2^2)u_1u_2 \tag{5.6.6}$$

对(5.6.6)式两边积分得

$$\left[u_1\frac{\mathrm{d}}{\mathrm{d}r}u_2 - u_2\frac{\mathrm{d}}{\mathrm{d}r}u_1\right]\Bigg|_0^\infty = (k_1^2 - k_2^2)\int_0^\infty u_1u_2\,\mathrm{d}r \tag{5.6.7}$$

在 $r\to\infty$ 时满足波函数的渐近行为(5.5.21)式(可以相差任意常数),因此将两个边界条件

写成下面形式：

$$u_i(r)\xrightarrow{kr\to\infty}\frac{\sin(k_i r+\delta_0(k_i))}{\sin\delta_0(k_i)},\quad u_i\xrightarrow{r\to 0}0\quad i=1,2 \tag{5.6.8}$$

在没有势场情况下的解 v_1,v_2 满足自由粒子的运动方程，

$$\left(\frac{\mathrm{d}^2}{\mathrm{d}r^2}+k_1^2\right)v_1=0,\quad \left(\frac{\mathrm{d}^2}{\mathrm{d}r^2}+k_2^2\right)v_2=0 \tag{5.6.9}$$

方程的两个独立解是 $\sin(kr)$ 和 $\cos(kr)$。当取 $v_i(r)$ 在无穷远处与 $u_i(r)$ 有相同的渐近行为，这时波函数 $v_i(r)$ 就被完全确定了，它的表示式和满足的边界条件为

$$v_i(r)=\frac{\sin(k_i r+\delta_0(k_i))}{\sin\delta_0(k_i)},\quad v_i\xrightarrow{r\to 0}1\quad i=1,2 \tag{5.6.10}$$

同样，将(5.6.9)两式分别乘以 v_2,v_1 后相减，再两边求积分得

$$\left[v_1\frac{\mathrm{d}}{\mathrm{d}r}v_2-v_2\frac{\mathrm{d}}{\mathrm{d}r}v_1\right]\Bigg|_0^\infty=(k_1^2-k_2^2)\int_0^\infty v_1v_2\mathrm{d}r \tag{5.6.11}$$

再将(5.6.7)式与(5.6.11)式相减得到

$$\left[u_1\frac{\mathrm{d}}{\mathrm{d}r}u_2-u_2\frac{\mathrm{d}}{\mathrm{d}r}u_1\right]\Bigg|_0^\infty-\left[v_1\frac{\mathrm{d}}{\mathrm{d}r}v_2-v_2\frac{\mathrm{d}}{\mathrm{d}r}v_1\right]\Bigg|_0^\infty=(k_1^2-k_2^2)\int_0^\infty(u_1u_2-v_1v_2)\mathrm{d}r$$

由于在无穷远处 v_i 与 u_i 的渐近行为相同，彼此相消，且 $u_l(0)=0$，最后仅有

$$\left[v_1\frac{\mathrm{d}}{\mathrm{d}r}v_2-v_2\frac{\mathrm{d}}{\mathrm{d}r}v_1\right]_{r=0}=(k_1^2-k_2^2)\int_0^\infty(u_1u_2-v_1v_2)\mathrm{d}r$$

又知，当 $r=0$ 时，$v_1=v_2=1$，由(5.6.10)得到

$$\frac{\mathrm{d}}{\mathrm{d}r}v_i\bigg|_{r=0}=k_i\cot\delta_0(k_i)\qquad i=1,2$$

代入上式后得到

$$k_2\cot\delta_0(k_2)-k_1\cot\delta_0(k_1)=(k_1^2-k_2^2)\int_0^\infty(u_1u_2-v_1v_2)\mathrm{d}r$$

取 $k_1\to 0,k_2=k$，下标 1 用 0 代替，去掉下标 2，利用(5.6.2)式，给出展开到 k^2 的近似表示形式

$$k\cot\delta_0(k)=-\frac{1}{\alpha}+k^2\int_0^\infty(vv_0-uu_0)\mathrm{d}r\simeq-\frac{1}{\alpha}+\frac{1}{2}k^2r_{\mathrm{eff}} \tag{5.6.12}$$

其中 r_{eff} 被称为有效力程，

$$r_{\mathrm{eff}}=\lim_{k\to 0}2\int_0^\infty(vv_0-uu_0)\mathrm{d}r=2\int_0^\infty(v_0^2-u_0^2)\mathrm{d}r \tag{5.6.13}$$

有效力程 r_{eff} 是长度量纲，由散射位势确定，而与能量无关。有效力程的数值可以由实验测量截面的数据拟合给出，也可以用给定的位势求解并与实验测量值比较来确定位势参数。

散射截面按 k 展开的一般形式为

$$\sigma=\frac{4\pi\sin^2\delta_0(k)}{k^2}=\frac{4\pi}{k^2[1+\cot^2\delta_0(k)]}\simeq\frac{4\pi}{k^2+\left(-\frac{1}{\alpha}+\frac{1}{2}r_{\mathrm{eff}}k^2\right)^2} \tag{5.6.14}$$

在形式上得到散射截面对 k 的高次展开表示。若写成能量的表示，上式变为

$$\sigma\simeq\frac{4\pi}{\frac{2\mu}{\hbar^2}E+\left(-\frac{1}{\alpha}+\frac{\mu}{\hbar^2}Er_{\mathrm{eff}}\right)^2} \tag{5.6.15}$$

上式显示了低能情况下截面随能量 E 增大而减小的关系。与 Born 近似中在低能情况下散射截面与能量无关的结果有所差别。但是上面已经指出 Born 近似在低能情况下不适用，因此在低能入射情况下散射截面与能量的关系应该是由(5.6.15)式来表示。

5.7 散射相移的计算方法

1. 相移的数值求解方法

相移通常是采用数值方法来求解的，相移确定后，可以给出散射微分截面和散射积分截面，在(5.5.27)式和(5.5.28)式中，已经给出了在分波展开下，由分波的相移得到散射微分截面和散射积分截面的表示式。本节将讨论在给定有限力程的势 $V(r)$，且 $V(r\geqslant d)=0$ 的情况下，如何得到各散射分波的相移。数值计算的步骤如下：首先是用数值方法来求解 $0\leqslant r\leqslant d$ 势场力程区域内的径向 Schrödinger 方程，由零点边界条件(5.5.4)求解方程，即从零点向外积分，得到径向波函数 $R_l(r)$，当然这儿包含了一个任意常数。在 $r=d$ 处与力程外包含相移的波函数的渐近解进行光滑连接，即波函数对数导数连接，由此求得相移 δ_l 的值。在 $r=d$ 处径向波函数的对数导数为

$$\gamma_l(k)=\left[\frac{\mathrm{d}\ln R_l}{\mathrm{d}r}\right]_{r=d}=\left[\frac{\mathrm{d}R_l/\mathrm{d}r}{R_l}\right]_{r=d} \tag{5.7.1}$$

对数导数连续意味波函数光滑连接，而且消去了波函数中的不确定常数系数。量纲为 $[\gamma_l(k)]=\dfrac{1}{L}$。在力程之外由(5.5.15)式给出的波函数的渐近解，

$$R_l=C_l[h^-(kr)+S_lh^+(kr)]=C_l[(j_l-\mathrm{i}n_l)+S_l(j_l+\mathrm{i}n_l)] \tag{5.7.2}$$

代入 $S_l=\mathrm{e}^{2\mathrm{i}\delta_l(k)}$ 的相移表示，得到在力程外 $r>d$ 的渐近解的另一种表示是

$$\begin{aligned}R_l(r)&=C_l[j_l(kr)(\mathrm{e}^{2\mathrm{i}\delta_l(k)}+1)+\mathrm{i}n_l(kr)(\mathrm{e}^{2\mathrm{i}\delta_l(k)}-1)]\\&=2C_l\mathrm{e}^{\mathrm{i}\delta_l(k)}[j_l(kr)\cos\delta_l(k)-n_l(kr)\sin\delta_l(k)]=D_l[j_l(kr)-\tan\delta_l(k)n_l(kr)]\end{aligned} \tag{5.7.3}$$

上面已将与 r 无关项移到括号外，归入常数 D_l 中，得到在位势力程外的径向波函数的一般表示。由(5.7.1)式得到在 $r=d$ 处 γ_l 的值是

$$\gamma_l(k)=\frac{k[j_l'(kd)-\tan\delta_l(k)n_l'(kd)]}{j_l(kd)-\tan\delta_l(k)n_l(kd)} \tag{5.7.4}$$

由此解出 l 分波相移 $\delta_l(k)$ 与 $\gamma_l(k)$ 之间的关系

$$\tan\delta_l(k)=\frac{kj_l'(kd)-\gamma_l(k)j_l(kd)}{kn_l'(kd)-\gamma_l(k)n_l(kd)} \tag{5.7.5}$$

注意 $j_l'(x)\equiv \mathrm{d}j_l(x)/\mathrm{d}x$ 是对函数变量的导数，因此仅对 r 求导时会出现 k 因子。显然，在没有位势时，自由解为 $R_l(r)=j_l(r)$，所以 $\gamma_l(k)=kj_l'(kr)/j_l(kr)$，代入(5.7.5)式的分子得到 $\delta_l(k)=0$。

(5.7.5)式给出数值计算相移的方法，对于一个给定的位势，需要数值求解力程内区域的径向方程，在 $r=d$ 得到 $\gamma_l(k)$ 值，与渐近解光滑连接，由此得到相移 $\delta_l(k)$。(5.7.5)式是实际计算相移的公式。

在极端情况下，相移的公式可以简化为：

在高能入射的情况下,将球贝塞尔函数的渐近表示(5.5.11)式和(5.5.12)式及其它们的导数代入(5.7.5)式得到

$$\tan\delta_l(k)\xrightarrow{k\to\infty}\frac{k\cos(kd-\frac{l}{2}\pi)-\gamma_l(k)\sin(kd-\frac{l}{2}\pi)}{k\sin(kd-\frac{l}{2}\pi)+\gamma_l(k)\cos(kd-\frac{l}{2}\pi)}$$

$$=\frac{k-\gamma_l(k)\tan(kd-\frac{l}{2}\pi)}{k\tan(kd-\frac{l}{2}\pi)+\gamma_l(k)}=\frac{\frac{k}{\gamma_l(k)}-\tan(kd-\frac{l}{2}\pi)}{1+\frac{k}{\gamma_l(k)}\tan(kd-\frac{l}{2}\pi)}$$

$$=\tan\left[\arctan\left(\frac{k}{\gamma_l(k)}\right)-kd+\frac{l}{2}\pi\right]\tag{5.7.6}$$

其中利用了三角学关系

$$\tan(a-b)=\frac{\tan a-\tan b}{1+\tan a\tan b}$$

得到高能入射的情况下相移的近似表达式

$$\delta_l(k)\approx\arctan\left[\frac{k}{\gamma_l(k)}\right]-kd+\frac{l}{2}\pi\tag{5.7.7}$$

在低能散射过程下,$l=0$ 分波是主要项。由

$$j_0(x)=\frac{\sin x}{x}\qquad n_0(x)=-\frac{\cos x}{x}\tag{5.7.8}$$

以及

$$j_0'(x)=\frac{\cos x}{x}-\frac{\sin x}{x^2}\qquad n_0'(x)=\frac{\sin x}{x}+\frac{\cos x}{x^2}\tag{5.7.9}$$

代入(5.7.5)式,分子分母同乘上$(kd)^2$,得到 $l=0$ 分波的相移为

$$\tan\delta_0(k)=\frac{k[kd\cos(kd)-\sin(kd)]-\gamma_0(k)kd\sin(kd)}{k[kd\sin(kd)+\cos(kd)]+\gamma_0(k)kd\cos(kd)}\equiv\frac{A}{B}\tag{5.7.10}$$

利用三角学关系得到

$$\tan[kd+\delta_0(k)]=\frac{\tan(kd)+\tan\delta_0(k)}{1-\tan(kd)\tan\delta_0(k)}=\frac{\sin(kd)+\cos(kd)\tan\delta_0(k)}{\cos(kd)-\sin(kd)\tan\delta_0(k)}$$

将(5.7.10)式给出 A,B 的表示代入后得到

$$\tan[kd+\delta_0(k)]=\frac{\sin(kd)+\cos(kd)\frac{A}{B}}{\cos(kd)-\sin(kd)\frac{A}{B}}=\frac{\sin(kd)B+\cos(kd)A}{\cos(kd)B-\sin(kd)A}$$

记 $x=kd$。其中分子部分

$$\begin{aligned}\sin xB+\cos xA&=\sin x[k(x\sin x+\cos x)+\gamma_0(k)x\cos x]+\cos x[k(x\cos x-\sin x)-\gamma_0(k)x\sin x]\\&=kx(\sin^2x+\cos^2x)=kx\end{aligned}$$

分母部分

$$\begin{aligned}\cos(kd)B-\sin(kd)A&=\cos x[k(x\sin x+\cos x)+\gamma_0(k)x\cos x]-\sin x[k(x\cos x-\sin x)-\gamma_0(k)x\sin x]\\&=k+\gamma_0(k)x\end{aligned}$$

分子和分母同除 k,由此给出 $l=0$ 分波相移满足的关系式为

$$\tan[kd+\delta_0(k)]=\frac{kd}{1+d\gamma_0(k)}=\frac{k}{\gamma_0(k)+\dfrac{1}{d}}$$

由此得到 $l=0$ 分波相移公式

$$\delta_0(k)=\arctan\left[\frac{k}{\gamma_0(k)+\dfrac{1}{d}}\right]-kd \tag{5.7.11}$$

若将径向波函数写成 $R_0(r)=\dfrac{u_0(r)}{r}$ 的形式时,(5.7.1)式可改写为

$$\gamma_0(k)=\left[\frac{\mathrm{d}R_0/\mathrm{d}r}{R_0}\right]_{r=d}=\left[\frac{\mathrm{d}u_0/\mathrm{d}r}{u_0}-\frac{1}{r}\right]_{r=d}=\left[\frac{\mathrm{d}u_0/\mathrm{d}r}{u_0}\right]_{r=d}-\frac{1}{d}$$

代入(5.7.11)式得到 $l=0$ 分波相移满足的关系式

$$\delta_0(k)=\arctan\left[k\left(\frac{u_0}{\mathrm{d}u_0/\mathrm{d}r}\right)_{r=d}\right]-kd \tag{5.7.12}$$

2. 分波法研究散射实例

由(5.7.5)式给出求解相移的公式已经得到实际应用。但是,对于任意短程位势的 $\gamma_l(k)$ 值只能用数值求解。为了看清 $\gamma_l(k)$ 随能量变化的行为,下面用几个简单位势的特例,可以得到 $\gamma_l(k)$ 的解析解,并给出在高能情况下相移 $\delta_l(k)$ 和低能情况 $l=0$ 分波相移的解析表达式。虽然与实际情况有所差距,但是可以用简单位势的结果来加深对相移物理图像的理解。

(1)球形方位阱

首先讨论粒子在力程为 d 的球形方位阱中的散射,

$$V(r)=\begin{cases}-V_0 & (V_0>0) \quad r\leqslant d\\ 0 & \quad r>d\end{cases} \tag{5.7.13}$$

在 $r\leqslant d$ 时,在径向方程中,令

$$\kappa^2=k^2+\frac{2\mu}{\hbar^2}V_0=k^2+U_0>0 \tag{5.7.14}$$

得到径向方程

$$\left[\frac{\mathrm{d}^2}{\mathrm{d}r^2}+\kappa^2-\frac{l(l+1)}{r^2}\right]u_l(r)=0 \quad r\leqslant d$$

要求波函数满足在 $r=0$ 的边界条件,在 $r\leqslant d$ 区域只能取正则解 $u_l=C_lrj_l(\kappa r)$,或 $R_l=C_lj_l(\kappa r)$,由在 $r=d$ 径向波函数的对数导数得到

$$\gamma_l(k)=\left[\frac{\mathrm{d}R_l/\mathrm{d}r}{R_l}\right]_{r=d}=\kappa\frac{j_l'(\kappa d)}{j_l(\kappa d)}$$

代入(5.7.5)式可以得到各分波的相移

$$\tan\delta_l(k)=\frac{kj_l'(kd)j_l(\kappa d)-kj_l'(\kappa d)j_l(kd)}{kn_l'(kd)j_l(\kappa d)-kj_l'(\kappa d)n_l(kd)}$$

在高能粒子入射情况下,代入球贝塞尔函数的渐近表示(5.5.11)式和(5.5.12)式,得到

$$\gamma_l(k)\approx\frac{\kappa}{\tan(\kappa d-\dfrac{l}{2}\pi)}$$

由(5.7.7)式得到高能情况下相移的渐近表示为

$$\delta_l(k) \approx \arctan\left[\frac{k}{\kappa}\tan\left(\kappa d - \frac{l}{2}\pi\right)\right] - kd + \frac{l}{2}\pi \tag{5.7.15}$$

对于 $l=0$ 分波由(5.7.12)式得到 $l=0$ 分波的相移

$$\delta_0 = \arctan\left[k\left(\frac{u_0}{\mathrm{d}u_0/\mathrm{d}r}\right)_{r=d}\right] - kd = \arctan\left(\frac{k}{\kappa}\tan(\kappa d)\right) - kd \tag{5.7.16}$$

可以看出，当 $V_0=0$ 时，$\kappa=k$，得到 $\delta_0=0$，即无位阱散射发生。

在 $kd \ll 1$ 时，

$$\delta_0(k) \approx \frac{k}{\kappa}\tan(\kappa d) - kd = kd\left[\frac{\tan(\kappa d)}{\kappa d} - 1\right]$$

当 $k \to 0$ 时，得到散射长度

$$\alpha = -\lim_{k\to 0}\frac{\delta_0(k)}{k} = \left[1 - \frac{\tan(\kappa_0 d)}{\kappa_0 d}\right]d \tag{5.7.17}$$

其中 $\kappa_0 = \sqrt{U_0}$。

(2)球形位垒散射

$$V(r) = \begin{cases} V_0 \quad (V_0 > 0) & r \leqslant d \\ 0 & r > d \end{cases} \tag{5.7.18}$$

径向 Schrödinger 方程为

$$\left[\frac{\mathrm{d}^2}{\mathrm{d}r^2} + k^2 - \frac{l(l+1)}{r^2} - U_0\right]u_l(r) = 0 \quad r \leqslant d$$

需要分两种情况来讨论。

①当 $E > V_0$，即 $k^2 > U_0$ 时，即垒上散射情况。令

$$\lambda^2 = k^2 - U_0 = k^2 - \frac{2\mu}{\hbar^2}V_0 \tag{5.7.19}$$

解与方阱势的情况相似，仅改变 U_0 的符号。由此类似方阱势得到相移。这时

$$\gamma_l(k) = \left[\frac{\mathrm{d}R_l/\mathrm{d}r}{R_l}\right]_{r=d} = \lambda\frac{j_l'(\lambda d)}{j_l(\lambda d)} \tag{5.7.20}$$

代入(5.7.5)式可以得到各分波的相移

$$\tan\delta_l(k) = \frac{kj_l'(kd)j_l(\lambda d) - \lambda j_l'(\lambda d)j_l(kd)}{kn_l'(kd)j_l(\lambda d) - \lambda j_l'(\lambda d)n_l(kd)}$$

在高能粒子入射情况下得到

$$\delta_l(k) \approx \arctan\left[\frac{k}{\lambda}\tan\left(\lambda d - \frac{l}{2}\pi\right)\right] - kd + \frac{l}{2}\pi \tag{5.7.21}$$

当 $l=0$ 时得到，

$$\delta_0 = \arctan\left[k\left(\frac{u_0}{\mathrm{d}u_0/\mathrm{d}r}\right)_{r=d}\right] - kd = \arctan\left(\frac{k}{\lambda}\tan(\lambda d)\right) - kd \tag{5.7.22}$$

由于是位垒散射，因此相移为负值。显然，当 $V_0 \to 0$ 时，$\lambda \to k$，因此 $\delta_0 = 0$。

②当 $k^2 < U_0$(或 $E < V_0$)时，即垒下散射的过程，记

$$\eta^2 = U_0 - k^2 > 0 \tag{5.7.23}$$

这时径向方程满足在 $r=0$ 处边界条件的正则解为虚宗量贝塞尔函数 $I_{l+\frac{1}{2}}(\eta r)/\sqrt{r}$。与力程外的解光滑连接，得到

$$\gamma_l(k)=\frac{\mathrm{d}(I_{l+\frac{1}{2}}(\eta r)/\sqrt{r})/\mathrm{d}r}{I_{l+\frac{1}{2}}(\eta r)/\sqrt{r}}\bigg|_{r=d}=\eta\frac{I'_{l+\frac{1}{2}}(\eta d)}{I_{l+\frac{1}{2}}(\eta d)}-\frac{1}{2d} \tag{5.7.24}$$

代入(5.7.5)式可以得到各个分波的相移。

在 $l=0$ 的分波时,符合边界条件的方程解 $\sinh(\eta r)$,由(5.7.12)式得到 $l=0$ 分波的相移

$$\delta_0(k)=\arctan\left[\frac{k}{\eta}\tanh(\eta d)\right]-kd<0 \tag{5.7.25}$$

在位垒 V_0 非常高(硬球)$\eta\to\infty$ 时,有 $\tanh(\eta d)\to 1$,以及 $\frac{k}{\eta}\to 0$;或在入射能量非常低 $k\to 0$ 时,$\frac{k}{\eta}\to 0$,这时(5.7.25)式中第一项可以被忽略,因此 $l=0$ 分波排斥位的负相移为

$$\delta_0(k)=-kd \tag{5.7.26}$$

在相移分析法中,位垒散射与位阱散射的结果是不同的,弥补了 Born 近似的缺失。

(3)硬球位垒

硬球位垒散射相当于在 $r\leqslant d$ 的区域位垒为无穷大 $V\to\infty$ 情况下的散射,硬球位垒散射相移记为 ξ_l,d 称为硬球散射半径。

由于位垒无穷高,波函数不能进入 $r\leqslant d$ 的区域,这时硬球散射的相移求解可以直接由(5.7.3)式给出的波函数 $R_l(r=d)=0$ 的边界条件得到,

$$R_l(kd)=j_l(kd)-\tan\xi_l n_l(kd)=0 \tag{5.7.27}$$

因此硬球散射的相移 ξ_l 满足如下关系

$$\tan\xi_l=\frac{j_l(kd)}{n_l(kd)} \tag{5.7.28}$$

对 $l=0$ 情况,由(5.7.8)式给出的零阶球贝塞尔函数的表达式,得到硬球散射的相移

$$\tan\xi_0=\frac{j_0(kd)}{n_0(kd)}=-\tan(kd) \tag{5.7.29}$$

由此得到与上面球形位垒趋向无穷高时(5.7.26)式的相同结果

$$\xi_0=-kd \tag{5.7.30}$$

在低能情况下,$kd\ll 1$,由(5.5.28)式得到 $l=0$ 分波硬球散射截面为

$$\sigma_0=\frac{4\pi}{k^2}\sin^2\xi_0=\frac{4\pi}{k^2}\sin^2(kd)\approx 4\pi d^2 \tag{5.7.31}$$

低能情况下散射截面为几何截面的四倍。

在高能情况下 $kd\gg 1$,在(5.7.28)中代入球贝塞尔函数的渐近表示(5.5.31)式和(5.5.33)式得到

$$\tan\xi_l\xrightarrow{kd\gg 1}-\frac{\sin(kd-\frac{l\pi}{2})}{\cos(kd-\frac{l\pi}{2})}=\tan(-kd+\frac{l\pi}{2}) \tag{5.7.32}$$

因此 l 分波的硬球散射相移为

$$\xi_l\approx -kd+\frac{l}{2}\pi \tag{5.7.33}$$

由(5.5.28)式得到在高能情况下硬球散射截面为

$$\sigma\approx\frac{4\pi}{k^2}\sum_{l=0}^{l_{\max}}(2l+1)\sin^2(\frac{l\pi}{2}-kd) \tag{5.7.34}$$

最大分波近似取为 $l_{\max} \approx kd$,用级数求和可得等差求和表示

$$\begin{aligned}\sigma &= \frac{4\pi}{k^2}\{\sin^2(kd) + 3\sin^2(kd - \frac{\pi}{2}) + 5\sin^2(kd - \pi) + \cdots\} \\ &\approx \frac{4\pi}{k^2}\{[\sin^2(kd) + \sin^2(kd - \frac{\pi}{2})] + 2[\sin^2(kd - \frac{\pi}{2}) + \sin^2(kd - \pi)] + \\ &\quad 3[\sin^2(kd - \pi) + \sin^2(kd - \frac{3\pi}{2})] + \cdots\} \\ &= \frac{4\pi}{k^2}\sum_{l=0}^{l_{\max}} l = \frac{4\pi}{k^2}\frac{l_{\max}(l_{\max}+1)}{2} \approx \frac{4\pi}{k^2}\frac{1}{2}l_{\max}^2 = 2\pi d^2\end{aligned} \tag{5.7.35}$$

上式中,每一项都是相位相差 π/2 的两个正弦函数平方和,因此求和为 1。在高能情况下,$l_{\max} \gg 1$,散射截面为几何截面的两倍。

5.8　共振散射

一般情况下相移和截面是入射能量及位势强度的缓变函数,通常散射分波截面随能量及角动量的增大而减小。但低能散射中,在一个较窄的能量间隔内相移 δ_l 可以很快变化,散射截面在此时相应地较快变化,散射截面会出现尖锐的峰,称为共振现象。例如在低能中子入射的情况下,截面会有成百上千个尖锐的共振峰,这个能区被称为共振区。由图 5.9 给出一个实际的共振截面图。本节将用散射理论给出共振散射截面公式并给出共振的物理解释。

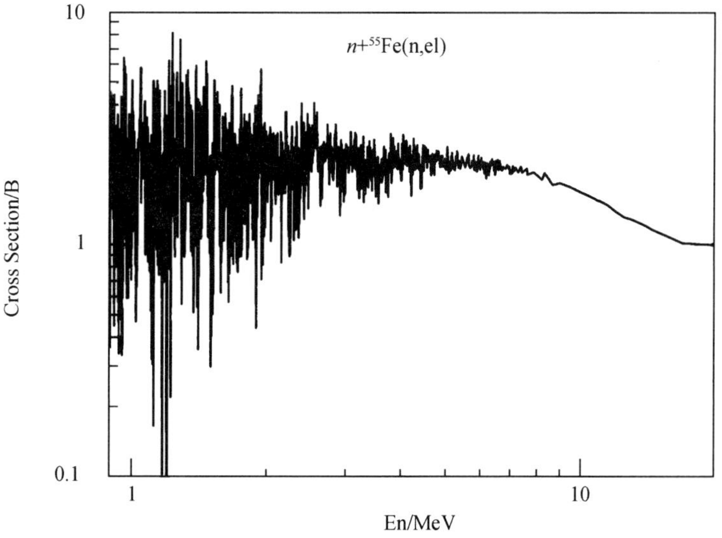

图 5.9　$n + {}^{56}$Fe 的弹性散射共振截面图

1. 共振散射截面

S_l 矩阵元可以用下面的恒等式来表示

$$S_l = e^{2i\delta_l} = \frac{e^{i\delta_l}}{e^{-i\delta_l}} = \frac{\cos\delta_l + i\sin\delta_l}{\cos\delta_l - i\sin\delta_l} = \frac{1 + i\tan\delta_l}{1 - i\tan\delta_l} \tag{5.8.1}$$

再将(5.7.5)式代入,并利用球贝塞尔数与 Hankel 函数之间的关系(5.5.5)式和(5.5.6)式

得到

$$\begin{aligned} S_l &= \frac{kn_l'(kd) - \gamma_l(k)n_l(kd) + \mathrm{i}[kj_l'(kd) - \gamma_l(k)j_l(kd)]}{kn_l'(kd) - \gamma_l(k)n_l(kd) - \mathrm{i}[kj_l'(kd) - \gamma_l(k)j_l(kd)]} \\ &= -\frac{\mathrm{i}kh_l'^{(2)}(kd) - \mathrm{i}\gamma_l(k)h_l^{(2)}(kd)}{\mathrm{i}kh_l'^{(1)}(kd) - \mathrm{i}\gamma_l(k)h_l^{(1)}(kd)} \\ &= -\frac{h_l^{(2)}(kd)}{h_l^{(1)}(kd)} \cdot \left[\frac{(kd)h_l'^{(2)}(kd)/h_l^{(2)}(kd) - \gamma_l(k)d}{(kd)h_l'^{(1)}(kd)/h_l^{(1)}(kd) - \gamma_l(k)d}\right] \end{aligned} \tag{5.8.2}$$

由此给出了 S 矩阵与球贝塞尔函数和 Hankel 函数的关系式。

定义下面符号:

$$\triangle_l \equiv \mathrm{Re}\left(kd\,\frac{h_l'^{(1)}(kd)}{h_l^{(1)}(kd)}\right) = \mathrm{Re}\left(kd\,\frac{h_l'^{(2)}(kd)}{h_l^{(2)}(kd)}\right) \tag{5.8.3}$$

$$\tau_l \equiv \mathrm{Im}\left(kd\,\frac{h_l'^{(1)}(kd)}{h_l^{(1)}(kd)}\right) = -\mathrm{Im}\left(kd\,\frac{h_l'^{(2)}(kd)}{h_l^{(2)}(kd)}\right) \tag{5.8.4}$$

以及

$$\beta_l \equiv \gamma_l(k)d \tag{5.8.5}$$

将上面符号代入(5.8.2)式,得到

$$S_l = -\frac{h_l^{(2)}(kd)}{h_l^{(1)}(kd)} \cdot \left[\frac{\triangle_l - \mathrm{i}\tau_l - \beta_l}{\triangle_l + \mathrm{i}\tau_l - \beta_l}\right] \tag{5.8.6}$$

由硬球散射相移(5.7.28)式,注意到球贝塞尔函数为实函数,得到下面等式

$$\mathrm{e}^{2\mathrm{i}\xi_l} = \frac{1 + \mathrm{i}\tan\xi_l(k)}{1 - \mathrm{i}\tan\xi_l(k)} = \frac{n_l(kd) + \mathrm{i}j_l(kd)}{n_l(kd) - \mathrm{i}j_l(kd)} = -\frac{j_l(kd) - \mathrm{i}n_l(kd)}{j_l(kd) + \mathrm{i}n_l(kd)} = -\frac{h_l^{(2)}(kd)}{h_l^{(1)}(kd)} \tag{5.8.7}$$

由此(5.8.6)式可以改写为

$$S_l = \mathrm{e}^{2\mathrm{i}\delta_l} = \mathrm{e}^{2\mathrm{i}\xi_l}\left[\frac{\triangle_l - \beta_l - \mathrm{i}\tau_l}{\triangle_l - \beta_l + \mathrm{i}\tau_l}\right] \tag{5.8.8}$$

其中$\triangle_l, \tau_l, \xi_l$ 不是位势形状的函数,仅与位势力程和能量相关,它们是随能量缓变的函数,位势的作用是通过 β_l 中 $\gamma_l(k)$ 给出,相移的剧烈变化是由 β_l 引起的。若在一个很小 ΔE 能量范围内,β_l 的变化近似看成为线性关系

$$\beta_l(E) = A + BE \tag{5.8.9}$$

代入到(5.8.8)式后,再令

$$E_r = \frac{\triangle_l - A}{B}, \qquad \frac{\Gamma_l}{2} = -\frac{\tau_l}{B} \tag{5.8.10}$$

在(5.8.8)式中分子分母同除 B 得到

$$\mathrm{e}^{2\mathrm{i}(\delta_l - \xi_l)} = \frac{E_r - E + \mathrm{i}\dfrac{\Gamma_l}{2}}{E_r - E - \mathrm{i}\dfrac{\Gamma_l}{2}} = \frac{1 + \mathrm{i}\dfrac{\Gamma_l}{2(E_r - E)}}{1 - \mathrm{i}\dfrac{\Gamma_l}{2(E_r - E)}} \tag{5.8.11}$$

从另外的角度对上式左边进一步改写,得到

$$\mathrm{e}^{2\mathrm{i}(\delta_l - \xi_l)} = \frac{\mathrm{e}^{\mathrm{i}(\delta_l - \xi_l)}}{\mathrm{e}^{-\mathrm{i}(\delta_l - \xi_l)}} = \frac{1 + \mathrm{i}\tan(\delta_l - \xi_l)}{1 - \mathrm{i}\tan(\delta_l - \xi_l)} \tag{5.8.12}$$

对比(5.8.11)式和(5.8.12)式得到

$$\tan(\delta_l-\xi_l)=\frac{\Gamma_l}{2(E_r-E)} \tag{5.8.13}$$

如果 β_l 的线性假定在 ΔE 范围内成立，只要 $\Delta E \gg \Gamma_l$，当能量 E 在 E_r 附近 ΔE 内的很小变化，相移 $\delta_l-\xi_l$ 经历了从 $n\pi$ 到 $(n+1)\pi$ 的变化，$n=0,1,2,\cdots$。通常 ξ_l 是很慢变化的，则 δ_l 从 $n\pi$ 区域变到 $(n+1)\pi$ 区域。当 $E=E_r$ 时，$\delta_l=(n+\frac{1}{2})\pi$，相应的截面 $\sim\sin^2\delta_l$，出现一个尖锐的极大值。利用(5.8.11)式，将 S 矩阵改写为

$$S_l=e^{2i\delta_l}=e^{2i\xi_l}\frac{E_r-E+i\Gamma_l/2}{E_r-E-i\Gamma_l/2}=e^{2i\xi_l}\left(1+\frac{i\Gamma_l}{E_r-E-i\Gamma_l/2}\right)$$

代入 l 分波相移与 S 矩阵的关系式得到如下等式

$$\begin{aligned}
e^{i\delta_l}\sin\delta_l &=\frac{1-S_l}{-2i}=-\frac{1}{2i}\left[1-e^{2i\xi_l}(1+\frac{i\Gamma_l}{E_r-E-i\Gamma_l/2}\right]\\
&=-\frac{e^{+i\xi_l}}{2i}\left[e^{-i\xi_l}-e^{i\xi_l}(1+\frac{i\Gamma_l}{E_r-E-i\Gamma_l/2})\right]\\
&=e^{i\xi_l}\left[\sin\xi_l+e^{i\xi_l}\frac{\Gamma_l/2}{E_r-E-i\Gamma_l/2}\right]\\
&=e^{2i\xi_l}\left(e^{-i\xi_l}\sin\xi_l+\frac{\Gamma_l/2}{E_r-E-i\Gamma_l/2}\right)
\end{aligned} \tag{5.8.14}$$

利用 l 分波散射振幅公式

$$f_l=\frac{2l+1}{k}e^{i\delta_l}\sin\delta_l P_l(\cos\theta) \tag{5.8.15}$$

将(5.8.14)式代入(5.8.15)式得到

$$f_l=\frac{2l+1}{k}e^{2i\xi_l}\left[e^{-i\xi_l}\sin\xi_l+\frac{\Gamma_l/2}{E_r-E-i\Gamma_l/2}\right]P_l(\cos\theta) \tag{5.8.16}$$

在共振能点附近散射截面为

$$\sigma_l(\theta)=|f_l|^2=\frac{(2l+1)^2}{k^2}\left|e^{-i\xi_l}\sin\xi_l+\frac{\Gamma_l/2}{E_r-E-i\Gamma_l/2}\right|^2P_l^2(\cos\theta)$$

其中绝对值部分的实部和虚部分别是：

实部：
$$\cos\xi_l\sin\xi_l+\frac{\Gamma_l}{2}\frac{E_r-E}{(E_r-E)^2+(\Gamma_l/2)^2}$$

虚部：
$$-\sin^2\xi_l+\left(\frac{\Gamma_l}{2}\right)^2\frac{1}{(E_r-E)^2+(\Gamma_l/2)^2}$$

因此得到共振能点附近散射截面

$$\sigma_l(\theta)=|f_l|^2=\frac{(2l+1)^2}{k^2}$$

$$\left[\frac{(\Gamma_l/2)^2}{(E_r-E)^2+(\Gamma_l/2)^2}+\sin^2\xi_l+\sin\xi_l\Gamma_l\frac{(E_r-E)\cos\xi_l-(\Gamma_l/2)\sin\xi_l}{(E_r-E)^2+(\Gamma_l/2)^2}\right]P_l^2(\cos\theta) \tag{5.8.17}$$

第一项为共振项，第二项为硬球散射项，第三项是相干项。硬球散射和相干项构成共振本底截面。

在低能高分波情况下，ξ_l 是很小的，硬球散射部分可以忽略。忽略与 ξ_l 相关项，我们得

到共振散射微分截面，

$$\sigma_l(\theta)=\frac{(2l+1)^2}{k^2}\frac{(\Gamma_l/2)^2}{(E_r-E)^2+(\Gamma_l/2)^2}P_l^2(\cos\theta) \tag{5.8.18}$$

它的积分截面为

$$\sigma_l=\int\sigma_l(\theta)\mathrm{d}\Omega=\frac{4\pi}{k^2}(2l+1)\frac{(\Gamma_l/2)^2}{(E_r-E)^2+(\Gamma_l/2)^2} \tag{5.8.19}$$

(5.8.19)式被称为单能级 Breit - Wigner 共振公式，其中 E_r 为共振能量。Γ_l 为共振宽度，它一般是数量级为 eV 的小量，因而在 $E\sim E_r$ 附近截面出现尖锐的共振峰。其共振参数 Γ_l,E_r 值由实验测量的共振截面拟合得到。

2. 共振的物理解释

在低能强吸引势阱中，对于 $l>0$ 的情况，径向 Schrödinger 方程为

$$\left(\frac{\mathrm{d}^2}{\mathrm{d}r^2}+k^2-\frac{l(l+1)}{r^2}-U\right)u_l(r)=0$$

粒子不仅受到中心势的作用，还受到离心势的排斥作用，粒子实际的有效作用势为

$$U_{\mathrm{eff}}(r)=U(r)+\frac{l(l+1)}{r^2} \tag{5.8.20}$$

图 5.10 给出了粒子在强吸引的方势阱中有效势，对能量 $E>0$ 的粒子受到离心位垒的作用。共振态就是 U_{eff}势阱中的一个束缚态。在量子力学中它不能完全束缚，可以通过隧道效应穿透。当 $E=E_r$ 时，在位阱内找到散射粒子的概率很大，相应于一个亚稳态(metastable state)。由测不准关系，此亚稳态的寿命为

$$\tau\simeq\frac{\hbar}{\Gamma} \tag{5.8.21}$$

当 U_0 变深时，共振能量 E_r 变小，位垒宽度变厚，则共振宽度变窄，寿命变长。

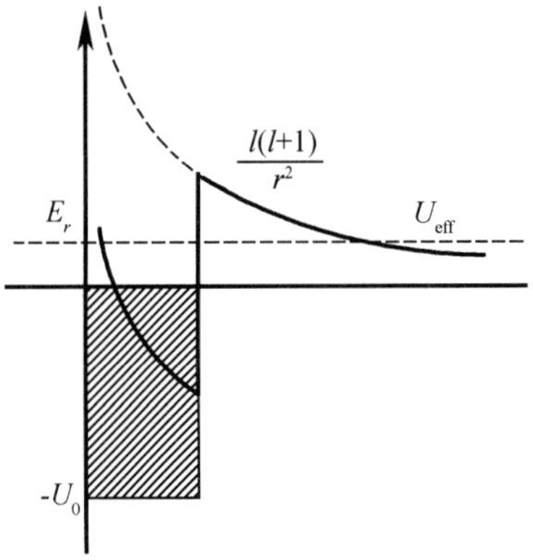

图 5.10 粒子的有效势

5.9 复势散射，吸收过程

当入射粒子轰击靶核时，粒子与靶核的散射除了弹性散射道外还有其他的出射道。在分波法计算中考虑其他开道的反应过程，往往引进复位势的形式，即认为入射粒子被靶核吸收后形成激发的复合核系统，然后通过不同途径发生衰变，即各种核反应的过程。这时

会出现$|S_l|<1$的情况,表示有吸收过程出现,相移为复数,称为复相移ρ_l,

$$\rho_l=\delta_l+\mathrm{i}y_l \tag{5.9.1}$$

由S矩阵的定义得到

$$S_l=\mathrm{e}^{2\mathrm{i}\rho_l}=\mathrm{e}^{-2y_l+2\mathrm{i}\delta_l}=\eta_l\mathrm{e}^{2\mathrm{i}\delta_l} \tag{5.9.2}$$

其中

$$\eta_l=\mathrm{e}^{-2y_l} \tag{5.9.3}$$

称为吸收因子。要求$0<\eta_l<1$,即要求在复相移中必须有$y_l>0$。而当$y_l=0$时,对应于纯弹性散射。

当吸收过程存在时,散射波函数中相应的出射粒子流减少。散射波的渐近表示(5.5.20)式为

$$\psi_k^+(\boldsymbol{r})\xrightarrow{r\to\infty}\sum_{l=0}^{\infty}(2l+1)\mathrm{i}^{l+1}\frac{1}{2kr}[\mathrm{e}^{-\mathrm{i}(kr-\frac{l\pi}{2})}-S_l(k)\mathrm{e}^{\mathrm{i}(kr-\frac{l\pi}{2})}]P_l(\cos\theta)\xrightarrow{r\to\infty}\mathrm{e}^{\mathrm{i}\boldsymbol{k}\cdot\boldsymbol{r}}+f_{\mathrm{el}}(\theta)\frac{\mathrm{e}^{\mathrm{i}kr}}{r} \tag{5.9.4}$$

其中弹性散射振幅为

$$f_{\mathrm{el}}(\theta)=\frac{\mathrm{i}}{2k}\sum_{l=0}^{\infty}(2l+1)P_l(\cos\theta)(1-S_l)=\frac{\mathrm{i}}{2k}\sum_{l=0}^{\infty}(2l+1)P_l(\cos\theta)(1-\eta_l\mathrm{e}^{2\mathrm{i}\delta_l}) \tag{5.9.5}$$

弹性散射微分截面为

$$\frac{\mathrm{d}\sigma_{\mathrm{el}}}{\mathrm{d}\Omega}=\frac{1}{4k^2}\left|\sum_{l=0}^{\infty}(2l+1)P_l(\cos\theta)[1-\eta_l\mathrm{e}^{2\mathrm{i}\delta_l}]\right|^2 \tag{5.9.6}$$

弹性散射积分截面为

$$\sigma_{\mathrm{el}}(k)=\frac{\pi}{k^2}\sum_l(2l+1)|1-S_l|^2=\frac{\pi}{k^2}\sum_l(2l+1)|1-\eta_l\mathrm{e}^{2\mathrm{i}\delta_l}|^2 \tag{5.9.7}$$

单位时间从入射道消失的粒子总数应等于球面上波函数的负概率流。已知平面波入射流为$j_i=v$,球面发散波$S_l\mathrm{e}^{\mathrm{i}kr}/r$沿$\hat{r}$方向单位立体角的球面出射流为$I_{\mathrm{out}}=j_{\mathrm{out}}r^2=v|S_l(k)|^2$。沿$\hat{r}$方向单位立体角的向内的流由球面会聚波得到,将球面会聚波$\mathrm{e}^{-\mathrm{i}kr}/r$代入概率流的公式(1.2.30)式,得到入射的球面会聚波沿$\hat{r}$方向单位立体角的流为$I_{\mathrm{in}}=j_{\mathrm{in}}r^2=-v$,用平面波归一后,得到球面会聚波流$I_{\mathrm{in}}$与球面发散波流$I_{\mathrm{out}}$之差为被位势吸收部分。由此给出吸收截面$\sigma_{\mathrm{a}}$为

$$\sigma_{\mathrm{a}}(k)=\frac{\pi}{k^2}\sum_l(2l+1)(1-|S_l|^2)=\frac{\pi}{k^2}\sum_l(2l+1)(1-\eta_l^2) \tag{5.9.8}$$

显然,在纯弹性散射过程中,$|S_l|^2=1$,吸收截面为0。

总截面(又称全截面)为弹性散射截面与吸收截面之和

$$\sigma_{\mathrm{tot}}(k)=\sigma_{\mathrm{el}}(k)+\sigma_{\mathrm{a}}(k)$$

将吸收截面σ_{a}的(5.9.8)式和弹性散射截面的(5.9.6)式代入之后,利用

$$1-|S_l|^2=1-\mathrm{Re}^2S_l-\mathrm{Im}^2S_l$$

和

$$|1-S_l|^2=(1-\mathrm{Re}S_l)^2+\mathrm{Im}^2S_l=1-2\mathrm{Re}S_l+\mathrm{Re}^2S_l+\mathrm{Im}^2S_l$$

得到

$$\sigma_{\text{tot}}(k)=\frac{2\pi}{k^2}\sum_l(2l+1)(1-\text{Re}S_l)=\frac{2\pi}{k^2}\sum_l(2l+1)[1-\eta_l\cos(2\delta_l)]=\sum_l\sigma_l \tag{5.9.9}$$

在相移为复数时,可以同时描述弹性散射过程和吸收过程,这时相应的位 $V=V_R+\text{i}V_I$,$V_I<0$ 为实数,这就是光学模型理论。关于复位势的表示形式和相关参数的内容属于核反应的范畴,这里就不再详述。

比较总截面(5.9.9)式和弹性散射振幅(5.9.5)式,可以看到光学定理(5.5.33)式仍然成立,

$$\sigma_{\text{tot}}=\frac{4\pi}{k}\text{Im}f_{\text{el}}(\theta=0)$$

当 $\eta_l=1$ 时,是弹性散射过程,吸收截面为 0,得到最大弹性散射截面

$$\sigma_l^{\text{el}}\leqslant\frac{4\pi}{k^2}(2l+1) \tag{5.9.10}$$

当 $\eta_l=0$ 时,吸收截面达到最大值,因而

$$\sigma_l^{\text{a}}\leqslant\frac{\pi}{k^2}(2l+1),\quad \sigma_l^{\text{el}}\geqslant\frac{\pi}{k^2}(2l+1) \tag{5.9.11}$$

所以吸收过程总是由弹性散射过程伴随的,而纯弹性散射是可能的。

值得指出的是,复位势对应的哈密顿量不再是厄密的,即 $H^\dagger\neq H$。由于有吸收过程,概率不再守恒。事实上,这时 Schrödinger 方程为

$$\text{i}\hbar\frac{\partial\Psi}{\partial t}=H\Psi=-\frac{\hbar^2}{2\mu}\nabla^2\Psi+(V_R+\text{i}V_I)\Psi \tag{5.9.12}$$

共轭方程为

$$\text{i}\hbar\frac{\partial\Psi^*}{\partial t}=-H^\dagger\Psi^*=\frac{\hbar^2}{2\mu}\nabla^2\Psi^*-(V_R-\text{i}V_I)\Psi^* \tag{5.9.13}$$

因此,对概率密度的时间导数为

$$\frac{\partial\rho}{\partial t}=\Psi^*\frac{\partial\Psi}{\partial t}+\frac{\partial\Psi^*}{\partial t}\Psi$$

将(5.9.12)式和(5.9.13)式代入,注意到 V_R 和 $V_I<0$ 为实数,得到

$$\frac{\partial\rho}{\partial t}=\frac{\text{i}\hbar}{2\mu}[\Psi^*\nabla^2\Psi-\Psi\nabla^2\Psi^*]+\frac{2V_I}{\hbar}\rho=\frac{i\hbar}{2\mu}\nabla\cdot(\Psi^*\nabla\Psi-\Psi\nabla\Psi^*)+\frac{2V_I}{\hbar}\rho$$

由(1.2.30)式定义的概率流得到,在存在吸收位势时的连续性方程变为

$$\frac{\partial\rho}{\partial t}+\nabla\cdot\boldsymbol{j}=\frac{2V_I}{\hbar}\rho<0 \tag{5.9.14}$$

这表明吸收的存在使得概率不守恒,吸收过程使得在 t 时刻单位体积内粒子概率随时间减少,丢失的概率就是被吸收的概率。

5.10 自旋为 1/2 粒子的散射

前面研究的散射过程没有考虑入射粒子的自旋,这仅适用于诸如 α 粒子的散射过程的描述。当入射粒子具有自旋的情况,例如电子、核子它们的自旋都是 1/2,本节将讨论自旋为 1/2 粒子的散射。研究自旋不同取向时的散射振幅的理论描述方法,即极化的研究。引

入自旋 - 轨道相互作用势,其位场表示为

$$V(r) = V_C(r) + V_{ls}(r)\boldsymbol{S}\cdot\boldsymbol{L} \tag{5.10.1}$$

第一项是中心力场 $V_C(r)$,第二项为自旋轨道势,位势与入射粒子的自旋相对于轨道角动量方向的取向有关。这时哈密顿量为

$$H = -\frac{\hbar}{2\mu}\nabla^2 + V_C(r) + V_{ls}(r)\boldsymbol{S}\cdot\boldsymbol{L} \tag{5.10.2}$$

入射波不仅包含与坐标 r 有关的平面波,还包含与入射粒子自旋取向有关的自旋波函数。入射波表示为入射平面波与自旋函数的乘积

$$\psi_0(\boldsymbol{r},\sigma) = e^{i\boldsymbol{k}\cdot\boldsymbol{r}}\chi_{\frac{1}{2}\mu}(\sigma) \tag{5.10.3}$$

系统的哈密顿量在空间转动和空间反射变换下具有不变性,即反应前后总角动量和宇称是守恒的。角动量 J^2,J_3,轨道角动量 L^2,自旋 S^2 与哈密顿量对易为守恒量,入射粒子波函数可以用量子数 l,j,m 标记。具有确定总角动量的自旋角度函数为球谐函数与自旋波函数的耦合表示

$$\Phi_{ljm}(\hat{r}\sigma) = \sum_{\mu} C^{j\ \ m}_{lm-\mu\frac{1}{2}\mu} Y_{lm-\mu}(\theta\varphi)\chi_{\frac{1}{2}\mu}(\sigma) \tag{5.10.4}$$

自旋角度函数 $\Phi_{ljm}(\hat{r}\sigma)$ 具有下面的性质:

(1)正交归一性,由球谐函数和自旋波函数以及 CG 系数的正交性得到

$$\begin{aligned}\langle \Phi_{ljm}|\Phi_{l'j'm'}\rangle &= \sum_{\mu\mu'} C^{j\ \ m}_{lm-\mu\frac{1}{2}\mu} C^{j'\ \ m'}_{l'm'-\mu'\frac{1}{2}\mu'}\int Y^*_{lm-\mu}(\theta\varphi)Y_{l'm'-\mu'}(\theta\varphi)\mathrm{d}\Omega\langle\chi_{\frac{1}{2}\mu}|\chi_{\frac{1}{2}\mu'}\rangle \\ &= \sum_{\mu\mu'} C^{j\ \ m}_{lm-\mu\frac{1}{2}\mu} C^{j'\ \ m'}_{lm-\mu\frac{1}{2}\mu}\delta_{\mu\mu'}\delta_{mm'}\delta_{ll'} = \delta_{jj'}\delta_{ll'}\delta_{mm'}\end{aligned} \tag{5.10.5}$$

(2)自旋角度函数具有完备性,球谐函数和自旋波函数的乘积可以按自旋角度函数展开

$$Y_{lm-\mu}(\theta\varphi)\chi_{\frac{1}{2}\mu}(\sigma) = \sum_{j} C^{j\ \ m}_{lm-\mu\frac{1}{2}\mu}\Phi_{ljm}(\hat{r}\sigma) \tag{5.10.6}$$

(3)自旋角度函数是自旋轨道相互作用算符 $\boldsymbol{S}\cdot\boldsymbol{L}$ 的本征函数。

下面取 $\hbar=1$。利用 $\boldsymbol{J}=\boldsymbol{L}+\boldsymbol{S}$,由

$$J^2 = L^2 + S^2 + 2\boldsymbol{L}\cdot\boldsymbol{S}$$

得到

$$2\boldsymbol{S}\cdot\boldsymbol{L}\Phi_{ljm} = \boldsymbol{\sigma}\cdot\boldsymbol{L}\Phi_{ljm} = (J^2 - L^2 - S^2)\Phi_{ljm} = \left[j(j+1) - l(l+1) - \frac{3}{4}\right]\Phi_{ljm}$$

这时,对于不同的角动量态耦合状态,$j = l \pm \frac{1}{2}$有

$$2\boldsymbol{S}\cdot\boldsymbol{L}\Phi_{ljm} = \boldsymbol{\sigma}\cdot\boldsymbol{L}\Phi_{ljm} = \begin{cases} l\Phi_{ljm}, & \text{当}\quad j = l + \frac{1}{2} \\ -(l+1)\Phi_{ljm}, & \text{当}\quad j = l - \frac{1}{2}\end{cases} \tag{5.10.7}$$

Φ_{ljm}是 $\boldsymbol{S}\cdot\boldsymbol{L}$ 的本征波函数,但对 $j = l \pm \frac{1}{2}$的态有不同的本征值。

利用这种性质可以引入投影算符,

$$\Lambda_+ \equiv \frac{l+1+\boldsymbol{\sigma}\cdot\boldsymbol{L}}{2l+1} \qquad \Lambda_- \equiv \frac{l-\boldsymbol{\sigma}\cdot\boldsymbol{L}}{2l+1} \quad \text{且有} \quad \Lambda_+ + \Lambda_- = 1 \tag{5.10.8}$$

将它们分别作用到波函数 Φ_{ljm}上,由(5.10.7)式得到

$$\Lambda_+\boldsymbol{\Phi}_{ljm}=\frac{l+1+\boldsymbol{\sigma}\cdot\boldsymbol{L}}{2l+1}\boldsymbol{\Phi}_{ljm}=\begin{cases}\boldsymbol{\Phi}_{ljm}, 当 \quad j=l+\dfrac{1}{2}\\[2mm] 0, \quad 当 \quad j=l-\dfrac{1}{2}\end{cases} \tag{5.10.9}$$

$$\Lambda_-\boldsymbol{\Phi}_{ljm}=\frac{l-\boldsymbol{\sigma}\cdot\boldsymbol{L}}{2l+1}\boldsymbol{\Phi}_{ljm}=\begin{cases}0, \quad 当 \quad j=l+\dfrac{1}{2}\\[2mm] \boldsymbol{\Phi}_{ljm}, 当 \quad j=l-\dfrac{1}{2}\end{cases} \tag{5.10.10}$$

因此投影算符可以将$j=l\pm\dfrac{1}{2}$的态分开，即Λ_+仅投影出自旋角度函数$\boldsymbol{\Phi}_{ljm}$的$j=l+\dfrac{1}{2}$成分，Λ_-仅投影出自旋角度函数$\boldsymbol{\Phi}_{ljm}$的$j=l-\dfrac{1}{2}$成分。

不失一般性，取入射粒子沿Z轴方向，这时方位角$\varphi=0$，且有轨道角动量的磁量子数为0。利用公式(5.10.6)，平面波中的l分波的角度部分$Y_{l0}(\theta)$与自旋波函数的乘积可以由自旋角度波函数展开得到

$$Y_{l0}(\theta,0)\chi_{\frac{1}{2}\mu}(\sigma)=\sqrt{\frac{2l+1}{4\pi}}P_l(\cos\theta)\chi_{\frac{1}{2}\mu}(\sigma)=\sum_j C_{l0\,\frac{1}{2}\mu}^{j\ \mu}\boldsymbol{\Phi}_{lj\mu}(\theta\sigma) \tag{5.10.11}$$

沿Z轴方向入射的平面波$\psi_0(\boldsymbol{r},\boldsymbol{\sigma})$的展开形式以及渐近行为可表示为

$$\begin{aligned}\psi_0(\boldsymbol{r},\boldsymbol{\sigma}) &= \sum_l \mathrm{i}^l\sqrt{4\pi(2l+1)}j_l(kr)Y_{l0}(\theta)\chi_{\frac{1}{2}\mu}(\boldsymbol{\sigma})\\ &=\sum_{lj}\mathrm{i}^l\sqrt{4\pi(2l+1)}j_l(kr)C_{l0\frac{1}{2}\mu}^{j\mu}\boldsymbol{\Phi}_{lj\mu}(\theta\sigma)\\ &\xrightarrow{r\to\infty}\sum_{lj}\mathrm{i}^l\sqrt{4\pi(2l+1)}C_{l0\frac{1}{2}\mu}^{j\mu}\boldsymbol{\Phi}_{lj\mu}(\theta\sigma)\frac{\mathrm{i}}{2kr}\left(\mathrm{e}^{-\mathrm{i}\left(kr-\frac{l\pi}{2}\right)}-\mathrm{e}^{\mathrm{i}\left(kr-\frac{l\pi}{2}\right)}\right)\end{aligned}$$

在位势的作用下，散射波函数的渐近表示式中球面散射波振幅改变，用S矩阵表示，注意这时S矩阵与l,j有关

$$\begin{aligned}\boldsymbol{\Psi}^+(r\sigma)&\xrightarrow{r\to\infty}\sum_{lj}\mathrm{i}^l\sqrt{4\pi(2l+1)}C_{l0\frac{1}{2}\mu}^{j\mu}\boldsymbol{\Phi}_{lj\mu}(\theta\sigma)\frac{\mathrm{i}}{2kr}\left(\mathrm{e}^{-\mathrm{i}\left(kr-\frac{l\pi}{2}\right)}-S_{lj}\mathrm{e}^{\mathrm{i}\left(kr-\frac{l\pi}{2}\right)}\right)\\ &=\psi_0(\boldsymbol{r},\boldsymbol{\sigma})+\sum_{lj}\mathrm{i}^l\sqrt{4\pi(2l+1)}C_{l0\frac{1}{2}\mu}^{j\mu}\boldsymbol{\Phi}_{lj\mu}(\theta\sigma)\frac{\mathrm{i}}{2kr}(1-S_{lj})\mathrm{e}^{\mathrm{i}\left(kr-\frac{l\pi}{2}\right)}\end{aligned} \tag{5.10.12}$$

对具有确定自旋状态μ的入射粒子的散射振幅为

$$f(\theta)=\frac{\mathrm{i}}{2k}\sum_{lj}\sqrt{4\pi(2l+1)}C_{l0\frac{1}{2}\mu}^{j\mu}\boldsymbol{\Phi}_{lj\mu}(\theta\sigma)(1-S_{lj})$$

散射微分截面为$\dfrac{\mathrm{d}\sigma}{\mathrm{d}\Omega}=|f(\theta)|^2$，总截面为

$$\sigma=\frac{1}{4k}\sum_{lj}4\pi(2l+1)\left(C_{l0\frac{1}{2}\mu}^{j\mu}\right)^2|1-S_{lj}|^2 \tag{5.10.13}$$

对于非极化束流，则要对入射粒子的极化状态求平均

$$\frac{1}{2}\sum_\mu\left(C_{l0\frac{1}{2}\mu}^{j\ \mu}\right)^2=\frac{2j+1}{2(2l+1)}$$

因而非极化束流的平均总截面为

$$\bar{\sigma}=\frac{1}{2}\sum_\mu\int|f(\theta)|^2\mathrm{d}\Omega=\frac{\pi}{2k^2}\sum_{lj}(2j+1)|1-S_{lj}|^2=\frac{2\pi}{k^2}\sum_{lj}(2j+1)\sin^2\delta_{lj} \tag{5.10.14}$$

为了研究在包含自旋轨道相互作用位势中散射对核子的极化,需要在波函数的渐近表示中保留自旋波函数 $\chi_{\frac{1}{2}\mu}$。这时散射波函数的渐近行为可表示为

$$\Psi_{\mu}^{+}(\boldsymbol{r},\sigma)=\psi_0+M(\theta)\frac{e^{ikr}}{r}\chi_{\frac{1}{2}\mu}(\sigma) \tag{5.10.15}$$

用 $M(\theta)$ 表示二维散射振幅。将投影算符 $\Lambda_+ + \Lambda_- = 1$ 插入到(5.10.12)式的散射波上,利用(5.10.9)式和(5.10.10)式给出的投影性质可以得到波函数的渐近表示

$$\Psi^{+}(\boldsymbol{r}\sigma)=\psi_0(\boldsymbol{r},\sigma)+\frac{i}{2k}\sum_l(2l+1)[\Lambda_+(1-S_{l,l+\frac{1}{2}})+\Lambda_-(1-S_{l,l-\frac{1}{2}})]P_l(\cos\theta)\frac{e^{ikr}}{r}\chi_{\frac{1}{2}\mu} \tag{5.10.16}$$

由此得到(5.10.15)式渐近形式中的二维散射振幅为

$$M(\theta)=\frac{i}{2k}\sum_l(2l+1)[\Lambda_+(1-S_{l,l+\frac{1}{2}})]+\Lambda_-(1-S_{l,l-\frac{1}{2}})]P_l(\cos\theta) \tag{5.10.17}$$

将投影算符的表示(5.10.8)式代入后得到

$$M(\theta)=\frac{i}{2k}\sum_l\left\{[(l+1)(1-S_{l,l+\frac{1}{2}})+l(1-S_{l,l-\frac{1}{2}})]+(S_{l,l-\frac{1}{2}}-S_{l,l+\frac{1}{2}})\boldsymbol{\sigma}\cdot\boldsymbol{L}\right\}P_l(\cos\theta) \tag{5.10.18}$$

其中包含了两个部分:第一项与自旋的取向无关,而第二项与 $\boldsymbol{\sigma}\cdot\boldsymbol{L}$ 有关。第二项中的 $\boldsymbol{L}P_l(\cos\theta)$ 项仅是 θ 的函数,利用(B19)式得到

$$\boldsymbol{L}P_l(\cos\theta)=-i\boldsymbol{e}_{\varphi}\frac{\partial}{\partial\theta}P_l(\cos\theta)$$

由(C4)式可以得到

$$\frac{\partial}{\partial\theta}P_l(\cos\theta)=\frac{\partial(\cos\theta)}{\partial\theta}\frac{\partial}{\partial(\cos\theta)}P_l(\cos\theta)=-\sin\theta\frac{dP_l(\cos\theta)}{d\cos\theta}=-P_l^1(\cos\theta)$$

$P_l^1(\cos\theta)$ 为 $m=1$ 的连带 Legendre 多项式,由此得到 $\boldsymbol{L}P_l(\cos\theta)=i\boldsymbol{e}_{\varphi}P_l^1(\cos\theta)$。

引入如图 5.11 所示的散射平面方向单位矢量 $\boldsymbol{n}$

$$\boldsymbol{n}=\frac{\boldsymbol{k}_i\times\boldsymbol{k}_f}{|\boldsymbol{k}_i\times\boldsymbol{k}_f|} \tag{5.10.19}$$

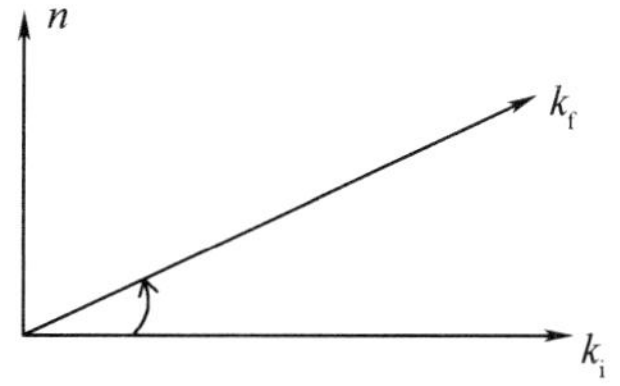

图 5.11 散射平面方向单位矢量示意图

当入射粒子方向沿 Z 轴时,$\boldsymbol{n}=\boldsymbol{e}_{\phi}$,它垂直于入射方向 $\boldsymbol{k}_i$ 和出射方向 $\boldsymbol{k}_f$。因此

$$\boldsymbol{L}P_l(\cos\theta)=i\boldsymbol{n}P_l^1(\cos\theta) \tag{5.10.20}$$

实际上这个结果对任意入射方向都成立。由此可见,在入射方向 $\boldsymbol{k}_i$ 确定后,$\boldsymbol{n}$ 的方向是由出射方向 $\boldsymbol{k}_f$ 来确定的,也就是说是由探测器的位置来确定的。

二维散射振幅(5.10.18)可表示为

$$M(\theta)=A(\theta)I+B(\theta)\boldsymbol{\sigma}\cdot\boldsymbol{n} \tag{5.10.21}$$

其中

$$\begin{cases} A(\theta) = \dfrac{\mathrm{i}}{2k}\sum\limits_{l=0}^{\infty} [(l+1)(1-S_{l,l+\frac{1}{2}}) + l(1-S_{l,l-\frac{1}{2}})]P_l(\cos\theta) \\ B(\theta) = \dfrac{\mathrm{i}}{2k}\sum\limits_{l=0}^{\infty} [S_{l,l+\frac{1}{2}} - S_{l,l-\frac{1}{2}}]P_l^1(\cos\theta) \end{cases} \tag{5.10.22}$$

显然,在没有自旋轨道力时 $S_{l,l+\frac{1}{2}} = S_{l,l-\frac{1}{2}} = S_l$,返回无自旋情况下的结果,

$$A(\theta) = \frac{\mathrm{i}}{2k}\sum_{l=0}^{\infty}(2l+1)(1-S_l)P_l(\cos\theta), \quad B(\theta) = 0 \tag{5.10.23}$$

因此,$B(\theta)$来自于自旋轨道力。$A(\theta)$,$B(\theta)$的值是根据光学势计算出的 S 矩阵来确定的。

记入射束流的初始自旋状态为$|\mu\rangle$,出射束流的自旋末态为$|\mu'\rangle$。对 $\boldsymbol{k}_i, |\mu\rangle \to \boldsymbol{k}_f, |\mu'\rangle$ 的跃迁的微分截面为

$$\frac{\mathrm{d}\sigma}{\mathrm{d}\Omega}(\mu\to\mu') = |\langle\mu'|M(\theta)|\mu\rangle|^2 = |\langle\mu'|A(\theta) + B(\theta)\boldsymbol{\sigma}\cdot\boldsymbol{n}|\mu\rangle|^2$$

若不测量末态的自旋取向,对给定初态自旋状态的弹性散射微分截面是对末态求和,

$$\begin{aligned}\frac{\mathrm{d}\sigma_\mu}{\mathrm{d}\Omega} &= \sum_{\mu'}\langle\mu|M^\dagger(\theta)|\mu'\rangle\langle\mu'|M(\theta)|\mu\rangle = \langle\mu|M^\dagger(\theta)M(\theta)|\mu\rangle \\ &= |A(\theta)|^2 + |B(\theta)|^2 + \langle\mu|[A^*(\theta)B(\theta) + A(\theta)B^*(\theta)]\boldsymbol{n}\cdot\boldsymbol{\sigma}|\mu\rangle\end{aligned}$$

定义入射束流的初始极化矢量为

$$\boldsymbol{P}_i = \langle\mu|\boldsymbol{\sigma}|\mu\rangle \tag{5.10.24}$$

若入射束流是自旋纯态,即自旋有确定取向,有$|\boldsymbol{P}_i| = 1$。当入射束流完全不极化情况,即态$|\frac{1}{2}\rangle$和态$|-\frac{1}{2}\rangle$相等和不相干的混合,则$|\boldsymbol{P}_i| = 0$。普遍情况下,极化矢量为 $\boldsymbol{P}_i$ 的入射束流散射微分截面可以表示为

$$\frac{\mathrm{d}\sigma}{\mathrm{d}\Omega} = |A(\theta)|^2 + |B(\theta)|^2 + [A^*(\theta)B(\theta) + A(\theta)B^*(\theta)]\boldsymbol{n}\cdot\boldsymbol{P}_i \tag{5.10.25}$$

因此,当入射束有极化时,散射微分截面不仅依赖于波矢 k 和散射角度 θ,还与 $\boldsymbol{n}\cdot\boldsymbol{P}_i$ 的值有关。一般情况下,微分截面将显示左右不对称,这是因为左右散射的散射平面单位矢量 $\boldsymbol{n}$ 方向相反。

下面给出两个不同极化入射束的情况作为例子。

(1)当 $\boldsymbol{n}$ 与 $\boldsymbol{P}_i$ 平行时,这时初始极化矢量与入射束方向垂直,包含 $\boldsymbol{n}$ 与 $\boldsymbol{P}_i$ 平行和反平行两种情况,若极化方向 $\boldsymbol{P}_i$ 与束流前进方向左方散射的 $\boldsymbol{n}$ 平行,则与右散射的 $\boldsymbol{n}$ 反平行。其散射状况图像如图 5.12 所示。

$$\boldsymbol{n}\cdot\boldsymbol{P}_i = \begin{cases} 1, & \mu = \dfrac{1}{2} \quad \text{相当于 } \boldsymbol{n} \text{ 与 } \boldsymbol{P}_i \text{ 平行,即向入射束左边散射} \\ -1, & \mu = -\dfrac{1}{2} \quad \text{相当于 } \boldsymbol{n} \text{ 与 } \boldsymbol{P}_i \text{ 反平行,即向入射束右边散射} \end{cases} \tag{5.10.26}$$

二维散射振幅 $M(\theta)$具有简单的对角型结构

$$M(\theta) = [IA(\theta) + B(\theta)\boldsymbol{n}\cdot\boldsymbol{P}_i] = \begin{pmatrix} A(\theta)+B(\theta) & 0 \\ 0 & A(\theta)-B(\theta) \end{pmatrix}$$

在这种情况下散射不改变入射束流的自旋状态,即没有自旋的翻转。由此得到散射截面为

$$\frac{\mathrm{d}\sigma}{\mathrm{d}\Omega} = |M(\theta)|^2 = \begin{pmatrix} |A(\theta)+B(\theta)|^2 & 0 \\ 0 & |A(\theta)-B(\theta)|^2 \end{pmatrix} \tag{5.10.27}$$

可以看出,随 $n \cdot P_i$ 的符号不同,散射截面也不同,即入射束左右出射截面出现不对称现象。定义不对称度 ε 为

$$\varepsilon \equiv \frac{\left(\frac{d\sigma}{d\Omega}\right)_{\text{left}} - \left(\frac{d\sigma}{d\Omega}\right)_{\text{right}}}{\left(\frac{d\sigma}{d\Omega}\right)_{\text{left}} + \left(\frac{d\sigma}{d\Omega}\right)_{\text{right}}} \tag{5.10.28}$$

其中 left 和 right 分别表示测量入射方向左右出射束流的微分截面。

一般在实验测量中不测量出射粒子的自旋取向,对末态自旋态的求和,对应 $\boldsymbol{n}$ 与 $\boldsymbol{P}_i$ 平行和反平行两种情况,其结果为

$$\left(\frac{d\sigma}{d\Omega}\right)_{\text{left}} = \sum_{\mu'} \left(\frac{d\sigma}{d\Omega}\right)_{\mu=\frac{1}{2},\mu'} = |A(\theta) + B(\theta)|^2$$

$$\left(\frac{d\sigma}{d\Omega}\right)_{\text{right}} = \sum_{\mu'} \left(\frac{d\sigma}{d\Omega}\right)_{\mu=-\frac{1}{2},\mu'} = |A(\theta) - B(\theta)|^2$$

代入到(5.10.28)式后得到不对称度的具体表示

$$\varepsilon = \frac{|A(\theta)+B(\theta)|^2 - |A(\theta)-B(\theta)|^2}{|A(\theta)+B(\theta)|^2 + |A(\theta)-B(\theta)|^2} = \frac{A^*(\theta)B(\theta) + B^*(\theta)A(\theta)}{|A(\theta)|^2 + |B(\theta)|^2} \tag{5.10.29}$$

显然,不对称度是来自 $B(\theta) \neq 0$,也就是说是由于存在自旋轨道力。

(2)当 $\boldsymbol{n} \cdot \boldsymbol{\sigma}_i = \boldsymbol{\sigma}_x$,入射束沿 Z 轴,散射平面处于 Y,Z 平面,$\boldsymbol{n}$ 沿 x 方向,而初始极化矢量是任意方向。这种散射图像如图 5.13 所示。

这时散射振幅为

$$M(\theta) = IA(\theta) + \sigma_x B(\theta) = \begin{pmatrix} A(\theta) & B(\theta) \\ B(\theta) & A(\theta) \end{pmatrix} = \begin{pmatrix} \uparrow\to\uparrow & \uparrow\to\downarrow \\ \downarrow\to\uparrow & \downarrow\to\downarrow \end{pmatrix} \tag{5.10.30}$$

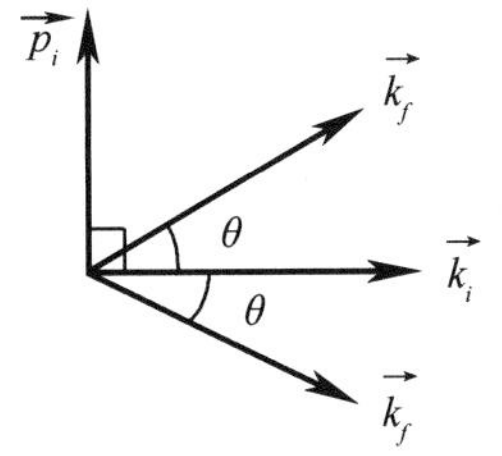

图 5.12　初始极化矢量与入射束垂直情况的散射示意图

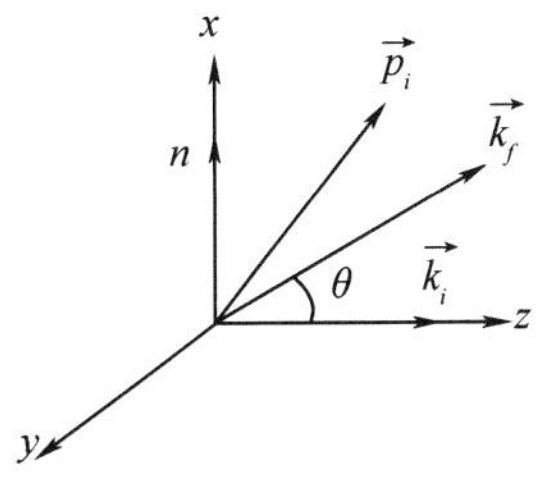

图 5.13　散射平面处于 Y,Z 平面的散射示意图

$A(\theta)$不引起自旋翻转,而来自自旋轨道力的散射振幅 $B(\theta)$有自旋翻转。这是由于在自旋轨道力中 $\boldsymbol{\sigma}_x$ 和 $\boldsymbol{\sigma}_y$ 的成分可以翻转散射粒子的自旋方向,即

$$\boldsymbol{\sigma}_x \begin{pmatrix} 1 \\ 0 \end{pmatrix} = \begin{pmatrix} 0 \\ 1 \end{pmatrix}, \qquad \boldsymbol{\sigma}_x \begin{pmatrix} 0 \\ 1 \end{pmatrix} = \begin{pmatrix} 1 \\ 0 \end{pmatrix}$$

$$\boldsymbol{\sigma}_y \begin{pmatrix} 1 \\ 0 \end{pmatrix} = \mathrm{i}\begin{pmatrix} 0 \\ 1 \end{pmatrix}, \qquad \boldsymbol{\sigma}_y \begin{pmatrix} 0 \\ 1 \end{pmatrix} = -\mathrm{i}\begin{pmatrix} 1 \\ 0 \end{pmatrix}$$

而 $\boldsymbol{\sigma}_z$ 保持原自旋方向

$$\boldsymbol{\sigma}_z \begin{pmatrix} 1 \\ 0 \end{pmatrix} = \begin{pmatrix} 1 \\ 0 \end{pmatrix}, \qquad \boldsymbol{\sigma}_z \begin{pmatrix} 0 \\ 1 \end{pmatrix} = -\begin{pmatrix} 0 \\ 1 \end{pmatrix}$$

没有自旋翻转的微分截面为

$$\frac{\mathrm{d}\sigma}{\mathrm{d}\Omega}(\uparrow\to\uparrow)=\frac{\mathrm{d}\sigma}{\mathrm{d}\Omega}(\downarrow\to\downarrow)=|A(\theta)|^2$$

自旋翻转的微分截面为

$$\frac{\mathrm{d}\sigma}{\mathrm{d}\Omega}(\uparrow\to\downarrow)=\frac{\mathrm{d}\sigma}{\mathrm{d}\Omega}(\downarrow\to\uparrow)=|B(\theta)|^2$$

在这种情况下截面不显示左右不对称性。

入射束经过散射后,末态会出现极化。末态的自旋状态可以由 $M|\mu\rangle$ 来表示,定义末态极化向量为

$$\boldsymbol{P}_f=\frac{\langle M(\theta)\mu|\boldsymbol{\sigma}|M(\theta)\mu\rangle}{\langle M(\theta)\mu|M(\theta)\mu\rangle}=\frac{\langle\mu|M^\dagger(\theta)\boldsymbol{\sigma}M(\theta)|\mu\rangle}{\langle\mu|M^\dagger(\theta)M(\theta)|\mu\rangle}\tag{5.10.31}$$

由于在散射振幅 $M(\theta)$ 中包含了 $\boldsymbol{\sigma}\cdot\boldsymbol{n}$,由 $(\boldsymbol{\sigma}\cdot\boldsymbol{n})(\boldsymbol{\sigma}\cdot\boldsymbol{n})=1$,以及下列关系式

$$\boldsymbol{\sigma}(\boldsymbol{\sigma}\cdot\boldsymbol{n})=\boldsymbol{n}+\mathrm{i}\boldsymbol{n}\times\boldsymbol{\sigma},\qquad(\boldsymbol{\sigma}\cdot\boldsymbol{n})\boldsymbol{\sigma}=\boldsymbol{n}-\mathrm{i}\boldsymbol{n}\times\boldsymbol{\sigma}$$
$$(\boldsymbol{\sigma}\cdot\boldsymbol{n})\boldsymbol{\sigma}(\boldsymbol{\sigma}\cdot\boldsymbol{n})=2(\boldsymbol{\sigma}\cdot\boldsymbol{n})\boldsymbol{n}-\boldsymbol{\sigma}\tag{5.10.32}$$

这样就得到(5.10.31)式中的分子的具体表示

$$\begin{aligned}\langle\mu|M^\dagger(\theta)\boldsymbol{\sigma}M(\theta)|\mu\rangle&=\langle\mu|[A^*(\theta)+B^*(\theta)\boldsymbol{\sigma}\cdot\boldsymbol{n}]\boldsymbol{\sigma}[A(\theta)+B(\theta)\boldsymbol{\sigma}\cdot\boldsymbol{n}]|\mu\rangle\\&=\langle\mu||A|^2\boldsymbol{\sigma}+AB^*(\boldsymbol{\sigma}\cdot\boldsymbol{n})\boldsymbol{\sigma}+A^*B\boldsymbol{\sigma}(\boldsymbol{\sigma}\cdot\boldsymbol{n})+|B|^2[2(\boldsymbol{\sigma}\cdot\boldsymbol{n})\boldsymbol{n}-\boldsymbol{\sigma}]|\mu\rangle\\&=(|A|^2-|B|^2)\boldsymbol{P}_i+(AB^*+A^*B+2B^*B\boldsymbol{P}_i\cdot\boldsymbol{n})\boldsymbol{n}+\mathrm{i}(AB^*-A^*B)(\boldsymbol{P}_i\times\boldsymbol{n})\end{aligned}\tag{5.10.33}$$

而(5.10.31)式中的分母为

$$\langle\mu|M^\dagger M|\mu\rangle=\langle\mu|(A^*+B^*\boldsymbol{\sigma}\cdot\boldsymbol{n})(A+B\boldsymbol{\sigma}\cdot\boldsymbol{n})|\mu\rangle=|A|^2+(A^*B+AB^*)\boldsymbol{P}_i\cdot\boldsymbol{n}+|B|^2\tag{5.10.34}$$

代入到(5.10.31)式中,得到末态极化矢量为

$$\boldsymbol{P}_f=\frac{(|A|^2-|B|^2)\boldsymbol{P}_i+(A^*B+AB^*+2|B|^2\boldsymbol{n}\cdot\boldsymbol{P}_i)\boldsymbol{n}+\mathrm{i}(AB^*-A^*B)(\boldsymbol{P}_i\times\boldsymbol{n})}{|A|^2+|B|^2+(AB^*+A^*B)\boldsymbol{n}\cdot\boldsymbol{P}_i}\tag{5.10.35}$$

末态极化向量中既有初始极化 $\boldsymbol{P}_i$ 方向,又含散射平面 $\boldsymbol{n}$ 方向,以及垂直于前两者的方向 $\boldsymbol{P}_i\times\boldsymbol{n}$。

在入射束流无极化的情况下,将 $\boldsymbol{P}_i=0$ 代入到(5.10.35)式,得到

$$\boldsymbol{P}_f=\frac{(A^*B+AB^*)}{|A|^2+|B|^2}\boldsymbol{n}=\frac{2\mathrm{Re}(AB^*)}{|A|^2+|B|^2}\boldsymbol{n}=\frac{2\mathrm{Re}(AB^*)}{|A|^2+|B|^2}\frac{\boldsymbol{k}_i\times\boldsymbol{k}_f}{|\boldsymbol{k}_i\times\boldsymbol{k}_f|}\tag{5.10.36}$$

这说明无极化粒子束经势场散射,末态束流会出现极化,极化方向是 $\boldsymbol{n}$。出射方向 $\boldsymbol{k}_f$ 在 $\boldsymbol{k}_i$ 左右方向会使 $\boldsymbol{n}$ 改变符号,即在入射束流的两侧观察到出射束极化方向相反。

5.11 无极化情况下弹性散射截面的 Legendre 多项式展开

入射束无极化时 $\boldsymbol{P}_i=0$,因此非极化入射束的弹性散射微分截面(5.10.25)退化为

$$\left.\frac{\mathrm{d}\sigma(\theta)}{\mathrm{d}\Omega}\right|_{\mathrm{unpol}}=|A(\theta)|^2+|B(\theta)|^2\tag{5.11.1}$$

代入由(5.10.22)式给出的 $A(\theta)$, $B(\theta)$,得到非极化入射束的弹性散射微分截面

$$\left.\frac{\mathrm{d}\sigma(\theta)}{\mathrm{d}\Omega}\right|_{\mathrm{unpol}}=\frac{1}{4k^2}\left|\sum_l\left[(l+1)(1-S_{l,l+\frac{1}{2}})+l(1-S_{l,l-\frac{1}{2}})\right]P_l(\cos\theta)\right|^2+$$

$$\frac{1}{4k^2}\left|\sum_l [S_{l,l+\frac{1}{2}}-S_{l,l-\frac{1}{2}}]P_l^1(\cos\theta)\right|^2 \tag{5.11.2}$$

为了方便推导,将(5.11.2)式中分波记为

$$\frac{\mathrm{d}\sigma(\theta)}{\mathrm{d}\Omega}=\frac{1}{4k^2}\left\{\left|\sum_l A_lP_l(\cos\theta)\right|^2+\left|\sum_l B_lP_l^1(\cos\theta)\right|^2\right\} \tag{5.11.3}$$

其中

$$A_l=(l+1)(1-S_{l,l+\frac{1}{2}})+l(1-S_{l,l-\frac{1}{2}}),\quad B_l=S_{l,l+\frac{1}{2}}-S_{l,l-\frac{1}{2}} \tag{5.11.4}$$

利用附录三中连带 Legendre 多项式和 Legendre 多项式的合成规则(C7)和(C8),再将(2.2.22)式对 $m=1$ 的连带 Legendre 多项式的合成公式改写为

$$P_l^1(x)P_{l'}^1(x)=-\frac{1}{2}\sum_L [L(L+1)-l(l+1)-l'(l'+1)]C_{l0l'0}^{L\,0}C_{l0l'0}^{L\,0}P_L(x) \tag{5.11.5}$$

因此(5.11.3)式的 Legendre 多项式的展开形式改写为

$$\frac{\mathrm{d}\sigma(\theta)}{\mathrm{d}\Omega}=\frac{1}{4k^2}\sum_{Lll'}\left[A_l^*A_{l'}-\frac{1}{2}[L(L+1)-l(l+1)-l'(l'+1)]B_l^*B_{l'}\right](C_{l0l'0}^{L\,0})^2P_L(\cos\theta)$$

写成标准的散射微分截面形式为

$$\frac{\mathrm{d}\sigma(\theta)}{\mathrm{d}\Omega}=\frac{1}{4\pi}\sum_L (2L+1)F_LP_L(\cos\theta) \tag{5.11.6}$$

其中 Legendre 多项式的展开系数为

$$F_L=\frac{\pi}{k^2}\sum_{ll'}\left[A_l^*A_{l'}-\frac{1}{2}[L(L+1)-l(l+1)-l'(l'+1)]B_l^*B_{l'}\right]\frac{(C_{l0l'0}^{L\,0})^2}{2L+1} \tag{5.11.7}$$

这是弹性散射角分布的 Legendre 多项式展开系数的公式。

非极化情况下的弹性散射积分截面是散射微分截面对 Ω 积分,利用 CG 系数的对称性

$$C_{l0l'0}^{0\,0}=\frac{(-1)^l}{\sqrt{2l+1}}\delta_{ll'}\quad 以及\quad \int_{-1}^{1}P_L(x)\,\mathrm{d}x=2\delta_{L0}$$

得到非极化入射束的弹性散射积分截面为

$$\sigma_{\mathrm{unpol}}=F_0=\frac{\pi}{k^2}\sum_l\frac{1}{2l+1}[|A_l|^2+l(l+1)|B_l|^2] \tag{5.11.8}$$

代入(5.11.4)式中的 A_l,B_l,得到用 S 矩阵对弹性散射积分截面的表示

$$\begin{aligned}F_0&=\frac{\pi}{k^2}\sum_l\frac{1}{2l+1}\left[|(l+1)(1-S_{l,l+\frac{1}{2}})+l(1-S_{l,l-\frac{1}{2}})|^2+l(l+1)|S_{l,l+\frac{1}{2}}-S_{l,l-\frac{1}{2}}|^2\right]\\&=\frac{\pi}{k^2}\sum_l[2l+1+(l+1)|S_{l,l+\frac{1}{2}}|^2+l|S_{l,l-\frac{1}{2}}|^2]-\frac{\pi}{k^2}\sum_l[(l+1)(S_{l,l+\frac{1}{2}}^*+S_{l,l+\frac{1}{2}})-\\&\quad l(S_{l,l-\frac{1}{2}}^*+S_{l,l-\frac{1}{2}})]\\&=\frac{\pi}{2k^2}\sum_l[(2l+2)|1-S_{l,l+\frac{1}{2}}|^2+2l|1-S_{l,l-\frac{1}{2}}|^2]\end{aligned}$$

上式中两项对应了 $j=l\pm\frac{1}{2}$,因此非极化入射束的弹性散射积分截面为

$$\sigma_{\mathrm{unpol}}=\frac{\pi}{2k^2}\sum_{l=0}^{\infty}\sum_{j=|l-\frac{1}{2}|}^{l+\frac{1}{2}}(2j+1)|1-S_{lj}|^2 \tag{5.11.9}$$

其中 j 的下标用绝对值表示在 $l=0$ 时，仅有 $j=\frac{1}{2}$ 的情况。

在图 5.14 中给出了中子轰击 ^{238}U 的弹性散射微分截面的计算示例。曲线表示用光学模型计算的中子入射能量从 0.185 MeV到 15.2 MeV 的弹性散射角分布，黑点表示实验测量值。其中 S_{lj} 是用复光学势计算得出，从结果可以看出，适当给出复位势后可以很好再现实验测量值。而复位势中仅包含十几个可调参数，这就是光学模型的成功之处。

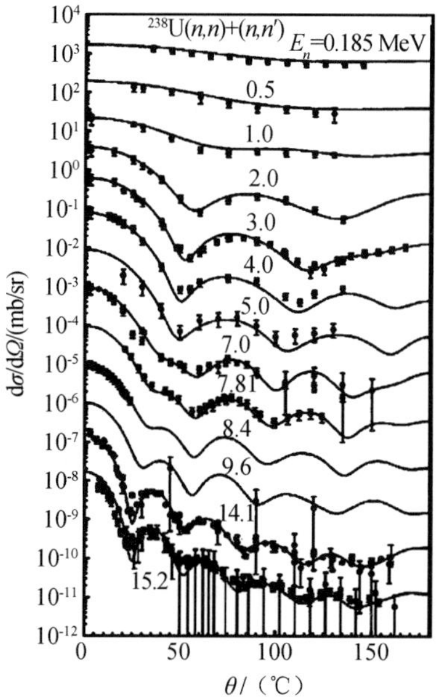

图 5.14　$n+^{238}$U 的弹性散射角分布计算图

5.12　全同粒子的散射

当入射粒子与靶核是相同粒子时，例如 $\alpha-\alpha$，$p-p$，以及 $e-e$ 的散射过程，由于全同粒子不可区分，因此探测器无法区分散射后是入射粒子还是被散射粒子，这也是一种全同粒子效应。

对于无自旋全同粒子，即所谓的玻色子，例如 $\alpha-\alpha$，$^{16}O-^{16}O$ 的散射过程，在质心系中，探测器在 θ 角度测量到一个粒子，而在 $\pi-\theta$ 角度也会测量到相同的粒子。这时散射振幅为

$$f(\theta)+f(\pi-\theta) \tag{5.12.1}$$

因此，散射微分截面为

$$\begin{aligned}\frac{d\sigma}{d\Omega} &= |f(\theta)+f(\pi-\theta)|^2\\ &= |f(\theta)|^2+|f(\pi-\theta)|^2+f^*(\theta)f(\pi-\theta)+f(\theta)f^*(\pi-\theta)\\ &= |f(\theta)|^2+|f(\pi-\theta)|^2+2\mathrm{Re}|f^*(\theta)f(\pi-\theta)|\end{aligned} \tag{5.12.2}$$

最后一项是干涉项，是粒子波动性的结果。由于这一项的存在，全同粒子散射与不同粒子散射微分截面会有不同的结果。例如在 $\theta=\pi/2$ 处，

全同粒子散射　　$\frac{d\sigma}{d\Omega}(\theta=\pi/2)=4|f(\theta=\pi/2)|^2$

不同粒子散射　　$\frac{d\sigma}{d\Omega}(\theta=\pi/2)=|f(\theta=\pi/2)|^2$

两者之间有明显的不同。

另外，在质心系中全同粒子散射截面对 $\theta=\pi/2$ 角是对称的。应用相移分析方法可以更清晰地看出这种对称效应。由(5.5.25)式给出的散射振幅公式中，由于 $\cos(\pi-\theta)=-\cos(\theta)$，以及 Legendre 多项式的性质 $P_l(-x)=(-1)^lP_l(x)$，得到

$$f(\theta)+f(\pi-\theta)=\frac{1}{k}\sum_l(2l+1)[1+(-1)^l]e^{i\delta_l}\sin\delta_lP_l(\cos\theta)$$

因此所有 l 为奇数的波全部消失，得到

$$f(\theta)+f(\pi-\theta)=\frac{2}{k}\sum_{l=0,2,4,\cdots}(2l+1)\mathrm{e}^{\mathrm{i}\delta_l}\sin\delta_l P_l(\cos\theta) \tag{5.12.3}$$

注意到在(5.12.3)式中存在复数：$\mathrm{e}^{\mathrm{i}\delta_l}=\cos\delta_l+\mathrm{i}\sin\delta_l$。在求绝对值时需要写成实部和虚部的平方，这时散射微分截面为

$$\begin{aligned}\frac{\mathrm{d}\sigma}{\mathrm{d}\Omega}&=|f(\theta)+f(\pi-\theta)|^2=\frac{4}{k^2}\left|\sum_{l=0,2,4,\cdots}(2l+1)\mathrm{e}^{\mathrm{i}\delta_l}\sin\delta_l P_l(\cos\theta)\right|^2\\&=\frac{4}{k^2}\left[\left|\sum_{l=0,2,4,\cdots}(2l+1)\cos\delta_l\sin\delta_l P_l(\cos\theta)\right|^2+\left|\sum_{l=0,2,4,\cdots}(2l+1)\sin^2\delta_l P_l(\cos\theta)\right|^2\right]\\&=\frac{4}{k^2}\sum_{l,l'=0,2,4,\cdots}(2l+1)(2l'+1)\cos(\delta_l-\delta_{l'})\sin\delta_l\sin\delta_{l'}P_l(\cos\theta)P_{l'}(\cos\theta)\end{aligned}$$

利用 Legendre 多项式的合成公式(C8)得到

$$\frac{\mathrm{d}\sigma}{\mathrm{d}\Omega}=\frac{4}{k^2}\sum_{l,l'=0,2,4,\cdots}(2l+1)(2l'+1)\cos(\delta_l-\delta_{l'})\sin\delta_l\sin\delta_{l'}\sum_L C_{l0l'0}^{L\,0}C_{l0l'0}^{L\,0}P_L(\cos\theta)$$

CG 系数 $C_{l0l'0}^{L\,0}$的非零条件是三个角动量之和必须为偶数，其值由(2.2.21)式给出。由于 l,l'都是偶数，因此上式中 L 必须为偶数，又知偶数的 Legendre 多项式是偶函数，因此在质心系中全同粒子散射截面对 $\theta=\pi/2$ 角是对称的。散射微分截面的 Legendre 多项式展开的表示为

$$\frac{\mathrm{d}\sigma}{\mathrm{d}\Omega}=\frac{1}{4\pi}\sum_{L=0,2,4,\cdots}(2L+1)f_L P_L(\cos\theta) \tag{5.12.4}$$

其中 Legendre 多项式的展开系数为

$$f_L=\frac{16\pi}{k^2(2L+1)}\sum_{l,l'=0,2,4,\cdots}(2l+1)(2l'+1)\cos(\delta_l-\delta_{l'})\sin\delta_l\sin\delta_{l'}\left[C_{l0l'0}^{L\,0}\right]^2 \tag{5.12.5}$$

对于自旋为 1/2 的全同粒子散射情况，由于是费米子系统，这时必须考虑全同粒子波函数的反称化，全同粒子之间可以组成单态($S=0$)或三重态($S=1$)。对于($S=0$)态，总自旋波函数为

$$\Xi_{0,0}(1,2)=\sum_\mu C_{\frac{1}{2}\mu\frac{1}{2}-\mu}^{0\,0}\chi_{\frac{1}{2}\mu}(1)\chi_{\frac{1}{2}-\mu}(2)=\frac{1}{\sqrt{2}}\left[\chi_{\frac{1}{2}\frac{1}{2}}(1)\chi_{\frac{1}{2}-\frac{1}{2}}(2)-\chi_{\frac{1}{2}-\frac{1}{2}}(1)\chi_{\frac{1}{2}\frac{1}{2}}(2)\right] \tag{5.12.6}$$

总自旋波函数是反对称态，因而空间波函数必须是对称态，用下标 s 表示，散射振幅仍然是由(5.12.1)来表示。因此在质心系中散射截面对 $\theta=\pi/2$ 角是对称的。

而对于($S=1$)态，总自旋波函数为

$$\Xi_{1,m}(1,2)=\sum_\mu C_{\frac{1}{2}\mu\frac{1}{2}m-\mu}^{1\,m}\chi_{\frac{1}{2}\mu}(1)\chi_{\frac{1}{2}m-\mu}(2)=\begin{cases}\chi_{\frac{1}{2}\frac{1}{2}}(1)\chi_{\frac{1}{2}\frac{1}{2}}(2) & \text{当 } m=1 \text{ 时}\\ \frac{1}{\sqrt{2}}\left[\chi_{\frac{1}{2}\frac{1}{2}}(1)\chi_{\frac{1}{2}-\frac{1}{2}}(2)+\chi_{\frac{1}{2}-\frac{1}{2}}(1)\chi_{\frac{1}{2}\frac{1}{2}}(2)\right] & \text{当 } m=0 \text{ 时}\\ \chi_{\frac{1}{2}-\frac{1}{2}}(1)\chi_{\frac{1}{2}-\frac{1}{2}}(2) & \text{当 } m=-1 \text{ 时}\end{cases} \tag{5.12.7}$$

总自旋波函数为对称态，因而空间波函数必须是反对称态，用下标 a 表示，散射振幅为

$$f(\theta)-f(\pi-\theta) \tag{5.12.8}$$

因此，两种自旋态的散射微分截面的表示分别为

单态的散射 $$\frac{\mathrm{d}\sigma}{\mathrm{d}\Omega_{\mathrm{s}}}=|f(\theta)+f(\pi-\theta)|^2 \tag{5.12.9a}$$

三重态的散射 $$\frac{d\sigma}{d\Omega_a}=|f(\theta)-f(\pi-\theta)|^2 \tag{5.12.9b}$$

在入射粒子与靶核都不考虑极化的情况下，表示自旋取向是无规分布，从统计学的角度来看，1/4 的概率是处于单态，而 3/4 的概率是处于三重态，因此散射微分截面分别为

$$\frac{d\sigma}{d\Omega}=\frac{1}{4}\frac{d\sigma}{d\Omega_s}+\frac{3}{4}\frac{d\sigma}{d\Omega_a}=\frac{1}{4}|f(\theta)+f(\pi-\theta)|^2+\frac{3}{4}|f(\theta)-f(\pi-\theta)|^2$$

$$=|f(\theta)|^2+|f(\pi-\theta)|^2-\frac{1}{2}[f^*(\theta)f(\pi-\theta)+f(\theta)f^*(\pi-\theta)] \tag{5.12.10}$$

上式中最后一项仍然是干涉项，但是与(5.12.2)式有所不同。

同样可以看出，散射微分截面对 $\theta=\pi/2$ 角是对称的。这时由于单态散射的情况与玻色子散射的(5.12.4)式一致，而对于三重态的散射，由(5.12.3)式看出，这时仅在散射振幅中保留奇数波

$$\frac{d\sigma}{d\Omega_a}=|f(\theta)-f(\pi-\theta)|^2=\frac{4}{k^2}\left|\sum_{l=1,3,\cdots}(2l+1)e^{i\delta_l}\sin\delta_l P_l(\cos\theta)\right|^2$$

$$=\frac{4}{k^2}\sum_{l,l'=1,3,\cdots}(2l+1)(2l'+1)\cos(\delta_l-\delta_{l'})\sin\delta_l\sin\delta_{l'}P_l(\cos\theta)P_{l'}(\cos\theta)$$

利用 Legendre 多项式的合成公式(C8)得到

$$\frac{d\sigma}{d\Omega_a}=\frac{4}{k^2}\sum_{l,l'=1,3,\cdots}(2l+1)(2l'+1)\cos(\delta_l-\delta_{l'})\sin\delta_l\sin\delta_{l'}\sum_L[C_{l0l'0}^{L\ 0}]^2P_L(\cos\theta) \tag{5.12.11}$$

同上所述，$l+l'+L$ 必须为偶数，现在 l,l' 都是奇数，因此上式中 L 必须为偶数，因此在质心系中自旋为 1/2 的全同粒子散射截面对 $\theta=\pi/2$ 角也是对称的。

由 5.2 节关于坐标系变换关系得知，全同粒子散射对应着 $m_a=m_A$，因此 $\gamma=1$，由(5.2.9)式得到

$$\cos\theta^l=\sqrt{\frac{1+\cos\theta^C}{2}}=\cos\frac{\theta^C}{2}$$

即 $$\theta^l=\frac{\theta^C}{2} \tag{5.12.12}$$

因此，得到在实验室中散射最大角度满足 $\cos\theta^l_{max}=0$，这意味着在实验室系中散射角度满足

$$0\leqslant\theta^l\leqslant\frac{\pi}{2} \tag{5.12.13}$$

在全同粒子散射的情况下，实验室系中仅有朝前的粒子散射。这时质心运动速度 $V_C=v_0/2$，以及 $v_a^C=v_0/2$，因此，全同粒子散射中，在质心系中的出射能量是入射能量 $E_0=\frac{1}{2}m_a v_0^2$ 的1/4，即

$$E^C=\frac{E_0}{4} \tag{5.12.14}$$

由(5.2.16)式得到在两个坐标系中散射微分截面的关系是

$$\sigma^l(\theta^l,\varphi^l)=4\cos\theta^l\sigma^C(\theta^C,\varphi^C) \tag{5.12.15}$$

这个公式表明，当 $\theta^l=\frac{\pi}{2}$时，在实验室系中测量的散射微分截面为 0。由(5.12.12)式看出，这时在质心系中的散射角度为 $\theta^C=180°$，这种背角散射由速度合成关系得到 $v_a^l=V_C-$

$v_a^C=0$，表明在实验室系中散射粒子相对于靶核处于静止状态，不能脱离靶核，因而探测器无法测量到这个角度的散射粒子，散射微分截面为 0。

5.13　习题

（1）用波恩近似求下列位势中散射微分截面和积分截面，并讨论 $k\to 0$ 以及 $k\to\infty$ 的行为

（a）位势为

$$V(r)=V_0 e^{-\alpha r^2}\quad 其中\quad \alpha>0 \tag{5.13.1}$$

（b）位势为

$$V(r)=\frac{V_0}{(d^2+r^2)^2} \tag{5.13.2}$$

（2）粒子受到势场

$$V(r)=\frac{\alpha}{r^2} \tag{5.13.3}$$

的散射，用分波法求 l 分波的相移。并证明在这种势场中（$\alpha<0$）相移为正，而排斥场中（$\alpha>0$）相移为负。

（3）证明

$$\boldsymbol{\sigma}(\boldsymbol{\sigma}\cdot\boldsymbol{n})=\boldsymbol{n}+\mathrm{i}\boldsymbol{n}\times\boldsymbol{\sigma}\qquad(\boldsymbol{\sigma}\cdot\boldsymbol{n})\boldsymbol{\sigma}=\boldsymbol{n}-\mathrm{i}\boldsymbol{n}\times\boldsymbol{\sigma}$$

$$(\boldsymbol{\sigma}\cdot\boldsymbol{n})\boldsymbol{\sigma}(\boldsymbol{\sigma}\cdot\boldsymbol{n})=2(\boldsymbol{\sigma}\cdot\boldsymbol{n})\boldsymbol{n}-\boldsymbol{\sigma}$$

（4）在径向方程 $u_l(r)=R_l(r)/r$ 的形式下，证明 $l=0$ 分波的相移公式为

$$\delta_0(k)=\arctan\left[k\left(\frac{u_0}{\mathrm{d}u_0/\mathrm{d}r}\right)_{r=d}\right]-kd$$

（5）利用习题（4），求解在位势

$$V(r)=\begin{cases}V_0\left(\dfrac{r}{d}-1\right), & 当\ r\leqslant d\\ 0, & 当\ r>d\end{cases}\qquad V_0>0$$

作用下，$l=0$ 分波的相移。

第6章　量子碰撞形式理论

6.1　引言

第5章中的散射理论是建立在势散射基础上的,也就是说散射的相互作用完全可用一个定域势来描述。但当碰撞粒子有内禀结构时,考虑内禀激发,需要描述非弹性散射过程。对描述核反应过程,即入射粒子和靶核在反应前后发生变化,在反应前后的位势 V 是不相同的。如拾掇反应(pick - up),在(n,d)的反应过程中,入射中子在靶核内拾取一个质子而形成氘核;而削裂反应(stripping)是指入射粒子在反应过程中被靶核抓取一些核子的反应过程,例如(d,p)反应过程,入射氘核在反应过程中被靶核拾取一个中子而出射质子。上述过程在量子力学中称为重整碰撞过程。

描述这些过程需要用一个普遍的方法来处理。描述量子碰撞最基本的想法是认为在 $t=-\infty$ 时刻为无相互作用的一个自由入射粒子 a 和靶核 A,在 $t=0$ 时发生相互作用,产生碰撞和粒子交换过程,但没有新粒子产生,而在 $t=\infty$ 时刻在渐近区内来测量出射粒子 b 和剩余靶 B。这种方法可描述弹性散射、非弹性散射及重整碰撞过程。碰撞过程可表示为

$$a+A\rightarrow b+B$$

碰撞前后系统哈密顿量分别为

$$H=H(a,A)=H(b,B) \tag{6.1.1}$$

整个碰撞过程是一个时间相关的过程,称为与时间有关的量子散射理论,需要解与时间有关的 Schrödinger 方程

$$\mathrm{i}\hbar\frac{\partial\psi}{\partial t}=H\psi \tag{6.1.2}$$

初始状态 $t=-\infty$,a,A 分别为自由粒子;末态 $t=\infty$,b,B 也分别为自由粒子。

也可以用另一种观点来描述碰撞过程,认为入射流为一个恒定流时,出射流也是恒定态,这也符合实际的实验情况。这样可将碰撞过程看成一个恒稳过程,又可以用定态方程 $H\psi=E\psi$ 来讨论。渐近边界条件仍可表示为

$$r\rightarrow\infty\ ,\psi=\text{入射平面波}(\boldsymbol{\Phi}_{\boldsymbol{k}}(\boldsymbol{r}))+\text{球面散射波}(\psi_{SC}^{+}) \tag{6.1.3}$$

形式理论的解在理论上是完全严格的,但往往不能直接求解,对具体问题需要做一定的近似,并用数值计算得到结果。

6.2　弹性散射严格解——Lippmann - Schwinger 方程

第5章给出了用 Green 函数方法解波函数的积分方程

$$\psi_{\boldsymbol{k}}(\boldsymbol{r})=\boldsymbol{\Phi}_{\boldsymbol{k}}(\boldsymbol{r})+\int G_0(\boldsymbol{r},\boldsymbol{r}')U(\boldsymbol{r}')\psi_{\boldsymbol{k}}(\boldsymbol{r}')\mathrm{d}\boldsymbol{r}' \tag{6.2.1}$$

其中与位势无关的自由粒子格林函数的算符表示是

$$G_0^{\pm}=\frac{1}{E-H_0\pm\mathrm{i}\varepsilon} \tag{6.2.2}$$

其中 $H_0=T$ 仅包含动能项。满足

$$(\nabla^2+k^2)G_0^{\pm}=\frac{2\mu}{\hbar^2}\delta(\boldsymbol{r}-\boldsymbol{r}')$$

齐次解为归一化平面波

$$\Phi_k(\boldsymbol{r})=\frac{\mathrm{e}^{\mathrm{i}\boldsymbol{k}\cdot\boldsymbol{r}}}{(2\pi)^{3/2}} \tag{6.2.3}$$

这时入射平面波满足的正交完备条件为

$$\begin{cases}\langle\Phi_{\boldsymbol{k}}(\boldsymbol{r})|\Phi_{\boldsymbol{k}'}(\boldsymbol{r})\rangle=\langle\boldsymbol{k}|\boldsymbol{k}'\rangle=\delta(\boldsymbol{k}-\boldsymbol{k}')\\ \int\mathrm{d}\boldsymbol{k}|\Phi_{\boldsymbol{k}}(\boldsymbol{r})\rangle\langle\Phi_{\boldsymbol{k}}(\boldsymbol{r}')|=\delta(\boldsymbol{r}-\boldsymbol{r}')\end{cases}$$

方程(6.2.1)又称为位形空间的 Lippmann – Schwinger 方程。利用关系式

$$\delta(\boldsymbol{r}-\boldsymbol{r}')=\frac{1}{(2\pi)^3}\int\mathrm{e}^{\mathrm{i}\boldsymbol{k}'\cdot(\boldsymbol{r}-\boldsymbol{r}')}\mathrm{d}\boldsymbol{k}'$$

正如第 5 章中从(5.3.9)式到(5.3.14)式的推导过程,应用围道积分途径,自由粒子格林函数可以约化为

$$G_0^{\pm}(\boldsymbol{r}-\boldsymbol{r}')=\frac{1}{(2\pi)^3}\frac{2\mu}{\hbar^2}\int\frac{\mathrm{e}^{\mathrm{i}\boldsymbol{k}'\cdot(\boldsymbol{r}-\boldsymbol{r}')}}{k^2-k'^2}\mathrm{d}\boldsymbol{k}'=\frac{\mu}{2\pi\hbar^2}\frac{\mathrm{e}^{\pm\mathrm{i}k|\boldsymbol{r}-\boldsymbol{r}'|}}{|\boldsymbol{r}-\boldsymbol{r}'|} \tag{6.2.4}$$

其中 + 表示球面散射波, – 表示球面会聚波。因此可用自由粒子格林函数算符来表示 Lippmann – Schwinger方程

$$\psi_{\boldsymbol{k}}^{\pm}=\Phi_{\boldsymbol{k}}+\frac{1}{E-H_0\pm\mathrm{i}\varepsilon}V\psi^{\pm}=\Phi_{\boldsymbol{k}}+G_0^{\pm}V\psi_{\boldsymbol{k}}^{\pm} \tag{6.2.5}$$

当 $V(\boldsymbol{r})$ 为短程力,$r\to\infty$ 时,可以利用(5.3.16)式渐近的表示,得到散射波的波函数的渐近形式为

$$\psi_{\boldsymbol{k}}^{+}\xrightarrow{r\to\infty}\frac{\mathrm{e}^{\mathrm{i}\boldsymbol{k}\cdot\boldsymbol{r}}}{(2\pi)^{3/2}}-\left\{\frac{1}{4\pi}\int\mathrm{e}^{-\mathrm{i}\boldsymbol{k}_f\cdot\boldsymbol{r}}U(r)\psi_{\boldsymbol{k}}^{+}(\boldsymbol{r})\mathrm{d}\boldsymbol{r}\right\}\frac{\mathrm{e}^{\mathrm{i}kr}}{r}=\frac{1}{(2\pi)^{3/2}}\left\{\mathrm{e}^{\mathrm{i}\boldsymbol{k}\cdot\boldsymbol{r}}+f(\theta)\frac{\mathrm{e}^{\mathrm{i}kr}}{r}\right\}$$

这时散射振幅在形式上可以写为

$$f(\theta,\varphi)=-\frac{(2\pi)^{3/2}}{4\pi}\int\mathrm{e}^{-\mathrm{i}\boldsymbol{k}_f\cdot\boldsymbol{r}}U(r')\psi_{\boldsymbol{k}}^{+}(\boldsymbol{r}')\mathrm{d}\boldsymbol{r}'$$

这时出射粒子归一化平面波为

$$\Phi_{\boldsymbol{k}_f}^{*}=\frac{\mathrm{e}^{-\mathrm{i}\boldsymbol{k}_f\cdot\boldsymbol{r}}}{(2\pi)^{3/2}}$$

散射振幅表示为

$$f(\theta,\varphi)=-2\pi^2\langle\Phi_{\boldsymbol{k}_f}|U|\psi_{\boldsymbol{k}_f}^{+}\rangle=-\frac{4\pi^2\mu}{\hbar^2}\langle\Phi_{\boldsymbol{k}_f}|V|\psi_{\boldsymbol{k}_i}^{+}\rangle \tag{6.2.6}$$

对弹性散射的形式解,引入 T 矩阵,T 矩阵的定义为

$$V\psi_{\boldsymbol{k}}^{+}=T\Phi_{\boldsymbol{k}} \tag{6.2.7}$$

由上述定义可以看出,T 矩阵将 V 位势的散射的内容包含在其中,而波函数是平面波。由此得到 T 矩阵元的表示

$$T_{fi}=\langle\Phi_{\boldsymbol{k}_f}|V|\psi_{\boldsymbol{k}_i}^{+}\rangle\equiv\langle\Phi_{\boldsymbol{k}_f}|T|\Phi_{\boldsymbol{k}_i}\rangle \tag{6.2.8}$$

由(6.2.6)式,可以得到散射振幅的 T 矩阵表示

$$f(\theta,\varphi)=-\frac{4\pi^2\mu}{\hbar^2}T_{fi} \tag{6.2.9}$$

由 T 矩阵的定义(6.2.7)得到微分散射截面的 T 矩阵元的表示

$$\frac{\mathrm{d}\sigma}{\mathrm{d}\Omega}=|f|^2=\frac{(2\pi)^4\mu^2}{\hbar^4}|T_{fi}|^2 \tag{6.2.10}$$

因此,散射过程的描述归结于求解 T 矩阵。下面给出 T 矩阵所满足的方程。将散射波的 Lippmann – Schwinger 方程(6.2.5)两边左乘以 V

$$V\psi_{\boldsymbol{k}}^{+}=V\Phi_{\boldsymbol{k}}+VG_0^{+}V\psi_{\boldsymbol{k}}^{+}$$

利用(6.2.7)式 T 矩阵定义,上式变为

$$T\Phi_{\boldsymbol{k}}=V\Phi_{\boldsymbol{k}}+VG_0T\Phi_{\boldsymbol{k}}$$

去掉方程中各项右边的 $\Phi_{\boldsymbol{k}}$,得到 T 矩阵满足的算符方程

$$T=V+VG_0T \qquad 或 \qquad T=V+V\frac{1}{E-H_0+\mathrm{i}\varepsilon}T \tag{6.2.11}$$

在散射理论计算中,对于给定的位势 V,是通过数值求解 T 矩阵元得到散射解。

在给定势场 V 时,势场 V 可以是非定域的,这时定态 Schrödinger 方程为

$$\frac{\hbar^2}{2\mu}(\nabla^2+k^2-U)\psi_{\boldsymbol{k}}^{+}=0$$

与位势有关的格林函数 $G^{+}(\boldsymbol{r},\boldsymbol{r}')$,满足的方程为

$$\frac{\hbar^2}{2\mu}(\nabla^2+k^2-U(r))G^{+}(\boldsymbol{r},\boldsymbol{r}')=\delta(\boldsymbol{r}-\boldsymbol{r}') \tag{6.2.12}$$

由(6.1.3)式,将出射道写成如下形式

$$\psi_{\boldsymbol{k}}^{+}=\Phi_{\boldsymbol{k}}+\psi_{SC}^{+}$$

其中平面波满足

$$(\nabla^2+k^2)\Phi_{\boldsymbol{k}}=0 \tag{6.2.13}$$

在 $\psi_{\boldsymbol{k}}^{+}$ 两边作用算符$\frac{\hbar^2}{2\mu}(\nabla^2+k^2-U)$后,得到散射波满足的方程是

$$\frac{\hbar^2}{2\mu}(\nabla^2+k^2-U)\psi_{SC}^{+}=V\Phi_{\boldsymbol{k}} \tag{6.2.14}$$

利用方程(6.2.12)得到散射波函数的格林函数表示:

$$\psi_{SC}^{+}=\int G^{+}(\boldsymbol{r},\boldsymbol{r}')V(\boldsymbol{r}')\Phi_{\boldsymbol{k}}(\boldsymbol{r}')\mathrm{d}\boldsymbol{r}' \tag{6.2.15}$$

求散射波函数的问题归结为求与位势有关的格林函数 $G^{+}(\boldsymbol{r},\boldsymbol{r}')$问题。

格林函数方程(6.2.12)可以改写为

$$\frac{\hbar^2}{2\mu}(\nabla^2+k^2)G^{+}(\boldsymbol{r},\boldsymbol{r}')=\delta(\boldsymbol{r}-\boldsymbol{r}')+V(r)G^{+}(\boldsymbol{r},\boldsymbol{r}') \tag{6.2.16}$$

其中

$$\frac{\hbar^2}{2\mu}(\nabla^2+k^2)G_0^{+}(\boldsymbol{r},\boldsymbol{r}')=\delta(\boldsymbol{r}-\boldsymbol{r}')$$

由此得到与位势有关的 Green 函数满足的方程为

$$G^{+}(\boldsymbol{r},\boldsymbol{r}')=\int G_0^{+}(\boldsymbol{r}',\boldsymbol{r}'')[\delta(\boldsymbol{r}'-\boldsymbol{r}'')+V(r'')G^{+}(\boldsymbol{r}'',\boldsymbol{r}')]\mathrm{d}\boldsymbol{r}''$$

对第一项积分后得到

$$G^{+}(\boldsymbol{r},\boldsymbol{r}')=G_0^{+}(\boldsymbol{r},\boldsymbol{r}')+\int G_0^{+}(\boldsymbol{r}',\boldsymbol{r}'')V(r'')G^{+}(\boldsymbol{r}'',\boldsymbol{r}')\mathrm{d}\boldsymbol{r}'' \tag{6.2.17}$$

这是与位势有关的 Green 函数的 Dyson 方程。它的算符形式表示是

$$G^+ = G_0^+ + G_0^+ V G^+ \tag{6.2.18}$$

用迭代可以得到无穷级数解，

$$G^+ = G_0^+ + G_0^+ V G_0^+ + G_0^+ V G_0^+ V G_0^+ + \cdots \tag{6.2.19}$$

6.3　非弹性碰撞的形式理论

非弹性散射是指碰撞后靶的电荷和质量数不变，但是靶核是处于激发态 A^*，为了研究非弹性散射过程中靶核的激发行为，必须考虑靶核的内禀自由度，假定 a 粒子与靶核 A 的内部粒子的组成彼此不同，形式上用 ξ 表示 a 与 A 的所有内部自由度坐标，$\boldsymbol{r}$ 为 a 与 A 相对坐标。忽略全同粒子效应后，

$$\hat{H} = -\frac{\hbar^2}{2\mu}\nabla^2 + \hat{H}(\xi) + V(\boldsymbol{r},\xi) \tag{6.3.1}$$

$\hat{H}(\xi)$ 为 a 与 A 内禀自由度有关的哈密顿量，在非弹性散射中入射粒子 a 不激发，只需讨论靶 A 的激发，即不考虑 a 粒子的内禀自由度，ξ 仅为靶核 A 的内禀自由度。$V(\boldsymbol{r},\xi)$ 表示 a 与 A 的相互作用。$\hat{H}(\xi)$ 可给出 A 粒子的一组完备本征态 $\varphi_b(\xi)$，对应的本征值为 ε_b，

$$\hat{H}(\xi)\varphi_b(\xi) = \varepsilon_b\varphi_b(\xi) \tag{6.3.2}$$

在不考虑 $V(\boldsymbol{r},\xi)$ 相互作用时哈密顿量为

$$H_a = \hat{H}(\xi) - \frac{\hbar^2}{2\mu}\nabla^2$$

它的解为一组包含靶内禀态的本征波函数

$$\Phi_{bq}(\xi,\boldsymbol{r}) = \varphi_b(\xi)\mathrm{e}^{\mathrm{i}\boldsymbol{q}\cdot\boldsymbol{r}}\frac{1}{(2\pi)^{3/2}}$$

满足本征态方程

$$H_a\Phi_{bq} = E_{bq}\Phi_{bq} \tag{6.3.3}$$

本征值为

$$E_{bq} = \varepsilon_b + \frac{\hbar^2}{2\mu}q^2 \tag{6.3.4}$$

它们满足正交条件

$$\langle \Phi_{bq} | \Phi_{b'q'} \rangle = \frac{1}{(2\pi)^3}\int \varphi_b^*(\xi)\varphi_{b'}(\xi)\mathrm{e}^{-\mathrm{i}(\boldsymbol{q}-\boldsymbol{q}')\cdot\boldsymbol{r}}\mathrm{d}\xi\mathrm{d}\boldsymbol{r} = \delta_{bb'}\delta(\boldsymbol{q}'-\boldsymbol{q}) \tag{6.3.5}$$

及完备条件

$$\int\sum_b |\Phi_{bq}(\xi,\boldsymbol{r})\rangle\langle\Phi_{bq}(\xi',\boldsymbol{r}')|\mathrm{d}\boldsymbol{q} = \delta(\xi-\xi')\delta(\boldsymbol{r}-\boldsymbol{r}') \tag{6.3.6}$$

散射问题的定态 Schrödinger 方程为

$$H\psi(\boldsymbol{r},\xi) = E_a\psi(\boldsymbol{r},\xi) \tag{6.3.7}$$

散射波函数渐近形式为

$$\psi^+(\boldsymbol{r},\xi) \xrightarrow{r\to\infty} \frac{1}{(2\pi)^{3/2}}\left[\varphi_0(\xi)\mathrm{e}^{\mathrm{i}\boldsymbol{k}_a\cdot\boldsymbol{r}} + \sum_b F_{ba}(\theta)\varphi_b(\xi)\frac{\mathrm{e}^{\mathrm{i}k_b r}}{r}\right] \tag{6.3.8}$$

其中 b 表示非弹性散射中靶核可以被激发到多个激发态。一般入射道中 A 粒子处于基态，与 a 粒子的相对运动能量为

$$T_a = \frac{\hbar^2 k_a^2}{2\mu}$$

入射波为

$$\Phi_a = \frac{1}{(2\pi)^{3/2}}\varphi_0(\xi)\mathrm{e}^{\mathrm{i}\boldsymbol{k}_a\cdot\boldsymbol{r}}$$

系统总初始能量为

$$E_a = \varepsilon_0 + T_a = \varepsilon_0 + \frac{\hbar^2 k_a^2}{2\mu} \tag{6.3.9}$$

散射后,A 粒子激发到状态 $\varphi_b(\xi)$,内禀能量为 ε_b,出射粒子动能为

$$T_b = \frac{\hbar^2 k_b^2}{2\mu}$$

由能量守恒得到

$$\frac{\hbar^2 k_b^2}{2\mu} = \varepsilon_0 - \varepsilon_b + \frac{\hbar^2 k_a^2}{2\mu}$$

由于 b 为靶核 A 的激发态,且有 $\varepsilon_b > \varepsilon_0$,因而 $k_b < k_a$。非弹散射需要对各种可能的出射道 b 求和,仍然应用前面介绍的 Green 函数方法来解(6.3.7)方程,

$$\left[E_a - H(\xi) + \frac{\hbar^2}{2\mu}\nabla^2\right]\psi(\boldsymbol{r},\xi) = V(\boldsymbol{r},\xi)\psi(\boldsymbol{r},\xi) \tag{6.3.10}$$

上式左边用 Green 函数表示时,它满足下面关系式

$$(E_a - H_a)G^+(\boldsymbol{r}\xi,\boldsymbol{r}'\xi') = \delta(\boldsymbol{r}-\boldsymbol{r}')\delta(\xi-\xi') \tag{6.3.11}$$

格林函数的算符表示

$$G^+(\boldsymbol{r}\xi,\boldsymbol{r}'\xi') = \frac{\delta(\boldsymbol{r}-\boldsymbol{r}')\delta(\xi-\xi')}{E_a - H_a + \mathrm{i}\varepsilon} \tag{6.3.12}$$

利用 H_a 的本征函数完备性(6.3.6)式得到

$$\begin{aligned} G^+(\boldsymbol{r}\xi,\boldsymbol{r}'\xi') &= \frac{1}{(2\pi)^3}\sum_b\int\frac{\varphi_b(\xi)\varphi_b^*(\xi')}{E_a - E_{bq} + \mathrm{i}\varepsilon}\mathrm{e}^{\mathrm{i}\boldsymbol{q}\cdot(\boldsymbol{r}-\boldsymbol{r}')}\mathrm{d}\boldsymbol{q} \\ &= \sum_b\frac{1}{(2\pi)^3}\varphi_b(\xi)\varphi_b^*(\xi')\frac{2\mu}{\hbar^2}\int\frac{\mathrm{e}^{\mathrm{i}\boldsymbol{q}\cdot(\boldsymbol{r}-\boldsymbol{r}')}}{k_b^2 - q^2 + \mathrm{i}\varepsilon}\mathrm{d}\boldsymbol{q} \end{aligned}$$

利用第 5 章中的围道积分方法,(参见 5.3.9 式到 5.3.14 式的推导过程)得到

$$G^+(\boldsymbol{r}\xi,\boldsymbol{r}'\xi') = -\frac{\mu}{2\pi\hbar^2}\sum_b\left[\varphi_b(\xi)\varphi_b^*(\xi')\frac{\mathrm{e}^{\mathrm{i}k_b|\boldsymbol{r}-\boldsymbol{r}'|}}{|\boldsymbol{r}-\boldsymbol{r}'|}\right] \tag{6.3.13}$$

方程(6.3.10)的解为

$$\psi_a^+(\boldsymbol{r}\xi) = \Phi_a - \frac{\mu}{2\pi\hbar^2}\sum_b\varphi_b(\xi)\int\varphi_b^*(\xi')\frac{\mathrm{e}^{\mathrm{i}k_b|\boldsymbol{r}-\boldsymbol{r}'|}}{|\boldsymbol{r}-\boldsymbol{r}'|}V(\boldsymbol{r}',\xi')\psi_a^+(\boldsymbol{r}',\xi')\mathrm{d}\xi'\mathrm{d}\boldsymbol{r}' \tag{6.3.14}$$

或简写为符号方程形式

$$\psi_a^+ = \Phi_a + \frac{1}{E_a - H_a + \mathrm{i}\varepsilon}V\psi_a^+ \tag{6.3.15}$$

这是非弹散射的 Lippmann - Schwinger 方程。

为了给出散射振幅的形式,$\boldsymbol{k}_b$ 为沿 $\boldsymbol{r}$ 方向的波矢。利用在第 5 章中(5.3.15)式和(5.3.16)式给出的渐近展开式

$$\frac{\mathrm{e}^{\mathrm{i}k_b|\boldsymbol{r}-\boldsymbol{r}'|}}{|\boldsymbol{r}-\boldsymbol{r}'|} \approx \frac{\mathrm{e}^{\mathrm{i}k_b r}}{r}\mathrm{e}^{-\mathrm{i}\boldsymbol{k}_b\cdot\boldsymbol{r}'}$$

这时(6.3.14)式可以改写为

$$\psi_a^+(\boldsymbol{r}\xi)=\Phi_a-\frac{\mu}{2\pi\hbar^2}\sum_b\varphi_b(\xi)\int\varphi_b^*(\xi')\mathrm{e}^{-\mathrm{i}\boldsymbol{k}_b\cdot\boldsymbol{r}'}V(\boldsymbol{r}',\xi')\psi_a^+(\boldsymbol{r}',\xi')\mathrm{d}\xi'\mathrm{d}\boldsymbol{r}'\frac{\mathrm{e}^{\mathrm{i}k_b r}}{r}$$

对照(5.1.2)式给出的散射波的渐近表示，通过(6.3.8)式可以得到非弹散射的散射振幅

$$\begin{aligned}F_{ba}&=-\frac{\mu}{2\pi\hbar^2}(2\pi)^{3/2}\int\varphi_b^*(\xi)\mathrm{e}^{-\mathrm{i}\boldsymbol{k}_b\cdot\boldsymbol{r}}V(\boldsymbol{r},\xi)\psi_a^+(\boldsymbol{r},\xi)\mathrm{d}\boldsymbol{r}\mathrm{d}\xi\\&=-\frac{\mu}{2\pi\hbar^2}(2\pi)^3\langle\Phi_b|V|\psi_a^+\rangle=-\frac{4\pi^2\mu}{\hbar^2}\langle\Phi_b|T|\Phi_b\rangle\end{aligned}\tag{6.3.16}$$

当 $b=a$ 时 F_{ba} 为弹性散射振幅。

在非弹散射情况下，散射流和入射流分别为

散射流
$$j_b=\frac{\hbar}{2\mu\mathrm{i}}\left\{\psi_{SC}^*\frac{\partial\psi_{SC}}{\partial r}-\psi_{SC}\frac{\partial\psi_{SC}^*}{\partial r}\right\}=\frac{v_b}{r^2}|F_{ba}|^2\frac{1}{(2\pi)^3}\tag{6.3.17}$$

入射流
$$j_a=\frac{\hbar}{2\mu\mathrm{i}}\{\Phi_a^*\nabla\Phi_a-\Phi_a\nabla\Phi_a^*\}=\frac{v_a}{(2\pi)^3}\tag{6.3.18}$$

与弹性散射不同的是，在非弹散射情况下入射流与出射流的速度不同，但是质量相同，因而出现因子 k_b/k_a，由此得到非弹散射时的散射截面为

$$\mathrm{d}\sigma_{ba}=\frac{j_b r^2}{j_a}\mathrm{d}\Omega_b=\frac{k_b}{k_a}|F_{ba}(\theta)|^2\mathrm{d}\Omega_b=\frac{(4\pi^2\mu)^2k_b}{\hbar^4k_a}|\langle\Phi_b|V|\psi_a^+\rangle|^2\mathrm{d}\Omega_b\tag{6.3.19}$$

6.4　重整碰撞(Rearrangement collison)理论

重整碰撞是指碰撞后入射和出射的粒子发生变化。在碰撞之后，末态为两个重新组合的粒子，即 $a+A\to b+B$，在碰撞过程中入射和靶的粒子之间发生了粒子交换，这种碰撞被称为重整碰撞。我们这里只讨论末态只有两体的情况，在重整碰撞中至少 a 与 A 之中有一个是复杂粒子，下面将碰撞前后分别用下标 α 和 β 来表示。系统碰撞前后 Hamiltonian 量分别为

$$H=H_\alpha(\boldsymbol{r}_a,\xi_a)+V_\alpha(\boldsymbol{r}_a,\xi_a)=H_\beta(\boldsymbol{r}_b,\xi_b)+V_\beta(\boldsymbol{r}_b,\xi_b)\tag{6.4.1}$$

其中

$$H_\alpha(\boldsymbol{r}_a,\xi_a)=-\frac{\hbar^2}{2\mu_\alpha}\nabla_a^2+H_a(\xi_a)$$

表示初态 a 和 A 粒子相对运动的动能和描述它们内部运动的哈密顿量的和，$V_a(\boldsymbol{r}_a,\xi_a)$ 为 a 与 A 之间的相互作用位势，普遍情况下相互作用位势不仅与距离有关，还和角动量、自旋、宇称等内禀态的形式有关。在重整碰撞过程中粒子的重新组合，在核物理中通常称为粒子交换反应。

末态体系的哈密顿量可用 b 和 B 粒子相对坐标 $\boldsymbol{r}_b$ 和内禀坐标 ξ_b 来描述，关于内禀波函数构成的详细内容属于核物理范畴，这里不再详述，其 Hamiltonian 量为

$$H_\beta(\boldsymbol{r}_b,\xi_b)=-\frac{\hbar^2}{2\mu_\beta}\nabla_b^2+H_b(\xi_b)\tag{6.4.2}$$

H_α 的本征值和本征态分别为

$$E_\alpha=\frac{\hbar^2}{2\mu_\alpha}k_a^2+\varepsilon_{n_a}\qquad\Phi_\alpha(\boldsymbol{r}_a,\xi_a)=(2\pi)^{-3/2}\varphi_{n_a}(\xi_a)\mathrm{e}^{\mathrm{i}\boldsymbol{k}_a\cdot\boldsymbol{r}_a}\tag{6.4.3}$$

其中，ε_{n_a}是量子数为 n_a 的本征值。一般情况下入射粒子 a 和靶 A 处于基态 $\varepsilon_{n_a}=0$。H_β 的本征值和本征态分别为

$$E_\beta=\frac{\hbar^2}{2\mu_\beta}k_\beta^2+\varepsilon_{n_b}\qquad \boldsymbol{\Phi}_\beta(\boldsymbol{r}_b,\xi_b)=(2\pi)^{-3/2}\varphi_{n_b}(\xi_b)\mathrm{e}^{\mathrm{i}\boldsymbol{k}_b\cdot\boldsymbol{r}_b}\tag{6.4.4}$$

由能量守恒 $E_\alpha=E_\beta$。与前面一样，碰撞过程由 Schrödinger 方程和相应的边界条件确定

$$(E_\alpha-H_\alpha)\psi_\alpha=V_\alpha\psi_\alpha$$

其中

$$\psi_\alpha^+=\boldsymbol{\Phi}_\alpha+\text{出射波}\tag{6.4.5}$$

$\boldsymbol{\Phi}_\alpha$ 是初态能量为 E_α 的入射平面波

$$\boldsymbol{\Phi}_\alpha=(2\pi)^{-3/2}\varphi_{n_\alpha}\mathrm{e}^{\mathrm{i}\boldsymbol{k}_a\cdot\boldsymbol{r}_a}$$

这时在平面波中还需要考虑系统的本征态波函数。

ψ_α^+ 为系统的散射波函数，满足 Lippmann - Schwinger 方程

$$\psi_\alpha^+=\boldsymbol{\Phi}_\alpha+(E_\alpha+H_\alpha+\mathrm{i}\eta)^{-1}V_\alpha\psi_\alpha^+\tag{6.4.6}$$

系统哈密顿量可以描述系统的所有散射和反应过程，对于不同的出射道需要分离出与重整反应道相联系的出射波的形式，这就意味着必须把出射波函数 ψ_α^+ 表示为对应于 $r_b\to\infty$ 的渐近行为，它满足下面的 Lippmann - Schwinger 方程

$$(E_\alpha-H_\beta)\psi_\beta^+(\boldsymbol{r}_b,\xi_b)=V_\beta\psi_\beta^+(\boldsymbol{r}_b,\xi_b)\tag{6.4.7}$$

对于重整碰撞过程，由于碰撞前后粒子发生变换，从边界条件上看，出射道 $r_b\to\infty$ 时，只有球面出射波，因而 β 道没有入射平面波

$$\psi_\beta^+(\boldsymbol{r}_b,\xi_b)\xrightarrow{r_b\to\infty}\frac{1}{E_\alpha-H_\beta+\mathrm{i}\eta}V_\beta\psi_\beta^+(\boldsymbol{r}_b,\xi_b)\tag{6.4.8}$$

引入格林函数，满足如下等式

$$(E_\alpha-H_\beta)G^+(\boldsymbol{r}_b\xi_b,\boldsymbol{r}_b'\xi_b')=\delta(\boldsymbol{r}_b-\boldsymbol{r}_b')\delta(\xi_b-\xi_b')\tag{6.4.9}$$

由(6.4.4)式给出的 β 道波函数的表示，并利用 β 道波函数的完备条件，可以将 δ 函数用完备条件代替，得到

$$\int\sum_{n_b}|\boldsymbol{\Phi}_{bq}(\xi_b,\boldsymbol{r})\rangle\langle\boldsymbol{\Phi}_{bq}(\xi_b',\boldsymbol{r}')|\mathrm{d}\boldsymbol{q}=\delta(\xi_b-\xi_b')\delta(\boldsymbol{r}_b-\boldsymbol{r}_b')\tag{6.4.10}$$

得到出射波的解为

$$\psi_\beta^+(\boldsymbol{r}_b,\xi_b)=\int G^+(\boldsymbol{r}_b\xi_b,\boldsymbol{r}_b'\xi_b')V_\beta(\boldsymbol{r}_b',\xi_b')\psi_\beta^+(\boldsymbol{r}_b,\xi_b')\mathrm{d}\xi_b'\mathrm{d}\boldsymbol{r}_b'\tag{6.4.11}$$

利用第 5 章中的围道积分方法（详细推导过程参见从 5.3.9 式到 5.3.14 式）得到 Green 函数在重整碰撞过程的表示

$$G^+(\boldsymbol{r}_b\xi_b,\boldsymbol{r}_b'\xi_b')=-\frac{\mu_b}{2\pi\hbar^2}\sum_{n_b}\varphi_{n_b}(\xi_b)\varphi_{n_b}^*(\xi_b')\frac{\mathrm{e}^{\mathrm{i}k_b|\boldsymbol{r}_b-\boldsymbol{r}_b'|}}{|\boldsymbol{r}_b-\boldsymbol{r}_b'|}\tag{6.4.12}$$

利用在第 5 章中(5.3.15)式和(5.3.16)式给出的渐近展开式，在(6.4.12)式中的因子的渐近表示为

$$\frac{\mathrm{e}^{\mathrm{i}k_b|\boldsymbol{r}_b-\boldsymbol{r}_b'|}}{|\boldsymbol{r}_b-\boldsymbol{r}_b'|}\approx\frac{\mathrm{e}^{\mathrm{i}k_br_b}}{r_b}\mathrm{e}^{-\mathrm{i}\boldsymbol{k}_b\cdot\boldsymbol{r}_b'}$$

代入(6.4.12)式得到

$$G^+(\boldsymbol{r}_b\xi_b,\boldsymbol{r}_b'\xi_b')=-\frac{\mu_b}{2\pi\hbar^2}\sum_{n_b}\varphi_{n_b}(\xi_b)\varphi_{n_b}^*(\xi_b')\mathrm{e}^{-\mathrm{i}\boldsymbol{k}_b\cdot\boldsymbol{r}_b'}\frac{\mathrm{e}^{\mathrm{i}k_br_b}}{r_b}\tag{6.4.13}$$

由(6. 4. 8)式可以给出 β 道球面出射波的表示

$$\psi_\beta^+(\boldsymbol{r}_b,\xi_b)\xrightarrow{r_b\to\infty}(2\pi)^{-3/2}\sum_{n_b}\varphi_{n_b}(\xi_b)F_{\beta\alpha}(\Omega_b)\frac{e^{ik_b r_b}}{r_b}\tag{6.4.14}$$

其中重整碰撞过程振幅为

$$\begin{aligned}F_{\beta\alpha}(\Omega_b) &= -\frac{\mu_b}{2\pi\hbar^2}(2\pi)^{3/2}\int\varphi_{n_b}^*(\xi_b)e^{-i\boldsymbol{k}_b\cdot\boldsymbol{r}_b}V_\beta(r_b,\xi_b)\psi_\alpha^+(\boldsymbol{r}_b,\xi_b)d\xi_b d\boldsymbol{r}_b\\ &= -\frac{4\pi^2\mu_\beta}{\hbar^2}\langle\Phi_\beta|V_\beta|\psi_\alpha^+\rangle\end{aligned}\tag{6.4.15}$$

ψ_α^+ 为 Lippmann – Schwinger 方程(6. 4. 7)的解，$F_{\beta\alpha}(\Omega_b)$也可称为“反应振幅”。在重整碰撞的情况下，出射流和入射流分别为

β 道出射流
$$j_\beta=\frac{\hbar}{2\mu i}\left\{\psi_{SC}^*\frac{\partial\psi_{SC}}{\partial r}-\psi_{SC}\frac{\partial\psi_{SC}^*}{\partial r}\right\}=\frac{v_b}{r^2}|F_{\beta\alpha}|^2\frac{1}{(2\pi)^3}\tag{6.4.16}$$

入射流
$$j_\alpha=\frac{\hbar}{2\mu i}\{\Phi_\alpha^*\nabla\Phi_\alpha-\Phi_\alpha\nabla\Phi_\alpha^*\}=\frac{v_\alpha}{(2\pi)^3}\tag{6.4.17}$$

与弹性散射和非弹散射不同的是，不仅入射流与出射流的速度不同，质量也不相同。因此重整碰撞的微分截面的公式表示为

$$\frac{d\sigma_{ba}}{d\Omega_b}=\frac{j_\beta(\Omega_b)r_b^2}{j_\alpha}=\frac{\frac{\hbar k_b}{\mu_\beta}|F_{\beta\alpha}(\theta)|^2}{\frac{\hbar k_a}{\mu_\alpha}}=\left(\frac{4\pi^2}{\hbar^2}\right)^2\mu_\alpha\mu_\beta\frac{k_b}{k_a}|\langle\Phi_\beta|V_\beta|\psi_\alpha^+\rangle|^2\tag{6.4.18}$$

这是重整碰撞的角分布的形式理论表示。需要注意到，由于在重整碰撞过程中，入射和出射粒子的质量都发生了改变，因此出现了 $\mu_\alpha\mu_\beta$ 因子。

第 7 章　相对论量子力学简介

1938 年爱因斯坦(A. Eistein)所著的《物理学的进化》①一书中所述,我们的假设是:

(1)在所有的相互作匀速直线运动的坐标系中,光在真空中的速度都是相等的;

(2)在所有的相互作匀速直线运动的坐标系中,自然定律都是相同的。

以这两个假设作开端,爱因斯坦建立了狭义相对论,并指出自然定律必须是不变的,但不是像前面那样作伽利略(Galileo)变换,而是作新型变换,即所谓的洛仑兹(Lorentz)变换。

坐标系变换中存在有与坐标系无关的参照量,在经典变换——伽利略变换中,时间是所有坐标系的共有量,而在新型变换中,光速在所有坐标系都是相同的,光速是各坐标系的共有量。

新的变换是空间和时间的四维变换,因此时间和长度都是相对的,随不同坐标系不同而不同。而当光速 $c\to\infty$,相对论的结果退化为牛顿力学。

在量子力学和相对论相继建立后,人们进一步想知道,在相对论情况下量子力学的波函数应该满足什么样的方程。

7.1　Klein - Gorden 方程

由爱因斯坦的质能公式出发

$$E = mc^2 = \frac{m_0 c^2}{\sqrt{1 - \frac{v^2}{c^2}}} \tag{7.1.1}$$

其中 m 是运动质量,m_0 是静止质量,c 为光速。而光子的静止质量 $m_0 = 0$,光子运动速度总是光速,因此在(7.1.1)式中呈现$\frac{0}{0}$的状态。从 1923 年德布罗意(L. de Broglie)微观粒子的波粒二重性假说出发,这时得到这个$\frac{0}{0}$解为:光子能量 $E = h\nu$。

对所有静止质量不为零的微观粒子,在低速情况下,即 $v \ll c$ 时,可以得到 Schrödinger 方程。事实上

$$E = mc^2 \approx m_0 c^2 \left[1 + \frac{1}{2}\left(\frac{v}{c}\right)^2\right] = m_0 c^2 + \frac{1}{2} m_0 v^2$$

在 Schrödinger 方程中不考虑静止质量,因此能量为 $E^S = E - m_0 c^2$,在有位势的情况下,在坐标空间的 Schrödinger 方程为

$$E^S \psi^S = \frac{p^2}{2m_0}\psi^S + V(\boldsymbol{r})\psi^S \tag{7.1.2}$$

在量子力学中用算符表示 $\boldsymbol{x}, \boldsymbol{p}, E$

$$x_i \sim x_i \qquad p_i \sim -i\hbar \nabla_i \qquad E^S \sim i\hbar \frac{\partial}{\partial t} \tag{7.1.3}$$

---

① A. 爱因斯坦,L. 英费尔德著. 物理学的进化. 周肇威译. 1962.

得到算符方程就是 Schrödinger 方程

$$i\hbar\frac{\partial}{\partial t}\psi^S = -\frac{\hbar^2}{2m_0}\nabla^2\psi^S + V\psi^S \tag{7.1.4}$$

这里 m_0 是粒子的静止质量。可以看出 Schrödinger 方程是时空不对称的,对时间是一次导数,而对坐标是二次导数,因此不能满足 Lorentz 变换,不满足相对论的协变原理,也不能描述粒子空穴的产生和湮灭过程。

能不能用相对论质能关系来得到相对论运动方程呢?由(7.1.1)式可以得到相对论的质能关系是

$$E^2 = \boldsymbol{p}^2c^2 + m_0^2c^4 \tag{7.1.5}$$

其中动量 $\boldsymbol{p} = m\boldsymbol{v}$,直接用算符形式代入得到的自由粒子方程是

$$\left(\triangle - \frac{1}{c^2}\frac{\partial^2}{\partial t^2} - \frac{m_0^2c^2}{\hbar^2}\right)\psi = 0 \tag{7.1.6}$$

记

$$\kappa = \frac{m_0 c}{\hbar} \tag{7.1.7}$$

方程改写为

$$(\square - \kappa^2)\psi = 0 \tag{7.1.8}$$

其中达朗贝尔算符(d'Alembert operotor)记为

$$\square = \triangle - \frac{1}{c^2}\frac{\partial^2}{\partial t^2} \tag{7.1.9}$$

这就是 Klein - Gordon 方程。这个方程时空是对称的,满足 Lorentz 协变性,但用来描述自由粒子的状态时会遇到困难。

(1)方程中包含时间的二次导数,因而由初始时刻的波函数 $\psi(t_0)$ 不能确定下一时刻的波函数 $\psi(t)$,初始条件必须给出 $\psi(t_0)$ 和 $\left.\frac{\partial\psi}{\partial t}\right|_{t_0}$,而 $\left.\frac{\partial\psi}{\partial t}\right|_{t_0}$ 没有直接的物理解释,不能与经典运动方程的速度相对应。这就是在 Klein - Gordon 方程求解中存在的不确定问题。

(2)能量本征值有负值存在。方程的解可以看作平面波的线性叠加,对平面波

$$\psi = e^{\frac{i}{\hbar}(\boldsymbol{p}\cdot\boldsymbol{r} - Et)}$$

其中

$$E = \pm c\sqrt{p^2 + m_0^2c^2} \tag{7.1.10}$$

理论上自由解只可以取正能解,负能的物理图像当时无法解释。

(3)无法定义合理的概率密度

Klein - Gordon 方程(7.1.6)左乘 ψ^*,以及共轭方程右乘 ψ,两式相减,(7.1.6)左式的第三项相消。对于 Klein - Gordon 方程中的第一项,得到

$$\psi^*(\triangle\psi) - (\triangle\psi^*)\psi = \nabla\cdot[\psi^*\nabla\psi - \psi\nabla\psi^*] = \frac{2mi}{\hbar}\nabla\cdot\boldsymbol{j}$$

利用非相对论的概率流密度定义(1.2.30)式,得到概率流密度

$$\boldsymbol{j} = \frac{\hbar}{2mi}[\psi^*\nabla\psi - \psi\nabla\psi^*]$$

而对于 Klein - Gordon 方程(7.1.6)中的第二项,应用下面的关系式

$$\psi^*(\frac{\partial^2}{\partial t^2}\psi)-(\frac{\partial^2}{\partial t^2}\psi^*)\psi=\frac{\partial}{\partial t}\left[\psi^*\frac{\partial\psi}{\partial t}-\frac{\partial\psi^*}{\partial t}\psi\right]$$

由连续性方程$\frac{\partial\rho}{\partial t}+\nabla\cdot\boldsymbol{j}$得到的概率密度中包含波函数的一次导数

$$\rho=\frac{\mathrm{i}\hbar}{2m_0c^2}(\psi^*\frac{\partial\psi}{\partial t}-\frac{\partial\psi^*}{\partial t}\psi)\neq\langle\psi|\psi\rangle \tag{7.1.11}$$

因此,它不是通常情况下的概率密度,即对一个定态波函数

$$\psi=\varphi(\boldsymbol{r})\mathrm{e}^{-\frac{\mathrm{i}}{\hbar}Et}$$

代入(7.1.11)式后得到的概率密度的表达式为

$$\rho=\frac{E}{m_0c^2}\psi^*\psi \tag{7.1.12}$$

因而只有$E>0$,才能保证概率密度为正。而当$E<0$时就出现负概率。

(4)在 Klein - Gordon 方程中,对时间是二次导数,而波函数对时间的一次导数值不能被确定,因而不能保证波函数的归一性随时间不变,即

$$\frac{\partial}{\partial t}\langle\psi|\psi\rangle=\frac{\partial}{\partial t}\int\psi^*\psi\mathrm{d}\boldsymbol{r}\neq0 \tag{7.1.13}$$

因而 Klein - Gordon 方程不是一个描述单粒子的相对论运动方程,正如 Maxwell 方程是电磁场方程一样,它是一个场方程。由于 Klein - Gordon 方程仅有一个分量,它描述的是自旋为 0 的场,如自由 π 介子场,这不是本课程研究的内容,因此不再做细致研究。

7.2 Dirac 方程的建立

为避免负概率引起的困难,而像非相对论的 Schrödinger 方程那样,建立一个只含时间一次导数的方程。Dirac 创造性地建立了时间和空间的微分都是一次导数,即能量与动量算符都呈线性形式,以满足相对论 Lorentz 变换的协变性。从相对论质能关系出发

$$E=c\sqrt{p^2+m_0^2c^2} \tag{7.2.1}$$

Dirac 的重要贡献是,在质能关系中将根号中算符线性化

$$E=c\sqrt{\sum_{i=1}^{3}p_i^2+m_0^2c^2}=c\sum_{i=1}^{3}\alpha_ip_i+\beta m_0c^2 \tag{7.2.2}$$

其中引入了与坐标、动量无关的算符$\boldsymbol{\alpha}_i(i=1,2,3)$,$\boldsymbol{\beta}$为了满足质能关系,上式取平方并除以$c^2$后得到

$$\begin{aligned}\sum_{i=1}^{3}p_i^2+m_0^2c^2&=(\sum_{i=1}^{3}\boldsymbol{\alpha}_ip_i+\boldsymbol{\beta}m_0c)(\sum_{j=1}^{3}\boldsymbol{\alpha}_jp_j+\boldsymbol{\beta}m_0c)\\&=\sum_{i=1}^{3}\boldsymbol{\alpha}_i^2p_i^2+\boldsymbol{\beta}^2m_0^2c^2+\sum_{i=1}^{3}(\boldsymbol{\alpha}_i\boldsymbol{\beta}+\boldsymbol{\beta}\boldsymbol{\alpha}_i)p_im_0c+\\&\quad(\boldsymbol{\alpha}_1\boldsymbol{\alpha}_2+\boldsymbol{\alpha}_2\boldsymbol{\alpha}_1)p_1p_2+(\boldsymbol{\alpha}_1\boldsymbol{\alpha}_3+\boldsymbol{\alpha}_3\boldsymbol{\alpha}_1)p_1p_3+(\boldsymbol{\alpha}_2\boldsymbol{\alpha}_3+\boldsymbol{\alpha}_3\boldsymbol{\alpha}_2)p_2p_3\end{aligned} \tag{7.2.3}$$

为使等式两边相等,质能关系成立,要求下列等式必须成立

$$\boldsymbol{\alpha}_1^2=\boldsymbol{\alpha}_2^2=\boldsymbol{\alpha}_3^2=\boldsymbol{\beta}^2=1 \tag{7.2.4}$$

$$\begin{aligned}&(\boldsymbol{\alpha}_i\boldsymbol{\alpha}_j+\boldsymbol{\alpha}_j\boldsymbol{\alpha}_i)=\{\boldsymbol{\alpha}_i,\boldsymbol{\alpha}_j\}=0\quad i,j=1,2,3(i\neq j)\\&(\boldsymbol{\alpha}_i\boldsymbol{\beta}+\boldsymbol{\beta}\boldsymbol{\alpha}_i)=\{\boldsymbol{\alpha}_i,\boldsymbol{\beta}\}=0\quad i=1,2,3\end{aligned} \tag{7.2.5}$$

若能找到满足上述关系的算符 $\boldsymbol{\alpha}_i$,$\boldsymbol{\beta}$,则可得到线性化能量方程(7.2.2)。因而自由粒子的哈密顿算符为

$$\boldsymbol{H} = c\boldsymbol{\alpha} \cdot \boldsymbol{p} + \boldsymbol{\beta} m_0 c^2 = c\frac{\hbar}{\mathrm{i}}\boldsymbol{\alpha} \cdot \nabla + \boldsymbol{\beta} m_0 c^2 \tag{7.2.6}$$

代入能量的算符表示得到自由粒子相对论 Dirac 方程

$$\left(\frac{\hbar}{\mathrm{i}}\frac{\partial}{\partial t} + c\frac{\hbar}{\mathrm{i}}\boldsymbol{\alpha} \cdot \nabla + \boldsymbol{\beta} m_0 c^2\right)\boldsymbol{\psi}(\boldsymbol{r},t) = 0 \tag{7.2.7}$$

Dirac 方程可写为与 Schrödinger 方程完全类似的形式

$$\mathrm{i}\hbar\frac{\partial \boldsymbol{\psi}}{\partial t} = \boldsymbol{H\psi} \tag{7.2.8}$$

为保证 H 是厄密的,$\boldsymbol{\alpha}_i$,$\boldsymbol{\beta}$ 也必须是厄密的,即

$$\boldsymbol{\alpha}_i^\dagger = \boldsymbol{\alpha}_i \qquad \boldsymbol{\beta}^\dagger = \boldsymbol{\beta} \tag{7.2.9}$$

Dirac 方程的共轭方程为

$$-\mathrm{i}\hbar\frac{\partial \boldsymbol{\psi}^\dagger}{\partial t} = \boldsymbol{\psi}^\dagger H \tag{7.2.10}$$

由(7.2.8)式,(7.2.10)式可以验证 Dirac 方程满足全空间概率守恒关系,即

$$\frac{\partial}{\partial t}\int \mathrm{d}\boldsymbol{r}\boldsymbol{\psi}^\dagger\psi = \int \mathrm{d}\boldsymbol{r}\left(\frac{\partial \boldsymbol{\psi}^\dagger}{\partial t}\boldsymbol{\psi} + \boldsymbol{\psi}^\dagger\frac{\partial \boldsymbol{\psi}}{\partial t}\right) = \frac{\mathrm{i}}{\hbar}\int \mathrm{d}\boldsymbol{r}(\boldsymbol{\psi}^\dagger \boldsymbol{H\psi} - \boldsymbol{\psi}^\dagger \boldsymbol{H\psi}) = 0 \tag{7.2.11}$$

7.3　Dirac 方程中算符 $\boldsymbol{\alpha}_i$ 和 $\boldsymbol{\beta}$ 的性质和 $\boldsymbol{\gamma}$ 矩阵

1. $\boldsymbol{\gamma}$ 矩阵及其性质

Dirac 方程建立的关键是要得到满足(7.2.5)和厄密条件(7.2.9)的算符 $\boldsymbol{\alpha}_i$ 和 $\boldsymbol{\beta}$,为了便于方程的表示,进一步引入 $\boldsymbol{\gamma}$ 矩阵,它与 $\boldsymbol{\alpha}_i$ 和 $\boldsymbol{\beta}$ 的关系为

$$\begin{aligned}&\boldsymbol{\gamma}_k = -\mathrm{i}\boldsymbol{\beta\alpha}_k \quad 或 \quad \boldsymbol{\alpha}_k = \mathrm{i}\boldsymbol{\beta\gamma}_k, \quad k = 1,2,3\\&\boldsymbol{\gamma}_4 = \boldsymbol{\beta}, \qquad \boldsymbol{\gamma}_5 = \boldsymbol{\gamma}_1\boldsymbol{\gamma}_2\boldsymbol{\gamma}_3\boldsymbol{\gamma}_4\end{aligned} \tag{7.3.1}$$

在 $\boldsymbol{\gamma}_k$ 矩阵中引入 $-\mathrm{i}$ 是保证 $\boldsymbol{\gamma}_k$ 也是厄密的,即 $\boldsymbol{\gamma}_k^\dagger = \mathrm{i}\boldsymbol{\alpha}_k\boldsymbol{\beta} = -\mathrm{i}\boldsymbol{\beta\alpha}_k = \boldsymbol{\gamma}_k$,其中应用了由(7.2.5)式给出 $\boldsymbol{\alpha}_i$ 和 $\boldsymbol{\beta}$ 的反对易关系。$\boldsymbol{\gamma}_5$ 矩阵的引入在后面讨论的空间反射和 Dirac 协变量中有重要作用。

可以验证 $\boldsymbol{\gamma}_k$ 也满足下面的反对易关系。事实上,由 $\{\boldsymbol{\alpha}_i,\boldsymbol{\beta}\} = \boldsymbol{0}$ 得到

$$\{\boldsymbol{\gamma}_i,\boldsymbol{\gamma}_4\} = \{-\mathrm{i}\boldsymbol{\beta\alpha}_i,\boldsymbol{\beta}\} = -\mathrm{i}\boldsymbol{\beta\alpha}_i\boldsymbol{\beta} - \mathrm{i}\boldsymbol{\beta\beta\alpha}_i = \mathrm{i}\boldsymbol{\alpha}_i\boldsymbol{\beta\beta} - \mathrm{i}\boldsymbol{\alpha}_i = \boldsymbol{0}$$

另外,由 $\{\boldsymbol{\alpha}_i,\boldsymbol{\alpha}_j\} = \delta_{ij}$,以及 $\{\boldsymbol{\gamma}_i,\boldsymbol{\beta}\} = \boldsymbol{0}$ 的反对易性,可以得到

$$\{\boldsymbol{\gamma}_i,\boldsymbol{\gamma}_j\} = -\{\boldsymbol{\beta\alpha}_i,\boldsymbol{\beta\alpha}_j\} = -\boldsymbol{\beta\alpha}_i\boldsymbol{\beta\alpha}_j - \boldsymbol{\beta\alpha}_j\boldsymbol{\beta\alpha}_i = \boldsymbol{\beta\beta\alpha}_i\boldsymbol{\alpha}_j + \boldsymbol{\beta\beta\alpha}_j\boldsymbol{\alpha}_i = \{\boldsymbol{\alpha}_i,\boldsymbol{\alpha}_j\} = 2\boldsymbol{\delta}_{ij}$$

由此得到 $\boldsymbol{\gamma}$ 矩阵的如下性质

$$\begin{aligned}&\boldsymbol{\gamma}_\mu^2 = \boldsymbol{1}, \qquad \mu = 1,2,3,4\\&\boldsymbol{\gamma}_\mu\boldsymbol{\gamma}_\nu + \boldsymbol{\gamma}_\nu\boldsymbol{\gamma}_\mu = 0, \quad \mu,\nu = 1,2,3,4,但\ \mu \neq \nu\end{aligned} \tag{7.3.2}$$

因此上面对 $\boldsymbol{\gamma}$ 矩阵的性质可以合并写为

$$\boldsymbol{\gamma}_\mu\boldsymbol{\gamma}_\nu + \boldsymbol{\gamma}_\nu\boldsymbol{\gamma}_\mu = 2\boldsymbol{\delta}_{\mu\nu}或\{\boldsymbol{\gamma}_\mu,\boldsymbol{\gamma}_\nu\} = 2\boldsymbol{\delta}_{\mu\nu} \tag{7.3.3}$$

Dirac 方程(7.2.7)左乘以 $\boldsymbol{\beta}/\hbar c = \boldsymbol{\gamma}_4/\hbar c$,动量算符为 $\boldsymbol{p} = -\mathrm{i}\hbar\nabla$,得到

$$\left[\boldsymbol{\gamma}_4\left(-\frac{\mathrm{i}}{c}\frac{\partial}{\partial t}\right)+\sum_{i=1}^{3}\boldsymbol{\gamma}_i\frac{\partial}{\partial x_i}+\kappa\right]\boldsymbol{\psi}=0 \tag{7.3.4}$$

其中 κ 由(7.1.7)式给出。

在相对论量子力学中,应用四维的 Minkowski 时空表示,前三维是空间坐标,而第四维是虚的时间坐标。四维的 Minkowski 空间坐标和其导数的定义分别为

$$x_\mu=(\boldsymbol{r},\mathrm{i}ct),\quad \partial_\mu\equiv\left(\frac{\partial}{\partial x},\frac{\partial}{\partial y},\frac{\partial}{\partial z},-\frac{\mathrm{i}}{c}\frac{\partial}{\partial t}\right) \tag{7.3.5}$$

对照(7.3.4)式,由此得到 Dirac 方程在 Minkowski 空间的四维表示

$$(\boldsymbol{\gamma}_\mu\partial_\mu+\kappa)\psi=0 \tag{7.3.6}$$

需要注意的是,两个下标相同表示对下标求和,相同的希腊字母表示四维求和,即

$$\boldsymbol{\gamma}_\mu\partial_\mu\equiv\sum_{\mu=1}^{4}\boldsymbol{\gamma}_\mu\partial_\mu$$

而相同的英文下标表示三维空间坐标求和,即

$$\boldsymbol{\gamma}_i\partial_i\equiv\sum_{i=1}^{3}\boldsymbol{\gamma}_i\partial_i$$

这被称为爱因斯坦约定。

Dirac 方程的建立需要找到满足关系式(7.3.3) $\boldsymbol{\gamma}$ 矩阵的具体表示。已知在二维情况下有 Pauli 矩阵满足 $\{\boldsymbol{\sigma}_i,\boldsymbol{\sigma}_j\}=2\boldsymbol{\delta}_{ij}$,但是在二维情况下只有三个独立的互相反对易的算符,尽管单位矩阵 $\boldsymbol{I}$ 与 $\boldsymbol{\sigma}_i$ 是线性无关的,但它与 $\boldsymbol{\sigma}_i$ 是可对易的。因此在二维情况下不能得到四个线性无关,且满足(7.3.3)式的表示式。由于当 $\mu\neq\nu$ 时 $\boldsymbol{\gamma}_\mu\boldsymbol{\gamma}_\nu=-\boldsymbol{\gamma}_\nu\boldsymbol{\gamma}_\mu$,它们两边求行列式的值得到

$$\det\boldsymbol{\gamma}_\mu\det\boldsymbol{\gamma}_\nu=\det(-I)\det\boldsymbol{\gamma}_\nu\det\boldsymbol{\gamma}_\mu=(-1)^N\det\boldsymbol{\gamma}_\nu\det\boldsymbol{\gamma}_\mu$$

要求 $(-1)^N=1$,因此 N 必须是偶数。因此要找四个以上独立的完全反对易的厄密矩阵算符维数最低为四维。Dirac 找到了满足(7.3.3)式的四维矩阵,它们分别是

$$\boldsymbol{\alpha}_i=\begin{pmatrix}\boldsymbol{0}&\boldsymbol{\sigma}_i\\\boldsymbol{\sigma}_i&\boldsymbol{0}\end{pmatrix}\qquad\boldsymbol{\beta}=\boldsymbol{\gamma}_4=\begin{pmatrix}\boldsymbol{I}&\boldsymbol{0}\\\boldsymbol{0}&-\boldsymbol{I}\end{pmatrix} \tag{7.3.7}$$

由(7.3.2)式得到 $\boldsymbol{\gamma}$ 矩阵的表示形式

$$\boldsymbol{\gamma}_i=\begin{pmatrix}\boldsymbol{0}&-\mathrm{i}\boldsymbol{\sigma}_i\\\mathrm{i}\boldsymbol{\sigma}_i&\boldsymbol{0}\end{pmatrix}\qquad\boldsymbol{\gamma}_5=\begin{pmatrix}\boldsymbol{0}&-\boldsymbol{I}\\-\boldsymbol{I}&\boldsymbol{0}\end{pmatrix} \tag{7.3.8}$$

其中 $\boldsymbol{\sigma}_i$ 是 Pauli 矩阵。利用(7.3.7)式和(7.3.8)式很容易验证(7.2.5)式和(7.3.3)式的反对易关系。由(7.3.8)式给出 $\boldsymbol{\gamma}_5$ 的表示,得到

$$\{\boldsymbol{\gamma}_\mu,\boldsymbol{\gamma}_5\}=\boldsymbol{0},\qquad \mu=1,2,3,4 \tag{7.3.9}$$

由于 $\boldsymbol{\gamma}$ 矩阵是四维的,Dirac 方程中的波函数 ψ 也必须为四分量的,称为Dirac旋量(Dirac spinor),

$$\boldsymbol{\psi}(\boldsymbol{r},t)=\begin{pmatrix}\psi_1(\boldsymbol{r},t)\\\psi_2(\boldsymbol{r},t)\\\psi_3(\boldsymbol{r},t)\\\psi_4(\boldsymbol{r},t)\end{pmatrix},\quad \boldsymbol{\psi}^\dagger(\boldsymbol{r},t)=(\psi_1^*(\boldsymbol{r},t),\psi_2^*(\boldsymbol{r},t),\psi_3^*(\boldsymbol{r},t),\psi_4^*(\boldsymbol{r},t)) \tag{7.3.10}$$

这就意味着 Dirac 方程是四个分量的耦合方程,这是 Dirac 将(7.2.2)式线性化,得到满足相对论协变性的运动方程。

2. 概率密度和连续性方程

定义一个新符号

$$\overline{\boldsymbol{\psi}} \equiv \boldsymbol{\psi}^{\dagger}\boldsymbol{\gamma}_4 = (\psi_1^*(\boldsymbol{r},t), \psi_2^*(\boldsymbol{r},t), -\psi_3^*(\boldsymbol{r},t), -\psi_4^*(\boldsymbol{r},t)) \tag{7.3.11}$$

需要注意的是 $\boldsymbol{\psi}(\boldsymbol{r},t)$ 是一个四分量的一列矩阵(旋量),而 $\boldsymbol{\psi}^{\dagger}(\boldsymbol{r},t)$ 和 $\overline{\boldsymbol{\psi}}(\boldsymbol{r},t)$ 是一行四分量矩阵。因此它们与 4×4 的 $\boldsymbol{\gamma},\boldsymbol{\alpha}$ 等矩阵之间的次序不是任意的,否则将无法进行运算。

Dirac 方程(7.2.7)左乘上 $\boldsymbol{\psi}^{\dagger}$,得到

$$\frac{\hbar}{\mathrm{i}}\boldsymbol{\psi}^{\dagger}\frac{\partial}{\partial t}\boldsymbol{\psi} + c\frac{\hbar}{\mathrm{i}}\boldsymbol{\psi}^{\dagger}\boldsymbol{\alpha}\cdot\nabla\boldsymbol{\psi} + \boldsymbol{\psi}^{\dagger}\boldsymbol{\beta}m_0c^2\boldsymbol{\psi} = 0 \tag{7.3.12}$$

再取 Dirac 方程(7.2.7)的共轭方程,这里需要注意 $\boldsymbol{\psi}^{\dagger}$ 与矩阵 $\boldsymbol{\alpha},\boldsymbol{\beta}$ 的顺序

$$-\frac{\hbar}{\mathrm{i}}\frac{\partial}{\partial t}\boldsymbol{\psi}^{\dagger} - c\frac{\hbar}{\mathrm{i}}\nabla\boldsymbol{\psi}^{\dagger}\cdot\boldsymbol{\alpha} + \boldsymbol{\psi}^{\dagger}\boldsymbol{\beta}m_0c^2 = 0 \tag{7.3.13}$$

(7.3.13)式右乘 $\boldsymbol{\psi}$ 得到

$$-\frac{\hbar}{\mathrm{i}}\left(\frac{\partial}{\partial t}\boldsymbol{\psi}^{\dagger}\right)\boldsymbol{\psi} - c\frac{\hbar}{\mathrm{i}}(\nabla\boldsymbol{\psi}^{\dagger}\cdot\boldsymbol{\alpha})\boldsymbol{\psi} + \boldsymbol{\psi}^{\dagger}\boldsymbol{\beta}m_0c^2\boldsymbol{\psi} = 0 \tag{7.3.14}$$

(7.3.12)式与(7.3.14)式相减,这时两个方程中 $\boldsymbol{\psi}^{\dagger}\boldsymbol{\beta}m_0c^2\boldsymbol{\psi}$ 项相消,再乘上因子 $i/\hbar$ 得到连续性方程

$$\frac{\partial}{\partial t}(\boldsymbol{\psi}^{\dagger}\boldsymbol{\psi}) + \nabla\cdot(\boldsymbol{\psi}^{\dagger}c\boldsymbol{\alpha}\boldsymbol{\psi}) = 0 \tag{7.3.15}$$

在 Dirac 方程中的概率密度和概率流分别为

$$\rho(\boldsymbol{r},t) = \boldsymbol{\psi}^{\dagger}\boldsymbol{\psi},\qquad \boldsymbol{j}(\boldsymbol{r},t) = c\boldsymbol{\psi}^{\dagger}\boldsymbol{\alpha}\boldsymbol{\psi} \tag{7.3.16}$$

因此 Dirac 方程是满足 Lorentz 协变性并保证概率守恒的相对论方程。

由(7.3.16)式给出的三维概率密度流矢量可改写为下面形式

$$j_i = c\boldsymbol{\psi}^{\dagger}\boldsymbol{\alpha}_i\boldsymbol{\psi} = \mathrm{i}c\boldsymbol{\psi}^{\dagger}\boldsymbol{\gamma}_4\boldsymbol{\gamma}_i\boldsymbol{\psi} = \mathrm{i}c\boldsymbol{\psi}^{\dagger}\boldsymbol{\gamma}_i\boldsymbol{\psi} \tag{7.3.17}$$

可用 j_μ 表示四维时空的概率密度流矢量为

$$j_\mu = \mathrm{i}c\,\overline{\boldsymbol{\psi}}\boldsymbol{\gamma}_\mu\boldsymbol{\psi} = (\boldsymbol{j}, \mathrm{i}c\rho) \tag{7.3.18}$$

其中概率密度流矢量的第四维是概率密度 ρ

$$j_4 = \mathrm{i}c\,\overline{\boldsymbol{\psi}}\boldsymbol{\gamma}_4\boldsymbol{\psi} = \mathrm{i}c\boldsymbol{\psi}^{\dagger}\boldsymbol{\psi} = \mathrm{i}c\rho$$

因此由(7.3.15)式可以给出连续性方程为

$$\partial_\mu j_\mu = 0 \tag{7.3.19}$$

3. Pauli 度规和 Bjorken – Drell 度规

上面讨论的 Minkowski 空间中四维时空矢量和 $\boldsymbol{\gamma}$ 矩阵都是在 Pauli 度规(Pauli matric)[12]下表示的,在现代场论中往往采用 Bjorken – Drell 度规①。为了便于在学习和使用时对照,在这里给出 Minkowski 空间中 Bjorken – Drell 度规的约定。为了方便,这节中采用 $c = \hbar = 1$ 表示。

在 Bjorken – Drell 度规中 Minkowski 空间中四维的时空矢量的时间分量定义为 0 分量,即

① J. D. Bjorken and S. D. Drell. Relativistic Quantum Mechanics. New York, McGraw – Hill, 1964

$$x^{\mu} \equiv (x^0, x^1, x^2, x^3) = (t, x, y, z) \tag{7.3.20}$$

用希腊字母(Greek indices)$\mu,\nu,\cdots$来表示 Minkowski 空间的四分量,次序为 0,1,2,3 用 i,j,…表示空间分量。上指标向量和下指标向量的变换用度规张量(matric tensor)$g_{\mu\nu}$来变换,

$$x_{\mu} = g_{\mu\nu} x^{\nu} \equiv \sum_{\nu=0}^{3} g_{\mu\nu} x^{\nu} \qquad x^{\mu} = g^{\mu\nu} x_{\nu} \tag{7.3.21}$$

上下相同指标表示求和。度规张量为

$$g_{\mu\nu} = g^{\mu\nu} = \begin{pmatrix} 1 & 0 & 0 & 0 \\ 0 & -1 & 0 & 0 \\ 0 & 0 & -1 & 0 \\ 0 & 0 & 0 & -1 \end{pmatrix} \tag{7.3.22}$$

因此下指标时空向量为

$$x_{\mu} \equiv (x_0, x_1, x_2, x_3) = (t, -x, -y, -z) \tag{7.3.23}$$

微分算符表示为

$$\partial_{\mu} \equiv \frac{\partial}{\partial x^{\mu}} = \left(\frac{\partial}{\partial x^0}, \boldsymbol{\nabla}\right), \qquad \partial^{\mu} \equiv \frac{\partial}{\partial x_{\mu}} = \left(\frac{\partial}{\partial x^0}, -\boldsymbol{\nabla}\right) \tag{7.3.24}$$

四维能量动量 $p^{\mu} = (E, \boldsymbol{p})$ 算符为

$$p^{\mu} = \mathrm{i}\partial^{\mu}, \qquad E = \mathrm{i}\frac{\partial}{\partial t}, \qquad \boldsymbol{p} = -\mathrm{i}\,\boldsymbol{\nabla} \tag{7.3.25}$$

用指标 0,1,2,3 来表示 $\boldsymbol{\gamma}$ 矩阵,

$$\boldsymbol{\gamma}^0 = \boldsymbol{\beta} = \begin{pmatrix} \boldsymbol{I} & \boldsymbol{0} \\ \boldsymbol{0} & -\boldsymbol{I} \end{pmatrix}, \qquad \boldsymbol{\gamma}^i = \boldsymbol{\gamma}^0 \boldsymbol{\alpha}_i = \begin{pmatrix} \boldsymbol{0} & \boldsymbol{\sigma}_i \\ -\boldsymbol{\sigma}_i & \boldsymbol{0} \end{pmatrix} \tag{7.3.26}$$

$$\boldsymbol{\gamma}^5 = \mathrm{i}\boldsymbol{\gamma}^0\boldsymbol{\gamma}^1\boldsymbol{\gamma}^2\boldsymbol{\gamma}^3 = \begin{pmatrix} \boldsymbol{0} & \boldsymbol{I} \\ \boldsymbol{I} & \boldsymbol{0} \end{pmatrix} \tag{7.3.27}$$

可以与(7.3.7)式和(7.3.8)式比较,$\boldsymbol{\gamma}$ 矩阵的定义在两种度规下的表示是有差别的。有质量粒子的能动量平方为

$$p^2 = p^{\mu} p_{\mu} = E^2 - |\boldsymbol{p}|^2 = m^2 \tag{7.3.28}$$

达朗贝尔算符(d'Alembert operator)表示为

$$\Box = \partial^{\mu}\partial_{\mu} = \partial_0^2 - |\boldsymbol{\nabla}|^2 \tag{7.3.29}$$

在 Bjorken – Drell 度规下 Dirac 方程表示为

$$(\mathrm{i}\boldsymbol{\gamma}^{\mu}\partial_{\mu} - \kappa)\boldsymbol{\psi}(x) = 0 \tag{7.3.30}$$

7.4 Dirac 方程的平面波解

Dirac 给出的时空算符是线性一次导数的方程,满足连续性方程和 Lorentz 协变并保证概率守恒的相对论方程。这时波函数 ψ 必须为四分量的,它是 Dirac 四维旋量空间是与 Minkowski 的四维时空完全不同的空间。为理解四维分量 ψ 的物理意义,先求解自由粒子的问题。这时自由粒子的相对论哈密顿量为

$$H = c\boldsymbol{\alpha} \cdot \boldsymbol{p} + \boldsymbol{\beta} m_0 c^2 \tag{7.4.1}$$

与非相对论 Schrödinger 方程情况不一样的是,这时哈顿量与空间角动量 $\boldsymbol{L}$ 不对易。以i = 1 分量 $L_1 = x_2 p_3 - x_3 p_2$ 为例,与哈密顿量的对易关系是

$$[H,L_1]=[c\boldsymbol{\alpha}\cdot\boldsymbol{p},L_1]=c\boldsymbol{\alpha}\cdot[\boldsymbol{p},x_2p_3-x_3p_2]$$

利用 Heisenberg 对易关系$[p_i,q_j]=-\mathrm{i}\hbar\delta_{ij}$得到

$$[H,L_1]=-\mathrm{i}\hbar c\sum_i\boldsymbol{\alpha}_i(\delta_{i2}p_3-\delta_{i3}p_2)=-\mathrm{i}\hbar c(\boldsymbol{\alpha}_2p_3-\boldsymbol{\alpha}_3p_2)=-\mathrm{i}\hbar c(\boldsymbol{\alpha}\times\boldsymbol{p})_1\neq0$$

用三维的矢量可表示为

$$[H,\boldsymbol{L}]=[c\boldsymbol{\alpha}\cdot\boldsymbol{p},\boldsymbol{L}]=-\mathrm{i}\hbar c\boldsymbol{\alpha}\times\boldsymbol{p}\neq0\qquad(7.4.2)$$

因而在相对论量子力学描述中,位形空间角动量 $\boldsymbol{L}$ 不是运动常数。

为了保证角动量守恒必须引入四维自旋角动量 $\boldsymbol{S}$,总角动量为 $\boldsymbol{J}=\boldsymbol{L}+\boldsymbol{S}$。

$$\boldsymbol{S}=\frac{\hbar}{2}\boldsymbol{\Sigma}=\frac{\hbar}{2}\begin{pmatrix}\boldsymbol{\sigma}&0\\0&\boldsymbol{\sigma}\end{pmatrix},\text{其中 }\boldsymbol{\Sigma}=\begin{pmatrix}\boldsymbol{\sigma}&0\\0&\boldsymbol{\sigma}\end{pmatrix}\qquad(7.4.3)$$

$\boldsymbol{S}$ 满足如下性质:

(1)满足角动量一般性质 $\boldsymbol{S}\times\boldsymbol{S}=\mathrm{i}\hbar\boldsymbol{S}$,或$[S_i,S_j]=\mathrm{i}\hbar\varepsilon_{ijk}S_k$;

(2)仅作用在自旋空间,因此 $\boldsymbol{S}$ 与 $\boldsymbol{L}$ 对易,$[\boldsymbol{S},\boldsymbol{L}]=0$;

(3)总角动量 J 与 Hamiltoniam 对易。

由 σ 的对易关系,以及 $\boldsymbol{\Sigma}$ 与 β 和 $\boldsymbol{L}$ 可对易,可得到 $\boldsymbol{S}$ 满足前两个条件。与 $\boldsymbol{\gamma}$ 矩阵之间有下面的关系成立

$$\boldsymbol{\gamma}_i\boldsymbol{\gamma}_j=\mathrm{i}\varepsilon_{ijk}\boldsymbol{\Sigma}_k\qquad(7.4.4)$$

为了计算 $\boldsymbol{\Sigma}$ 与哈密顿量的对易关系,利用一个普遍的关系式。若 $\boldsymbol{A}$ 是一个与自旋空间无关的位形空间算符,例如 $\boldsymbol{L},\boldsymbol{p},\boldsymbol{r}$ 等,利用(7.3.7)式四维自旋算符 $\boldsymbol{\Sigma}$ 与 $\boldsymbol{\alpha}\cdot\boldsymbol{A}$ 的对易关系为

$$[\boldsymbol{\alpha}\cdot\boldsymbol{A},\boldsymbol{\Sigma}]=\begin{pmatrix}\boldsymbol{0}&[(\boldsymbol{\sigma}\cdot\boldsymbol{A}),\boldsymbol{\sigma}]\\ [(\boldsymbol{\sigma}\cdot\boldsymbol{A}),\boldsymbol{\sigma}]&\boldsymbol{0}\end{pmatrix}$$

仍然以 i=1 分量为例,利用泡利算符的对易性得到

$$[\boldsymbol{\sigma}\cdot\boldsymbol{A},\boldsymbol{\sigma}_1]=[\boldsymbol{\sigma}_1A_1+\boldsymbol{\sigma}_2A_2+\boldsymbol{\sigma}_3A_3,\boldsymbol{\sigma}_1]=-2\mathrm{i}\boldsymbol{\sigma}_3A_2+2\mathrm{i}\boldsymbol{\sigma}_2A_3=2\mathrm{i}(\boldsymbol{\sigma}_2A_3-\boldsymbol{\sigma}_3A_2)=2\mathrm{i}(\boldsymbol{\sigma}\times\boldsymbol{A})_1$$

写成矢量表示,代入上式得到

$$[\boldsymbol{\alpha}\cdot\boldsymbol{A},\boldsymbol{\Sigma}]=2\mathrm{i}\boldsymbol{\alpha}\times\boldsymbol{A}\qquad\text{或}\qquad[\boldsymbol{\Sigma}\cdot\boldsymbol{A},\boldsymbol{\Sigma}]=2\mathrm{i}\boldsymbol{\Sigma}\times\boldsymbol{A}\qquad(7.4.5)$$

上式中第二式应用了

$$-\boldsymbol{\gamma}_5\boldsymbol{\alpha}=-\boldsymbol{\alpha}\boldsymbol{\gamma}_5=\boldsymbol{\Sigma}$$

取矢量 $\boldsymbol{A}=\boldsymbol{p}$,因此有

$$[H,\boldsymbol{S}]=\frac{\hbar}{2}[c\boldsymbol{\alpha}\cdot\boldsymbol{p},\boldsymbol{\Sigma}]=\mathrm{i}\hbar c\boldsymbol{\alpha}\times\boldsymbol{p}\qquad(7.4.6)$$

因而(7.4.6)式与(7.4.2)式相加得到

$$[H,\boldsymbol{J}]=[H,\boldsymbol{L}]+[H,\boldsymbol{S}]=-\mathrm{i}\hbar c\boldsymbol{\alpha}\times\boldsymbol{p}+\mathrm{i}\hbar c\boldsymbol{\alpha}\times\boldsymbol{p}=\boldsymbol{0}\qquad(7.4.7)$$

由此证明了总角动量 $\boldsymbol{J}$ 与 Hamiltonian 量可对易,是守恒量。在(7.4.5)式中,当矢量 $\boldsymbol{A}=\boldsymbol{L}$,得到

$$[\boldsymbol{\Sigma}\cdot\boldsymbol{L},\boldsymbol{\Sigma}]=2\mathrm{i}\boldsymbol{\Sigma}\times\boldsymbol{L}\qquad(7.4.8)$$

$\boldsymbol{S}_3$ 是对角矩阵

$$\boldsymbol{S}_3=\frac{\hbar}{2}\begin{pmatrix}\boldsymbol{\sigma}_z&\boldsymbol{0}\\\boldsymbol{0}&\boldsymbol{\sigma}_z\end{pmatrix}=\frac{\hbar}{2}\begin{pmatrix}1&0&0&0\\0&-1&0&0\\0&0&1&0\\0&0&0&-1\end{pmatrix}$$

$\boldsymbol{S}_3$ 的 4 个本征向量为

$$\boldsymbol{S}_3\begin{pmatrix}1\\0\\0\\0\end{pmatrix}=\frac{\hbar}{2}\begin{pmatrix}1\\0\\0\\0\end{pmatrix},\quad \boldsymbol{S}_3\begin{pmatrix}0\\1\\0\\0\end{pmatrix}=-\frac{\hbar}{2}\begin{pmatrix}0\\1\\0\\0\end{pmatrix}$$

$$\boldsymbol{S}_3\begin{pmatrix}0\\0\\1\\0\end{pmatrix}=\frac{\hbar}{2}\begin{pmatrix}0\\0\\1\\0\end{pmatrix},\quad \boldsymbol{S}_3\begin{pmatrix}0\\0\\0\\1\end{pmatrix}=-\frac{\hbar}{2}\begin{pmatrix}0\\0\\0\\1\end{pmatrix}$$

对应的本征值分别为 $\pm\frac{\hbar}{2}$,是二重兼并的,可以看出 Dirac 方程描述的是内禀自旋为$\frac{1}{2}$的粒子。

为了进一步理解 Dirac 四维旋量解的物理内涵,先从静止粒子 $p=0$ 入手,静止粒子满足的 Dirac 方程为

$$\mathrm{i}\hbar\frac{\partial\boldsymbol{\psi}}{\partial t}=\boldsymbol{\beta}m_0c^2\boldsymbol{\psi} \tag{7.4.9}$$

它的四个独立解为

$$\mathrm{e}^{-\mathrm{i}\frac{m_0c^2}{\hbar}t}\begin{pmatrix}1\\0\\0\\0\end{pmatrix},\quad \mathrm{e}^{-\mathrm{i}\frac{m_0c^2}{\hbar}t}\begin{pmatrix}0\\1\\0\\0\end{pmatrix},\quad \mathrm{e}^{\mathrm{i}\frac{m_0c^2}{\hbar}t}\begin{pmatrix}0\\0\\1\\0\end{pmatrix},\quad \mathrm{e}^{\mathrm{i}\frac{m_0c^2}{\hbar}t}\begin{pmatrix}0\\0\\0\\1\end{pmatrix} \tag{7.4.10}$$

前两个解分别对应于 $E=m_0c^2$ 和自旋为 $\pm\frac{1}{2}$的解,后两个解为 $E=-m_0c^2$ 和自旋为 $\pm\frac{1}{2}$的解。

进一步考虑 $p\neq0$ 时,自由粒子的平面波解的一般表示为

$$\boldsymbol{\psi}=\begin{pmatrix}\boldsymbol{\psi}_A\\\boldsymbol{\psi}_B\end{pmatrix}=\begin{pmatrix}\boldsymbol{u}_A(\boldsymbol{p})\\\boldsymbol{u}_B(\boldsymbol{p})\end{pmatrix}\mathrm{e}^{\frac{\mathrm{i}}{\hbar}(\boldsymbol{p}\cdot\boldsymbol{r}-Et)} \tag{7.4.11}$$

代入(7.4.1)式给出的自由粒子的定态 Dirac 方程得到

$$\begin{cases}c\boldsymbol{\sigma}\cdot\boldsymbol{p}\boldsymbol{u}_B(\boldsymbol{p})+m_0c^2\boldsymbol{u}_A(\boldsymbol{p})=E\boldsymbol{u}_A(\boldsymbol{p})\\c\boldsymbol{\sigma}\cdot\boldsymbol{p}\boldsymbol{u}_A(\boldsymbol{p})-m_0c^2\boldsymbol{u}_B(\boldsymbol{p})=E\boldsymbol{u}_B(\boldsymbol{p})\end{cases} \tag{7.4.12}$$

将(7.4.12)式改写为

$$\begin{cases}\boldsymbol{u}_A(\boldsymbol{p})=\dfrac{c}{E-m_0c^2}\boldsymbol{\sigma}\cdot\boldsymbol{p}\boldsymbol{u}_B(\boldsymbol{p})\\\boldsymbol{u}_B(\boldsymbol{p})=\dfrac{c}{E+m_0c^2}\boldsymbol{\sigma}\cdot\boldsymbol{p}\boldsymbol{u}_A(\boldsymbol{p})\end{cases} \tag{7.4.13}$$

将其中第二方程代入第一方程,注意到$(\boldsymbol{\sigma}\cdot\boldsymbol{p})(\boldsymbol{\sigma}\cdot\boldsymbol{p})=p^2\boldsymbol{I}$,得到

$$\boldsymbol{u}_A(\boldsymbol{p})=\frac{c}{E-m_0c^2}\frac{c}{E+m_0c^2}(\boldsymbol{\sigma}\cdot\boldsymbol{p})(\boldsymbol{\sigma}\cdot\boldsymbol{p})\boldsymbol{u}_A(\boldsymbol{p})=\frac{p^2c^2}{E^2-m_0^2c^4}\boldsymbol{u}_A(\boldsymbol{p}) \tag{7.4.14}$$

因此得到能量关系式 $E^2=p^2c^2+m_0^2c^4$,$E=\pm\sqrt{p^2c^2+m_0^2c^4}$。利用关系式

$$\boldsymbol{\sigma}\cdot\boldsymbol{p}=\begin{pmatrix}p_3 & p_1-\mathrm{i}p_2\\p_1+\mathrm{i}p_2 & -p_3\end{pmatrix} \tag{7.4.15}$$

当 $E>0$ 时：

取 $\boldsymbol{u}_A=\begin{pmatrix}1\\0\end{pmatrix}$和$\begin{pmatrix}0\\1\end{pmatrix}$，并将 $\boldsymbol{\sigma}\cdot\boldsymbol{p}$ 的矩阵表示代入(7.4.13)式中，得到正能 $E>0$ 的两个平面波解为

$$\boldsymbol{u}^{(1)}(\boldsymbol{p})=N\begin{pmatrix}1\\0\\\dfrac{p_3c}{E+m_0c^2}\\\dfrac{(p_1+\mathrm{i}p_2)c}{E+m_0c^2}\end{pmatrix}$$

$$\boldsymbol{u}^{(2)}(\boldsymbol{p})=N\begin{pmatrix}0\\1\\\dfrac{(p_1-\mathrm{i}p_2)c}{E+m_0c^2}\\-\dfrac{p_3c}{E+m_0c^2}\end{pmatrix}\tag{7.4.16}$$

当 $E<0$ 时：

取 $\boldsymbol{u}_B=\begin{pmatrix}1\\0\end{pmatrix}$和$\begin{pmatrix}0\\1\end{pmatrix}$，并代入 $\boldsymbol{\sigma}\cdot\boldsymbol{p}$ 的矩阵表示，得到负能的两个平面波解为

$$\boldsymbol{u}^{(3)}(\boldsymbol{p})=N\begin{pmatrix}-\dfrac{p_3c}{|E|+m_0c^2}\\-\dfrac{(p_1+\mathrm{i}p_2)c}{|E|+m_0c^2}\\1\\0\end{pmatrix}$$

$$\boldsymbol{u}^{(4)}(\boldsymbol{p})=N\begin{pmatrix}-\dfrac{(p_1-\mathrm{i}p_2)c}{|E|+m_0c^2}\\\dfrac{p_3c}{|E|+m_0c^2}\\0\\1\end{pmatrix}\tag{7.4.17}$$

由(7.4.16)式和(7.4.17)式可以验证 $\boldsymbol{u}^{(s)}(\boldsymbol{p}),s=1,2,3,4$ 之间满足正交性

$$\boldsymbol{u}^{(s)\dagger}(\boldsymbol{p})\boldsymbol{u}^{(s')}(\boldsymbol{p})=0,\quad s\neq s'\tag{7.4.18}$$

下面用两个例子来验证正交性。首先验证在 $E>0$ 的两个平面波解之间的正交性，

$$\boldsymbol{u}^{(1)\dagger}(\boldsymbol{p})\boldsymbol{u}^{(2)}(\boldsymbol{p})=N^2\begin{pmatrix}1 & 0 & \dfrac{p_3c}{E+m_0c^2} & \dfrac{(p_1-\mathrm{i}p_2)c}{E+m_0c^2}\end{pmatrix}\begin{pmatrix}0\\1\\\dfrac{(p_1-\mathrm{i}p_2)c}{E+m_0c^2}\\-\dfrac{p_3c}{E+m_0c^2}\end{pmatrix}$$

$$=N^2\left(\frac{p_3(p_1-\mathrm{i}p_2)c^2}{E+m_0c^2}-\frac{p_3(p_1-\mathrm{i}p_2)c^2}{E+m_0c^2}\right)=0$$

再验证 $E>0$ 和 $E<0$ 自旋为 1/2 的两个平面波解之间的正交性，

$$\boldsymbol{u}^{(1)\dagger}(\boldsymbol{p})\boldsymbol{u}^{(3)}(\boldsymbol{p})=N^2\begin{pmatrix}1 & 0 & \frac{p_3c}{E+m_0c^2} & \frac{(p_1-\mathrm{i}p_2)c}{E+m_0c^2}\end{pmatrix}\begin{pmatrix}-\frac{p_3c}{|E|+m_0c^2}\\ -\frac{(p_1+\mathrm{i}p_2)c}{|E|+m_0c^2}\\ 1\\ 0\end{pmatrix}$$

$$=N^2\left(-\frac{p_3c}{|E|+m_0c^2}+\frac{p_3c}{|E|+m_0c^2}\right)=0$$

其他平面波解之间的正交性也可以同样验证。

对于 $E>0$ 和 $E<0$ 的解，归一化条件的统一形式是

$$\boldsymbol{u}^{(s)\dagger}(\boldsymbol{p})\boldsymbol{u}^{(s)}(\boldsymbol{p})=\left[1+\frac{p^2c^2}{(|E|+m_0c^2)^2}\right]N^2=1 \tag{7.4.19}$$

由此得到归一化系数 N 为

$$N=\sqrt{\frac{(|E|+m_0c^2)^2}{(|E|+m_0c^2)^2+p^2c^2}}=\sqrt{\frac{(|E|+m_0c^2)^2}{(|E|+m_0c^2)^2+|E|^2-m_0^2c^4}}=\sqrt{\frac{(|E|+m_0c^2)^2}{2|E|^2+2m_0c^2|E|}}$$

$$N=\sqrt{\frac{|E|+m_0c^2}{2|E|}} \tag{7.4.20}$$

定义算符 $\boldsymbol{S}\cdot\hat{p}$，$\hat{p}=\boldsymbol{p}/|\boldsymbol{p}|$，称为螺旋算符(Helicity operator)，取 $\boldsymbol{\chi}_s$ 为二分量自旋对应于本征值为 $\pm\frac{1}{2}$ 的本征函数，自由粒子的 Dirac 方程的一般解(7.4.16)式和(7.4.17)式可表示如下：

正能解为

$$\boldsymbol{u}(\boldsymbol{p})=\sqrt{\frac{E+m_0c^2}{2E}}\begin{pmatrix}1\\ \frac{c\boldsymbol{\sigma}\cdot\boldsymbol{p}}{E+m_0c^2}\end{pmatrix}\boldsymbol{\chi}_s \tag{7.4.21}$$

负能解为

$$\boldsymbol{v}(\boldsymbol{p})=\sqrt{\frac{|E|+m_0c^2}{2|E|}}\begin{pmatrix}\frac{c\boldsymbol{\sigma}\cdot\boldsymbol{p}}{|E|+m_0c^2}\\ 1\end{pmatrix}\boldsymbol{\chi}_s \tag{7.4.22}$$

至此，由满足爱因斯坦质能关系出发，Dirac 得到了满足相对论的协变原理，时间和动量为线性关系的波函数方程，这时波函数是四维的 Dirac 旋量，Dirac 方程是描述自旋为 1/2 的粒子的运动方程，如电子、核子等的相对论运动方程。

为了进一步解释负能解这一物理现象的实质，1930 年 Dirac 提出了空穴理论。由于当时已经发现的带正电荷粒子仅是质子，而带负电荷粒子仅是电子，后来奥本海默(J. Robert Oppenheimer)等人指出，空穴的质量必须与电子的质量相同，但是电荷相反，Dirac 接受了这个建议，认为电子的空穴就是与电子质量相同、电荷相反的粒子，即正电子。由此给出了“反粒子”的新概念。

当电子能量 $E > m_0c^2$ 时电子处于自由态,即所谓的正能态;而电子能量 $E < -m_0c^2$ 时电子处于 Dirac 海中,即所谓的负能态。由于费米子服从 Pauli 不相容原理,所有 Dirac 海中的负能态都被电子填充,这时正能电子不能落入负能量态上,这样才能解释正能电子的稳定性。当存在吸引的外场,如原子中的电子被原子核的库仑场束缚,处于 $-m_0c^2 < E < m_0c^2$ 能区之间,是束缚态,原子中的电子是处在正能的束缚态。所谓的真空态是指正能态无电子,而负能态被电子全部填充。

在这种物理图像下,如果有一个激发(如 γ 射线)赋予真空 $E > 2m_0c^2$ 的能量,这时有可能把负能态的电子激发到正能态上,在 Dirac 海内出现一个电子"空穴",实际上这个"空穴"是我们观察到的一个与电子质量相同带正电的粒子,即正电子。这种激发过程称为正负电子对的产生。正电子寿命很短,空穴很快被电子填充,以 γ 射线形式释放能量,称为正负电子对的湮灭。1932 年 C. D. Anderson 在宇宙射线云雾室实验中观测到正电子,证实了 Dirac 的预言。

7.5　Dirac 方程 Lorentz 变换的协变性

1. Lorentz 群

四维 Minkowski 空间中的矢量 $x_\mu = (\boldsymbol{x}, \mathrm{i}ct)$ 作线性变换

$$x_\mu \to x'_\mu = \alpha_{\mu\nu} x_\nu \tag{7.5.1}$$

变换 $\alpha_{\mu\nu}$ 必须满足如下条件:

(1)变换后 x'_μ 仍保持前三个分量为实,第四个分量为虚,因此要求

$$\alpha_{ik}\text{为实}, i,k = 1,2,3, \quad \alpha_{i4}, \alpha_{4i}\text{为虚}, i = 1,2,3, \quad \alpha_{44}\text{为实}$$

(2)变换后得到 Minkowski 空间矢量长度不变,表示光速在任意坐标系都相等。

$$x_\mu x_\mu \to x'_\mu x'_\mu = \alpha_{\mu\nu} x_\nu \alpha_{\mu\rho} x_\rho = x_\rho x_\rho$$

因此,这种变换要满足

$$\alpha_{\mu\nu}\alpha_{\mu\rho} = \delta_{\nu\rho} \tag{7.5.2}$$

由此得到矩阵 $\boldsymbol{\alpha}$ 的行列式的平方值为

$$(\det[\boldsymbol{\alpha}])^2 = 1 \tag{7.5.3}$$

在 Lorentz 变换下不变的量为标量(scaler),可以看到两个四维向量收缩积为标量。如:

$$x_\mu x_\mu, \partial_\mu \partial_\mu (\equiv \Box), \quad x_\mu \partial_\mu, \quad \partial_\mu V_\mu$$

都是标量,它们满足 Lorentz 变换下不变。

下面介绍 Lorentz 变换的几种特例:

(1)沿 Z 轴以匀速 v 运动的参照系,记 $\beta = v/c$,Lorentz 变换为

$$\boldsymbol{\alpha} = \begin{pmatrix} 1 & 0 & 0 & 0 \\ 0 & 1 & 0 & 0 \\ 0 & 0 & \dfrac{1}{\sqrt{1-\beta^2}} & \dfrac{\mathrm{i}\beta}{\sqrt{1-\beta^2}} \\ 0 & 0 & \dfrac{-\mathrm{i}\beta}{\sqrt{1-\beta^2}} & \dfrac{1}{\sqrt{1-\beta^2}} \end{pmatrix}, \quad \det(\boldsymbol{\alpha}) = \left(\frac{1}{1-\beta^2} - \frac{\beta^2}{1-\beta^2}\right) = 1 \tag{7.5.4}$$

(2)空间反射

$$\boldsymbol{\alpha}=\begin{pmatrix}-1 & & & 0\\ & -1 & & \\ & & -1 & \\ 0 & & & 1\end{pmatrix},\quad \det(\boldsymbol{\alpha})=-1 \tag{7.5.5}$$

(3)时间反演

$$\boldsymbol{\alpha}=\begin{pmatrix}1 & & & 0\\ & 1 & & \\ & & 1 & \\ 0 & & & -1\end{pmatrix},\quad \det(\boldsymbol{\alpha})=-1 \tag{7.5.6}$$

四维 Minkowski 空间的矩阵 $\boldsymbol{\alpha}$ 的逆矩阵是它的转置，在数学上称为正交变换。对于正交变换(7.5.1)式 $x_\mu \to x'_\mu=\alpha_{\mu\nu}x_\nu$ 两边乘 $\alpha_{\mu\rho}$ 对 $\boldsymbol{\mu}$ 求和得到

$$\alpha_{\mu\rho}x'_\mu=\alpha_{\mu\rho}\alpha_{\mu\nu}x_\nu=\delta_{\rho\nu}x_\nu=x_\rho \tag{7.5.7}$$

因此逆变换为

$$x_\rho=\alpha^{-1}_{\rho\mu}x'_\mu=\alpha_{\mu\rho}x'_\mu \tag{7.5.8}$$

即

$$\alpha^{-1}_{\mu\nu}=\alpha_{\nu\mu} \tag{7.5.9}$$

因此正逆矩阵乘积满足 $\alpha^{-1}_{\nu\mu}\alpha_{\mu\rho}=\delta_{\nu\rho}$，或

$$\alpha_{\mu\nu}\alpha_{\mu\rho}=\delta_{\nu\rho}\quad 和 \quad \alpha_{\nu\mu}\alpha_{\rho\mu}=\delta_{\nu\rho} \tag{7.5.10}$$

以沿 Z 轴以速度 v 作匀速运动的 Lorentz 变换为例，仅考虑 z 分量坐标与时间之间的 Lorentz 变换矩阵与它的转置矩阵乘积为

$$\begin{pmatrix}\dfrac{1}{\sqrt{1-\beta^2}} & \dfrac{\mathrm{i}\beta}{\sqrt{1-\beta^2}}\\ \dfrac{-\mathrm{i}\beta}{\sqrt{1-\beta^2}} & \dfrac{1}{\sqrt{1-\beta^2}}\end{pmatrix}\begin{pmatrix}\dfrac{1}{\sqrt{1-\beta^2}} & \dfrac{-\mathrm{i}\beta}{\sqrt{1-\beta^2}}\\ \dfrac{\mathrm{i}\beta}{\sqrt{1-\beta^2}} & \dfrac{1}{\sqrt{1-\beta^2}}\end{pmatrix}=I$$

由此验证了 Lorentz 正交变换矩阵 $\boldsymbol{\alpha}$ 的逆矩阵是它的转置。

所有满足上述性质的线性变换形成一个群，满足群的条件。存在幺元 $\alpha_{\mu\nu}=\delta_{\mu\nu}$ 和逆元 $\alpha^{-1}_{\mu\nu}=\alpha_{\nu\mu}$；满足封闭性和结合律，这个群称为齐次的 Lorentz 群(homogeneous Lorentz group)，记为 L。4×4 的矩阵有 16 个矩阵元，Lorentz 变换矩阵元存在 10 个约束条件：由正交条件(7.5.10)四个列之间两两正交给出 6 个约束条件，归一化条件，即每列归一给出 4 个约束条件，因此仅有六个独立分量，把这六个独立量看作群元的参数。

包含时空反演的变换的空间可分为四个不相连区域，它们分别是

$$\begin{aligned}&\text{Ⅰ}.\ \det(\boldsymbol{\alpha})=+1,\quad \alpha_{44}\geqslant+1(\text{正常空间})\\&\text{Ⅱ}.\ \det(\boldsymbol{\alpha})=-1,\quad \alpha_{44}\geqslant+1(\text{空间反射})\\&\text{Ⅲ}.\ \det(\boldsymbol{\alpha})=-1,\quad \alpha_{44}\leqslant-1(\text{时间反演})\\&\text{Ⅳ}.\ \det(\boldsymbol{\alpha})=+1,\quad \alpha_{44}\leqslant-1(\text{时空反演})\end{aligned} \tag{7.5.11}$$

由于仅在区域Ⅰ中包含幺元，它们之间不能连续过渡，因此 Lorentz 群是非紧致的。区域Ⅰ形成的子群称为真 Lorentz 群(proper Lorentz)，空间反射Ⅱ中的群元是由Ⅰ中任意群元与下列群元组合起来得到

$$x_i\to x'_i=-x_i\qquad x_4\to x'_4=x_4 \tag{7.5.12}$$

即 $\alpha_{ik}=-\delta_{ik},\alpha_{44}=1$。由Ⅰ和Ⅱ形成一个正时 Lorentz 群(full Lorentz group)。

2. Dirac 方程与表象无关

前面给出的 $\boldsymbol{\gamma}$ 矩阵的表示是在一定约定下给出的,$\boldsymbol{\gamma}$ 矩阵也可以有不同的表示形式。因此需要证明 Dirac 方程与 $\boldsymbol{\gamma}$ 矩阵的具体表示形式无关。

若写出一个 Dirac 方程

$$(\boldsymbol{\gamma}'_\mu\partial_\mu+\kappa)\boldsymbol{\psi}'=0 \tag{7.5.13}$$

其中四维 $\boldsymbol{\gamma}'_\mu$ 矩阵满足反对易关系 $\{\boldsymbol{\gamma}'_\mu,\boldsymbol{\gamma}'_\nu\}=2\boldsymbol{\delta}_{\mu\nu}$。

Pauli 定理:若有两组 4×4 矩阵分别都满足反对易关系,$\{\boldsymbol{\gamma}_\mu,\boldsymbol{\gamma}_\nu\}=2\boldsymbol{\delta}_{\mu\nu}$ 和 $\{\boldsymbol{\gamma}'_\mu,\boldsymbol{\gamma}'_\nu\}=2\boldsymbol{\delta}_{\mu\nu}$ 时,一定存在一个非奇异的,且是唯一的 4×4 矩阵 $\boldsymbol{S}$,使得它们之间满足如下变换关系

$$\boldsymbol{S}\boldsymbol{\gamma}_\mu\boldsymbol{S}^{-1}=\boldsymbol{\gamma}'_\mu \qquad \boldsymbol{S}^{-1}\boldsymbol{\gamma}'_\mu\boldsymbol{S}=\boldsymbol{\gamma}_\mu \tag{7.5.14}$$

其中非奇异是指一定存在 $\boldsymbol{S}$ 的逆矩阵使得 $\boldsymbol{S}\boldsymbol{S}^{-1}=1$ 成立。根据这个定理,将(7.5.13)改写成

$$(\boldsymbol{S}\boldsymbol{\gamma}_\mu\boldsymbol{S}^{-1}\partial_\mu+\kappa)\boldsymbol{S}\boldsymbol{S}^{-1}\boldsymbol{\psi}'=0 \tag{7.5.15}$$

左乘 $\boldsymbol{S}^{-1}$ 且 $\boldsymbol{S}$ 与 ∂_μ 可对易,方程(7.5.15)变为

$$(\boldsymbol{\gamma}_\mu\partial_\mu+\kappa)\boldsymbol{S}^{-1}\boldsymbol{\psi}'=0 \tag{7.5.16}$$

可见 $\boldsymbol{S}^{-1}\boldsymbol{\psi}'$ 是 Dirac 方程的解,因此方程(7.5.13)与 Dirac 方程 $(\boldsymbol{\gamma}_\mu\partial_\mu+\kappa)\boldsymbol{\psi}=0$ 等价,证明了 Dirac 方程与表象无关。如果 $\boldsymbol{\gamma}'_\mu$ 也是厄密的,则 $\boldsymbol{S}$ 为幺正的,即 $\boldsymbol{S}^\dagger=\boldsymbol{S}^{-1}$。$\boldsymbol{\psi}$ 与 $\boldsymbol{\psi}'$ 之间的关系为上述唯一的 4×4 $\boldsymbol{S}$ 矩阵的变换

$$\boldsymbol{\psi}'=\boldsymbol{S}\boldsymbol{\psi}, \qquad \boldsymbol{\psi}'^\dagger=\boldsymbol{\psi}^\dagger\boldsymbol{S}^{-1} \tag{7.5.17}$$

又知 $\overline{\boldsymbol{\psi}}=\boldsymbol{\psi}^\dagger\boldsymbol{\gamma}_4$,且有

$$\overline{\boldsymbol{\psi}}'=\boldsymbol{\psi}'^\dagger\boldsymbol{\gamma}'_4=\boldsymbol{\psi}^\dagger\boldsymbol{S}^{-1}\boldsymbol{\gamma}'_4\boldsymbol{S}\boldsymbol{S}^{-1}=\boldsymbol{\psi}^\dagger\boldsymbol{\gamma}_4\boldsymbol{S}^{-1}=\overline{\boldsymbol{\psi}}\boldsymbol{S}^{-1}$$

在任意 $\boldsymbol{\gamma}$ 矩阵的表示形式下,利用(7.5.14)式和(7.5.17)式,四维概率密度流满足下面关系

$$j_\mu=\overline{\boldsymbol{\psi}}'\boldsymbol{\gamma}'_\mu\boldsymbol{\psi}'=\overline{\boldsymbol{\psi}}\boldsymbol{S}^{-1}\boldsymbol{S}\boldsymbol{\gamma}_\mu\boldsymbol{S}^{-1}\boldsymbol{S}\boldsymbol{\psi}=\overline{\boldsymbol{\psi}}\boldsymbol{\gamma}_\mu\boldsymbol{\psi} \tag{7.5.18}$$

因而四维概率密度流的表示 $j_\mu=\mathrm{i}c\,\overline{\boldsymbol{\psi}}\boldsymbol{\gamma}_\mu\boldsymbol{\psi}$ 与 $\boldsymbol{\gamma}$ 矩阵的表象无关。

3. Dirac 方程在 Lorentz 变换下的协变性

由 Dirac 方程 $(\boldsymbol{\gamma}_\mu\partial_\mu+\kappa)\boldsymbol{\psi}=0$ 出发,在 Lorentz 变换(7.5.1)下有

$$\partial_\mu=\alpha_{\nu\mu}\partial'_\nu$$

将变换转移到 $\boldsymbol{\gamma}_\mu$ 矩阵上,因此

$$\boldsymbol{\gamma}_\mu\partial_\mu=\boldsymbol{\gamma}_\mu\alpha_{\nu\mu}\partial'_\nu=\alpha_{\nu\mu}\boldsymbol{\gamma}_\mu\partial'_\nu\equiv\overline{\boldsymbol{\gamma}}_\nu\partial'_\nu$$

Dirac 方程变为

$$(\overline{\boldsymbol{\gamma}}_\nu\partial'_\nu+\kappa)\boldsymbol{\psi}=0 \tag{7.5.19}$$

可以证明 $\overline{\boldsymbol{\gamma}}_\nu=\alpha_{\nu\mu}\boldsymbol{\gamma}_\mu$ 仍然满足和 Dirac 矩阵相同的代数关系

$$\overline{\boldsymbol{\gamma}}_\mu\,\overline{\boldsymbol{\gamma}}_\nu+\overline{\boldsymbol{\gamma}}_\nu\,\overline{\boldsymbol{\gamma}}_\mu=2\delta_{\mu\nu} \tag{7.5.20}$$

证明:

$$\overline{\boldsymbol{\gamma}}_\mu\,\overline{\boldsymbol{\gamma}}_\nu+\overline{\boldsymbol{\gamma}}_\nu\,\overline{\boldsymbol{\gamma}}_\mu=\alpha_{\mu\rho}\boldsymbol{\gamma}_\rho\alpha_{\nu\delta}\boldsymbol{\gamma}_\delta+\alpha_{\nu\delta}\boldsymbol{\gamma}_\delta\alpha_{\mu\rho}\boldsymbol{\gamma}_\rho$$

$$= \alpha_{\mu\rho}\alpha_{\nu\delta}(\boldsymbol{\gamma}_\rho\boldsymbol{\gamma}_\delta + \boldsymbol{\gamma}_\delta\boldsymbol{\gamma}_\rho) = \alpha_{\mu\rho}\alpha_{\nu\delta} \cdot 2\delta_{\rho\delta} = 2\alpha_{\mu\rho}\alpha_{\nu\rho} = 2\delta_{\mu\nu} \tag{7.5.21}$$

根据 Pauli 定理(7.5.14),存在一个 4×4 维矩阵,记为 $\boldsymbol{L}$,对 $\boldsymbol{\gamma}$ 矩阵的变换可以写成如下形式

$$\overline{\boldsymbol{\gamma}}_\mu = \alpha_{\mu\nu}\boldsymbol{\gamma}_\nu \equiv \boldsymbol{L}^{-1}\boldsymbol{\gamma}_\mu\boldsymbol{L} \tag{7.5.22}$$

代入方程(7.5.19),又知 $\boldsymbol{L}$ 与坐标无关,与 ∂'_μ可对易,得到

$$(\boldsymbol{L}^{-1}\boldsymbol{\gamma}_\mu\boldsymbol{L}\partial'_\mu + \kappa)\boldsymbol{\psi} = 0$$

这个方程左乘 $\boldsymbol{L}$ 得到下面的方程

$$(\boldsymbol{\gamma}_\mu\partial'_\mu + \kappa)\boldsymbol{L}\boldsymbol{\psi} = 0 \tag{7.5.23}$$

因而在 Lorentz 变换下,波函数的变化以及满足的方程分别为

$$\boldsymbol{\psi}' = \boldsymbol{L}\boldsymbol{\psi}, \qquad (\boldsymbol{\gamma}_\mu\partial'_\mu + \kappa)\boldsymbol{\psi}' = 0 \tag{7.5.24}$$

由此证明了 Dirac 方程在四维时空坐标的 Lorentz 变换下具有协变性,即方程形式不变,变换算符 $\boldsymbol{L} = \boldsymbol{L}(\alpha_{\mu\nu})$形成 Lorentz 群的一个群表示。

下面讨论其共轭波函数$\overline{\boldsymbol{\psi}} \equiv \boldsymbol{\psi}^\dagger\boldsymbol{\gamma}_4$ 满足的方程和在 Lorentz 变换下的变换性质。Dirac 方程的共轭方程为

$$\partial_\mu^* \boldsymbol{\psi}^\dagger\boldsymbol{\gamma}_\mu + \kappa\boldsymbol{\psi}^\dagger = 0 \tag{7.5.25}$$

在方程的右边乘上 $\boldsymbol{\gamma}_4$,得到

$$\partial_\mu^* \boldsymbol{\psi}^\dagger\boldsymbol{\gamma}_\mu\boldsymbol{\gamma}_4 + \kappa\boldsymbol{\psi}^\dagger\boldsymbol{\gamma}_4 = 0$$

注意到 $\boldsymbol{\gamma}_i\boldsymbol{\gamma}_4 = -\boldsymbol{\gamma}_4\boldsymbol{\gamma}_i$,$\partial_i^* = \partial_i$,$\partial_4^* = -\partial_4$,因此方程(7.5.25)的第一项中每一分量都产生了一个负号,由此得到$\overline{\psi}$满足的方程

$$\partial_\mu \overline{\boldsymbol{\psi}}\boldsymbol{\gamma}_\mu - \kappa\overline{\boldsymbol{\psi}} = 0 \tag{7.5.26}$$

利用逆变换 $\partial_\mu = \alpha_{\nu\mu}\partial'_\nu$代入方程得到

$$\alpha_{\nu\mu}\partial'_\nu\overline{\boldsymbol{\psi}}\boldsymbol{\gamma}_\mu - \kappa\overline{\boldsymbol{\psi}} = \partial'_\nu\overline{\boldsymbol{\psi}}\alpha_{\nu\mu}\boldsymbol{\gamma}_\mu - \kappa\overline{\boldsymbol{\psi}} = \partial'_\nu\overline{\boldsymbol{\psi}}\boldsymbol{L}^{-1}\boldsymbol{\gamma}_\nu\boldsymbol{L} - \kappa\overline{\boldsymbol{\psi}} = 0 \tag{7.5.27}$$

将上式右乘上 $\boldsymbol{L}^{-1}$,并记

$$\overline{\boldsymbol{\psi}}' = \overline{\boldsymbol{\psi}}\boldsymbol{L}^{-1}$$

得到在 Lorentz 变换下$\overline{\boldsymbol{\psi}}'$满足的方程

$$\partial'_\nu\overline{\psi}'\boldsymbol{\gamma}_\nu - \kappa\overline{\psi}' = 0 \tag{7.5.28}$$

$\overline{\boldsymbol{\psi}}$变换后仍然满足与(7.5.26)相同的方程,因而在 Lorentz 变换下有

$$\overline{\boldsymbol{\psi}} \to \overline{\boldsymbol{\psi}}' = \overline{\psi}\boldsymbol{L}^{-1} \tag{7.5.29}$$

又知 $\boldsymbol{\psi}$ 在 Lorentz 变换下的变换是 $\boldsymbol{\psi}' = \boldsymbol{L}\psi$,因此

$$\overline{\boldsymbol{\psi}}'\boldsymbol{\psi}' = \overline{\boldsymbol{\psi}}\boldsymbol{L}^{-1}\boldsymbol{L}\boldsymbol{\psi} = \overline{\boldsymbol{\psi}}\boldsymbol{\psi}$$

$\overline{\boldsymbol{\psi}}\boldsymbol{\psi}$ 在 Lorentz 变换下是个不变量,即是在 Lorentz 变换下的标量。

4. Lorentz 群的无穷小变换

真 Lorentz 变换可以从恒等变换($\alpha_{\mu\nu} = \delta_{\mu\nu}$)出发,经过一系列无穷小变换形成,群的无穷小变换的形式为

$$x_\mu \to x'_\mu = \alpha_{\mu\nu}x_\nu \simeq (\delta_{\mu\nu} + \varepsilon_{\mu\nu})x_\nu \tag{7.5.30}$$

即无穷小变换$|\varepsilon_{\mu\nu}| \ll 1$ 下有

$$\alpha_{\mu\nu} = \delta_{\mu\nu} + \varepsilon_{\mu\nu} \tag{7.5.31}$$

$\varepsilon_{\mu\nu}$须满足条件：ε_{ik}和 ε_{44}为实，ε_{i4}，ε_{4i}为虚，由正交条件(7.5.6)式可导出：

$$\delta_{\nu\rho}=\alpha_{\mu\nu}\alpha_{\mu\rho}\simeq(\delta_{\mu\nu}+\varepsilon_{\mu\nu})(\delta_{\mu\rho}+\varepsilon_{\mu\rho})\simeq\delta_{\nu\rho}+\varepsilon_{\rho\nu}+\varepsilon_{\nu\rho}$$

因此在无穷小变换下要求 $\varepsilon_{\rho\nu}=-\varepsilon_{\nu\rho}$，即无穷小矩阵 ε 是个反对称矩阵。

对于一个反对称矩阵 $\varepsilon_{\mu\nu}$，只可能有六个独立参数，(7.5.31)也可表示成

$$x_\mu\to x'_\mu=\left(I+\frac{1}{2}\varepsilon_{\rho\sigma}I_{\rho\sigma}\right)_{\mu\tau}x_\tau \tag{7.5.32}$$

其中

$$(I_{\rho\sigma})_{\mu\tau}=\delta_{\rho\mu}\delta_{\sigma\tau}-\delta_{\rho\tau}\delta_{\sigma\mu}$$

对 Lorentz 群的四维表示的无穷小算符，定义真 Lorentz 变换下六个生成元 $\boldsymbol{I}_{12}$，$\boldsymbol{I}_{13}$，$\boldsymbol{I}_{14}$，$\boldsymbol{I}_{23}$，$\boldsymbol{I}_{24}$，$\boldsymbol{I}_{34}$，它们可表示为

$$\boldsymbol{I}_{\rho\sigma}=\frac{1}{4}(\boldsymbol{\gamma}_\rho\boldsymbol{\gamma}_\sigma-\boldsymbol{\gamma}_\sigma\boldsymbol{\gamma}_\rho)=\frac{1}{2}\boldsymbol{\gamma}_\rho\boldsymbol{\gamma}_\sigma,\qquad \rho\neq\sigma \tag{7.5.33}$$

用(7.5.4)式可以继续将六个生成元演化为与 Σ 有关形式：

$$\boldsymbol{I}_{12}=\frac{1}{2}\boldsymbol{\gamma}_1\boldsymbol{\gamma}_2=\frac{\mathrm{i}}{2}\Sigma_3,\quad \boldsymbol{I}_{13}=\frac{1}{2}\boldsymbol{\gamma}_1\boldsymbol{\gamma}_3=-\frac{\mathrm{i}}{2}\Sigma_2,\quad \boldsymbol{I}_{23}=\frac{1}{2}\boldsymbol{\gamma}_2\boldsymbol{\gamma}_3=\frac{\mathrm{i}}{2}\Sigma_1$$

和

$$\boldsymbol{I}_{j4}=\frac{1}{2}\boldsymbol{\gamma}_j\boldsymbol{\gamma}_4=-\frac{\mathrm{i}}{2}\Sigma_j\boldsymbol{\gamma}_5,\quad j=1,2,3 \tag{7.5.34}$$

利用

$$[\boldsymbol{\gamma}_\alpha\boldsymbol{\gamma}_\beta,\boldsymbol{\gamma}_\mu]=2\boldsymbol{\gamma}_\alpha\delta_{\beta\mu}-2\boldsymbol{\gamma}_\beta\delta_{\alpha\mu} \tag{7.5.35}$$

六个无穷小生成元满足下面的对易关系

$$\begin{aligned}[\boldsymbol{I}_{\alpha\beta},\boldsymbol{I}_{\mu\nu}]&=\left[\frac{1}{2}\boldsymbol{\gamma}_\alpha\boldsymbol{\gamma}_\beta,\frac{1}{2}\boldsymbol{\gamma}_\mu\boldsymbol{\gamma}_\nu\right]=\frac{1}{4}[\boldsymbol{\gamma}_\alpha\boldsymbol{\gamma}_\beta,\boldsymbol{\gamma}_\mu\boldsymbol{\gamma}_\nu]\\&=\frac{1}{4}(\boldsymbol{\gamma}_\mu[\boldsymbol{\gamma}_\alpha\boldsymbol{\gamma}_\beta,\boldsymbol{\gamma}_\nu]+[\boldsymbol{\gamma}_\alpha\boldsymbol{\gamma}_\beta,\boldsymbol{\gamma}_\mu]\boldsymbol{\gamma}_\nu)\\&=\frac{1}{4}(\boldsymbol{\gamma}_\mu(2\boldsymbol{\gamma}_\alpha\delta_{\beta\nu}-2\boldsymbol{\gamma}_\beta\delta_{\alpha\nu})+(2\boldsymbol{\gamma}_\alpha\delta_{\beta\mu}-2\boldsymbol{\gamma}_\beta\delta_{\alpha\mu})\boldsymbol{\gamma}_\nu)\end{aligned}$$

即六个无穷小生成元满足的对易关系为

$$[\boldsymbol{I}_{\alpha\beta},\boldsymbol{I}_{\mu\nu}]=\delta_{\beta\nu}\boldsymbol{I}_{\mu\alpha}-\delta_{\alpha\nu}\boldsymbol{I}_{\mu\beta}+\delta_{\beta\mu}\boldsymbol{I}_{\alpha\nu}-\delta_{\alpha\mu}\boldsymbol{I}_{\beta\nu} \tag{7.5.36}$$

Lorentz 变换下 $\boldsymbol{L}$ 可以用无穷小生成元来表示，由(7.5.30)式出发，对 $\boldsymbol{\gamma}_\mu$ 的无穷小变换

$$\boldsymbol{L}^{-1}\boldsymbol{\gamma}_\mu\boldsymbol{L}=\alpha_{\mu\nu}\boldsymbol{\gamma}_\nu=\boldsymbol{\gamma}_\mu+\varepsilon_{\mu\nu}\boldsymbol{\gamma}_\nu=(\delta_{\mu\nu}+\varepsilon_{\mu\nu})\boldsymbol{\gamma}_\nu \tag{7.5.37}$$

可以得到 $\boldsymbol{L}$ 和 $\boldsymbol{L}^{-1}$的表示分别为

$$\begin{aligned}\boldsymbol{L}&=\boldsymbol{I}+\frac{1}{8}\varepsilon_{\rho\sigma}(\boldsymbol{\gamma}_\rho\boldsymbol{\gamma}_\sigma-\boldsymbol{\gamma}_\sigma\boldsymbol{\gamma}_\rho)=\boldsymbol{I}+\frac{1}{4}\varepsilon_{\rho\sigma}\boldsymbol{\gamma}_\rho\boldsymbol{\gamma}_\sigma=\boldsymbol{I}+\frac{1}{2}\varepsilon_{\rho\sigma}\boldsymbol{I}_{\rho\sigma}\\\boldsymbol{L}^{-1}&=\boldsymbol{I}-\frac{1}{8}\varepsilon_{\rho\sigma}(\boldsymbol{\gamma}_\rho\boldsymbol{\gamma}_\sigma-\boldsymbol{\gamma}_\sigma\boldsymbol{\gamma}_\rho)=\boldsymbol{I}-\frac{1}{4}\varepsilon_{\rho\sigma}\boldsymbol{\gamma}_\rho\boldsymbol{\gamma}_\sigma=\boldsymbol{I}-\frac{1}{2}\varepsilon_{\rho\sigma}\boldsymbol{I}_{\rho\sigma}\end{aligned} \tag{7.5.38}$$

可以证明上述 $\boldsymbol{L}$ 和 $\boldsymbol{L}^{-1}$的表示满足无穷小变换条件

$$\begin{aligned}\boldsymbol{L}^{-1}\boldsymbol{\gamma}_\mu\boldsymbol{L}&=(\boldsymbol{I}-\frac{1}{4}\varepsilon_{\rho\sigma}\boldsymbol{\gamma}_\rho\boldsymbol{\gamma}_\sigma)\boldsymbol{\gamma}_\mu(\boldsymbol{I}+\frac{1}{4}\varepsilon_{\rho\sigma}\boldsymbol{\gamma}_\rho\boldsymbol{\gamma}_\sigma)\\&=\boldsymbol{\gamma}_\mu-\frac{1}{4}\varepsilon_{\rho\sigma}(\boldsymbol{\gamma}_\rho\boldsymbol{\gamma}_\sigma\boldsymbol{\gamma}_\mu-\boldsymbol{\gamma}_\mu\boldsymbol{\gamma}_\rho\boldsymbol{\gamma}_\sigma)=\boldsymbol{\gamma}_\mu-\frac{1}{4}\varepsilon_{\rho\sigma}[\boldsymbol{\gamma}_\rho\boldsymbol{\gamma}_\sigma,\boldsymbol{\gamma}_\mu]\\&=\boldsymbol{\gamma}_\mu-\frac{1}{4}\varepsilon_{\rho\sigma}(2\boldsymbol{\gamma}_\rho\delta_{\sigma\mu}-2\boldsymbol{\gamma}_\sigma\delta_{\rho\mu})=\boldsymbol{\gamma}_\mu-\frac{1}{2}\varepsilon_{\rho\mu}\boldsymbol{\gamma}_\rho+\frac{1}{2}\varepsilon_{\mu\sigma}\boldsymbol{\gamma}_\sigma\end{aligned}$$

第三项中将 σ 换成 ρ，得到

$$L^{-1}\boldsymbol{\gamma}_\mu L=\delta_{\mu\rho}\boldsymbol{\gamma}_\rho-\frac{1}{2}\varepsilon_{\rho\mu}\boldsymbol{\gamma}_\rho+\frac{1}{2}\varepsilon_{\mu\rho}\boldsymbol{\gamma}_\rho=(\delta_{\mu\rho}+\varepsilon_{\mu\rho})\boldsymbol{\gamma}_\rho=\alpha_{\mu\rho}\boldsymbol{\gamma}_\rho \tag{7.5.39}$$

与(7.5.36)式比较，确实得到了满足 Lorentz 变换下的表示。(7.5.33)式给出的六个 $\boldsymbol{I}_{\rho\sigma}$ 构成了 Lorentz 群的一个四维表示的无穷小算符。该表示称为 Lorentz 群的 Dirac 表示。表示空间的群元称为 Dirac 旋量。而 $\psi(x)$ 的四个分量是这个表示空间的四个分量。

由(7.5.22)得到 $\boldsymbol{\gamma}$ 矩阵在 Lorentz 变换下满足 $\bar{\boldsymbol{\gamma}}_\mu=L^{-1}\boldsymbol{\gamma}_\mu L$。对两个 $\boldsymbol{\gamma}$ 矩阵的变换可以写成

$$\bar{\boldsymbol{\gamma}}_\mu\bar{\boldsymbol{\gamma}}_\nu=L^{-1}\boldsymbol{\gamma}_u\boldsymbol{\gamma}_\nu L=\alpha_{\mu\rho}\boldsymbol{\gamma}_\rho\alpha_{\nu\delta}\boldsymbol{\gamma}_\delta=L^{-1}\boldsymbol{\gamma}_\mu LL^{-1}\boldsymbol{\gamma}_\nu L$$

首先讨论 $\boldsymbol{\gamma}_5$ 在真 Lorentz 变换(7.5.4)下的行为，

$$\begin{aligned}L^{-1}\boldsymbol{\gamma}_5L&=L^{-1}\boldsymbol{\gamma}_1LL^{-1}\boldsymbol{\gamma}_2LL^{-1}\boldsymbol{\gamma}_3LL^{-1}\boldsymbol{\gamma}_4L\\&=(\alpha_{1\mu}\boldsymbol{\gamma}_\mu)(\alpha_{2\nu}\boldsymbol{\gamma}_\nu)(\alpha_{3\rho}\boldsymbol{\gamma}_\rho)(\alpha_{4\lambda}\boldsymbol{\gamma}_\lambda)=\boldsymbol{\gamma}_1\boldsymbol{\gamma}_2(\alpha_{33}\boldsymbol{\gamma}_3+\alpha_{34}\boldsymbol{\gamma}_4)(\alpha_{43}\boldsymbol{\gamma}_3+\alpha_{44}\boldsymbol{\gamma}_4)\\&=\boldsymbol{\gamma}_1\boldsymbol{\gamma}_2\left(\frac{1}{\sqrt{1-\beta^2}}\boldsymbol{\gamma}_3+\frac{\mathrm{i}\beta}{\sqrt{1-\beta^2}}\boldsymbol{\gamma}_4\right)\left(\frac{-\mathrm{i}\beta}{\sqrt{1-\beta^2}}\boldsymbol{\gamma}_3+\frac{1}{\sqrt{1-\beta^2}}\boldsymbol{\gamma}_4\right)\\&=\boldsymbol{\gamma}_1\boldsymbol{\gamma}_2\left(\frac{1}{1-\beta^2}\boldsymbol{\gamma}_3\boldsymbol{\gamma}_4+\frac{\beta^2}{1-\beta^2}\boldsymbol{\gamma}_4\boldsymbol{\gamma}_3\right)=\boldsymbol{\gamma}_1\boldsymbol{\gamma}_2\boldsymbol{\gamma}_3\boldsymbol{\gamma}_4=\boldsymbol{\gamma}_5\end{aligned}$$

在真 Lorentz 变换下 L 和 $\boldsymbol{\gamma}_5$ 可对易，

$$L^{-1}\boldsymbol{\gamma}_5L=\boldsymbol{\gamma}_5,\qquad \boldsymbol{\gamma}_5L=L\boldsymbol{\gamma}_5 \tag{7.5.40}$$

5. 空间反射下 Lorentz 变换

在空间反射变换下，Minkowski 向量的变化分别为

$$x_i\to x_i'=-x_i,\quad t\to t'\quad 即\quad \alpha_{ik}=-\delta_{ik},\quad \alpha_{44}=1 \tag{7.5.41}$$

$\boldsymbol{\gamma}$ 矩阵的变换为

$$\alpha_{\mu\nu}\boldsymbol{\gamma}_\nu=L^{-1}\boldsymbol{\gamma}_\mu L \tag{7.5.42}$$

由(7.5.5)得到

$$-\boldsymbol{\gamma}_i=L^{-1}\boldsymbol{\gamma}_iL,\quad i=1,2,3\quad 而\quad \boldsymbol{\gamma}_4=L^{-1}\boldsymbol{\gamma}_4L \tag{7.5.43}$$

满足(7.5.43)的空间反射变换矩阵可以写为

$$L=\xi\boldsymbol{\gamma}_4 \tag{7.5.44}$$

空间反射涉及宇称，粒子的内禀宇称为 ξ，要求两次空间反射变换使系统回归到原来状态，$LL=I$，或 $L^{-1}=L$，因此 $\xi^2=1$。空间反射对 $\boldsymbol{\gamma}$ 矩阵的变换为

$$\alpha_{\mu\nu}\gamma_\nu=L^{-1}\boldsymbol{\gamma}_\mu L=\xi^2\boldsymbol{\gamma}_4\boldsymbol{\gamma}_\mu\boldsymbol{\gamma}_4=\boldsymbol{\gamma}_4\boldsymbol{\gamma}_\mu\boldsymbol{\gamma}_4$$

空间反射变换下 Dirac 旋量的变换 $\psi(x)\to L\psi=\pm\boldsymbol{\gamma}_4\psi$ 值得注意的是，对波函数的空间反射变换中仅包含一次空间反射，则会有 $\xi=\pm1$ 出现，符号涉及粒子的内禀宇称。

另外，由 $\{\boldsymbol{\gamma}_5,\boldsymbol{\gamma}_\mu\}=0$ 的反对易关系得到

$$L^{-1}\boldsymbol{\gamma}_5L=\xi^2\boldsymbol{\gamma}_4\boldsymbol{\gamma}_5\boldsymbol{\gamma}_4=-\boldsymbol{\gamma}_5\boldsymbol{\gamma}_4\boldsymbol{\gamma}_4=-\boldsymbol{\gamma}_5$$

因此在空间反射下 L 与 $\boldsymbol{\gamma}_5$ 反对易

$$\boldsymbol{\gamma}_5L=-L\boldsymbol{\gamma}_5 \tag{7.5.45}$$

这与在真 Lorentz 变换下 $\boldsymbol{\gamma}_5$ 与 L 是可对易的情况不同。

纵上所述，无论在真 Lorentz 群变换和空间反射变换下波函数的变换表示都是 $L\psi$，只是 L 不同而已。

7.6 由$\bar{\psi}$,ψ 和 γ_μ矩阵组成的协变量

在相对论量子力学的理论研究中,物理量是由$\bar{\psi}$,ψ 及 γ_μ 矩阵组成的 Lorentz 协变量,作为基础性的知识介绍,这儿给出这些协变量的表示形式。

4×4 矩阵一定有 16 个线性独立的矩阵,所有 4×4 矩阵可以由它们的线性组合构成。最简单的 16 个线性独立的矩阵可以是由每个矩阵仅在某一行某一列的矩阵元为 1,而其他矩阵元全为 0 的矩阵构成,这被称为平凡基。但是,这种平凡基不能构成在 Lorentz 变换下的协变量。为此,可以取由满足反对易关系的四个 γ 矩阵构成的十六个线性独立的矩阵,记为 Γ_A。用这些线性独立的矩阵的线性组合给出任意 4×4 矩阵。它们的运算组成 Γ 代数。下面给出所有可能 γ 矩阵的多重积,以及各种 γ 矩阵的多重积组成的独立矩阵的数目。

最高重积	$\gamma_5=\gamma_1\gamma_2\gamma_3\gamma_4$	1	
三重积	$\gamma_\mu\gamma_\nu\gamma_\sigma \quad \mu\neq\nu\neq\sigma$ 或 $i\gamma_5\gamma_\rho$	4	
二重积	$\gamma_\mu\gamma_\nu \quad \mu\neq\nu$	6	(7.6.1)
一重积	γ_μ	4	
零重积	I	1	

而更高的 γ 矩阵多重积都可以约化为上述多重积的表示,因此所有的 Γ 矩阵乘积都能由上面 16 个线性独立的矩阵来表示。可以证明,Γ_A 具有如下性质:

(1)16 个 Γ_A 矩阵都有 $\Gamma_A^2=I$,因而 $\Gamma_A^{-1}=\Gamma_A$。

(2)除单位矩阵,每个 Γ_A 都存在另外一个 Γ_B 与它反对易,$\Gamma_A\Gamma_B=-\Gamma_B\Gamma_A$。

(3)除单位矩阵外,Γ_A 的迹为 0。

证:由上面的性质,总可找到 Γ_B,使得 $\Gamma_B\Gamma_A=-\Gamma_A\Gamma_B$。

有 $\mathrm{Tr}\Gamma_A=\mathrm{Tr}(\Gamma_A\Gamma_B^2)=-\mathrm{Tr}(\Gamma_B\Gamma_A\Gamma_B)=-\mathrm{Tr}(\Gamma_A\Gamma_B^2)=-\mathrm{Tr}\Gamma_A$,因此 $\mathrm{Tr}\Gamma_A=0$。

(4)16 个 Γ_A 矩阵的行列式全为 1($\det\Gamma_A=1$)。

由 $\Gamma_A^2=I$,则 $\det\Gamma_A^2=(\det\Gamma_A)^2=1$,$\Gamma_A$ 矩阵的行列式只能为 ±1。在 Γ_A 的对角化的表象中,它的迹仍为零,这样对角元中取 $+1$ 和 -1 的数目相等,因而是偶数。Γ_A 矩阵的行列式的值只能取 $+1$。

(5)Γ_A 彼此是线性独立的。即任何一个 4×4 矩阵,都可以表示为 16 个 Γ_A 矩阵的线性组合。这个论述也可以表示为:若 $\sum_{A=1}^{16} C_A\Gamma_A=0$,则所有的 C_A 为零,即 $C_A=0, A=1,2,\cdots,16$。

证:用 Γ_B 来乘 $\sum_{A=1}^{16} C_A\Gamma_A=0$,当 $A\neq B$ 时,$\Gamma_B\Gamma_A\neq1$,而是另一个矩阵 $\Gamma_B\Gamma_A=c\Gamma_C$,得到 $C_B+\sum_{A\neq B} C_A\Gamma_B\Gamma_A=0$ 对两边求积,得到 $C_B=0$,B 是任意的,所以对任意 $C_B=0$ 都成立。

(6)若一个矩阵与 16 个 Γ_A 矩阵都对易,则该矩阵必为单位矩阵的倍数。

在 Lorentz 变换下的 Dirac 协变量可由 Γ_A 与$\bar{\psi}$,ψ 构成。由 Γ 代数得知,在相对论理论中所有的物理量的 Dirac 协变量仅可能有下面五种:

①标量 $S=\bar{\psi}\psi$ 对应零重积；

②赝标量 $P=\mathrm{i}\,\bar{\psi}\gamma_5\psi$ 对应最高重积；

③矢量 $V_\mu=\mathrm{i}\,\bar{\psi}\gamma_\mu\psi$ 对应一重积；

④赝矢量 $A_\mu=\mathrm{i}\,\bar{\psi}\gamma_5\gamma_\mu\psi$ 对应三重积；

⑤反对称张量 $T_{\mu\nu}=\frac{1}{2\mathrm{i}}\bar{\psi}(\gamma_\mu\gamma_\nu-\gamma_\nu\gamma_\mu)\psi$ 对应二重积。

定义这些协变量时，除了标量外，引入了 i 因子，这是为了使它们满足矢量和张量的性质，如保持矢量 V_μ 的前三个分量为实，而第四个分量为虚，厄密共轭的实部不变号，虚部变号：

$$V_\mu^\dagger=(\mathrm{i}\,\bar{\psi}\gamma_\mu\psi)^\dagger=-\mathrm{i}\psi^\dagger\gamma_\mu\gamma_4\psi=-\mathrm{i}\,\bar{\psi}\gamma_4\gamma_\mu\gamma_4\psi=(\mathrm{i}\,\bar{\psi}\gamma_i\psi,\ -\mathrm{i}\,\bar{\psi}\gamma_4\psi)$$

且保持赝标量为实的，$P^\dagger=-\mathrm{i}\,\bar{\psi}\gamma_5\gamma_4\psi=\mathrm{i}\,\bar{\psi}\gamma_5\psi=P$，等。

下面逐一讨论它们在 Lorentz 变换下的行为：

在真 Lorentz 变换下，标量是不变量，

$$S'=\bar{\psi}L^{-1}L\psi=\bar{\psi}\psi=S \tag{7.6.2}$$

在真 Lorentz 变换下，由于 L 与 γ_5 对易，因此赝标量也是不变量。

$$P'=\mathrm{i}\,\bar{\psi}'\gamma_5\psi'=\mathrm{i}\,\bar{\psi}L^{-1}\gamma_5L\psi=\mathrm{i}\,\bar{\psi}\gamma_5\psi=P \tag{7.6.3}$$

但是在空间反射变换下情况就不同了，标量的变换

$$S'=\bar{\psi}L^{-1}L\psi=S$$

仍然保持不变，而赝标量的变换按式(7.5.45)，L 与 γ_5 反对易，有

$$P'=\mathrm{i}\,\bar{\psi}L^{-1}\gamma_5L\psi=-\mathrm{i}\,\bar{\psi}\gamma_5L^{-1}L\psi=-\mathrm{i}\,\bar{\psi}\gamma_5\psi=-P \tag{7.6.4}$$

在空间反射下出现了负号，因而称 P 为赝标量。

矢量 V_μ 在真 Lorentz 变换下按向量变换，

$$V_\mu'=\mathrm{i}\,\bar{\psi}'\gamma_\mu\psi'=\mathrm{i}\,\bar{\psi}L^{-1}\gamma_\mu L\psi=\alpha_{\mu\nu}(\mathrm{i}\,\bar{\psi}\gamma_\nu\psi)=\alpha_{\mu\nu}V_\nu \tag{7.6.5}$$

在空间反射变换下保持了一个向量的特性。

$$V_\mu'=\mathrm{i}\,\bar{\psi}'\gamma_\mu\psi'=\mathrm{i}\,\bar{\psi}L^{-1}\gamma_\mu L\psi=\alpha_{\mu\nu}(\mathrm{i}\,\bar{\psi}\gamma_\nu\psi)=\begin{cases}-V_i, & i=1,2,3\\ V_4, & \mu=4\end{cases} \tag{7.6.6}$$

而赝矢量 A_μ 在真 Lorentz 变换下

$$A_\mu'=\mathrm{i}\,\bar{\psi}'\gamma_5\gamma_\mu\psi'=\mathrm{i}\,\bar{\psi}L^{-1}\gamma_5\gamma_\mu L\psi=\mathrm{i}\,\bar{\psi}\gamma_5L^{-1}\gamma_\mu L\psi=\alpha_{\mu\nu}A_\nu \tag{7.6.7}$$

与矢量 V_μ 的变换相同。但在空间反射变换下

$$A_\mu'=\mathrm{i}\,\bar{\psi}'\gamma_5\gamma_\mu\psi'=\mathrm{i}\,\bar{\psi}L^{-1}\gamma_5\gamma_\mu L\psi=-\alpha_{\mu\nu}(\mathrm{i}\,\bar{\psi}\gamma_5\gamma_\nu\psi)=\begin{cases}A_i, & i=1,2,3\\ -A_4, & \mu=4\end{cases} \tag{7.6.8}$$

与矢量 V_μ 的变换相差一个正负号，因此称 A_μ 为赝矢量。

由于在(7.6.1)式中，γ 矩阵的二重积有 6 个独立矩阵，因此一般将二重积写成 6 个独立矩阵元的反对称张量。在真 Lorentz 变换下满足

$$\begin{aligned}T_{\mu\nu}'&=\frac{1}{2\mathrm{i}}\bar{\psi}'(\gamma_\mu\gamma_\nu-\gamma_\nu\gamma_\mu)\psi'=\frac{1}{2\mathrm{i}}\bar{\psi}L^{-1}(\gamma_\mu\gamma_\nu-\gamma_\nu\gamma_\mu)L\psi\\&=\frac{1}{2\mathrm{i}}\bar{\psi}[\alpha_{\mu\rho}\gamma_\rho\alpha_{\nu\sigma}\gamma_\sigma-\alpha_{\nu\sigma}\gamma_\sigma\alpha_{\mu\rho}\gamma_\rho]\psi=\alpha_{\mu\rho}\alpha_{\nu\sigma}\frac{1}{2\mathrm{i}}\bar{\psi}(\gamma_\rho\gamma_\sigma-\gamma_\sigma\gamma_\rho)\psi=\alpha_{\mu\rho}\alpha_{\nu\sigma}T_{\rho\sigma}\end{aligned}$$

得到在真 Lorentz 变换下，二秩张量变换关系为

$$T'_{\mu\nu} = \alpha_{\mu\rho}\alpha_{\nu\sigma}T_{\rho\sigma} \tag{7.6.9}$$

在空间反射变换下

$$T'_{ij} = \alpha_{i\rho}\alpha_{j\sigma}T_{\rho\sigma} = (-\delta_{i\rho})(-\delta_{j\sigma})T_{\rho\sigma} = T_{ij}$$

$$T'_{i4} = \alpha_{i\rho}\alpha_{4\sigma}T_{\rho\sigma} = -\delta_{i\rho}\delta_{4\sigma}T_{\rho\sigma} = -T_{i4} \tag{7.6.10}$$

总结上述结果，表 7.1 中列出了所有的 Dirac 协变量和它们在真 Lorentz 变换和空间反射变换下的变换性质。

表 7.1 Dirac 协变量和它们在 Lorentz 变换和空间反射变换下的变换性质

	Dirac 协变量	真 Lorentz 变换	空间反射变换	数目
标量	$S = \bar{\boldsymbol{\psi}}\boldsymbol{\psi}$	$S' = S$	$S' = S$	1
赝标量	$P = \mathrm{i}\,\bar{\boldsymbol{\psi}}\boldsymbol{\gamma}_5\boldsymbol{\psi}$	$P' = P$	$P' = -P$	1
矢量	$V_\mu = \mathrm{i}\,\bar{\boldsymbol{\psi}}\boldsymbol{\gamma}_\mu\boldsymbol{\psi}$	$V'_\mu = \alpha_{\mu\nu}V_\nu$	$V'_i = -V_i, V'_4 = V_4$	4
赝矢量	$A_\mu = \mathrm{i}\,\bar{\boldsymbol{\psi}}\boldsymbol{\gamma}_5\boldsymbol{\gamma}_\mu\boldsymbol{\psi}$	$A'_\mu = \alpha_{\mu\nu}A_\nu$	$A'_i = A_i, A'_4 = -A_4$	4
反对称张量	$T_{\mu\nu} = \frac{1}{2\mathrm{i}}\bar{\boldsymbol{\psi}}(\boldsymbol{\gamma}_\mu\boldsymbol{\gamma}_\nu - \boldsymbol{\gamma}_\nu\boldsymbol{\gamma}_\mu)\boldsymbol{\psi}$	$T'_{\mu\nu} = \alpha_{\mu\rho}\alpha_{\nu\sigma}T_{\rho\sigma}$	$T'_{ik} = T_{ik}, T'_{i4} = -T_{i4}$	6

由 Γ 代数可知，上述给出的 Dirac 协变量已经涵盖了所有可能的 Dirac 协变量，其他任何形式的 Dirac 协变量总可用上述协变量来表示。

7.7 在电磁场相互作用下的 Dirac 方程——电子的磁矩

由电动力学的知识得知，在有外电磁场时，粒子动量及能量要作如下正则变换

$$\boldsymbol{p} \to \boldsymbol{p} - \frac{q}{c}\boldsymbol{A}, \qquad E \to E - qV \tag{7.7.1}$$

其中 $\boldsymbol{A}(\boldsymbol{x},t)$，$V(\boldsymbol{x},t)$ 分别为电磁场矢量势和标量势，q 为电荷。写成四维电磁矢量时

$$A_\mu \equiv (\boldsymbol{A}, \mathrm{i}V) \tag{7.7.2}$$

由正则变换(7.7.1)式得到 Dirac 方程中四维导数算符应作对应的变换

$$\partial_\mu \to \partial_\mu - \frac{\mathrm{i}q}{\hbar c}A_\mu$$

由此得到有电磁场时的 Dirac 方程

$$\left[\boldsymbol{\gamma}_\mu\left(\partial_\mu - \frac{\mathrm{i}q}{\hbar c}A_\mu\right) + \boldsymbol{\kappa}\right]\boldsymbol{\psi} = 0 \tag{7.7.3}$$

测量电子在外磁场作用下的能量，可以观测电子的内禀磁矩。将算符 $\boldsymbol{\gamma}_\mu\left(\partial_\mu - \frac{\mathrm{i}q}{\hbar c}A_\mu\right) - \boldsymbol{\kappa}$ 从左边作用在 Dirac 方程(7.7.3)上，有

$$\left[\boldsymbol{\gamma}_\mu\left(\partial_\mu - \frac{\mathrm{i}q}{\hbar c}A_\mu\right) - \boldsymbol{\kappa}\right]\left[\boldsymbol{\gamma}_\nu\left(\partial_\nu - \frac{\mathrm{i}q}{\hbar c}A_\nu\right) + \boldsymbol{\kappa}\right] = \left[\boldsymbol{\gamma}_\mu\left(\partial_\mu - \frac{\mathrm{i}q}{\hbar c}A_\mu\right)\right]\left[\boldsymbol{\gamma}_\nu\left(\partial_\nu - \frac{\mathrm{i}q}{\hbar c}A_\nu\right)\right] - \boldsymbol{\kappa}^2$$

由于在乘积项中对下标 $\boldsymbol{\mu}$，$\boldsymbol{\nu}$ 的求和是对称的，可以将其分为两项，在两项之中 $\boldsymbol{\mu}$ 与 $\boldsymbol{\nu}$ 互换，注意到仅与自旋空间有关的 $\boldsymbol{\gamma}$ 矩阵与空间导数算符可对易，做如下推演

$$\frac{1}{2}\boldsymbol{\gamma}_\mu\boldsymbol{\gamma}_\nu\left(\partial_\mu - \frac{\mathrm{i}q}{\hbar c}A_\mu\right)\left(\partial_\nu - \frac{\mathrm{i}q}{\hbar c}A_\nu\right) + \frac{1}{2}\boldsymbol{\gamma}_\nu\boldsymbol{\gamma}_\mu\left(\partial_\nu - \frac{\mathrm{i}q}{\hbar c}A_\nu\right)\left(\partial_\mu - \frac{\mathrm{i}q}{\hbar c}A_\mu\right) - \boldsymbol{\kappa}^2$$

$$=\frac{1}{2}\boldsymbol{\gamma}_\mu\boldsymbol{\gamma}_\nu\left(\partial_\mu-\frac{\mathrm{i}q}{\hbar c}A_\mu\right)\left(\partial_\nu-\frac{\mathrm{i}q}{\hbar c}A_\nu\right)+\left(\delta_{\mu\nu}-\frac{1}{2}\boldsymbol{\gamma}_\mu\boldsymbol{\gamma}_\nu\right)\left(\partial_\nu-\frac{\mathrm{i}q}{\hbar c}A_\nu\right)\left(\partial_\mu-\frac{\mathrm{i}q}{\hbar c}A_\mu\right)-\kappa^2$$

$$=\left(\partial_\mu-\frac{\mathrm{i}q}{\hbar c}A_\mu\right)^2-\kappa^2+\frac{1}{2}\boldsymbol{\gamma}_\mu\boldsymbol{\gamma}_\nu\left[\left(\partial_\mu-\frac{\mathrm{i}q}{\hbar c}A_\mu\right)\left(\partial_\nu-\frac{\mathrm{i}q}{\hbar c}A_\nu\right)-\left(\partial_\nu-\frac{\mathrm{i}q}{\hbar c}A_\nu\right)\left(\partial_\mu-\frac{\mathrm{i}q}{\hbar c}A_\mu\right)\right] \tag{7.7.4}$$

四维电磁场矢量势是四维坐标的函数,因此有

$$\partial_\mu A_\nu\psi=[(\partial_\mu A_\nu)+A_\nu\partial_\mu]\psi$$

在(7.7.4)式中第二项方括号内的展开形式为

$$\partial_\mu\partial_\nu-\frac{\mathrm{i}q}{\hbar c}A_\mu\partial_\nu-\frac{\mathrm{i}q}{\hbar c}A_\nu\partial_\mu-\frac{\mathrm{i}q}{\hbar c}(\partial_\mu A_\nu)-\frac{q^2}{(\hbar c)^2}A_\mu A_\nu$$

$$-\partial_\nu\partial_\mu+\frac{\mathrm{i}q}{\hbar c}A_\nu\partial_\mu+\frac{\mathrm{i}q}{\hbar c}A_\mu\partial_\nu+\frac{\mathrm{i}q}{\hbar c}(\partial_\nu A_\mu)+\frac{q^2}{(\hbar c)^2}A_\nu A_\mu$$

可对易的项全部相消,仅保留了$(\partial_\mu A_\nu)$,$(\partial_\nu A_\mu)$两项,(7.7.4)式约化为

$$\left[\boldsymbol{\gamma}_\mu\left(\partial_\mu-\frac{\mathrm{i}q}{\hbar c}A_\mu\right)-\kappa\right]\left[\boldsymbol{\gamma}_\nu\left(\partial_\nu-\frac{\mathrm{i}q}{\hbar c}A_\nu\right)+\kappa\right]=\left(\partial_\mu-\frac{\mathrm{i}q}{\hbar c}A_\mu\right)^2-\frac{1}{2}\boldsymbol{\gamma}_\mu\boldsymbol{\gamma}_\nu\frac{\mathrm{i}q}{\hbar c}[(\partial_\mu A_\nu)-(\partial_\nu A_\mu)]-\kappa^2 \tag{7.7.5}$$

由电动力学得知,四维反对称电磁张量 $F_{\mu\nu}$ 为

$$F_{\mu\nu}\equiv(\partial_\mu A_\nu)-(\partial_\nu A_\mu)=-F_{\nu\mu} \tag{7.7.6}$$

得到了在有电磁场的相互作用下波函数所满足的方程

$$\left[\left(\partial_\mu-\frac{\mathrm{i}q}{\hbar c}A_\mu\right)^2-\frac{1}{2}\boldsymbol{\gamma}_\mu\boldsymbol{\gamma}_\nu\frac{\mathrm{i}q}{\hbar c}F_{\mu\nu}-\kappa^2\right]\boldsymbol{\psi}=0 \tag{7.7.7}$$

磁场与电磁场矢量势之间的关系是

$$\boldsymbol{H}=\nabla\times\boldsymbol{A}=(\partial_2A_3-\partial_3A_2)\boldsymbol{e}_1+(\partial_3A_1-\partial_1A_3)\boldsymbol{e}_2+(\partial_1A_2-\partial_2A_1)\boldsymbol{e}_3 \tag{7.7.8}$$

静电场为标量势的负梯度

$$\boldsymbol{E}=-\nabla V=-(\nabla_1V)\boldsymbol{e}_1-(\nabla_2V)\boldsymbol{e}_2-(\nabla_3V)\boldsymbol{e}_3 \tag{7.7.9}$$

如果仅考虑静电磁场,电磁场矢量势和标量势均与时间无关,所有对时间的导数 ∂_4 项全为0,对照(7.7.6)式给出的四维反对称电磁张量,得到 $F_{\mu\nu}$ 与电磁场的关系为

$$F_{\mu\nu}=\begin{pmatrix}0 & H_3 & -H_2 & -\mathrm{i}E_1\\ -H_3 & 0 & H_1 & -\mathrm{i}E_2\\ H_2 & -H_1 & 0 & -\mathrm{i}E_3\\ \mathrm{i}E_1 & \mathrm{i}E_2 & \mathrm{i}E_3 & 0\end{pmatrix} \tag{7.7.10}$$

在只有静磁场的情况下

$$F_{i4}=F_{4i}=0,\qquad A_4=\mathrm{i}V=0$$

应用 $\boldsymbol{\gamma}_i\boldsymbol{\gamma}_j=\mathrm{i}\varepsilon_{ijk}\boldsymbol{\Sigma}_k$,分别代入每个三维分量得到

$$\frac{1}{2}\boldsymbol{\gamma}_i\boldsymbol{\gamma}_jF_{ij}=\mathrm{i}\boldsymbol{\Sigma}\cdot\boldsymbol{H} \tag{7.7.11}$$

方程(7.7.7)可以简化为

$$\left[\left(\partial_i-\frac{\mathrm{i}q}{\hbar c}A_i\right)^2+\partial_4^2-\kappa^2\right]\boldsymbol{\psi}+\frac{q}{\hbar c}\Sigma\cdot\boldsymbol{H}\boldsymbol{\psi}=0 \tag{7.7.12}$$

其中时间导数项改写成定态形式

$$\partial_4^2 = -\frac{1}{c^2}\frac{\partial^2}{\partial t^2} = \frac{E^2}{\hbar^2 c^2}$$

方程(7.7.12)乘上 $-\frac{\hbar^2}{2m_0}$因子,得到

$$\left[-\frac{\hbar^2}{2m_0}\left(\partial_i - \frac{\mathrm{i}q}{\hbar c}A_i\right)^2 - \frac{E^2-(m_0c^2)^2}{2m_0c^2} - \frac{q\hbar}{2m_0c}\boldsymbol{\Sigma}\cdot\boldsymbol{H}\right]\psi = 0 \tag{7.7.13}$$

自旋与磁场的相互作用项 $\boldsymbol{\Sigma}\cdot\boldsymbol{H}$ 在二维形式下的表示为

$$\left[\frac{p^2}{2m_0} - \frac{E^2-(m_0c^2)^2}{2m_0c^2} - \frac{q\hbar}{2m_0c}\boldsymbol{\sigma}\cdot\boldsymbol{H}\right]\psi = 0 \tag{7.7.14}$$

这表明电子有磁矩,其磁矩的表示为

$$\boldsymbol{\mu} = \frac{q\hbar}{2m_0c}\boldsymbol{\sigma} \tag{7.7.15}$$

电子电荷 q 为负,因此$\boldsymbol{\mu}$ 与 $\boldsymbol{\sigma}$ 方向相反,电子的磁矩方向与自旋的取向相反。电子的磁矩定义为玻尔磁子。

7.8　中心场中 Dirac 方程的径向方程

物理上常遇到的是中心场的问题,例如氢原子和类氢原子的问题,我们需要导出 Dirac 方程的径向方程。在 $\hbar = c = 1$ 的单位制中,利用(B22)式

$$\nabla = \hat{\boldsymbol{r}}(\hat{\boldsymbol{r}}\cdot\nabla) - \frac{\hat{\boldsymbol{r}}}{r}\times(\boldsymbol{r}\times\nabla) = \hat{\boldsymbol{r}}\frac{\partial}{\partial r} - i\frac{\hat{\boldsymbol{r}}}{r}\times\boldsymbol{L} \tag{7.8.1}$$

其中$\hat{\boldsymbol{r}} = \frac{\boldsymbol{r}}{r}$是 r 方向单位矢量。(7.8.1)式中第一项是 $\boldsymbol{r}$ 方向,第二项是垂直于 $\boldsymbol{r}$ 方向,即角度方向。要得到径向方程需要的是约化 Dirac 方程中的 $\boldsymbol{\alpha}\cdot\boldsymbol{p}$ 项,由(7.8.1)式得到

$$\boldsymbol{\alpha}\cdot\boldsymbol{p} = -\mathrm{i}\boldsymbol{\alpha}\cdot\nabla = -\mathrm{i}\boldsymbol{\alpha}_r\frac{\partial}{\partial r} - \frac{1}{r}\boldsymbol{\alpha}\cdot(\hat{\boldsymbol{r}}\times\boldsymbol{L}) \tag{7.8.2}$$

其中

$$\boldsymbol{\alpha}_r = \boldsymbol{\alpha}\cdot\hat{\boldsymbol{r}} \equiv \begin{pmatrix} 0 & \boldsymbol{\sigma}_r \\ \boldsymbol{\sigma}_r & 0 \end{pmatrix} = -\boldsymbol{\gamma}_5\Sigma_r = -\boldsymbol{\gamma}_5\begin{pmatrix} \boldsymbol{\sigma}_r & 0 \\ 0 & \boldsymbol{\sigma}_r \end{pmatrix} \tag{7.8.3}$$

这里 $\sigma_r \equiv \boldsymbol{\sigma}\cdot\hat{\boldsymbol{r}}$和 $\Sigma_r \equiv \Sigma\cdot\hat{\boldsymbol{r}}$。利用公式

$$(\boldsymbol{\alpha}\cdot\boldsymbol{A})(\boldsymbol{\alpha}\cdot\boldsymbol{B}) = (\Sigma\cdot\boldsymbol{A})(\boldsymbol{\Sigma}\cdot\boldsymbol{B}) = \boldsymbol{A}\cdot\boldsymbol{B} + \mathrm{i}\Sigma\cdot(\boldsymbol{A}\times\boldsymbol{B}) \tag{7.8.4}$$

和 $-\boldsymbol{\gamma}_5\boldsymbol{\alpha} = \Sigma$,上式可改写为

$$(\boldsymbol{\alpha}\cdot\boldsymbol{A})(\Sigma\cdot\boldsymbol{B}) = -\boldsymbol{\gamma}_5\boldsymbol{A}\cdot\boldsymbol{B} + \mathrm{i}\boldsymbol{\alpha}\cdot(\boldsymbol{A}\times\boldsymbol{B}) \tag{7.8.5}$$

取 $\boldsymbol{A} = \hat{\boldsymbol{r}}, \boldsymbol{B} = \boldsymbol{L}$ 时,$\hat{\boldsymbol{r}}\cdot\boldsymbol{L} = 0$,得到如下关系

$$\boldsymbol{\alpha}_r(\Sigma\cdot\boldsymbol{L}) = \mathrm{i}\boldsymbol{\alpha}\cdot(\hat{\boldsymbol{r}}\times\boldsymbol{L}) \quad 或 \quad \boldsymbol{\alpha}_r(\boldsymbol{\alpha}\cdot\boldsymbol{L}) = \mathrm{i}\Sigma\cdot(\hat{\boldsymbol{r}}\times\boldsymbol{L}) \tag{7.8.6}$$

因此(7.8.2)式可以改写成

$$\boldsymbol{\alpha}\cdot\boldsymbol{p} = -\mathrm{i}\boldsymbol{\alpha}_r\frac{\partial}{\partial r} + \mathrm{i}\frac{\boldsymbol{\alpha}_r}{r}(\Sigma\cdot\boldsymbol{L}) = -\mathrm{i}\boldsymbol{\alpha}_r\left(\frac{\partial}{\partial r} - \frac{\Sigma\cdot\boldsymbol{L}}{r}\right) \equiv -\mathrm{i}\boldsymbol{\alpha}_r\left(\frac{\partial}{\partial r} + \frac{1}{r} - \frac{\boldsymbol{\beta}\boldsymbol{K}}{r}\right) \tag{7.8.7}$$

其中定义了一个包含自旋轨道相互作用的新力学量 $\boldsymbol{K}$。

$$\boldsymbol{K} \equiv \boldsymbol{\beta}(\Sigma\cdot\boldsymbol{L} + 1) \tag{7.8.8}$$

在一般单位制中 $\boldsymbol{K}\equiv\boldsymbol{\beta}\left(\frac{\boldsymbol{\Sigma}\cdot\boldsymbol{L}}{\hbar}+1\right)$。可见,自旋轨道相互作用势 $\boldsymbol{\Sigma}\cdot\boldsymbol{L}$ 可由 Dirac 方程直接得到,是相对论量子力学的直接结果。而在非相对论情况下自旋轨道相互作用势是人为引入的。

下面研究力学量 K 的性质。对于中心场情况下,哈密顿量是

$$H=\boldsymbol{\alpha}\cdot\boldsymbol{p}+\boldsymbol{\beta}m+V(r) \tag{7.8.9}$$

由于 K 仅作用到自旋空间和位形空间角度部分,因而$[K,V]=0$。又知 $\boldsymbol{\beta}$ 与 $\boldsymbol{\beta\Sigma}\cdot\boldsymbol{L}$ 也可对易,因此算符 K 与哈密顿量的对易关系约化为

$$[\boldsymbol{K},H]=[\boldsymbol{\beta\Sigma}\cdot\boldsymbol{L},\boldsymbol{\alpha}\cdot\boldsymbol{p}]+[\boldsymbol{\beta},\boldsymbol{\alpha}\cdot\boldsymbol{p}] \tag{7.8.10}$$

利用反对易性$\{\boldsymbol{\alpha},\boldsymbol{\beta}\}=0$,得到(7.8.10)式的第二项对易结果,

$$[\boldsymbol{\beta},\boldsymbol{\alpha}\cdot\boldsymbol{p}]=\boldsymbol{\beta\alpha}\cdot\boldsymbol{p}-\boldsymbol{\alpha}\cdot\boldsymbol{p\beta}=2\boldsymbol{\beta\alpha}\cdot\boldsymbol{p} \tag{7.8.11}$$

由 $\boldsymbol{\alpha}=-\boldsymbol{\gamma}_5\boldsymbol{\Sigma}=-\boldsymbol{\Sigma\gamma}_5$ 和$\{\boldsymbol{\alpha},\boldsymbol{\beta}\}=\boldsymbol{0}$ 第一项可以进行如下约简

$$\begin{aligned}[\boldsymbol{\beta\Sigma}\cdot\boldsymbol{L},\boldsymbol{\alpha}\cdot\boldsymbol{p}]&=\boldsymbol{\beta\Sigma}\cdot\boldsymbol{L\alpha}\cdot\boldsymbol{p}-\boldsymbol{\alpha}\cdot\boldsymbol{p\beta\Sigma}\cdot\boldsymbol{L}=\boldsymbol{\beta\Sigma}\cdot\boldsymbol{L\alpha}\cdot\boldsymbol{p}+\boldsymbol{\beta\alpha}\cdot\boldsymbol{p\Sigma}\cdot\boldsymbol{L}\\&=-\boldsymbol{\beta}(\boldsymbol{\Sigma}\cdot\boldsymbol{L})(\boldsymbol{\gamma}_5\boldsymbol{\Sigma}\cdot\boldsymbol{p})-\boldsymbol{\beta}(\boldsymbol{\gamma}_5\boldsymbol{\Sigma}\cdot\boldsymbol{p})(\boldsymbol{\Sigma}\cdot\boldsymbol{L})\\&=-\boldsymbol{\beta\gamma}_5[(\boldsymbol{\Sigma}\cdot\boldsymbol{L})(\boldsymbol{\Sigma}\cdot\boldsymbol{p})+(\boldsymbol{\Sigma}\cdot\boldsymbol{p})(\boldsymbol{\Sigma}\cdot\boldsymbol{L})]\end{aligned}$$

其中利用了 $\boldsymbol{\gamma}_5$ 与对角矩阵 $\boldsymbol{\Sigma}\cdot\boldsymbol{L}$ 可对易,再利用(7.8.4)式,得到

$$\begin{aligned}[\boldsymbol{\beta\Sigma}\cdot\boldsymbol{L},\boldsymbol{\alpha}\cdot\boldsymbol{p}]&=-\boldsymbol{\beta\gamma}_5[\boldsymbol{L}\cdot\boldsymbol{p}+i\boldsymbol{\Sigma}\cdot(\boldsymbol{L}\times\boldsymbol{p})+\boldsymbol{p}\cdot\boldsymbol{L}+\mathrm{i}\boldsymbol{\Sigma}\cdot(\boldsymbol{p}\times\boldsymbol{L})]\\&=-\boldsymbol{\beta\gamma}_5[\boldsymbol{p}\cdot\boldsymbol{L}+\boldsymbol{L}\cdot\boldsymbol{p}+\mathrm{i}\boldsymbol{\Sigma}\cdot(\boldsymbol{L}\times\boldsymbol{p}+\boldsymbol{p}\times\boldsymbol{L})]\end{aligned} \tag{7.8.12}$$

已知 $\boldsymbol{p}\cdot\boldsymbol{L}=\boldsymbol{L}\cdot\boldsymbol{p}=0$,和由(2.1.36)式得出的 $\boldsymbol{L}\times\boldsymbol{p}+\boldsymbol{p}\times\boldsymbol{L}=2\mathrm{i}\boldsymbol{p}$,式(7.8.10)中第一项可以约化为

$$[\boldsymbol{\beta\Sigma}\cdot\boldsymbol{L},\boldsymbol{\alpha}\cdot\boldsymbol{p}]=-\boldsymbol{\beta\gamma}_5\mathrm{i}\boldsymbol{\Sigma}\cdot(2\mathrm{i}\boldsymbol{p})=2\boldsymbol{\beta\gamma}_5\boldsymbol{\Sigma}\cdot\boldsymbol{p}=-2\boldsymbol{\beta\alpha}\cdot\boldsymbol{p} \tag{7.8.13}$$

所以(7.8.10)中第一项与第二项相消,证明了算符 K 与哈密顿量可对易

$$[H,\boldsymbol{K}]=0 \tag{7.8.14}$$

因而 $\boldsymbol{K}$ 为守恒量。

此外还可以证明 $\boldsymbol{K}$ 与总角动量 $\boldsymbol{J}$ 可对易。事实上

$$[\boldsymbol{K},\boldsymbol{J}]=[\boldsymbol{\beta\Sigma}\cdot\boldsymbol{L},\boldsymbol{L}+\frac{1}{2}\boldsymbol{\Sigma}]=[\boldsymbol{\beta\Sigma}\cdot\boldsymbol{L},\boldsymbol{L}]+\frac{1}{2}[\boldsymbol{\beta\Sigma}\cdot\boldsymbol{L},\boldsymbol{\Sigma}]$$

利用 $\boldsymbol{\beta}$ 矩阵与 $\boldsymbol{\Sigma}$ 和 $\boldsymbol{L}$ 的可对易性,第二项应用(7.4.8)式,上式化为

$$[\boldsymbol{K},\boldsymbol{J}]=\boldsymbol{\beta}[\boldsymbol{\Sigma}\cdot\boldsymbol{L},\boldsymbol{L}]+\mathrm{i}\boldsymbol{\beta\Sigma}\times\boldsymbol{L}$$

其中第一项可以写成

$$[\boldsymbol{\Sigma}\cdot\boldsymbol{L},\boldsymbol{L}]=\begin{pmatrix}[\boldsymbol{\sigma}\cdot\boldsymbol{L},\boldsymbol{L}] & \boldsymbol{0}\\ \boldsymbol{0} & [\boldsymbol{\sigma}\cdot\boldsymbol{L},\boldsymbol{L}]\end{pmatrix}$$

利用角动量的对易关系$[L_i,L_j]=i\varepsilon_{ijk}L_k$,以 x 分量为例

$$\begin{aligned}[\boldsymbol{\sigma}\cdot\boldsymbol{L},L_x]&=[\boldsymbol{\sigma}_xL_x+\boldsymbol{\sigma}_yL_y+\boldsymbol{\sigma}_zL_z,L_x]\\&=\boldsymbol{\sigma}_y[L_y,L_x]+\boldsymbol{\sigma}_z[L_z,L_x]=-\mathrm{i}\boldsymbol{\sigma}_yL_z+\mathrm{i}\boldsymbol{\sigma}_zL_y=-\mathrm{i}(\boldsymbol{\sigma}\times\boldsymbol{L})_x\end{aligned}$$

得到矢量表示

$$[\boldsymbol{\sigma}\cdot\boldsymbol{L},\boldsymbol{L}]=-\mathrm{i}(\boldsymbol{\sigma}\times\boldsymbol{L})$$

在四维情况下有

$$[\boldsymbol{\Sigma}\cdot\boldsymbol{L},\boldsymbol{L}]=-\mathrm{i}(\boldsymbol{\Sigma}\times\boldsymbol{L}) \tag{7.8.15}$$

最后得到

$$[\boldsymbol{K},\boldsymbol{J}] = [\boldsymbol{\beta}\boldsymbol{\Sigma}\cdot\boldsymbol{L},\boldsymbol{L}+\frac{1}{2}\boldsymbol{\Sigma}] = -\mathrm{i}\boldsymbol{\beta}\boldsymbol{\Sigma}\times\boldsymbol{L} + \mathrm{i}\boldsymbol{\beta}\boldsymbol{\Sigma}\times\boldsymbol{L} = 0$$

因此证明了 $\boldsymbol{K}$ 与总角动量 $\boldsymbol{J}$ 可以对易

$$[\boldsymbol{K},\boldsymbol{J}] = 0 \tag{7.8.16}$$

表明算符 $\boldsymbol{K}$ 与总角动量 $\boldsymbol{J}$ 可对易，并具有共同的本征函数。与非相对论不同的是 $\boldsymbol{K}$ 与轨道角动量 $\boldsymbol{L}$ 不可对易；$\boldsymbol{K}$ 与自旋 $\boldsymbol{S}=\frac{1}{2}\boldsymbol{\Sigma}$ 也不可对易，在相对论情况下，$\boldsymbol{L}$ 和 $\boldsymbol{S}$ 不是守恒量。总角动量 $\boldsymbol{J}$ 是守恒量。

为了得到算符 K 的本征值，先给出 $\boldsymbol{K}^2$ 的四维表示，由(7.8.8)式得到

$$\begin{aligned}\boldsymbol{K}^2 &= \boldsymbol{\beta}(\boldsymbol{\Sigma}\cdot\boldsymbol{L}+\mathbf{1})\boldsymbol{\beta}(\boldsymbol{\Sigma}\cdot\boldsymbol{L}+\mathbf{1}) = (\boldsymbol{\Sigma}\cdot\boldsymbol{L}+\mathbf{1})(\boldsymbol{\Sigma}\cdot\boldsymbol{L}+\mathbf{1})\\ &= (\boldsymbol{\Sigma}\cdot\boldsymbol{L})(\boldsymbol{\Sigma}\cdot\boldsymbol{L}) + 2(\boldsymbol{\Sigma}\cdot\boldsymbol{L}) + \mathbf{1} = L^2 + \mathrm{i}\boldsymbol{\Sigma}\cdot(\boldsymbol{L}\times\boldsymbol{L}) + 2(\boldsymbol{\Sigma}\cdot\boldsymbol{L}) + \mathbf{1}\\ &= \boldsymbol{L}^2 + (\boldsymbol{\Sigma}\cdot\boldsymbol{L}) + \mathbf{1}\end{aligned}$$

再利用等式

$$\boldsymbol{J}^2 = (\boldsymbol{L}+\boldsymbol{S})^2 = \boldsymbol{L}^2 + \boldsymbol{S}^2 + 2\boldsymbol{L}\cdot\boldsymbol{S} = \boldsymbol{L}^2 + \boldsymbol{S}^2 + \boldsymbol{\Sigma}\cdot\boldsymbol{L}$$

得到

$$\boldsymbol{\Sigma}\cdot\boldsymbol{L} = \boldsymbol{J}^2 - \boldsymbol{L}^2 - \boldsymbol{S}^2 \tag{7.8.17}$$

Dirac 方程是描述自旋为 1/2 的费米子，$\boldsymbol{S}^2$ 的本征值为 3/4，因此得到 K^2 与总角动量之间的关系为

$$\boldsymbol{K}^2 = \boldsymbol{J}^2 - \boldsymbol{S}^2 + \mathbf{1} = \boldsymbol{J}^2 + \frac{1}{4}\boldsymbol{I} \tag{7.8.18}$$

若记 $\boldsymbol{K}$ 的本征值为 κ，得到本征值 κ 满足下面等式

$$\kappa^2 = j(j+1) + \frac{1}{4} = (j+\frac{1}{2})^2$$

j 为半整数，$j\geqslant\frac{1}{2}$，因此 κ 是整数，且 $|\kappa|\geqslant 1$，

$$\kappa = \pm(j+\frac{1}{2}) = \pm 1, \pm 2\cdots$$

$\boldsymbol{K}$ 的本征值 κ 不可能为 0，上式可改写为

$$|\kappa| = j+\frac{1}{2} \quad 或 \quad j = |\kappa| - \frac{1}{2} \tag{7.8.19}$$

讨论自旋为 1/2 的粒子，采用(4.8.11)中引入的归一化自旋角度函数(spin - angular function)，它可以用 $\boldsymbol{K}$ 的本征值 κ 和磁量子数 μ 来表示

$$\boldsymbol{\chi}_\kappa^\mu = \sum_m C_{l\,\mu-m\,\frac{1}{2}m}^{j\,\mu} Y_{l\,\mu-m}(\theta\varphi)\boldsymbol{\chi}_{\frac{1}{2}m} \tag{7.8.20}$$

其中 $Y_{l\,\mu-m}$ 为球谐函数，$\boldsymbol{\chi}_{\frac{1}{2}m}$ 为自旋为 1/2 的自旋波函数，自旋角度函数的宇称为 $(-1)^l$。自旋角度函数满足正交归一性 $\langle\boldsymbol{\chi}_\kappa^\mu|\boldsymbol{\chi}_\kappa^{\mu'}\rangle = \delta_{\mu\mu'}$，$\boldsymbol{\chi}_\kappa^\mu$ 是算符 $(\boldsymbol{\sigma}\cdot\boldsymbol{L}+\mathbf{1})$ 对应于本征值为 $-\kappa$ 的本征函数，

$$(\boldsymbol{\sigma}\cdot\boldsymbol{L}+\mathbf{1})\boldsymbol{\chi}_\kappa^\mu = -\kappa\boldsymbol{\chi}_\kappa^\mu \qquad (\boldsymbol{\sigma}\cdot\boldsymbol{L}+\mathbf{1})\boldsymbol{\chi}_{-\kappa}^\mu = \kappa\boldsymbol{\chi}_{-\kappa}^\mu \tag{7.8.21}$$

分别将 $j = l\mp\frac{1}{2}$ 代入时，得到

$$\kappa=\begin{cases} l, & \text{当} j=l-\dfrac{1}{2} \\ -l-1, & \text{当} j=l+\dfrac{1}{2} \end{cases}$$

由此可见，当 $j=l-\dfrac{1}{2}$ 时，对应本征值 $\boldsymbol{\kappa}>0$；当 $j=l+\dfrac{1}{2}$ 时，对应的本征值 $\boldsymbol{\kappa}<0$。

以 $|\boldsymbol{\kappa}|=1,2$ 为例，由(7.8.19)式 $j=|\boldsymbol{\kappa}|-\dfrac{1}{2}$，得到

$$\text{当} j=\frac{1}{2}\text{时}, \quad \begin{cases} \kappa=1 & l=j+\dfrac{1}{2}=1 \\ \kappa=-1 & l=j-\dfrac{1}{2}=0 \end{cases}$$

$$\text{当} j=\frac{3}{2}\text{时}, \quad \begin{cases} \kappa=2 & l=j+\dfrac{1}{2}=2 \\ \kappa=-2 & l=j-\dfrac{1}{2}=1 \end{cases}$$

这说明 $\boldsymbol{\kappa}$ 的正负值对应的轨道角动量 l 值总是相差 1，因而 $\boldsymbol{\chi}_{\kappa}^{\mu}$ 与 $\boldsymbol{\chi}_{-\kappa}^{\mu}$ 对应的是相反的宇称态。因此仅用 $\boldsymbol{\kappa}$ 值就可以表征具有确定角动量和宇称 (j,l,π) 的态。

必须看到，在方程(7.8.7)中还包含算符 $\boldsymbol{\sigma}\cdot\hat{\boldsymbol{r}}\equiv\sigma_r$，还需要证明 $\boldsymbol{\sigma}\cdot\hat{\boldsymbol{r}}$ 与 $\boldsymbol{J}$ 可对易。这种对易关系说明了 $\boldsymbol{\sigma}\cdot\hat{\boldsymbol{r}}\,\boldsymbol{\chi}_{\kappa}^{\mu}$ 也是 $\boldsymbol{J}$ 的本征态，由 $\boldsymbol{J}=\boldsymbol{L}+\boldsymbol{S}$ 得到

$$[\boldsymbol{\sigma}\cdot\boldsymbol{r},\boldsymbol{J}]=[\boldsymbol{\sigma}\cdot\boldsymbol{r},\boldsymbol{L}]+\frac{1}{2}[\boldsymbol{\sigma}\cdot\boldsymbol{r},\boldsymbol{\sigma}] \tag{7.8.22}$$

利用(7.4.5)取 $\boldsymbol{A}=\boldsymbol{r}$，得到

$$[\boldsymbol{\sigma}\cdot\boldsymbol{r},\boldsymbol{\sigma}]=2\mathrm{i}\boldsymbol{\sigma}\times\boldsymbol{r} \tag{7.8.23}$$

由 $\boldsymbol{L}=\boldsymbol{r}\times\boldsymbol{p}$ 再利用 Heisenberg 对易关系，以 x 分量为例，

$$\begin{aligned}[][\boldsymbol{\sigma}\cdot\boldsymbol{r},L_x]&=[\boldsymbol{\sigma}_x x+\boldsymbol{\sigma}_y y+\boldsymbol{\sigma}_z z,(yp_z-zp_y)]\\&=\boldsymbol{\sigma}_z y[z,p_z]-\boldsymbol{\sigma}_y z[y,p_y]=\mathrm{i}\boldsymbol{\sigma}_z y-\mathrm{i}\boldsymbol{\sigma}_y z=-\mathrm{i}(\boldsymbol{\sigma}\times\boldsymbol{r})_x\end{aligned}$$

得到的下面矢量形式下的恒等式

$$[\boldsymbol{\sigma}\cdot\boldsymbol{r},\boldsymbol{L}]=-\mathrm{i}\boldsymbol{\sigma}\times\boldsymbol{r} \tag{7.8.24}$$

将(7.8.23)式和(7.8.24)式代入(7.8.22)式则有

$$[\boldsymbol{\sigma}\cdot\boldsymbol{r},\boldsymbol{J}]=0 \tag{7.8.25}$$

说明 $\boldsymbol{\sigma}\cdot\hat{\boldsymbol{r}}\,\boldsymbol{\chi}_{\kappa}^{\mu}$ 与 $\boldsymbol{\chi}_{\kappa}^{\mu}$ 同属于总角动量 J^2 和 J_z 的本征态。由于 $\boldsymbol{\sigma}_r$ 的宇称为负，而 $\boldsymbol{\chi}_{\kappa}^{\mu}$ 与 $\boldsymbol{\chi}_{-\kappa}^{\mu}$ 宇称相反，为保证宇称守恒，所以必须有下式成立

$$\boldsymbol{\sigma}\cdot\hat{\boldsymbol{r}}\,\boldsymbol{\chi}_{\kappa}^{\mu}=\boldsymbol{\sigma}_r\boldsymbol{\chi}_{\kappa}^{\mu}=a\,\boldsymbol{\chi}_{-\kappa}^{\mu} \tag{7.8.26}$$

其中 a 是一个待定因子。由于 $\boldsymbol{\sigma}_r\boldsymbol{\sigma}_r=1$，再在上式在乘 $\boldsymbol{\sigma}\cdot\hat{\boldsymbol{r}}$ 得到，

$$(\boldsymbol{\sigma}\cdot\hat{\boldsymbol{r}})(\boldsymbol{\sigma}\cdot\hat{\boldsymbol{r}})\boldsymbol{\chi}_{\kappa}^{\mu}=\boldsymbol{\chi}_{\kappa}^{\mu}=(\boldsymbol{\sigma}\cdot\hat{\boldsymbol{r}})a\,\boldsymbol{\chi}_{-\kappa}^{\mu}=a^2\boldsymbol{\chi}_{\kappa}^{\mu}$$

因此得到 $a^2=1$，且会有 $a=\pm1$，下面的问题是如何确定 a 的符号。

由于在(7.8.20)式给出的自旋角度函数中，$\boldsymbol{\kappa}$ 的正负值对应不同的轨道角动量，有下面两种情况，$j=l\pm\dfrac{1}{2}$，它们的耦合分别表示为

$$\boldsymbol{\chi}_{\kappa}^{\mu}=\sum_m C_{j+\frac{1}{2}\mu-m\frac{1}{2}m}^{j\ \mu}Y_{j+\frac{1}{2}\mu-m}(\theta\varphi)\boldsymbol{\chi}_m \quad \text{当} \quad j=l-\frac{1}{2}\text{时，对应} \boldsymbol{\kappa}>0$$

$$\chi_\kappa^\mu = \sum_m C_{j-\frac{1}{2}\mu-m\frac{1}{2}m}^{j\frac{1}{2}\mu} Y_{j-\frac{1}{2}\mu-m}(\theta\varphi)\chi_m \quad 当 \quad j=l+\frac{1}{2}时,对应\ \kappa<0$$

由于(7.8.26)式对任何$\hat{r}$方向都成立,为求 a 的符号,不失一般性,取$\hat{r}$沿 Z 轴方向,这时 $\theta=0,\varphi=0$。因此 $\sigma_r=\sigma_z$。由球谐函数的性质

$$Y_{lm}(0,0)=\sqrt{\frac{2l+1}{4\pi}}\delta_{m0}$$

此时球谐函数下标为 0 意味着 $m=\mu$,这时自旋角度函数可以简化为

$$\chi_k^\mu=\sqrt{\frac{2l+1}{4\pi}}C_{l0\frac{1}{2}\mu}^{j\ \mu}\chi_\mu \tag{7.8.27}$$

这时方程(7.8.26)左边,由 $\boldsymbol{\sigma}_z\chi_\mu=2\mu\chi_\mu=\pm\chi_\mu$,得到

$$\boldsymbol{\sigma}_r\chi_\kappa^\mu=\boldsymbol{\sigma}_z\sqrt{\frac{2l+1}{4\pi}}C_{l0\frac{1}{2}\mu}^{j\ \mu}\chi_\mu=\sqrt{\frac{2l+1}{4\pi}}2\mu C_{l0\frac{1}{2}\mu}^{j\ \mu}\chi_\mu\equiv A\chi_\mu \tag{7.8.28}$$

而方程(7.8.26)右边的$\chi_{-\kappa}^\mu$与χ_κ^μ宇称不同轨道角动量相差 ±1,记为 $\bar{l}=l\pm1$,即

$$a\chi_{-\kappa}^\mu=a\sqrt{\frac{2\bar{l}+1}{4\pi}}C_{\bar{l}0\frac{1}{2}\mu}^{j\ \mu}\chi_\mu\equiv aB\chi_\mu \tag{7.8.29}$$

由矢量求和的三角关系,这时 $\bar{l}$取值的唯一方式是

$$\bar{l}=\begin{cases} l-1, & 当\ \kappa>0,\quad j=l-\frac{1}{2} \\ l+1, & 当\ \kappa<0,\quad j=l+\frac{1}{2} \end{cases} \tag{7.8.30}$$

由(7.8.26)式要求 $A=aB$,利用表 2.1 分别得到 A,B 值

$$\begin{aligned} &对于\ j=l+\frac{1}{2},\mu=\pm\frac{1}{2} \quad A=\pm\sqrt{\frac{l+1}{4\pi}};B=\mp\sqrt{\frac{l+1}{4\pi}} \\ &对于\ j=l-\frac{1}{2},\mu=\pm\frac{1}{2} \quad A=-\sqrt{\frac{l}{4\pi}};B=+\sqrt{\frac{l}{4\pi}} \end{aligned} \tag{7.8.31}$$

对所有 j 和 μ 状态都有 $A=-B$ 成立,因此得到了 $a=-1$,继而得到下面的等式

$$\boldsymbol{\sigma}_r\chi_\kappa^\mu=-\chi_{-\kappa}^\mu \quad 和 \quad \boldsymbol{\sigma}_r\chi_{-\kappa}^\mu=-\chi_\kappa^\mu \tag{7.8.32}$$

由(7.8.31)式看出不同 κ 符号之间自旋角函数是正交的

$$\langle\chi_\kappa^\mu|\chi_{-\kappa}^\mu\rangle=\sum_{mm'}C_{l\mu-m\frac{1}{2}m}^{j\ \mu}C_{\bar{l}\mu-m'\frac{1}{2}m'}^{j\ \mu}\int Y_{l\mu-m}^*Y_{\bar{l}\mu-m'}\mathrm{d}\Omega\langle\chi_m|\chi_{m'}\rangle=0$$

有了上面的数学准备,就可以推导出 Dirac 方程在中心力场下径向方程。有中心位势存在的定态 Dirac 方程

$$[c\boldsymbol{\alpha}\cdot\boldsymbol{p}+mc^2\boldsymbol{\beta}+V(r)]\boldsymbol{\psi}=E\boldsymbol{\psi} \tag{7.8.33}$$

在一般单位制下,由(7.8.7)式给出

$$\boldsymbol{\alpha}\cdot\boldsymbol{p}=-\mathrm{i}\boldsymbol{\alpha}_r\hbar\left[\frac{\partial}{\partial r}+\frac{1}{r}-\frac{1}{r}\left(\frac{\boldsymbol{\Sigma}\cdot\boldsymbol{L}}{\hbar}+\mathbf{1}\right)\right] \tag{7.8.34}$$

由于 H 与 J,K 对易,选取它们的共同本征态为

$$\boldsymbol{\psi}_k^\mu=\begin{pmatrix} u(r)\chi_k^\mu \\ \mathrm{i}v(r)\chi_{-k}^\mu \end{pmatrix} \tag{7.8.35}$$

其中引入因子 i 是为了使 u,v 为实的。由(7.8.21)式得到

$$\left(\frac{\boldsymbol{\Sigma}\cdot\boldsymbol{L}}{\hbar}+\mathbf{1}\right)\begin{pmatrix}u(r)\boldsymbol{\chi}_{\kappa}^{\mu}\\ \mathrm{i}v(r)\boldsymbol{\chi}_{-k}^{\mu}\end{pmatrix}=\begin{pmatrix}-\kappa u(r)\boldsymbol{\chi}_{\kappa}^{\mu}\\ \mathrm{i}\kappa v(r)\boldsymbol{\chi}_{-\kappa}^{\mu}\end{pmatrix} \tag{7.8.36}$$

代入 Dirac 方程(7.8.33)，

$$\left[\hbar c\left(\frac{\mathrm{d}}{\mathrm{d}r}+\frac{1}{r}\right)\begin{pmatrix}\mathbf{0} & -\mathrm{i}\boldsymbol{\sigma}_r\\ -\mathrm{i}\boldsymbol{\sigma}_r & \mathbf{0}\end{pmatrix}-\frac{\hbar c}{r}\begin{pmatrix}\mathbf{0} & \mathrm{i}\kappa\boldsymbol{\sigma}_r\\ -\mathrm{i}\kappa\boldsymbol{\sigma}_r & \mathbf{0}\end{pmatrix}+\right.$$

$$\left.\begin{pmatrix}mc^2+V & 0\\ 0 & -mc^2+V\end{pmatrix}\right]\times\begin{pmatrix}u(r)\boldsymbol{\chi}_{\kappa}^{\mu}\\ \mathrm{i}v(r)\boldsymbol{\chi}_{-\kappa}^{\mu}\end{pmatrix}=E\begin{pmatrix}u(r)\boldsymbol{\chi}_{\kappa}^{\mu}\\ \mathrm{i}v(r)\boldsymbol{\chi}_{-\kappa}^{\mu}\end{pmatrix} \tag{7.8.37}$$

再利用(7.8.32)式 $\boldsymbol{\sigma}_r\boldsymbol{\chi}_{\pm\kappa}^{\mu}=-\boldsymbol{\chi}_{\mp\kappa}^{\mu}$，将两分量独立写出，得到了 $u(r)$ 和 $v(r)$ 一阶导数的两个耦合方程组

$$\begin{aligned}&\left[-\hbar c\left(\frac{\mathrm{d}}{\mathrm{d}r}+\frac{1}{r}\right)v(r)+\kappa\hbar c\frac{v(r)}{r}+(V+mc^2)u(r)\right]\boldsymbol{\chi}_{\kappa}^{\mu}=Eu(r)\boldsymbol{\chi}_{\kappa}^{\mu}\\ &\left[\hbar c\left(\frac{\mathrm{d}}{\mathrm{d}r}+\frac{1}{r}\right)u(r)+\hbar c\kappa\frac{u(r)}{r}+(V-mc^2)v(r)\right]\boldsymbol{\chi}_{-\kappa}^{\mu}=Ev(r)\boldsymbol{\chi}_{-\kappa}^{\mu}\end{aligned} \tag{7.8.38}$$

约掉公共的自旋角度波函数，由此得到径向波函数 $u(r)$ 和 $v(r)$ 所满足的联立的一阶微分方程组

$$\begin{cases}\hbar c\dfrac{\mathrm{d}}{\mathrm{d}r}v(r)=\hbar c\dfrac{\kappa-1}{r}v(r)-(E-mc^2-V)u(r)\\ \hbar c\dfrac{\mathrm{d}}{\mathrm{d}r}u(r)=(E+mc^2-V)v(r)-\hbar c\dfrac{\kappa+1}{r}u(r)\end{cases} \tag{7.8.39}$$

对径向波函数 $u(r)$ 和 $v(r)$ 作下面的代换，

$$u(r)=\frac{g(r)}{r},\qquad v(r)=\frac{f(r)}{r} \tag{7.8.40}$$

边界条件要求 $u(r)$ 和 $v(r)$ 在 $r=0$ 处有限，则 $f(r)|_{r=0}=g(r)|_{r=0}=0$。Dirac 径向方程为 $g(r)$ 和 $f(r)$ 联立的一阶微分方程组表示为

$$\begin{cases}\dfrac{\mathrm{d}g(r)}{\mathrm{d}r}=-\dfrac{\kappa}{r}g(r)+\dfrac{1}{\hbar c}(E+mc^2-V)f(r)\\ \dfrac{\mathrm{d}f(r)}{\mathrm{d}r}=\dfrac{\kappa}{r}f(r)-\dfrac{1}{\hbar c}(E-mc^2-V)g(r)\end{cases} \tag{7.8.41}$$

波函数应满足的归一化条件为

$$\langle\boldsymbol{\psi}|\boldsymbol{\psi}\rangle=\int_0^{\infty}(f^2+g^2)\,\mathrm{d}r=1 \tag{7.8.42}$$

7.9 类氢原子能级的精细结构

类氢原子能级可以求解束缚态 Dirac 方程来得到，电子在原子核库仑场中运动，电荷数为 Z 的原子核中的库仑相互作用势为

$$V(r)=-Ze^2/r \tag{7.9.1}$$

其中原子核作为点粒子处理，径向 Dirac 方程(7.8.41)变为

$$\frac{\mathrm{d}g(r)}{\mathrm{d}r}=-\frac{\kappa}{r}g(r)+\left(\frac{E+mc^2}{\hbar c}+\frac{Z\alpha}{r}\right)f(r)$$

$$\frac{\mathrm{d}f(r)}{\mathrm{d}r}=\frac{\kappa}{r}f(r)-\left(\frac{E-mc^2}{\hbar c}+\frac{Z\alpha}{r}\right)g(r) \tag{7.9.2}$$

其中 $\alpha=e^2/\hbar c\approx1/137$ 是精细结构常数。求解库仑场中束缚态的 Dirac 方程,得到量子化的电子能量本征值(见附录六)为

$$E_{n,\kappa}=mc^2\left[1+\frac{(Z\alpha)^2}{[n-|\kappa|+\sqrt{\kappa^2-(Z\alpha)^2}\,]^2}\right]^{-\frac{1}{2}} \tag{7.9.3}$$

其中 n 为主量子数(F29),

$$n\equiv n'+|\kappa|=n'+j+\frac{1}{2},\qquad n=1,2,3,\cdots$$

κ 为自旋角动量量子数。本征值不仅与主量子数 n 和 Z 有关,还与 $|\kappa|$ 有关。由于 $(Z\alpha)^2$ 是一个小量,因此 $|\kappa|$ 仅出现在高次小项之中。对应的 κ 值为

$$\kappa=\pm(j+\frac{1}{2})=\pm1,\ \pm2,\ \pm3,\cdots \tag{7.9.4}$$

电子束缚能级中对 $\pm\kappa$ 值仍为简并态。在相对论解中包含了电子静止质量,电子在 n,κ 状态的离化能 E_i 为

$$E_i=mc^2-E_{n,\kappa} \tag{7.9.5}$$

用 Schrödinger 方程求解库仑场中电子的束缚态本征能量仅与主量子数 n 有关,由(7.9.3)式可以看出,这时由相对论效应会引起不同 $|\kappa|$ 值之间的能级劈裂。例如在主量子数 $n=n'+|\kappa|=2$ 时,可以有 $n'=0,|\kappa|=2$ 和 $n'=1,|\kappa|=1$ 两种情况存在。由 $j=|\kappa|-\frac{1}{2}$,可以有四个不同的能级态,它们分别是

$$n'=0,\quad |\kappa|=2,\quad j=\frac{3}{2},\quad \begin{cases}\kappa=2, & l=2, \quad 2D_{\frac{3}{2}}\\ \kappa=-2, & l=1, \quad 2P_{\frac{3}{2}}\end{cases}$$

$$n'=1,\quad |\kappa|=1,\quad j=\frac{1}{2},\quad \begin{cases}\kappa=1, & l=1, \quad 2P_{\frac{1}{2}}\\ \kappa=-1, & l=0, \quad 2S_{\frac{1}{2}}\end{cases}$$

它们是两两简并的,Dirac 方程的解仅对不同 $|\kappa|$ 值的能级简并态被解除,由如 7.1 所示。

已知原子在外电场中的斯塔克效应以及外磁场的塞曼效应都是由外加电磁场产生的原子的能级劈裂效应,而这里没有任何外加电磁场,仅由核库仑场相对论径向方程的解直接给出能级劈裂。这种由相对论效应引起的能级劈裂,构成了类氢原子光谱的精细结构。

我们特别感兴趣的是基态,对应的量子数为 $n=1,j=\frac{1}{2},\kappa=-1,l=0$,即 $1S_{\frac{1}{2}}$ 态的本征能量。由(7.9.3)式得到

$$E(1S_{\frac{1}{2}})=mc^2\sqrt{1-(Z\alpha)^2}\geqslant0 \tag{7.9.6}$$

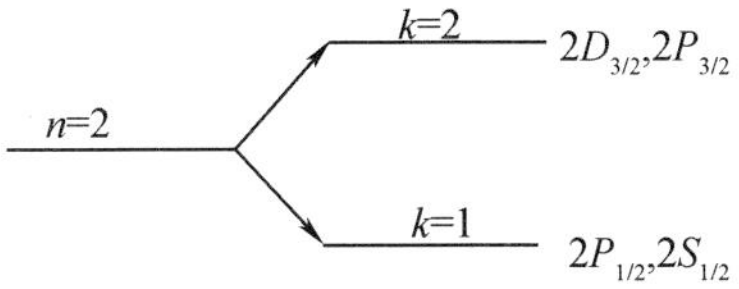

图 7.1　相对论效应引起能级劈裂示意图

在式(7.9.6)中,当 $Z\alpha$ 增加时,能量本征值会逐步降低。但是当 $Z>137$ 时,(7.9.6)式就会出现负数开根。这个结果是在原子核为点粒子的假设下得到的,考虑原子核的有限大小

时，用以 R 为半径的均匀带电球表示有限尺寸的原子核，库仑势在 R 光滑连接的分段形式为

$$V(r)=\begin{cases}-Ze^2\left(3-\dfrac{r^2}{R^2}\right)/(2R), & 当\ r\leqslant R\\ -Ze^2/r, & 当\ r>R\end{cases}$$

这时无法得到解析解，必须用数值解。1958 年 Werne，Wheeler 的计算结果表明，随着电荷 Z 的加大，基态 $1S_{\frac{1}{2}}$ 的能量会出现 $E(1S_{\frac{1}{2}})<0$ 的情况。达到临界电荷值 $Z_{cr}\approx170$ 时，基态 $1S_{\frac{1}{2}}$ 的能量可以降低到负能的 Dirac 海附近。后来，1969 年 W. Pieper，W. Greiner① 的进一步精确计算得到的临界电荷值为 $Z_{cr}\approx169$。若能够加大有效电荷，使得 $Z>Z_{cr}$ 时，基态 $1S_{\frac{1}{2}}$ 的能量可以落入到 Dirac 海中。这一奇异结果是与真空坍塌（Collapse of the vacuum）现象相联系的。科学家希望用重离子碰撞的实验方法来研究这种超临界现象，但目前的实验还不能给出确定的结论。

当 $Z\alpha\ll1$ 时，在索末菲（A. Sommerfeld）精细结构公式中，对能量公式（7.9.3）展开到 $(Z\alpha)^4$，在忽略 $(Z\alpha)^6$ 以上项时，利用 $\dfrac{1}{\sqrt{1+x}}\approx1-\dfrac{1}{2}x+\dfrac{3}{8}x^2$ 可以得到（7.9.3）式的近似展开公式

$$E_{n,\kappa}=mc^2\left\{1-\frac{1}{2}\frac{(Z\alpha)^2}{[n-|\kappa|+\sqrt{\kappa^2-(Z\alpha)^2}]^2}+\frac{3}{8}\frac{(Z\alpha)^4}{n^4}\right\} \tag{7.9.7}$$

由于在第三项分子中已经包含 $(Z\alpha)^4$ 项，因此可以忽略分母中的 $(Z\alpha)^2$ 项。而第二项中分子已经包含了 $(Z\alpha)^2$ 项，因此分母可以进一步约化到 $(Z\alpha)^2$ 项

$$\begin{aligned}[n-|\kappa|+\sqrt{\kappa^2-(Z\alpha)^2}]^2&=\left[n-|\kappa|+|\kappa|\sqrt{1-\frac{(Z\alpha)^2}{\kappa^2}}\right]^2\\&\approx\left[n-|\kappa|+|\kappa|\left(1-\frac{(Z\alpha)^2}{2\kappa^2}\right)\right]^2=\left[n-\frac{(Z\alpha)^2}{2|\kappa|}\right]^2\\&=n^2\left[1-\frac{(Z\alpha)^2}{2n|\kappa|}\right]^2\end{aligned}$$

因此在（7.9.7）式中第二项变为

$$-\frac{1}{2}\frac{(Z\alpha)^2}{[n-|\kappa|+\sqrt{\kappa^2-(Z\alpha)^2}]^2}=-\frac{1}{2n^2}\frac{(Z\alpha)^2}{\left[1-\dfrac{(Z\alpha)^2}{2n|\kappa|}\right]^2}\approx-\frac{(Z\alpha)^2}{2n^2}\left(1+\frac{(Z\alpha)^2}{n|\kappa|}\right) \tag{7.9.8}$$

代入（7.9.7）式后得到电子束缚态的本征能量为

$$E_{n,\kappa}=mc^2\left[1-\frac{(Z\alpha)^2}{2n^2}\left(1+\frac{(Z\alpha)^2}{n|\kappa|}\right)+\frac{3}{8}\frac{(Z\alpha)^4}{n^4}\right]$$

进一步可以改写为

$$\frac{E_{n,\kappa}-mc^2}{mc^2}=-(Z\alpha)^2\left[\frac{1}{2n^2}+\frac{(Z\alpha)^2}{2n^3}\left(\frac{1}{|\kappa|}-\frac{3}{4n}\right)\right] \tag{7.9.9}$$

这就是索末菲精细结构公式展开到 $(Z\alpha)^4$ 的表示。

显然，上式中的第一项是由 Schrödinger 方程计算得到的类氢原子能级的 Bohr 公式

① W. Pieper, W. Greiner. Zeits. Phys., 218, 327(1969)

(E18)式,而第二项是相对论效应引起的能级劈裂。将 $|\kappa|=1$ 和 $|\kappa|=2$ 值分别代入到(7.9.9)式,对氢原子 $Z=1$ 而言,在主量子数 $n=2$ 时,$|\kappa|=1$ 和 $|\kappa|=2$ 能级之间的劈裂值为

$$\Delta E \approx \frac{mc^2\alpha^4}{4\times n^3} \approx 4.5\times 10^{-5}\ \text{eV}$$

构成了氢原子光谱的精细结构,成功地解释了实验观测到的光谱精细结构。但对于相同 $|\kappa|$ 值,不同的 l 值的能级仍然是简并的。

后来更精细的实验测量观察到 $\pm\kappa$ 之间的能级间仍然存在能级劈裂,$\pm\kappa$ 能级之间的简并被解除。例如 $|\kappa|=1$ 时,$2S_{1/2}(\kappa=1)$ 与 $2P_{1/2}(k=1)$ 能级的劈裂被测量到,被称为兰姆移动(Lamb shift)。为了在理论上解释这种更精细的能级劈裂,需要对场进行量子化,即在量子场论中考虑了辐射修正后才能解释这种能级劈裂。而仅由单粒子的 Dirac 方程是得不出的。

7.10　习题

(1)证明 $\boldsymbol{\gamma}$ 矩阵之间有下面等式成立

$$\boldsymbol{\gamma}_i\boldsymbol{\gamma}_j = i\varepsilon_{ijk}\Sigma_k$$

(2)证明下面等式成立

$$[\boldsymbol{\Sigma}\cdot\boldsymbol{L},\boldsymbol{L}] = -\mathrm{i}\boldsymbol{\Sigma}\times\boldsymbol{L},\quad [\boldsymbol{\Sigma}\cdot\boldsymbol{L},\boldsymbol{\Sigma}] = 2\mathrm{i}\boldsymbol{\Sigma}\times\boldsymbol{L}$$

(3)证明自由粒子的哈密顿量与总角动量对易关系 $[H,\boldsymbol{J}]=0$。

(4)由 Dirac 方程给出连续性方程中 ρ 和 $\boldsymbol{j}$ 的表示。

(5)真(区域 1 中)Lorentz 变换下 $L\boldsymbol{\gamma}_5=\boldsymbol{\gamma}_5L$,而在空间反射变换下 $L\boldsymbol{\gamma}_5=-\boldsymbol{\gamma}_5L$。由此证明:

(a) $S=\bar{\boldsymbol{\psi}}\boldsymbol{\psi}$ 是标量,$P=\mathrm{i}\,\bar{\boldsymbol{\psi}}\gamma_5\boldsymbol{\psi}$ 是赝标量;

(b) $V_\mu=\mathrm{i}\,\bar{\boldsymbol{\psi}}\boldsymbol{\gamma}_\mu\boldsymbol{\psi}$ 是矢量,$A_\mu=\mathrm{i}\,\bar{\boldsymbol{\psi}}\boldsymbol{\gamma}_5\boldsymbol{\gamma}_\mu\boldsymbol{\psi}$ 是赝矢量(pesudovector)。

(6)利用二维等式

$$(\boldsymbol{\sigma}\cdot\boldsymbol{A})(\boldsymbol{\sigma}\cdot\boldsymbol{B}) = \boldsymbol{A}\cdot\boldsymbol{B}+\mathrm{i}\boldsymbol{\sigma}\cdot(\boldsymbol{A}\times\boldsymbol{B}) \tag{7.10.1}$$

证明:

$$\begin{aligned}(\boldsymbol{\alpha}\cdot\boldsymbol{A})(\boldsymbol{\Sigma}\cdot\boldsymbol{B}) &= (\boldsymbol{\Sigma}\cdot\boldsymbol{A})(\boldsymbol{\alpha}\cdot\boldsymbol{B})\\ &= -\boldsymbol{\gamma}_5\boldsymbol{A}\cdot\boldsymbol{B}+\mathrm{i}\boldsymbol{\alpha}\cdot(\boldsymbol{A}\times\boldsymbol{B})\\ &= -\boldsymbol{\gamma}_5[\boldsymbol{A}\cdot\boldsymbol{B}+\mathrm{i}\boldsymbol{\Sigma}\cdot(\boldsymbol{A}\times\boldsymbol{B})]\end{aligned} \tag{7.10.2}$$

(7)证明:Dirac 的 $\boldsymbol{\gamma}$ 矩阵满足下面的对易关系

$$[\boldsymbol{\gamma}_\alpha\boldsymbol{\gamma}_\beta,\boldsymbol{\gamma}_\mu\boldsymbol{\gamma}_\nu] = 2\boldsymbol{\gamma}_\alpha\boldsymbol{\gamma}_\nu\delta_{\beta\mu}-2\boldsymbol{\gamma}_\alpha\boldsymbol{\gamma}_\mu\delta_{\beta\nu}+2\boldsymbol{\gamma}_\nu\boldsymbol{\gamma}_\beta\delta_{\alpha\mu}-2\boldsymbol{\gamma}_\mu\boldsymbol{\gamma}_\beta\delta_{\alpha\nu} \tag{7.10.3}$$

(8)证明:

$$[\boldsymbol{\sigma}\cdot\boldsymbol{r},J_i] = [\boldsymbol{\sigma}_r,J_i] = 0,\qquad i=x,y,z \tag{7.10.4}$$

(9)证明:奇数个 $\boldsymbol{\gamma}_\mu$ 矩阵乘积的迹为零,即:$\mathrm{Tr}\boldsymbol{\gamma}_\mu=0$,$\mathrm{Tr}(\boldsymbol{\gamma}_\mu\boldsymbol{\gamma}_\nu\boldsymbol{\gamma}_\lambda)=0,\cdots$

(10)证明:偶数个 $\boldsymbol{\gamma}_\mu$ 矩阵乘积的迹满足下列等式

$$\mathrm{Tr}(\boldsymbol{\gamma}_\mu\boldsymbol{\gamma}_\nu)=4\delta_{\mu\nu},\quad \mathrm{Tr}(\boldsymbol{\gamma}_\mu\boldsymbol{\gamma}_\nu\boldsymbol{\gamma}_\rho\boldsymbol{\gamma}_\sigma)=4(\delta_{\mu\nu}\delta_{\rho\sigma}+\delta_{\mu\sigma}\delta_{\nu\rho}-\delta_{\mu\rho}\delta_{\nu\sigma}) \tag{7.10.5}$$

附录1 习 题 解

第1章习题解

(1)由测不准的关系$\triangle p\triangle x\approx\hbar$估算氢原子的第一能级能量。

玻尔半径为$a=\dfrac{\hbar^2}{m_e e^2}=\dfrac{\hbar c}{m_e c^2\alpha}=0.529\times10^{-8}$ cm

精细结构常数$\alpha=\dfrac{e^2}{\hbar c}=\dfrac{1}{137}$,测不准的关系为$\triangle x\triangle p\sim pa\sim\hbar$

电子动能为

$$T=\frac{p^2}{2m_e}=\frac{\hbar^2}{2m_e a^2}=\frac{m_e c^2}{2}\alpha^2$$

电子位能为

$$V=-\frac{e^2}{a}=-m_e c^2\alpha^2$$

因此氢原子的第一能级能量与(E8)一致,为

$$E=T+V\sim-\frac{m_e c^2}{2}\alpha^2=-13.6\ \text{eV} \tag{A1.1.1}$$

(2)由测不准的关系证明原子核内无自由电子存在,核半径$R\approx\triangle x$为几个费米量级,1 fm $=10^{-15}$m 离心力明显大于库仑引力的条件是

$$\text{离心力}\frac{m_e v^2}{R}=\frac{P^2}{m_e R}\gg\text{库仑引力}\frac{Ze^2}{R^2}\qquad\text{得到不等式}(PR)^2\gg m_e Ze^2R$$

由测不准的关系$(PR)^2\approx(\triangle R\triangle P)^2\approx\hbar^2$,得到核半径满足的不等式

$$R\ll\frac{\hbar^2}{m_e Ze^2}=\frac{\hbar c}{m_e c^2\alpha Z}\approx5.3\times10^4/Z\quad\text{fm} \tag{A1.2.1}$$

成立,显然,在自然界中$Z<100$,因此证明了库仑引力不能束缚住自由电子。

(3)应用合流超几何函数求解下面给出中心位势的束缚态本征能级

$$V(r)=\frac{A}{r^2}-\frac{B}{r}\qquad\text{且}\ A>0,\quad B>0 \tag{A1.3.1}$$

这个位势在$r\to0$时$V\to\infty$,在$r\to\infty$时位势趋向0,势阱最深处在$r=\dfrac{2A}{B}$,位势值为$V_{\min}=-\dfrac{B}{4A}$。径向方程为(见B16)

$$\frac{\mathrm{d}^2R}{\mathrm{d}r^2}+\frac{2}{r}\frac{\mathrm{d}R}{\mathrm{d}r}+\frac{2\mu}{\hbar^2}\left(E-\frac{\hbar^2}{2\mu}\frac{l(l+1)}{r^2}-\frac{A}{r^2}+\frac{B}{r}\right)R=0 \tag{A1.3.2}$$

引入新变量s满足下面等式

$$s(s+1)=2\mu\frac{A}{\hbar^2}+l(l+1) \tag{A1.3.3}$$

在上式两边同加1/4得到

$$2\mu\frac{A}{\hbar^2}+(l+\frac{1}{2})^2=(s+\frac{1}{2})^2$$

径向方程改写为

$$\frac{d^2R}{dr^2}+\frac{2}{r}\frac{dR}{dr}+\left(\frac{2\mu E}{\hbar^2}-\frac{s(s+1)}{r^2}+\frac{2\mu B}{\hbar^2 r}\right)R=0 \qquad (A1.3.4)$$

并记(对于束缚态 $E<0$)

$$\nu=\frac{B}{\hbar}\sqrt{-\frac{\mu}{2E}}$$

径向方程被改写为

$$\frac{d^2R}{dr^2}+\frac{2}{r}\frac{dR}{dr}+\left(\frac{2\mu}{\hbar^2}E-\frac{s(s+1)}{r^2}+\frac{2\mu}{\hbar\sqrt{-\frac{\mu}{2E}}}\frac{\nu}{r}\right)R=0 \qquad (A1.3.5)$$

引入新变量

$$\rho=\frac{2}{\hbar}\sqrt{-2\mu E}\,r \quad 或 \quad r=\frac{\hbar}{2\sqrt{-2\mu E}}\rho \qquad (A1.3.6)$$

径向方程变以 ρ 作自变量的形式

$$\frac{d^2R}{d\rho^2}+\frac{2}{\rho}\frac{dR}{d\rho}+\left(-\frac{1}{4}+\frac{\nu}{\rho}-\frac{s(s+1)}{\rho^2}\right)R=0 \qquad (A1.3.7)$$

利用在无穷远处和 $r=0$ 处的边界条件(作法与库仑场中带电粒子运动相同),将波函数做如下变换

$$R=e^{-\rho/2}\rho^s W$$

$R=0$ 的边界条件要求 $s>0$。R 对 ρ 的一次导数:

$$\frac{dR}{d\rho}=e^{-\frac{\rho}{2}}\rho^s\left[\frac{dW}{d\rho}+(-\frac{1}{2}+\frac{s}{\rho})W\right]$$

R 对 ρ 的二次导数:

$$\frac{d^2R}{d\rho^2}=e^{-\frac{\rho}{2}}\rho^s\left[\frac{d^2W}{d\rho^2}+(-1+\frac{2s}{\rho})\frac{dW}{d\rho}+(-\frac{1}{2}+\frac{s}{\rho})^2W-\frac{s}{\rho^2}W\right]$$

分别代入径向方程,去掉因子 $e^{-\frac{\rho}{2}}\rho^s$,方程变为

$$\frac{d^2W}{d\rho^2}+\left[-1+\frac{2(s+1)}{\rho}\right]\frac{dW}{d\rho}+\frac{\nu-s-1}{\rho}W=0$$

将方程乘 ρ 后得到标准的合流超几何方程

$$\rho\frac{d^2W}{d\rho^2}+(\beta-\rho)\frac{dW}{d\rho}-\alpha W=0 \qquad (A1.3.8)$$

其中

$$\alpha=s-\nu+1 \qquad 和 \qquad \beta=2s+2$$

其正规解为 $F(\alpha,\beta,\rho)$。由束缚态波函数在无穷远处为0的条件,这时需要

$$\alpha=s-\nu+1=-n'$$

为负整数或0(这时 $n'\geqslant 0$)。取 s 的正根,将 ν 的表示代入后得到

$$s=\sqrt{\frac{2\mu A}{\hbar^2}+l(l+1)+\frac{1}{4}}-\frac{1}{2}=\nu-n'-1=\frac{B}{\hbar}\sqrt{-\frac{\mu}{2E}}-n'-1$$

上式进一步改写为

$$\sqrt{-\frac{\mu}{2E}}=\frac{\hbar}{2B}\left(\sqrt{\frac{8\mu A}{\hbar^2}+(2l+1)^2}+2n'+1\right)$$

解出与角动量有关的束缚态能量本征值为

$$E_{n',l}=-\frac{2\mu B^2}{\hbar^2}\left[2n'+1+\sqrt{(2l+1)^2+\frac{8\mu A}{\hbar^2}}\right]^{-2} \qquad (A1.3.9)$$

量纲的检查：由于位势的量纲是能量，因此 A 的量纲是 EL^2，而 B 的量纲是 EL，注意到 $\hbar c=197.33\ \text{MeV}\cdot\text{fm}$，因此 $\hbar c$ 的量纲是 EL，而 μc^2 的量纲是能量 E，因此

$$\nu=\frac{B}{\hbar}\sqrt{-\frac{\mu}{2E}}=\frac{B}{\hbar c}\sqrt{-\frac{\mu c^2}{2E}} \qquad [\nu]=\left[\frac{EL}{EL}\sqrt{\frac{E}{E}}\right]$$

是无量纲量。

$$\frac{\mu A}{\hbar^2}=\frac{\mu c^2 A}{(\hbar c)^2} \qquad \left[\frac{\mu A}{\hbar^2}\right]=\left[\frac{E\cdot EL^2}{E^2L^2}\right]$$

也是无量纲量，而在能量本征值中的系数

$$\frac{2\mu B^2}{\hbar^2}=\frac{2\mu c^2B^2}{(\hbar c)^2} \qquad \left[\frac{2\mu B^2}{\hbar^2}\right]=\left[\frac{E\cdot E^2L^2}{E^2L^2}\right]$$

的量纲是能量。

特殊情况：当 $A=0$ 时，上述位势退化为吸引库仑位的形状，因此上述解退化为库仑位的束缚态解。这时本征值变为

$$E_{n,l}=-\frac{2\mu B^2}{\hbar^2[2n'+2l+2]^2}$$

其中 $B=Ze^2$，并由附录（E16）式定义的主量子数为 $n=n'+l+1$，因此得到，当 $A=0$ 时库仑位束缚态解为 Bohr 公式

$$E_{n'}=-(Z\alpha)^2\frac{\mu c^2}{2n^2}, \qquad n=1,2,3,\cdots$$

（4）设体系由 N 个角动量为 1 的全同玻色子组成，哈密顿算符 $\hat{H}$ 的本征态为 $|n_{-1}n_0n_1\rangle$，且粒子数为 $n_{-1}+n_0+n_1=N$，三维体系哈密顿算符为

$$\hat{H}=\hbar w\sum_{\mu=-1}^{1}\left(\hat{\alpha}_\mu^\dagger\hat{\alpha}_\mu+\frac{1}{2}\right) \qquad (A1.4.1)$$

（a）求证 $\hat{\alpha}_\mu|n_\mu\rangle=\sqrt{n_\mu}|n_\mu-1\rangle$，$\hat{\alpha}_\mu^\dagger|n_\mu\rangle=\sqrt{1+n_\mu}|n_\mu+1\rangle$；

（b）求出单粒子态上的粒子数算符 $\hat{N}_\mu=\hat{\alpha}_\mu^\dagger\hat{\alpha}_\mu$ 的本征值；

（c）求出 $\hat{H}$ 的本征值。

关于（a）的证明详见（1.6.15）式和（1.6.16）式。

关于（b），利用（1.6.17）式

$$\hat{N}|n_\mu\rangle=\hat{\alpha}_\mu^\dagger\hat{\alpha}_\mu|n_\mu\rangle=\sqrt{n_\mu}\hat{\alpha}_\mu^\dagger|n_\mu-1\rangle=\sqrt{n_\mu}\sqrt{n_\mu}|n_\mu\rangle=n_\mu|n_\mu\rangle$$

得到粒子数算符的本征值为 n_μ。

对于（c），应用（A1.4.1）式和（a）得到 $\hat{H}$ 的本征值为

$$\hat{H}|n_{-1}n_0n_1\rangle=\hbar\omega\sum_{\mu=-1}^{1}\left(n_\mu+\frac{1}{2}\right)|n_{-1}n_0n_1\rangle=\hbar\omega\left(N+\frac{3}{2}\right)|n_{-1}n_0n_1\rangle \qquad (A1.4.2)$$

其中

$$N=n_{-1}+n_0+n_1$$

(5)下面三个算符之间的对易可以直接写为

$$[A,BC]=[A,B]C+B[A,C]=\{A,B\}C-B\{A,C\} \tag{A1.5.1}$$

$$[AB,C]=[A,C]B+A[B,C]=A\{B,C\}-\{A,C\}B \tag{A1.5.2}$$

因此,当计算上述三个算符对易的情况时,根据两个算符的对易性质,可以应用其中一式来简化。例如:当 A 是产生算符,B,C 是湮灭算符时,利用其反对易性质,得到

$$[A,BC]=\delta_{A,B}C-\delta_{A,C}B$$

(6)将(B5)式的笛卡尔分量导数代入到在角动量的笛卡尔分量在球坐标中的表示后,即可得到(B7)式成立。例如,对 x 分量 $L_x=-\mathrm{i}\hbar(y\nabla_z-z\nabla_y)=-\mathrm{i}\hbar(r\sin\theta\sin\varphi\nabla_z-r\cos\theta\nabla_y)$,将(B5)式$\nabla$代入得到

$$L_x=\mathrm{i}\hbar\left[\sin\varphi\frac{\partial}{\partial\theta}+\cot\theta\cos\varphi\frac{\partial}{\partial\varphi}\right]$$

第2章习题解

(1)利用上升下降算符得到的角动量为$\frac{1}{2}\hbar$矩阵表示的公式,写出泡利矩阵。应用(2.1.18)式,(2.1.21)式和(2.2.22)式直接写出

$$\boldsymbol{\sigma}_x=\begin{pmatrix}0&1\\1&0\end{pmatrix},\quad \boldsymbol{\sigma}_y=\begin{pmatrix}0&-\mathrm{i}\\\mathrm{i}&0\end{pmatrix},\quad \boldsymbol{\sigma}_z=\begin{pmatrix}1&0\\0&-1\end{pmatrix}$$

由于自旋空间角动量与泡利矩阵之间关系为 $\boldsymbol{s}=\frac{\hbar}{2}\boldsymbol{\sigma}$,又知角动量满足 $\boldsymbol{s}\times\boldsymbol{s}=\mathrm{i}\hbar\boldsymbol{s}$,由此得到

$$\boldsymbol{\sigma}\times\boldsymbol{\sigma}=2\mathrm{i}\boldsymbol{\sigma}$$

利用上述的矢量乘积的关系得到

$$\boldsymbol{\sigma}_i\boldsymbol{\sigma}_j=\mathrm{i}\varepsilon_{ijk}\boldsymbol{\sigma}_k \qquad 或 \qquad [\boldsymbol{\sigma}_i,\boldsymbol{\sigma}_j]=2\mathrm{i}\varepsilon_{ijk}\boldsymbol{\sigma}_k \quad i\neq j$$

说明 $\boldsymbol{\sigma}_i\boldsymbol{\sigma}_j=-\boldsymbol{\sigma}_j\boldsymbol{\sigma}_i, i\neq j$,利用这个性质得到泡利矩阵乘积的性质:

$$\boldsymbol{\sigma}_i^2=1,\quad \{\boldsymbol{\sigma}_i,\boldsymbol{\sigma}_j\}=0\quad i\neq j\quad 合并为\quad \{\boldsymbol{\sigma}_i,\boldsymbol{\sigma}_j\}=2\delta_{ij}$$

(2)$\boldsymbol{\sigma}$ 为泡利矩阵,$\boldsymbol{A}$ 为两个任意与 $\boldsymbol{\sigma}$ 可对易的矢量,证明下式关系成立

$$(\boldsymbol{\sigma}\cdot\boldsymbol{A})(\boldsymbol{\sigma}\cdot\boldsymbol{B})=I\boldsymbol{A}\cdot\boldsymbol{B}+\mathrm{i}\boldsymbol{\sigma}\cdot(\boldsymbol{A}\times\boldsymbol{B}) \tag{A2.2.1}$$

将等式左边矢量点积展开,利用 $\sigma_i^2=1$,当 $i\neq j$ 时,$\sigma_i\sigma_j=\mathrm{i}\varepsilon_{ijk}\sigma_k$,得到

$$\begin{aligned}(\boldsymbol{\sigma}\cdot\boldsymbol{A})(\boldsymbol{\sigma}\cdot\boldsymbol{B})&=(\boldsymbol{\sigma}_xA_x+\boldsymbol{\sigma}_yA_y+\boldsymbol{\sigma}_zA_z)(\boldsymbol{\sigma}_xB_x+\boldsymbol{\sigma}_yB_y+\boldsymbol{\sigma}_zB_z)\\&=A_xB_x+A_yB_y+A_zB_z+\boldsymbol{\sigma}_x\boldsymbol{\sigma}_y(A_xB_y-A_yB_x)+\boldsymbol{\sigma}_z\boldsymbol{\sigma}_x(A_zB_x-A_xB_z)+\boldsymbol{\sigma}_y\boldsymbol{\sigma}_z(A_yB_z-A_zB_y)\\&=I\boldsymbol{A}\cdot\boldsymbol{B}+\mathrm{i}\boldsymbol{\sigma}_x(\boldsymbol{A}\times\boldsymbol{B})_x+\mathrm{i}\boldsymbol{\sigma}_y(\boldsymbol{A}\times\boldsymbol{B})_y+\mathrm{i}\boldsymbol{\sigma}_z(\boldsymbol{A}\times\boldsymbol{B})_z\\&=I\boldsymbol{A}\cdot\boldsymbol{B}+\mathrm{i}\boldsymbol{\sigma}\cdot(\boldsymbol{A}\times\boldsymbol{B})\end{aligned}$$

(3)利用 CG 系数的对称性,证明:当 $l_1+l_2+l_3$ 为奇数时 $C_{l_10l_20}^{l_3\,0}=0$。

由于在 CG 中,当磁量子数为 0 时,角动量为整数,利用 CG 系数磁量子数变号的对称性,得到 $C_{l_10l_20}^{l_3\,0}=(-1)^{l_1+l_2-l_3}C_{l_10l_20}^{l_3\,0}$,其中因子

$$(-1)^{l_1+l_2-l_3}=(-1)^{l_1+l_2+l_3}$$

因此当 $l_1+l_2+l_3$ 为奇数时有 $C_{l_10l_20}^{l_3\,0}=-C_{l_10l_20}^{l_3\,0}=0$。

(4)$\boldsymbol{L}$ 和 $\boldsymbol{P}$ 分别为角动量和动量算符,证明下列关系成立

$$\boldsymbol{L}\cdot\boldsymbol{P}=\boldsymbol{P}\cdot\boldsymbol{L}=0 \tag{A2.4.1}$$

由于

$$\boldsymbol{L}\cdot\boldsymbol{P}=L_xP_x+L_yP_y+L_zP_z$$

$$(yP_z-zP_y)P_x+(zP_z-xP_z)P_y+(xP_y-yP_x)P_z=0 \tag{A2.4.2}$$

各项彼此相消。同理可以证明 $\boldsymbol{P}\cdot\boldsymbol{L}=0$。

$$\boldsymbol{L}\times\boldsymbol{P}+\boldsymbol{P}\times\boldsymbol{L}=2\mathrm{i}\boldsymbol{P}$$

证明过程见(2.1.36)式推导。

(5)令 $\hbar=1$,波函数$|\psi\rangle$既是角动量的本征函数,又是算符$(\boldsymbol{\sigma}\cdot\boldsymbol{L})$的本征函数,且有$(\boldsymbol{\sigma}\cdot\boldsymbol{L})|\psi\rangle=\lambda|\psi\rangle$。利用$(\boldsymbol{\sigma}\cdot\boldsymbol{L})^2$的展开表示,求出本征值 λ 与角动量本征值 l 的关系。

用 $L^2|\psi\rangle=l(l+1)|\psi\rangle$,和

$$(\boldsymbol{\sigma}\cdot\boldsymbol{L})^2|\psi\rangle=\lambda^2|\psi\rangle \tag{A2.5.1}$$

利用

$$(\boldsymbol{\sigma}\cdot\boldsymbol{L})(\boldsymbol{\sigma}\cdot\boldsymbol{L})=L^2+\mathrm{i}\boldsymbol{\sigma}\cdot(\boldsymbol{L}\times\boldsymbol{L})=L^2-\boldsymbol{\sigma}\cdot\boldsymbol{L} \tag{A2.5.2}$$

将其作用到波函数$|\psi\rangle$上得到本征值 λ 满足的方程

$$\lambda(\lambda+1)=l(l+1)\qquad 或 \qquad (\lambda+\frac{1}{2})^2=(l+\frac{1}{2})^2$$

并解出 λ 与 l 之间的关系 $\lambda=l$ 和 $\lambda=-l-1$。

(6)利用 Racah 系数性质,求证

$$\sum_l(-1)^l C^{l\,\frac{1}{2}}_{j_a\frac{1}{2}j_c\frac{1}{2}}=(-1)^{j_a-\frac{1}{2}+l}\frac{\hat{l}}{\hat{j}_c}C^{j_c-\frac{1}{2}}_{j_a\frac{1}{2}l-1}=(-1)^{j_c-\frac{1}{2}}\frac{\hat{l}}{\hat{j}_c}C^{j_c\frac{1}{2}}_{j_a-\frac{1}{2}l1} \tag{A2.6.1}$$

利用 CG 系数的对称性将等式左边第一个 CG 系数写成下面形式

$$(-1)^l C_{j_a\frac{1}{2}j_c\frac{1}{2}}^{l\,\frac{1}{2}}=(-1)^{j_a-\frac{1}{2}+l}\frac{\hat{l}}{\hat{j}_c}C^{j_c-\frac{1}{2}}_{j_a\frac{1}{2}l-1}=(-1)^{j_c-\frac{1}{2}}\frac{\hat{l}}{\hat{j}_c}C^{j_c\,\frac{1}{2}}_{j_a-\frac{1}{2}l1} \tag{A2.6.2}$$

利用(2.3.4)式,这时 $j=j_{12}$,$l=j_{23}$,其中由对 l 求和的部分得到

$$\begin{aligned}\sum_l \hat{l}\hat{j}C^{j_c\frac{1}{2}}_{j_a-\frac{1}{2}l1}C^{l\,\frac{1}{2}}_{j_b\frac{1}{2}j_d\frac{1}{2}}W(j_aj_bj_cj_d;jl)&=C^{j\,0}_{j_a-\frac{1}{2}j_b\frac{1}{2}}C^{j_c\frac{1}{2}}_{j0j_d\frac{1}{2}}\\&=(-1)^{j_d+\frac{1}{2}}\frac{\hat{j}_e}{\hat{j}}C^{j\,0}_{j_c\frac{1}{2}j_b-\frac{1}{2}}C^{j\,0}_{j_c-\frac{1}{2}j_d\frac{1}{2}}\\&=(-1)^{j_a+j_b-j_c+\frac{1}{2}}\frac{\hat{j}_c}{\hat{j}}C^{j\,0}_{j_a\frac{1}{2}j_b-\frac{1}{2}}C^{j\,0}_{j_c\frac{1}{2}j_d-\frac{1}{2}}\end{aligned} \tag{A2.6.3}$$

将(A2.6.2)式中因子代入(A2.6.3)式后,(A2.6.1)式得以证明。

(7)求证 CG 系数的磁量子数满足下面递推关系

$$\begin{aligned}\sqrt{(j-m)(j+m+1)}\,C^{j\,m+1}_{j_1m_1j_2m_2}=&\sqrt{(j_1+m_1)(j_1-m_1+1)}\,C^{j\quad m}_{j_1m_1-1\,j_2m_2}+\\&\sqrt{(j_2+m_2)(j_2-m_2+1)}\,C^{j\quad m}_{j_1m_1j_2m_2-1}\end{aligned} \tag{A2.7.1}$$

和

$$\begin{aligned}\sqrt{(j+m)(j-m+1)}\,C^{j\,m-1}_{j_1m_1j_2m_2}=&\sqrt{(j_1-m_1)(j_1+m_1+1)}\,C^{j\quad m}_{j_1m_1+1\,j_2m_2}+\\&\sqrt{(j_2-m_2)(j_2+m_2+1)}\,C^{j\quad m}_{j_1m_1j_2m_2+1}\end{aligned} \tag{A2.7.2}$$

利用两粒子的上升和下降算符 $J_\pm(1,2)=J_\pm(1)+J_\pm(2)$,作用到两粒子耦合波函数

$$\psi(j_1j_2,jm)=\sum_{m_1m_2}C^{j\,m}_{j_1m_1j_2m_2}\psi(j_1m_1)\psi(j_2m_2)$$

上，利用

$$J_{\pm}|j,m\rangle=\sqrt{(j\mp m)(j\pm m+1)}\,|j,m\pm1\rangle$$

得到

$$\begin{aligned}J_{\pm}(1,2)\psi(j_1j_2,jm)&=\sqrt{(j\mp m)(j\pm m+1)}\,\psi(j_1j_2,jm\pm1)\\&=\sqrt{(j\mp m)(j\pm m+1)}\sum_{m_1m_2}C_{j_1m_1j_2m_2}^{j\ \ m\pm1}\psi(j_1m_1)\psi(j_2m_2)\\&=\sum_{m_1m_2}C_{j_1m_1j_2m_2}^{j\ \ m}J_{\pm}(1)\psi(j_1m_1)\psi(j_2m_2)+\sum_{m_1m_2}C_{j_1m_1j_2m_2}^{j\ \ m}\psi(j_1m_1)J_{\pm}(2)\psi(j_2m_2)\\&=\sum_{m_1m_2}C_{j_1m_1j_2m_2}^{j\ \ m}\sqrt{(j_1\mp m_1)(j_1\pm m_1+1)}\,\psi(j_1m_1\pm1)\psi(j_2m_2)+\\&\quad\sum_{m_1m_2}C_{j_1m_1j_2m_2}^{j\ \ m}\sqrt{(j_2\mp m_2)(j_2\pm m_2+1)}\,\psi(j_1m_1)\psi(j_2m_2\pm1)\end{aligned}$$

两边乘上 $\psi^*(j_1m_1')\psi^*(j_2m_2')$，并积分，利用波函数的正交性，得到(A2. 7. 1)和(A2. 7. 2)两式成立。

(8)写出 $L=1$ 的矩阵，以及它们各次幂的表示。

首先以 L_y 为例，

$$L_y=\frac{1}{\sqrt2}\begin{Bmatrix}0&-\mathrm{i}&0\\\mathrm{i}&0&-\mathrm{i}\\0&\mathrm{i}&0\end{Bmatrix}\quad 以及\quad L_y^2=\frac12\begin{Bmatrix}1&0&-1\\0&2&0\\-1&0&1\end{Bmatrix}$$

而

$$L_y^3=\frac{1}{\sqrt2}\begin{Bmatrix}0&-\mathrm{i}&0\\\mathrm{i}&0&-\mathrm{i}\\0&\mathrm{i}&0\end{Bmatrix}=L_y\quad 以及\quad L_y^4=\frac12\begin{Bmatrix}1&0&-1\\0&2&0\\-1&0&1\end{Bmatrix}=L_y^2$$

在一般情况下都有

$$L_i^{2n}=L_i^2\quad 和\quad L_i^{2n+1}=L_i,\quad 其中\ n=1,2,\cdots\quad i=x,y,z \tag{A2. 8. 1}$$

必须注意的是，与自旋为1/2的情况不同的是，这时 $L_y^2\neq I$。

第3章习题解

(1)坐标反射算符 P 的定义为：$P\Phi(\boldsymbol{r})=\Phi(-\boldsymbol{r})$，$P$ 的本征值称为态的宇称。确定 P 的可能的本征值，并证明：P 与线性动量 $\boldsymbol{p}$ 反对易，即

$$\{p,P\}=\boldsymbol{p}P+P\boldsymbol{p}=0 \tag{A3. 1. 1}$$

当一个态为动量的本征态时，这个本征态能否有确定的宇称值？

答：否。平面波是动量的本征态，但是没有确定的宇称。P 与角动量之间满足对易关系 $[P,\boldsymbol{L}]=0$，角动量算符的本征态是否有确定的宇称值？答：是。在一个保守力场中运动的粒子，保持宇称守恒的条件是什么？答：具有确定的角动量。

(2)求证

$$\mathrm{e}^{-\mathrm{i}\beta\frac{S_i}{\hbar}}=e^{\mathrm{i}\frac{\beta}{2}\sigma_i}=I\cos\frac{\beta}{2}-\mathrm{i}\sigma_i\sin\frac{\beta}{2} \tag{A3. 2. 1}$$

利用泡利矩阵的性质 $\sigma_i^{2n}=I$ 和 $\sigma_i^{2n+1}=\sigma_i$，由指数的泰勒展开

$$\mathrm{e}^{-\mathrm{i}\frac{\beta}{2}\sigma_i}=\sum_{n=偶}\frac{1}{n!}\left(-\mathrm{i}\frac{\beta}{2}\right)^nI+\sigma_i\sum_{n=奇}\frac{1}{n!}\left(-\mathrm{i}\frac{\beta}{2}\right)^n$$

$$\sum_{n=0,1,2}\frac{(-1)^n}{(2n)!}\left(\frac{\beta}{2}\right)^{2n}I-\mathrm{i}\sigma_i\sum_{n=1,2,3}\frac{(-1)^{n-1}}{(2n-1)!}\left(\frac{\beta}{2}\right)^{2n-1}$$

级数分别为 $\cos\frac{\beta}{2}$ 和 $\sin\frac{\beta}{2}$,(A3.2.1)式得以证明.

(3)在 σ_z 为对角矩阵表示的坐标表示下,求出

①绕 Z 轴转动 $\beta=\frac{\pi}{2}$ 角度后的 $\boldsymbol{\sigma}_x$ 矩阵表示。由(3.5.18)式得到

$$\boldsymbol{u}\boldsymbol{\sigma}_z\boldsymbol{u}^{-1}=\begin{pmatrix}e^{-i\frac{\beta}{2}} & 0\\ 0 & e^{i\frac{\beta}{2}}\end{pmatrix}\begin{pmatrix}0 & 1\\ 1 & 0\end{pmatrix}\begin{pmatrix}e^{i\frac{\beta}{2}} & 0\\ 0 & e^{-i\frac{\beta}{2}}\end{pmatrix}=\begin{pmatrix}0 & e^{-i\beta}\\ e^{i\beta} & 0\end{pmatrix}=\begin{pmatrix}0 & -i\\ i & 0\end{pmatrix}=\boldsymbol{\sigma}_y \tag{A3.3.1}$$

②绕 X 轴转动 $\beta=\frac{\pi}{2}$ 角度后的 σ_y 矩阵表示。由(3.5.16)式得到

$$\begin{aligned}\boldsymbol{u}\boldsymbol{\sigma}_y\boldsymbol{u}^{-1}&=\begin{pmatrix}\cos\frac{\beta}{2} & -i\sin\frac{\beta}{2}\\ -i\sin\frac{\beta}{2} & \cos\frac{\beta}{2}\end{pmatrix}\begin{pmatrix}0 & -i\\ i & 0\end{pmatrix}\begin{pmatrix}\cos\frac{\beta}{2} & i\sin\frac{\beta}{2}\\ i\sin\frac{\beta}{2} & \cos\frac{\beta}{2}\end{pmatrix}\\&=\begin{pmatrix}\sin\beta & -i\cos\beta\\ i\cos\beta & -\sin\beta\end{pmatrix}=\begin{pmatrix}1 & 0\\ 0 & -1\end{pmatrix}=\boldsymbol{\sigma}_z\end{aligned} \tag{A3.2.2}$$

③绕 Y 轴转动 $\beta=\frac{\pi}{2}$ 角度后的 $\boldsymbol{\sigma}_z$ 矩阵表示。由(3.5.17)式得到

$$\begin{aligned}\boldsymbol{u}\boldsymbol{\sigma}_y\boldsymbol{u}^{-1}&=\begin{pmatrix}\cos\frac{\beta}{2} & -\sin\frac{\beta}{2}\\ \sin\frac{\beta}{2} & \cos\frac{\beta}{2}\end{pmatrix}\begin{pmatrix}1 & 0\\ 0 & -1\end{pmatrix}\begin{pmatrix}\cos\frac{\beta}{2} & \sin\frac{\beta}{2}\\ -\sin\frac{\beta}{2} & \cos\frac{\beta}{2}\end{pmatrix}\\&=\begin{pmatrix}\cos\beta & \sin\beta\\ \sin\beta & -\cos\beta\end{pmatrix}=\begin{pmatrix}0 & 1\\ 1 & 0\end{pmatrix}=\boldsymbol{\sigma}_x\end{aligned} \tag{A3.3.3}$$

(4)记 $\hbar=1$,则在角动量 $L=1$ 时,对于任意方向 $i=x,y,z$ 都有

$$L_i^{2n+1}=L_i,\quad L_i^{2n}=L_i^2,n=1,2,3\cdots \tag{A3.4.1}$$

但是可以验证,$L_i^2\neq I,i=x,y,z$,因此利用泰勒展开得到

$$\begin{aligned}e^{-i\beta L_i}&=I+(-i\beta)L_i+\frac{1}{2!}(-i\beta)^2L_i^2+\frac{1}{3!}(-i\beta)^3L_i^3+\frac{1}{4!}(-i\beta)^4L_i^4+\cdots\\&=I-i\beta L_i-\frac{1}{2!}\beta^2L_i^2+i\frac{1}{3!}\beta^3L_i+\frac{1}{4!}\beta^4L_i^2+\cdots\\&=I-L_i^2+L_i^2\left(1-\frac{1}{2!}\beta^2+\frac{1}{4!}\beta^4+\cdots\right)-iL_i\left(\beta-\frac{1}{3!}\beta^3+\cdots\right)\end{aligned}$$

得到 $L=1$ 沿 $i=x,y,z$ 轴转动 β 角度的矩阵的一般表示

$$e^{-i\beta L_i}=I-L_i^2+L_i^2\cos\beta-iL_i\sin\beta \tag{A3.4.2}$$

(5)在时间反演超选择定则中,证明当自旋 $s=1\hbar$ 时,在双时间反演下

$$u^2(T)\psi_+=\psi_+$$

成立。记 $\hbar=1$,利用(A3.4.2)式

$$B=e^{-\frac{i}{\hbar}\beta s_y}=I-s_y^2+s_y^2\cos\beta-is_y\sin\beta \tag{A3.5.1}$$

在双时间反演下,相当于在自旋空间转动 $\beta=\pi$ 时,利用(2.1.31)式角动量为 1 的 y 分

量 s_y 的矩阵表示

$$\boldsymbol{s}_y=\frac{\hbar}{\sqrt{2}}\begin{pmatrix}0&-\mathrm{i}&0\\ \mathrm{i}&0&-\mathrm{i}\\ 0&\mathrm{i}&0\end{pmatrix},\qquad \boldsymbol{s}_y^2=\frac{\hbar^2}{2}\begin{pmatrix}1&0&-1\\ 0&2&0\\ -1&0&1\end{pmatrix}\tag{A3.5.2}$$

得到

$$\boldsymbol{B}=\mathrm{e}^{-\frac{\mathrm{i}}{\hbar}\pi s_y}=I-2\frac{\boldsymbol{s}_y^2}{\hbar^2}=I-\begin{pmatrix}1&0&-1\\ 0&2&0\\ -1&0&1\end{pmatrix}=\begin{pmatrix}0&0&1\\ 0&-1&0\\ 1&0&0\end{pmatrix}\tag{A3.5.3}$$

$\boldsymbol{B}$ 为实数矩阵,因此 $\boldsymbol{B}$ 与共轭算符 $\boldsymbol{K}$ 可对易,且有 $\boldsymbol{BB}=1$。在双时间反演下,利用共轭算符 $\boldsymbol{KK}=1$ 的性质,得到

$$u^2(T)=\boldsymbol{BBKK}=\boldsymbol{BB}=I\tag{A3.5.4}$$

由此证明了在自旋 $s=1$ 为整数时,在双时间反演下 $u(T)^2\psi=+\psi$,是 $+1$ 的符号。

第4章习题解

(1)写出 $L=1\hbar$ 的转动矩阵,并验证幺正性。

由(A3.4.2)式得到绕 Z 轴的转动矩阵为

$$\mathrm{e}^{-\mathrm{i}\gamma\frac{L_z}{\hbar}}=1-L_z^2+L_z^2\cos\gamma-\mathrm{i}L_z\sin\gamma=\begin{pmatrix}\mathrm{e}^{-\mathrm{i}\gamma}&0&0\\ 0&1&0\\ 0&0&\mathrm{e}^{\mathrm{i}\gamma}\end{pmatrix}\tag{A4.1.1}$$

绕 Y 轴的转动矩阵为

$$\mathrm{e}^{-\mathrm{i}\beta L_y}=\begin{pmatrix}\cos^2\frac{\beta}{2}&-\frac{1}{\sqrt{2}}\sin\beta&\sin^2\frac{\beta}{2}\\ \frac{1}{\sqrt{2}}\sin\beta&\cos\beta&-\frac{1}{\sqrt{2}}\sin\beta\\ \sin^2\frac{\beta}{2}&\frac{1}{\sqrt{2}}\sin\beta&\cos^2\frac{\beta}{2}\end{pmatrix}\tag{A4.1.2}$$

显然,它们都是幺正的,特别是对绕 γ 轴转动矩阵可以计算得到

$$\begin{pmatrix}\cos^2\frac{\beta}{2}&-\frac{1}{\sqrt{2}}\sin\beta&\sin^2\frac{\beta}{2}\\ \frac{1}{\sqrt{2}}\sin\beta&\cos\beta&-\frac{1}{\sqrt{2}}\sin\beta\\ \sin^2\frac{\beta}{2}&\frac{1}{\sqrt{2}}\sin\beta&\cos^2\frac{\beta}{2}\end{pmatrix}\begin{pmatrix}\cos^2\frac{\beta}{2}&\frac{1}{\sqrt{2}}\sin\beta&\sin^2\frac{\beta}{2}\\ -\frac{1}{\sqrt{2}}\sin\beta&\cos\beta&\frac{1}{\sqrt{2}}\sin\beta\\ \sin^2\frac{\beta}{2}&-\frac{1}{\sqrt{2}}\sin\beta&\cos^2\frac{\beta}{2}\end{pmatrix}=I$$

其中应用了 $\sin^2\frac{\beta}{2}=\frac{1}{2}(1-\cos\beta)$, $\cos^2\frac{\beta}{2}=\frac{1}{2}(1+\cos\beta)$。

由此得到 $L=1\hbar$ 的 Eular 三维转动矩阵为

$\boldsymbol{D}^1(\alpha,\beta,\gamma)=\mathrm{e}^{-\mathrm{i}\alpha L_z-\mathrm{i}\beta L_y-\mathrm{i}\gamma L_z}$

$$= \begin{pmatrix} e^{-i\alpha} & 0 & 0 \\ 0 & 1 & 0 \\ 0 & 0 & e^{i\alpha} \end{pmatrix} \begin{pmatrix} \cos^2\frac{\beta}{2} & -\frac{1}{\sqrt{2}}\sin\beta & \sin^2\frac{\beta}{2} \\ \frac{1}{\sqrt{2}}\sin\beta & \cos\beta & -\frac{1}{\sqrt{2}}\sin\beta \\ \sin^2\frac{\beta}{2} & \frac{1}{\sqrt{2}}\sin\beta & \cos^2\frac{\beta}{2} \end{pmatrix} \begin{pmatrix} e^{-i\gamma} & 0 & 0 \\ 0 & 1 & 0 \\ 0 & 0 & e^{i\gamma} \end{pmatrix}$$

$$= \begin{pmatrix} e^{-i(\alpha+\gamma)}\cos^2\frac{\beta}{2} & -\frac{e^{-i\alpha}}{\sqrt{2}}\sin\beta & e^{-i(\alpha-\gamma)}\sin^2\frac{\beta}{2} \\ \frac{e^{-i\gamma}}{\sqrt{2}}\sin\beta & \cos\beta & -\frac{e^{i\gamma}}{\sqrt{2}}\sin\beta \\ e^{i(\alpha-\gamma)}\sin^2\frac{\beta}{2} & \frac{e^{i\alpha}}{\sqrt{2}}\sin\beta & e^{i(\alpha+\gamma)}\cos^2\frac{\beta}{2} \end{pmatrix} \tag{A4.1.3}$$

幺正性验证

$$\boldsymbol{D}^1(\alpha,\beta,\gamma)\boldsymbol{D}^{1\dagger}(\alpha,\beta,\gamma) = e^{-i\alpha L_z - i\beta L_y - i\gamma L_z} e^{i\gamma L_z + i\beta L_y + i\alpha L_z} = I$$

(2)J_μ 为角动量 J 在球基坐标下的分量，证明

$$J^2 = \sum_\mu (-1)^\mu J_\mu J_{-\mu} \tag{A4.2.1}$$

在 $J = 1\hbar$ 的情况下球基坐标角动量分量分别是

$$J_1 = -\hbar\begin{pmatrix} 0 & 1 & 0 \\ 0 & 0 & 1 \\ 0 & 0 & 0 \end{pmatrix} \qquad J_0 = -\hbar\begin{pmatrix} 1 & 0 & 0 \\ 0 & 0 & 0 \\ 0 & 0 & -1 \end{pmatrix} \qquad J_{-1} = \hbar\begin{pmatrix} 0 & 0 & 0 \\ 1 & 0 & 0 \\ 0 & 1 & 0 \end{pmatrix}$$

因此

$$\sum_\mu (-1)^\mu J_\mu J_{-\mu} = \hbar^2\begin{pmatrix} 0 & 1 & 0 \\ 0 & 0 & 1 \\ 0 & 0 & 0 \end{pmatrix}\begin{pmatrix} 0 & 0 & 0 \\ 1 & 0 & 0 \\ 0 & 1 & 0 \end{pmatrix} + \hbar^2\begin{pmatrix} 1 & 0 & 0 \\ 0 & 0 & 0 \\ 0 & 0 & -1 \end{pmatrix}\begin{pmatrix} 1 & 0 & 0 \\ 0 & 0 & 0 \\ 0 & 0 & -1 \end{pmatrix} +$$

$$\hbar^2\begin{pmatrix} 0 & 0 & 0 \\ 1 & 0 & 0 \\ 0 & 1 & 0 \end{pmatrix}\begin{pmatrix} 0 & 1 & 0 \\ 0 & 0 & 1 \\ 0 & 0 & 0 \end{pmatrix} = \hbar^2\begin{pmatrix} 2 & 0 & 0 \\ 0 & 2 & 0 \\ 0 & 0 & 2 \end{pmatrix} = 2\hbar^2 I = J^2 \tag{A4.2.2}$$

(3)已知 l 为偶数的 Legerdre 多项式是偶函数，而 l 为奇数的 Legerdre 多项式是奇函数。由 Legerdre 多项式合成公式，以及 CG 系数的性质证明：两个 Legrdre 多项式乘积的奇偶性，与合成后的一个 Legerdre 多项式奇偶性相同。

(4)由球谐函数合成公式(4.5.8)证明：z^2 是可约张量：而$(3z^2 - r^2)$是不可约张量。

z^2 是可约张量的证明，以及 $3z^2 - r^2 = r^2\sqrt{\frac{16\pi}{5}}Y_{2,0}$见本章所述。

(5)考虑一个无自旋粒子由波函数 $\Psi = k[x + y + 2z]e^{-\alpha r}$所表示的。其中 k 和 α 是实常数。试求：

(a)粒子的总角动量是多少？

(b)角动量的 z 分量的期望值是多少？

(c)测量到角动量的 z 分量 L_z 为 0 的概率是多少？

(d)找到粒子在(θ,φ)方向的立体角 $d\Omega$ 内的概率是多大？

利用球基坐标中笛卡尔矢量与球谐函数关系(4.6.8)式和(4.6.6)式,可以将笛卡尔坐标中三个分量分别用球谐函数表示

$$x=-\sqrt{\frac{2\pi}{3}}r[Y_{11}-Y_{1-1}],\quad y=\mathrm{i}\sqrt{\frac{2\pi}{3}}r[Y_{11}(\theta,\varphi)+Y_{1-1}],\quad z=\sqrt{\frac{4\pi}{3}}rY_{10}$$

因此在球谐函数的表示下,波函数可以改写为

$$\Psi=kr\sqrt{\frac{2\pi}{3}}[(\mathrm{i}-1)Y_{11}(\theta,\varphi)+2\sqrt{2}Y_{10}(\theta,\varphi)+(\mathrm{i}+1)Y_{1-1}(\theta,\varphi)]\mathrm{e}^{-\alpha r} \tag{A4.5.1}$$

因此总角动量是 $L=1\hbar$,角动量的 z 分量 $m=1,0,-1$ 的比例分别为 2,8,2,则归一化的比例是$\frac{1}{6},\frac{4}{6},\frac{1}{6}$,因而角动量的 z 分量为 0 的概率为$\frac{2}{3}$。角动量 L_2 的期望值为

$$\langle\Psi|L_z|\Psi\rangle=\frac{1}{6}\times1+\frac{4}{6}\times0+\frac{1}{6}\times(-1)=0 \tag{A4.5.2}$$

为了得到粒子在(θ,φ)方向的立体角 $\mathrm{d}\Omega$ 内的概率,需要对 r 积分,而保留对立体角 Ω 的积分。利用积分

$$\int_0^{\infty}\mathrm{e}^{-2\alpha r}r^4\mathrm{d}r=\frac{3}{4\alpha^5} \tag{A4.5.3}$$

以及

$$\frac{1}{r}[x+y+2z]=\sin\theta\sin\varphi+\sin\theta\cos\varphi+2\cos\theta$$

得到在立体角 $\mathrm{d}\Omega$ 内的概率为

$$k^2\frac{\pi}{2\alpha^5}[\sin\theta(\sin\varphi+\cos\varphi)+2\cos\theta]^2 \tag{A4.5.4}$$

(6)自旋为 1/2 的粒子在空间转动的欧拉角为$(0,\beta,\gamma)$,求出波函数

$$\boldsymbol{\psi}=\begin{pmatrix}a\\b\end{pmatrix}\qquad\text{满足归一化条件}\qquad\langle\boldsymbol{\psi}|\boldsymbol{\psi}\rangle=|a|^2+|b|^2=1$$

在转动后 ψ^u 的表示,这时的幺正变换为

$$\boldsymbol{u}(0,\beta,\gamma)=\mathrm{e}^{-\mathrm{i}\frac{\beta}{2}\sigma_y}\mathrm{e}^{-\mathrm{i}\frac{\gamma}{2}\sigma_z}=\left(I\cos\frac{\beta}{2}-\mathrm{i}\boldsymbol{\sigma}_y\sin\frac{\beta}{2}\right)\left(I\cos\frac{\gamma}{2}-\mathrm{i}\boldsymbol{\sigma}_z\sin\frac{\gamma}{2}\right)$$

$$=\begin{pmatrix}\cos\frac{\beta}{2} & -\sin\frac{\beta}{2}\\ \sin\frac{\beta}{2} & \cos\frac{\beta}{2}\end{pmatrix}\begin{pmatrix}\mathrm{e}^{-\mathrm{i}\frac{\gamma}{2}} & 0\\ 0 & \mathrm{e}^{\mathrm{i}\frac{\gamma}{2}}\end{pmatrix}=\begin{pmatrix}\cos\frac{\beta}{2}\mathrm{e}^{-\mathrm{i}\frac{\gamma}{2}} & -\sin\frac{\beta}{2}\mathrm{e}^{\mathrm{i}\frac{\gamma}{2}}\\ \sin\frac{\beta}{2}\mathrm{e}^{-\mathrm{i}\frac{\gamma}{2}} & +\cos\frac{\beta}{2}\mathrm{e}^{\mathrm{i}\frac{\gamma}{2}}\end{pmatrix}$$

因此,在上述欧拉转动后波函数变为

$$\boldsymbol{\psi}^u=\boldsymbol{u}(0,\beta,\gamma)\boldsymbol{\psi}=\begin{pmatrix}a\cos\frac{\beta}{2}\mathrm{e}^{-\mathrm{i}\frac{\gamma}{2}}-b\sin\frac{\beta}{2}\mathrm{e}^{\mathrm{i}\frac{\gamma}{2}}\\ a\sin\frac{\beta}{2}\mathrm{e}^{-\mathrm{i}\frac{\gamma}{2}}+b\cos\frac{\beta}{2}\mathrm{e}^{\mathrm{i}\frac{\gamma}{2}}\end{pmatrix} \tag{A4.6.1}$$

很容易验证$\langle\boldsymbol{\psi}^u|\boldsymbol{\psi}^u\rangle=\langle\boldsymbol{\psi}|\boldsymbol{u}^{\dagger}\boldsymbol{u}|\boldsymbol{\psi}\rangle=|a|^2+|b|^2=1$,说明了 $\boldsymbol{u}(0,\beta,\gamma)$ 为幺正矩阵。

习题(7)和(8)可直接见书中证明。

(9)由于

$$\sin\theta\mathrm{e}^{\mathrm{i}\varphi}=-\sqrt{\frac{8\pi}{3}}Y_{1,1}\quad\sin\theta\mathrm{e}^{-\mathrm{i}\varphi}=\sqrt{\frac{8\pi}{3}}Y_{1,-1}\quad\cos\theta=\sqrt{\frac{4\pi}{3}}Y_{1,0} \tag{A4.9.1}$$

利用球谐函数的合成公式(4.5.8)式,在一个角动量是 1 时

$$Y_{l,m}(\theta\varphi)Y_{1,\mu}(\theta\varphi)=\sum_{L}\sqrt{\frac{3(2l+1)}{4\pi(2L+1)}}C_{lm\ 1\mu}^{L\ m+\mu}C_{l0\ 10}^{L0}Y_{L,m+\mu}(\theta,\varphi)$$

将表 2 给出的 CG 系数代入,即可得到

$$\cos\theta Y_{l,m}=\sqrt{\frac{(l+m)(l-m)}{(2l+1)(2l-1)}}Y_{l-1,m}+\sqrt{\frac{(l+m+1)(l-m+1)}{(2l+1)(2l+3)}}Y_{l+1,m} \tag{A4.9.2}$$

$$\sin\theta e^{i\varphi}Y_{l,m}=\sqrt{\frac{(l-m)(l-m-1)}{(2l+1)(2l-1)}}Y_{l-1,m+1}-\sqrt{\frac{(l+m+1)(l+m+2)}{(2l+1)(2l+3)}}Y_{l+1,m+1} \tag{A4.9.3}$$

$$\sin\theta e^{-i\varphi}Y_{l,m}=-\sqrt{\frac{(l+m)(l+m-1)}{(2l+1)(2l-1)}}Y_{l-1,m-1}+\sqrt{\frac{(l-m+1)(l-m+2)}{(2l+1)(2l+3)}}Y_{l+1,m-1} \tag{A4.9.4}$$

第 5 章习题解

(1)用波恩近似求出下列位势中散射微分截面和积分截面,并讨论 $k\to0$ 以及 $k\to\infty$ 的行为。

(a)位势为

$$V(r)=V_0e^{-\alpha r^2}\quad 其中\quad \alpha>0$$

利用定积分公式

$$\int_0^\infty e^{-\alpha r^2}r\sin qr\mathrm{d}r=\frac{q}{2\alpha}\int_0^\infty e^{-\alpha r^2}\cos qr\mathrm{d}r=\frac{q}{4\alpha}\sqrt{\frac{\pi}{\alpha}}\exp\left\{-\frac{q^2}{4\alpha}\right\} \tag{A5.1.1}$$

因此散射振幅为

$$f(\theta)=-\frac{2\mu}{\hbar^2q}\int_0^\infty V(r)r\sin qr\mathrm{d}r=-\frac{\mu V_0}{2\alpha\hbar^2}\sqrt{\frac{\pi}{\alpha}}e^{-q^2/4\alpha} \tag{A5.1.2}$$

散射微分截面为

$$\frac{\mathrm{d}\sigma}{\mathrm{d}\Omega}=|f(\theta)|^2=\frac{\pi\mu^2V_0^2}{4\hbar^4\alpha^3}\exp\left\{-\frac{q^2}{2\alpha}\right\}=\frac{\pi\mu^2V_0^2}{4\hbar^4\alpha^3}\exp\left\{-\frac{2\mu E}{\alpha\hbar^2}(1-\cos\theta)\right\} \tag{A5.1.3}$$

散射积分截面为

$$\sigma=2\pi\int_{-1}^1\frac{\mathrm{d}\sigma}{\mathrm{d}\Omega}\mathrm{d}\cos\theta=\frac{\pi^2\mu V_0^2}{4\hbar^2\alpha^2E}\left(1-\exp\left\{-\frac{4\mu E}{\alpha\hbar^2}\right\}\right) \tag{A5.1.4}$$

这时 V_0 的量纲是 E,而 α 的量纲是 L^{-2},由此可以验证截面的量纲是 L^2。

在 $E\to0$ 时,

$$\sigma\approx\left(\frac{\pi\mu V_0}{\hbar^2\alpha}\right)^2\frac{1}{\alpha}$$

与能量 E 无关。

在 $E\to\infty$ 时,

$$\sigma\approx\frac{\pi^2\mu V_0^2}{4\hbar^2\alpha^2E}$$

与能量 E 成反比。

(b)位势为

$$V(r)=\frac{V_0}{(d^2+r^2)^2}$$

利用定积分公式

$$\int_0^\infty \frac{\sin(qr)}{(d^2+r^2)^2}r\mathrm{d}r=\frac{q}{2}\int_0^\infty \frac{\cos(qr)}{d^2+r^2}\mathrm{d}r=\frac{\pi q}{4d}\mathrm{e}^{-qd} \tag{A5.1.5}$$

因此散射振幅为

$$f(\theta)=-\frac{2\mu}{\hbar^2 q}\int_0^\infty V(r)r\sin qr\mathrm{d}r=-\frac{\pi\mu V_0}{2\hbar^2 d}\mathrm{e}^{-qd} \tag{A5.1.6}$$

散射微分截面为

$$\frac{\mathrm{d}\sigma}{\mathrm{d}\Omega}=|f(\theta)|^2=\left(\frac{\pi\mu V_0}{2\hbar^2 d}\right)^2\exp\{-2qd\} \tag{A5.1.7}$$

利用(5.4.14)式,将对 $\cos\theta$ 的积分转换为对 q 的积分($\mathrm{d}\cos\theta=\frac{q}{k^2}\mathrm{d}q$)。散射积分截面为

$$\sigma=2\pi\left(\frac{\pi\mu V_0}{2\hbar^2 d}\right)^2\int_0^{2k}\mathrm{e}^{-2qd}\frac{q}{k^2}\mathrm{d}q=\frac{\pi}{2}\left(\frac{\pi\mu V_0}{2\hbar^2 kd^2}\right)^2[1-(1+4kd)\mathrm{e}^{-4kd}] \tag{A5.1.8}$$

在 $k\to 0$ 时,

$$\sigma\approx 2\pi\left(\frac{\pi\mu V_0}{\hbar^2 d}\right)^2$$

与能量 E 无关。

在 $k\to\infty$ 时,

$$\sigma\approx\frac{\pi}{2}\left(\frac{\pi\mu V_0}{2\hbar^2 kd^2}\right)^2=\frac{\pi}{16}\left(\frac{\pi V_0}{\hbar cd^2}\right)^2\frac{\mu c^2}{E}$$

与能量 E 成反比。这里 V_0 的量纲是 EL^4,由此可以验证截面的量纲是 L^2。

(2)粒子受到势场

$$V(r)=\frac{\alpha}{r^2} \tag{A5.2.1}$$

的散射,用分波法求 l 分波的相移。并证明在引力场中($\alpha<0$)相移为正,而在排斥场中($\alpha>0$)相移为负。

这时径向方程为

$$\frac{1}{r^2}\frac{\partial}{\partial r}\left(r^2\frac{\partial}{\partial r}\right)R_l-\frac{l(l+1)+\frac{2\mu\alpha}{\hbar^2}}{r^2}R_l+k^2R_l=0 \tag{A5.2.2}$$

在径向方程中引入 ν,建立等式

$$\nu(\nu+1)=l(l+1)+\frac{2\mu\alpha}{\hbar^2} \tag{A5.2.3}$$

在上式两边加上$\frac{1}{4}$得到

$$\left(\nu+\frac{1}{2}\right)^2=\frac{2\mu\alpha}{\hbar^2}+\left(l+\frac{1}{2}\right)^2 \tag{A5.2.4}$$

得到

$$\nu=\sqrt{\left(l+\frac{1}{2}\right)^2+\frac{2\mu\alpha}{\hbar^2}}-\frac{1}{2} \tag{A5.2.5}$$

由(5.5.2)式和(5.5.3)式所述,这时薛定谔径向方程满足在 $r=0$ 波函数为有限值的边界条件的解是球贝塞尔函数 $j_\nu(kr)$。由(5.5.11)式给出球贝塞尔函数的渐近行为是

$$R_l(r\to\infty)\to\frac{\sin\left(kr-\frac{\nu\pi}{2}\right)}{kr} \tag{A5.2.6}$$

改写由(5.5.11)式给出的经过位势散射波函数的渐近表示,得到

$$R_l(r\to\infty)\to\frac{1}{kr}\sin\left(kr-\frac{l\pi}{2}+\delta_l\right)=\frac{1}{kr}\sin\left(kr-\frac{l\pi}{2}+\frac{l\pi}{2}-\frac{\nu\pi}{2}\right) \tag{A5.2.7}$$

由此得到在 $V(r)=\frac{\alpha}{r^2}$势的散射相移为

$$\delta_l=\frac{\pi}{2}(l-\nu)=\frac{\pi}{4}\left[2l+1-\sqrt{(2l+1)^2+\frac{8\mu\alpha}{\hbar^2}}\right] \tag{A5.2.8}$$

因此,当 $\alpha>0$ 时,相移为负;反之相移为正。

(3)证明

$$\boldsymbol{\sigma}(\boldsymbol{\sigma}\cdot\boldsymbol{n})=\boldsymbol{n}+\mathrm{i}\boldsymbol{n}\times\boldsymbol{\sigma} \tag{A5.3.1}$$

$$(\boldsymbol{\sigma}\cdot\boldsymbol{n})\boldsymbol{\sigma}=\boldsymbol{n}-\mathrm{i}\boldsymbol{n}\times\boldsymbol{\sigma} \tag{A5.3.2}$$

$$(\boldsymbol{\sigma}\cdot\boldsymbol{n})\boldsymbol{\sigma}(\boldsymbol{\sigma}\cdot\boldsymbol{n})=2(\boldsymbol{\sigma}\cdot\boldsymbol{n})\boldsymbol{n}-\boldsymbol{\sigma} \tag{A5.3.3}$$

首先证明(A5.3.1)式,取 $\boldsymbol{\sigma}$ 的 x 分量

$$\boldsymbol{\sigma}_x(\boldsymbol{\sigma}\cdot\boldsymbol{n})=\boldsymbol{\sigma}_x^2n_x+\boldsymbol{\sigma}_x\boldsymbol{\sigma}_yn_y+\boldsymbol{\sigma}_x\boldsymbol{\sigma}_zn_z=n_x+\mathrm{i}\boldsymbol{\sigma}_zn_y-\mathrm{i}\boldsymbol{\sigma}_yn_z=[\boldsymbol{n}+\mathrm{i}\boldsymbol{n}\times\boldsymbol{\sigma}]_x$$

其他分量照此写出得到(A5.3.1)式。同样方式可以证明(A5.3.2)式。事实上,先应用(A5.3.1)式得到

$$(\boldsymbol{\sigma}\cdot\boldsymbol{n})\boldsymbol{\sigma}(\boldsymbol{\sigma}\cdot\boldsymbol{n})=(\boldsymbol{\sigma}\cdot\boldsymbol{n})(\boldsymbol{n}+\mathrm{i}\boldsymbol{n}\times\boldsymbol{\sigma})=(\boldsymbol{\sigma}\cdot\boldsymbol{n})\boldsymbol{n}+\mathrm{i}(\boldsymbol{\sigma}\cdot\boldsymbol{n})(\boldsymbol{n}\times\boldsymbol{\sigma}) \tag{A5.3.4}$$

利用公式(A5.3.2)得到

$$\mathrm{i}\boldsymbol{n}\times\boldsymbol{\sigma}=\boldsymbol{n}-(\boldsymbol{\sigma}\cdot\boldsymbol{n})\boldsymbol{\sigma}$$

代入(A5.3.4)式得到

$$(\boldsymbol{\sigma}\cdot\boldsymbol{n})\boldsymbol{\sigma}(\boldsymbol{\sigma}\cdot\boldsymbol{n})=(\boldsymbol{\sigma}\cdot\boldsymbol{n})\boldsymbol{n}+(\boldsymbol{\sigma}\cdot\boldsymbol{n})[\boldsymbol{n}-(\boldsymbol{\sigma}\cdot\boldsymbol{n})\boldsymbol{\sigma}]=2(\boldsymbol{\sigma}\cdot\boldsymbol{n})\boldsymbol{n}-\boldsymbol{\sigma}$$

(A5.3.3)式得以证明,其中应用了$(\boldsymbol{\sigma}\cdot\boldsymbol{n})(\boldsymbol{\sigma}\cdot\boldsymbol{n})=1$。

(4)在径向方程 $u_l(r)=R_l(r)/r$ 的形式下,证明 $l=0$ 分波的相移公式表示为

$$\delta_0(k)=\arctan\left[k\left(\frac{u_0}{\mathrm{d}u_0/\mathrm{d}r}\right)_{r=d}\right]-kd$$

详见本章(5.7.8)式到(5.7.12)式的推导过程。

(5)利用习题(4),求解在位势

$$V(r)\begin{cases}V_0\left(\frac{r}{d}-1\right), & \text{当 } r\leqslant d\\ 0, & \text{当 } r>d\end{cases}\quad V_0>0 \tag{A5.5.1}$$

作用下,$l=0$ 分波的相移。

解:在 $r\leqslant d$ 区域,u_0 满足的径向方程为

$$\frac{\mathrm{d}^2u_0}{\mathrm{d}r^2}+\left[k^2-\frac{2\mu V_0}{\hbar^2}\left(\frac{r}{d}-1\right)\right]u_0=0 \tag{A5.5.2}$$

作变数变换,引入无量纲量 x

$$x=\left(k^2+\frac{2\mu V_0}{\hbar^2}-\frac{2\mu V_0 r}{\hbar^2 d}\right)\Big/\left(\frac{2\mu V_0}{\hbar^2 d}\right)^{\frac{2}{3}} \tag{A5.5.3}$$

且有

$$\frac{\mathrm{d}x}{\mathrm{d}r}=-\left(\frac{2\mu V_0}{\hbar^2 d}\right)^{\frac{1}{3}} \tag{A5.5.4}$$

方程变为艾里方程[15]

$$\frac{\mathrm{d}^2 u_0}{\mathrm{d}x^2}+xu_0=0 \tag{A5.5.5}$$

由贝塞尔函数方程有关知识得到,对于如下形式的二阶微分方程

$$\frac{\mathrm{d}^2 y}{\mathrm{d}x^2}+\alpha x^{\nu} y=0 \quad 且 \quad \nu\neq -2 \tag{A5.5.6}$$

它的解是贝塞尔函数,具体表示为

$$y=\sqrt{x}J_{\pm(\frac{1}{\nu+2})}\left(\frac{2\sqrt{\alpha}}{\nu+2}x^{1+\frac{\nu}{2}}\right) \tag{A5.5.7}$$

对于艾里方程,这时 $\alpha=1,\nu=1$。因此艾里方程的普遍解为

$$u_0(x)=\sqrt{x}\left[J_{\frac{1}{3}}\left(\frac{2}{3}x^{\frac{3}{2}}\right)+\beta J_{-\frac{1}{3}}\left(\frac{2}{3}x^{\frac{3}{2}}\right)\right] \tag{A5.5.8}$$

这时 u_0 在 $r=0$ 时的边界条件为 $u_0(r=0)=0$。而当 $r=0$ 时,

$$\xi\equiv x|_{r=0}=\frac{\hbar^2 d}{3\mu V_0}\left(k^2+\frac{2\mu V_0}{\hbar^2}\right)^{\frac{3}{2}}=\frac{\hbar^2 d}{3\mu V_0}k^3\left(1+\frac{2\mu V_0}{\hbar^2 k^2}\right)^{\frac{3}{2}} \tag{A5.5.9}$$

由此得到

$$\beta=-J_{\frac{1}{3}}(\xi)/J_{-\frac{1}{3}}(\xi) \tag{A5.5.10}$$

再令

$$z=\frac{2}{3}x^{\frac{3}{2}} \quad \frac{\mathrm{d}z}{\mathrm{d}x}=\sqrt{x} \quad 或 \quad x=(\frac{3}{2}z)^{\frac{2}{3}}$$

因此,当 $r=d$ 时,

$$x=\left(\frac{\hbar^2 d}{2\mu V_0}\right)^{\frac{2}{3}}k^2 \quad 或 \quad z=\frac{\hbar^2 d}{3\mu V_0}k^3 \tag{A5.5.11}$$

这时

$$\left.\frac{\mathrm{d}u_0}{\mathrm{d}r}\right|_{r=d}=\left[\frac{\mathrm{d}x}{\mathrm{d}r}\frac{\mathrm{d}z}{\mathrm{d}x}\frac{\mathrm{d}u_0}{\mathrm{d}z}\right]_{r=d}=-\left(\frac{2\mu V_0}{\hbar^2 d}\right)^{\frac{1}{3}}\left(\frac{\hbar^2 d}{2\mu V_0}\right)^{\frac{1}{3}}k=-k\frac{\mathrm{d}u_0}{\mathrm{d}z} \tag{A5.5.12}$$

以 z 作自变量时,$u_0(z)$的解(对于散射态波函数可以有不确定的常数)

$$u_0(z)=z^{\frac{1}{3}}[J_{\frac{1}{3}}(z)+\beta J_{-\frac{1}{3}}(z)] \tag{A5.5.13}$$

由贝塞尔函数的性质得到[14]

$$\frac{\mathrm{d}}{\mathrm{d}z}[z^{\nu}J_{\nu}(z)]=z^{\nu}J_{\nu-1} \quad 和 \quad \frac{\mathrm{d}}{\mathrm{d}z}[z^{-\nu}J_{\nu}(z)]=-z^{-\nu}J_{\nu+1}$$

这时 $\nu=\dfrac{1}{3}$,因此有

$$\frac{\mathrm{d}}{\mathrm{d}z}[z^{\frac{1}{3}}J_{\frac{1}{3}}(z)]=z^{\frac{1}{3}}J_{-\frac{2}{3}} \quad 和 \quad \frac{\mathrm{d}}{\mathrm{d}z}[z^{\frac{1}{3}}J_{-\frac{1}{3}}(z)]=-z^{\frac{1}{3}}J_{\frac{2}{3}} \tag{A5.5.14}$$

这时,光滑连接的边界条件为

$$\left(\frac{\frac{\mathrm{d}u_0}{\mathrm{d}r}}{u_0}\right)_{r=d}=-k\left(\frac{\frac{\mathrm{d}u_0}{\mathrm{d}z}}{u_0}\right)_{r=d}=-k\frac{J_{-\frac{2}{3}}(z)-\beta J_{\frac{2}{3}}(z)}{J_{\frac{1}{3}}(z)+\beta J_{-\frac{1}{3}}(z)}$$

代入 $l=0$ 的相移公式得到

$$\delta_0(k)=\arctan\left[-\frac{J_{\frac{1}{3}}(z)+\beta J_{-\frac{1}{3}}(z)}{J_{-\frac{2}{3}}(z)-\beta J_{\frac{2}{3}}(z)}\right]-kd \tag{A5.5.15}$$

讨论1:当 $k\to0$ 时,贝塞尔函数的近似表示为

$$J_{\pm\nu}(z\to0)\approx\frac{1}{\Gamma(1\pm\upsilon)}\left(\frac{z}{2}\right)^{\pm\nu} \tag{A5.5.16}$$

其中 Γ 是 Γ 函数,且有 $\xi=\sqrt{2\mu V_0}\frac{2d}{3\hbar}$,因此

$$\beta=-\frac{J_{\frac{1}{3}}\left(\sqrt{2\mu V_0}\frac{2d}{3\hbar}\right)}{J_{-\frac{1}{3}}\left(\sqrt{2\mu V_0}\frac{2d}{3\hbar}\right)} \tag{A5.5.17}$$

注意到 $J_{\frac{1}{3}}(z)$ 正比于 k;而 $J_{-\frac{1}{3}}(z)$ 正比于 $\frac{1}{k}$,得到

$$\delta_0(k\to0)=\arctan(-\beta) \tag{A5.5.18}$$

另外,当 V_0 足够小时,ξ 也是个小量,仍然可以应用上面的贝塞尔函数的近似表示,得到

$$\beta\approx-\frac{\Gamma\left(\frac{2}{3}\right)}{\Gamma\left(\frac{4}{3}\right)}\left(\sqrt{2\mu V_0}\frac{d}{2\hbar}\right)^{\frac{2}{3}}\qquad\delta_0(k\to0;\quad V_0\to0)=\frac{\Gamma\left(\frac{2}{3}\right)}{\Gamma\left(\frac{4}{3}\right)}\left(\sqrt{2\mu V_0}\frac{d}{3\hbar}\right)^{\frac{2}{3}}>0$$

讨论2:当 $k\to\infty$ 或 $V_0\to0$ 时

$$z=\frac{\hbar^2 d}{3\mu V_0}k^3\to\infty \tag{A5.5.19}$$

同时,由(A5.5.9)式得到

$$\xi\to\frac{\hbar^2 d}{3\mu V_0}k^3+kd=z+kd \tag{A5.5.20}$$

将 β 的形式代入后,$l=0$ 的相移公式改写为

$$\delta_0(k\to\infty)=\arctan\left[-\frac{J_{\frac{1}{3}}(z)J_{-\frac{1}{3}}(\xi)-J_{-\frac{1}{3}}(z)J_{\frac{1}{3}}(\xi)}{J_{-\frac{2}{3}}(z)J_{-\frac{1}{3}}(\xi)+J_{\frac{2}{3}}J_{\frac{1}{3}}(\xi)}\right]-kd \tag{A5.5.21}$$

大宗量的贝塞尔函数的渐近行为是

$$J_\nu(z\to\infty)\to\sqrt{\frac{2}{\pi z}}\sin\left(z-\frac{\nu\pi}{2}+\frac{\pi}{4}\right)=\sqrt{\frac{2}{\pi z}}\cos\left(z-\frac{\nu\pi}{2}-\frac{\pi}{4}\right) \tag{A5.5.22}$$

对 $\nu=\frac{1}{3}$ 用 sin 形式,而 $\nu=-\frac{1}{3}$ 用 cos 形式,上式变为

$$\delta_0(k\to\infty)=\arctan\left[-\frac{\sin\left(z+\frac{\pi}{12}\right)\cos\left(\xi-\frac{\pi}{12}\right)-\cos\left(z-\frac{\pi}{12}\right)\sin\left(\xi+\frac{\pi}{12}\right)}{\cos\left(z+\frac{\pi}{12}\right)\cos\left(\xi-\frac{\pi}{12}\right)+\sin\left(z-\frac{\pi}{12}\right)\sin\left(\xi+\frac{\pi}{12}\right)}\right]-kd$$

$$= \arctan\left[-\frac{\sin(z-\xi)\cos\left(\frac{\pi}{6}\right)}{\cos(z-\xi)\cos\left(\frac{\pi}{6}\right)}\right] - kd$$

$$= \arctan[\tan(\xi - z)] - kd$$

$$= \xi - z - kd \to 0$$

在物理图像上，当 $k\to\infty$ 时，相当于位阱效应可以忽略，即 $V_0\approx 0$，因此，$\delta_0(k\to\infty)\to 0$ 在物理上是合理的。

第7章习题解

(1) 证明 $\boldsymbol{\gamma}$ 矩阵之间有下面等式成立

$$\boldsymbol{\gamma}_i\boldsymbol{\gamma}_j = \mathrm{i}\varepsilon_{ijk}\boldsymbol{\Sigma}_k \tag{A7.1.1}$$

由(7.3.8)式

$$\begin{pmatrix} \mathbf{0} & -\mathrm{i}\sigma_i \\ \mathrm{i}\sigma_i & \mathbf{0} \end{pmatrix}\begin{pmatrix} \mathbf{0} & -\mathrm{i}\sigma_j \\ \mathrm{i}\sigma_j & \mathbf{0} \end{pmatrix} = \begin{pmatrix} \sigma_i\sigma_j & \mathbf{0} \\ \mathbf{0} & \sigma_i\sigma_j \end{pmatrix} = \begin{pmatrix} \varepsilon_{ijk}\sigma_k & \mathbf{0} \\ \mathbf{0} & \varepsilon_{ijk}\sigma_k \end{pmatrix} = \mathrm{i}\varepsilon_{ijk}\boldsymbol{\Sigma}_k$$

(2) 证明下面等式成立

$$[\boldsymbol{\Sigma}\cdot\boldsymbol{L},\boldsymbol{L}] = -\mathrm{i}\,\boldsymbol{\Sigma}\times\boldsymbol{L},\quad [\boldsymbol{\Sigma}\cdot\boldsymbol{L},\boldsymbol{\Sigma}] = 2\mathrm{i}\,\boldsymbol{\Sigma}\times\boldsymbol{L} \tag{A7.2.1}$$

这两个四维问题可以归结为两个二维问题，它们是

$$[\boldsymbol{\sigma}\cdot\boldsymbol{L},\boldsymbol{L}] = -\mathrm{i}\boldsymbol{\sigma}\times\boldsymbol{L},\quad [\boldsymbol{\sigma}\cdot\boldsymbol{L},\boldsymbol{\sigma}] = 2\mathrm{i}\boldsymbol{\sigma}\times\boldsymbol{L} \tag{A7.2.2}$$

利用对易关系式 $[L_i,L_j] = \mathrm{i}\varepsilon_{ijk}L_k$，$[\sigma_i,\sigma_j] = 2\mathrm{i}\varepsilon_{ijk}\sigma_k$，代入上式的各分量可以证明等式成立。

(3) 证明自由粒子的哈密顿量与总角动量对易关系

$$[H,\boldsymbol{J}] = 0 \tag{A7.3.1}$$

见(7.4.2)式到(7.4.7)式的推导过程。

(4) 由 Dirac 方程给出连续性方程中 ρ 和 $\boldsymbol{j}$ 的表示。

由(7.3.17)式到(7.3.19)式得到连续性方程，并得到

$$\rho(x,t) = \psi^\dagger\psi,\qquad \boldsymbol{j}(x,t) = c\psi^\dagger\boldsymbol{\alpha}\psi \tag{A7.4.1}$$

(5) 利用真(区域1中) Lorentz 变换下 $\boldsymbol{L}\boldsymbol{\gamma}_5 = \boldsymbol{\gamma}_5\boldsymbol{L}$，而在空间反射变换下 $\boldsymbol{L}\boldsymbol{\gamma}_5 = -\boldsymbol{\gamma}_5\boldsymbol{L}$。由此可以直接证明：

(a) $S = \bar{\boldsymbol{\psi}}\boldsymbol{\psi}$ 是标量，$p = \mathrm{i}\,\bar{\boldsymbol{\psi}}\boldsymbol{\gamma}_5\boldsymbol{\psi}$ 是赝标量；

(b) $V_\mu = \mathrm{i}\,\bar{\boldsymbol{\psi}}\boldsymbol{\gamma}_\mu\boldsymbol{\psi}$ 是矢量，$A_\mu = \mathrm{i}\,\bar{\boldsymbol{\psi}}\boldsymbol{\gamma}_5\boldsymbol{\gamma}_\mu\boldsymbol{\psi}$ 是赝矢量(pesudovector)，应用在 Lorentz 变换下

$$\boldsymbol{\psi}'\to\boldsymbol{L}\boldsymbol{\psi}' \quad 以及 \quad \bar{\boldsymbol{\psi}}\to\bar{\boldsymbol{\psi}}' = \bar{\boldsymbol{\psi}}\boldsymbol{L}^{-1} \tag{A7.5.1}$$

可以证明上式。

(6) 利用二维等式

$$(\boldsymbol{\sigma}\cdot\boldsymbol{A})(\boldsymbol{\sigma}\cdot\boldsymbol{B}) = \boldsymbol{A}\cdot\boldsymbol{B} + \mathrm{i}\boldsymbol{\sigma}\cdot(\boldsymbol{A}\times\boldsymbol{B}) \tag{A7.6.1}$$

它的四维表示是

$$\begin{aligned}(\boldsymbol{\alpha}\cdot\boldsymbol{A})(\boldsymbol{\Sigma}\cdot\boldsymbol{B}) &= (\boldsymbol{\Sigma}\cdot\boldsymbol{A})(\boldsymbol{\alpha}\cdot\boldsymbol{B}) \\ &= -\boldsymbol{\gamma}_5\boldsymbol{A}\cdot\boldsymbol{B} + \mathrm{i}\boldsymbol{\alpha}\cdot(\boldsymbol{A}\times\boldsymbol{B}) \\ &= -\boldsymbol{\gamma}_5[\boldsymbol{A}\cdot\boldsymbol{B} + \mathrm{i}\boldsymbol{\Sigma}\cdot(\boldsymbol{A}\times\boldsymbol{B})]\end{aligned} \tag{A7.6.2}$$

利用 $\boldsymbol{\gamma}_5$ 代入即可。

(7)证明:Dirac 的 $\boldsymbol{\gamma}$ 矩阵满足下面的对易关系

$$[\boldsymbol{\gamma}_\alpha\boldsymbol{\gamma}_\beta,\boldsymbol{\gamma}_\mu\boldsymbol{\gamma}_\nu]=2\boldsymbol{\gamma}_\alpha\boldsymbol{\gamma}_\nu\delta_{\beta\mu}-2\boldsymbol{\gamma}_\alpha\boldsymbol{\gamma}_\mu\delta_{\beta\nu}+2\boldsymbol{\gamma}_\nu\boldsymbol{\gamma}_\beta\delta_{\alpha\mu}-2\boldsymbol{\gamma}_\mu\boldsymbol{\gamma}_\beta\delta_{\alpha\nu} \tag{A7.7.1}$$

首先

$$[\boldsymbol{\gamma}_\alpha\boldsymbol{\gamma}_\beta,\boldsymbol{\gamma}_\mu\boldsymbol{\gamma}_\nu]=[\boldsymbol{\gamma}_\alpha,\boldsymbol{\gamma}_\mu\boldsymbol{\gamma}_\nu]\boldsymbol{\gamma}_\beta+\boldsymbol{\gamma}_\alpha[\boldsymbol{\gamma}_\beta,\boldsymbol{\gamma}_\mu\boldsymbol{\gamma}_\nu] \tag{A7.7.2}$$

利用第 1 章的(1.3.9)式和第 1 章习题(5),再代入 $\boldsymbol{\gamma}$ 矩阵满足的反对易关系式,得到其结果为

$$[\boldsymbol{\gamma}_\lambda,\boldsymbol{\gamma}_\mu\boldsymbol{\gamma}_\nu]=\{\boldsymbol{\gamma}_\lambda,\boldsymbol{\gamma}_\mu\}\boldsymbol{\gamma}_\nu-\boldsymbol{\gamma}_\mu\{\boldsymbol{\gamma}_\lambda,\boldsymbol{\gamma}_\nu\}=2\delta_{\lambda\mu}\boldsymbol{\gamma}_\nu-2\delta_{\lambda\nu}\boldsymbol{\gamma}_\mu \tag{A7.7.3}$$

代入到(A7.7.2)式得到(A7.7.1)式。

(8)证明:

$$[\boldsymbol{\sigma}\cdot\boldsymbol{r},J_i]=[\boldsymbol{\sigma}_r,J_i]=0,\quad i=x,y,z \tag{A7.8.1}$$

以 x 分量为例

$$[\boldsymbol{\sigma}\cdot\boldsymbol{r},J_x]=[\boldsymbol{\sigma}\cdot\boldsymbol{r},L_x+s_x]=[\boldsymbol{\sigma}\cdot\boldsymbol{r},L_x]+[\boldsymbol{\sigma}\cdot\boldsymbol{r},s_x]$$

其中,第一项可约化为

$$[\boldsymbol{\sigma}\cdot\boldsymbol{r},L_x]=[\boldsymbol{\sigma}\cdot\boldsymbol{r},yp_z-zp_y]=[\boldsymbol{\sigma}_z z,yp_z]-[\boldsymbol{\sigma}_y y,zp_y]=\mathrm{i}\hbar(y\boldsymbol{\sigma}_z-z\boldsymbol{\sigma}_y)=\mathrm{i}\hbar(\boldsymbol{r}\times\boldsymbol{\sigma})_x$$

由于 $\boldsymbol{s}=\dfrac{\hbar}{2}\boldsymbol{\sigma}$,

$$[\boldsymbol{\sigma}\cdot\boldsymbol{r},s_x]=\frac{\hbar}{2}[\boldsymbol{\sigma}\cdot\boldsymbol{r},\boldsymbol{\sigma}_x]=\frac{\hbar}{2}y\boldsymbol{\sigma}_y\boldsymbol{\sigma}_x+\frac{\hbar}{2}z\boldsymbol{\sigma}_z\boldsymbol{\sigma}_x=\mathrm{i}\hbar(\boldsymbol{\sigma}_y z-\boldsymbol{\sigma}_z y)=-\mathrm{i}\hbar(\boldsymbol{r}\times\boldsymbol{\sigma})_x$$

最后得到

$$[\boldsymbol{\sigma}\cdot\boldsymbol{r},J_x]=\mathrm{i}\hbar(\boldsymbol{r}\times\boldsymbol{\sigma})_x-\mathrm{i}\hbar(\boldsymbol{r}\times\boldsymbol{\sigma})_x=0 \tag{A7.8.2}$$

其他分量可同样被证明。

(9)证明:奇数个 $\boldsymbol{\gamma}_\mu$ 矩阵乘积的迹为零,即:$\mathrm{Tr}(\boldsymbol{\gamma}_\mu)=0,\mathrm{Tr}(\boldsymbol{\gamma}_\mu\boldsymbol{\gamma}_\nu\boldsymbol{\gamma}_\lambda)=0,\cdots$

提示:$\mathrm{Tr}(\boldsymbol{AB})=\mathrm{Tr}(\boldsymbol{BA}),\mathrm{Tr}(\boldsymbol{ABC})=\mathrm{Tr}(\boldsymbol{BCA})=\mathrm{Tr}(\boldsymbol{CAB})$。

显然 $\boldsymbol{\gamma}_\mu$ 矩阵的迹为 0。对于三个 $\boldsymbol{\gamma}$ 矩阵相乘有两种情况:

(1)有两个 $\boldsymbol{\gamma}$ 矩阵指标相同,它可以退化为单个 $\boldsymbol{\gamma}$ 矩阵的情况;

(2)三个 $\boldsymbol{\gamma}$ 矩阵指标各不相同,总可以乘上另一个下标不同的 $\boldsymbol{\gamma}$ 矩阵平方而形成 $\boldsymbol{\gamma}_\mu\boldsymbol{\gamma}_\nu\boldsymbol{\gamma}_\lambda\boldsymbol{\gamma}_\rho\boldsymbol{\gamma}_\rho=\pm\boldsymbol{\gamma}_5\boldsymbol{\gamma}_\rho$。

任意 $\boldsymbol{\gamma}_\mu$ 与 $\boldsymbol{\gamma}_5$ 反对易,利用矩阵求迹的性质 $\mathrm{Tr}(\boldsymbol{AB})=\mathrm{Tr}(\boldsymbol{BA})$,有

$$\mathrm{Tr}(\boldsymbol{\gamma}_5\boldsymbol{\gamma}_\rho)=\mathrm{Tr}(\boldsymbol{\gamma}_\rho\boldsymbol{\gamma}_5)=-\mathrm{Tr}(\boldsymbol{\gamma}_5\boldsymbol{\gamma}_\rho)=0$$

对于再高次奇数个 $\boldsymbol{\gamma}$ 矩阵乘积,例如五个,由于 $\boldsymbol{\gamma}$ 矩阵仅四个独立的,因而其中至少一个 $\boldsymbol{\gamma}$ 矩阵与其他四个 $\boldsymbol{\gamma}$ 矩阵下标相同,利用 $\boldsymbol{\gamma}$ 矩阵的反对易关系,可以将五个 $\boldsymbol{\gamma}$ 矩阵至少约化为三个,证明上式五个 $\boldsymbol{\gamma}$ 矩阵之积的迹为零。利用这种方式可以证明更高次奇数个 $\boldsymbol{\gamma}$ 矩阵之积的迹为零。

(10)证明:偶数个 $\boldsymbol{\gamma}_\mu$ 矩阵乘积的迹满足下列等式

$$\mathrm{Tr}(\boldsymbol{\gamma}_\mu\boldsymbol{\gamma}_\nu)=4\delta_{\mu\nu} \tag{A7.10.1}$$

$$\mathrm{Tr}(\boldsymbol{\gamma}_\mu\boldsymbol{\gamma}_\nu\boldsymbol{\gamma}_\rho\boldsymbol{\gamma}_\sigma)=4(\delta_{\mu\nu}\delta_{\rho\sigma}+\delta_{\mu\sigma}\delta_{\nu\rho}-\delta_{\mu\rho}\delta_{\nu\sigma}) \tag{A7.10.2}$$

对于四个 $\boldsymbol{\gamma}$ 矩阵乘积的情况,分为下面三种可能情况:

(a)四个 $\boldsymbol{\gamma}$ 矩阵下标全都不同,这时利用矩阵的反对易关系总可以将它变成 $\pm\boldsymbol{\gamma}_5$,其迹为 0。

(b)四个$\boldsymbol{\gamma}$矩阵中有一对$\boldsymbol{\gamma}$矩阵相同,利用矩阵的反对易关系可以将它们变成由(A7.10.1)式给出的两个$\boldsymbol{\gamma}$矩阵之积形式,当两个$\boldsymbol{\gamma}$矩阵相邻时为正号,否则为负号。满足(A7.10.2)的结果。

(c)四个$\boldsymbol{\gamma}$矩阵下标全都相同,因此它们的迹为4,满足(A7.10.2)的结果。

附录 2　Schrödinger 方程的变量分离

我们经常研究的是粒子在中心场中的运动问题,中心场是指位势仅是径向 r 的函数,即 $V=V(r)$。为了便于求解,对 Schrödinger 方程进行变量分离,采用分波方法将角度部分的波函数分开,只用求解径向方程,这是求粒子在中心场中的解经常使用的方法。

下面介绍两种坐标系的分离变量法:球坐标系的变量分离和抛物线坐标系的变量分离。

1. 球坐标系的变量分离

在中心位势中研究粒子散射是将 Schrödinger 方程在球坐标中作变量分离,球坐标系与笛卡尔坐标系之间的关系如图 B.1 所示。

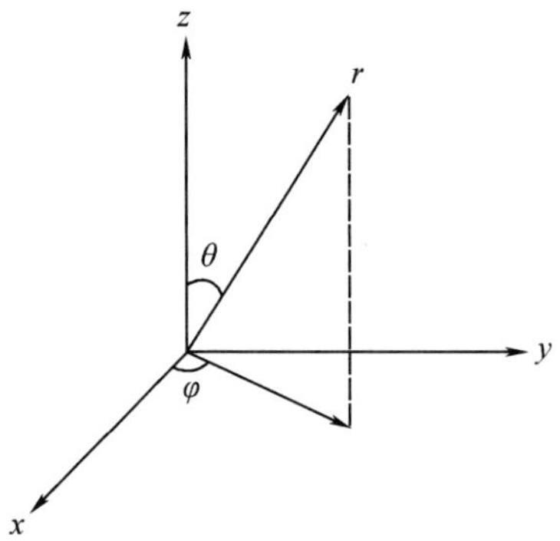

图 B.1　球坐标系与笛卡尔坐标系之间的关系由图

笛卡尔坐标系坐标分量与球坐标之间的关系为

$$x=r\sin\theta\cos\varphi,\qquad y=r\sin\theta\sin\varphi,\qquad z=r\cos\theta \tag{B1}$$

其逆关系为

$$r=\sqrt{x^2+y^2+z^2},\qquad \cos\theta=\frac{z}{r},\qquad \tan\varphi=\frac{y}{x} \tag{B2}$$

体积元为

$$\mathrm{d}V=r^2\mathrm{d}r\sin\theta\mathrm{d}\theta\mathrm{d}\varphi \tag{B3}$$

算符$\boldsymbol{\nabla}$在笛卡尔坐标系中的表示为

$$\boldsymbol{\nabla}=\nabla_x\boldsymbol{e}_x+\nabla_y\boldsymbol{e}_y+\nabla_z\boldsymbol{e}_z \tag{B4}$$

由坐标变换(B2)式,得到

$$\nabla_x=\frac{\partial}{\partial x}=\sin\theta\cos\varphi\frac{\partial}{\partial r}+\cos\theta\cos\varphi\frac{1}{r}\frac{\partial}{\partial\theta}-\frac{\sin\varphi}{r\sin\theta}\frac{\partial}{\partial\varphi}$$

$$\nabla_y=\frac{\partial}{\partial y}=\sin\theta\sin\varphi\frac{\partial}{\partial r}+\cos\theta\sin\varphi\frac{1}{r}\frac{\partial}{\partial\theta}+\frac{\cos\varphi}{r\sin\theta}\frac{\partial}{\partial\varphi}$$

$$\nabla_z=\frac{\partial}{\partial z}=\cos\theta\frac{\partial}{\partial r}-\frac{1}{r}\sin\theta\frac{\partial}{\partial\theta} \tag{B5}$$

由此得到在球坐标下的拉普拉斯算符为

$$\boldsymbol{\nabla}^2=\nabla_x^2+\nabla_y^2+\nabla_z^2$$

分别将(B5)式代入后得到

$$\nabla^2 = \frac{1}{r^2}\frac{\partial}{\partial r}\left(r^2\frac{\partial}{\partial r}\right)+\frac{1}{r^2}\left[\frac{1}{\sin\theta}\frac{\partial}{\partial\theta}\left(\sin\theta\frac{\partial}{\partial\theta}\right)+\frac{1}{\sin^2\theta}\frac{\partial^2}{\partial\varphi^2}\right] \tag{B6}$$

由 $\boldsymbol{r}\times\boldsymbol{p}$,利用(B5)式,得到角动量算符各分量在球坐标下的表示为

$$L_x = -\mathrm{i}\hbar(y\nabla_z - z\nabla_y) = \mathrm{i}\hbar\left[\sin\varphi\frac{\partial}{\partial\theta}+\cot\theta\cos\varphi\frac{\partial}{\partial\varphi}\right]$$

$$L_y = -\mathrm{i}\hbar(z\nabla_x - x\nabla_z) = \mathrm{i}\hbar\left[-\cos\varphi\frac{\partial}{\partial\theta}+\cot\theta\sin\varphi\frac{\partial}{\partial\varphi}\right]$$

$$L_z = -\mathrm{i}\hbar(x\nabla_y - y\nabla_x) = -\mathrm{i}\hbar\frac{\partial}{\partial\varphi} \tag{B7}$$

由此得到

$$L^2 = -\hbar^2\left[\frac{1}{\sin\theta}\frac{\partial}{\partial\theta}\left(\sin\theta\frac{\partial}{\partial\theta}\right)+\frac{1}{\sin^2\theta}\frac{\partial^2}{\partial\varphi^2}\right] \tag{B8}$$

角动量的算符的本征函数是球谐函数 $Y_{lm}(\theta\varphi)$[15],它满足下列等式:

$$L^2Y_{lm}(\theta\varphi) = l(l+1)\hbar^2Y_{lm}(\theta\varphi),\qquad L_zY_{lm}(\theta\varphi) = m\hbar Y_{lm}(\theta\varphi) \tag{B9}$$

定态 Schrödinger 方程(1.2.16)在中心力场 $V(r)$的情况下变为

$$(\nabla^2+k^2)\Psi(\boldsymbol{r}) = \left[\frac{1}{r^2}\frac{\partial}{\partial r}\left(r^2\frac{\partial}{\partial r}\right)-\frac{L^2}{\hbar^2r^2}+k^2\right]\Psi(\boldsymbol{r}) = U(r)\Psi(\boldsymbol{r}) \tag{B10}$$

其中

$$U(r) = \frac{2\mu}{\hbar^2}V(r)\quad 以及\quad k^2 = \frac{2\mu}{\hbar^2}E \tag{B11}$$

$U(r)$,k^2 的量纲都是 L^{-2}。

无自旋的粒子可以用下面的分离变量法求解 Schrödinger 方程。将波函数分解为径向部分和球谐函数的分波叠加

$$\Psi(\boldsymbol{r}) = \sum_{lm} R_l(r)Y_{lm}(\theta\varphi) \tag{B12}$$

代入(B10)式,角动量 L^2 作用到球谐函数上,由(B9)式得因子 $l(l+1)\hbar^2$,再将方程两边乘上 Y_{lm}^*,并对立体角积分,利用球谐函数的正交归一性

$$\int Y_{lm}^*(\theta\varphi)Y_{l'm'}(\theta\varphi)\mathrm{d}\Omega = \delta_{ll'}\delta_{mm'} \tag{B13}$$

得到 l 分波径向方程为

$$\frac{1}{r^2}\frac{\partial}{\partial r}\left(r^2\frac{\partial}{\partial r}\right)R_l - \frac{l(l+1)}{r^2}R_l + k^2R_l = U(r)R_l \tag{B14}$$

在给定位势 $V(r)$的形式时,可通过求解径向方程得到波函数(B12)。

若将径向波函数作如下变换

$$R_l(r) = \frac{u_l(r)}{r} \tag{B15}$$

代入方程(B9),得到分波 $u_l(r)$满足的运动方程

$$\frac{\mathrm{d}^2}{\mathrm{d}r^2}u_l(r) + \left[k^2 - \frac{l(l+1)}{r^2} - U(r)\right]u_l(r) = 0 \tag{B16}$$

由于在(B15)的表示下,要求波函数在零点为有限值,这时边界条件为 $u(r)|_{r=0} = 0$。

2. 轨道角动量算符和动量算符在球坐标基矢中的表示

球坐标的三个相互垂直的单位基矢与笛卡尔系的单位基矢之间的关系为

$$\begin{aligned} \boldsymbol{e}_r &= \sin\theta\cos\varphi\boldsymbol{e}_x + \sin\theta\sin\varphi\boldsymbol{e}_y + \cos\theta\boldsymbol{e}_z \\ \boldsymbol{e}_\theta &= \cos\theta\cos\varphi\boldsymbol{e}_x + \cos\theta\sin\varphi\boldsymbol{e}_y - \sin\theta\boldsymbol{e}_z \\ \boldsymbol{e}_\varphi &= -\sin\varphi\boldsymbol{e}_x + \cos\varphi\boldsymbol{e}_y \end{aligned} \tag{B17}$$

可以看出它们分别是归一并相互垂直的。其逆关系为

$$\begin{aligned} \boldsymbol{e}_x &= \sin\theta\cos\varphi\boldsymbol{e}_r + \cos\theta\cos\varphi\boldsymbol{e}_\theta - \sin\varphi\boldsymbol{e}_\varphi \\ \boldsymbol{e}_y &= \sin\theta\sin\varphi\boldsymbol{e}_r + \cos\theta\sin\varphi\boldsymbol{e}_\theta + \cos\varphi\boldsymbol{e}_\varphi \\ \boldsymbol{e}_z &= \cos\theta\boldsymbol{e}_r - \sin\theta\boldsymbol{e}_\theta \end{aligned} \tag{B18}$$

它们分别也是归一并相互垂直的。因此,轨道角动量可以被改写为

$$\begin{aligned} \boldsymbol{L} &= L_x\boldsymbol{e}_x + L_y\boldsymbol{e}_y + L_z\boldsymbol{e}_z \\ &= (\sin\theta\cos\varphi\boldsymbol{e}_r + \cos\theta\cos\varphi\boldsymbol{e}_\theta - \sin\varphi\boldsymbol{e}_\varphi)L_x + (\sin\theta\sin\varphi\boldsymbol{e}_r + \cos\theta\sin\varphi\boldsymbol{e}_\theta + \cos\varphi\boldsymbol{e}_\varphi)L_y + \\ &\quad (\cos\theta\boldsymbol{e}_r - \sin\theta\boldsymbol{e}_\theta)L_z \\ &= \boldsymbol{e}_r(\sin\theta\cos\varphi L_x + \sin\theta\sin\varphi L_y + \cos\theta L_z) + \boldsymbol{e}_\theta(\cos\theta\cos\varphi L_x + \cos\theta\sin\varphi L_y - \sin\theta L_z) + \\ &\quad \boldsymbol{e}_\varphi(-\sin\varphi L_x + \cos\varphi L_y) \end{aligned}$$

将(B7)式代入,其中

$$\sin\theta\cos\varphi L_x + \sin\theta\sin\varphi L_y + \cos\theta L_z = 0$$

$$\cos\theta\cos\varphi L_x + \cos\theta\sin\varphi L_y - \sin\theta L_z = \mathrm{i}\hbar\frac{1}{\sin\theta}\frac{\partial}{\partial\varphi}$$

$$-\sin\varphi L_x + \cos\varphi L_y = -\mathrm{i}\hbar\frac{\partial}{\partial\theta}$$

由此得到轨道角动量在球坐标基矢下的表示

$$\boldsymbol{L} = \mathrm{i}\hbar\left(\frac{1}{\sin\theta}\frac{\partial}{\partial\varphi}\boldsymbol{e}_\theta - \frac{\partial}{\partial\theta}\boldsymbol{e}_\varphi\right) \tag{B19}$$

因此看出,轨道角动量 $\boldsymbol{L}$ 的方向是处于垂直于 $\boldsymbol{r}$ 的平面上。

借助于笛卡尔坐标与球坐标的单位基矢之间的关系,可以将$\boldsymbol{\nabla}$算符进行改写。这时

$$\begin{aligned} \boldsymbol{\nabla} &= \nabla_x\boldsymbol{e}_x + \nabla_y\boldsymbol{e}_y + \nabla_z\boldsymbol{e}_z \\ &= [\cos\varphi(\sin\theta\boldsymbol{e}_r + \cos\theta\boldsymbol{e}_\theta) - \sin\varphi\boldsymbol{e}_\varphi]\nabla_x + \\ &\quad [\sin\varphi(\sin\theta\boldsymbol{e}_r + \cos\theta\boldsymbol{e}_\theta) + \cos\varphi\boldsymbol{e}_\varphi]\nabla_y + (\cos\theta\boldsymbol{e}_r - \sin\theta\boldsymbol{e}_\theta)\nabla_z \\ &= \boldsymbol{e}_r[\sin\theta(\cos\varphi\nabla_x + \sin\varphi\nabla_y) + \cos\theta\nabla_z] + \\ &\quad \boldsymbol{e}_\theta[\cos\theta(\cos\varphi\nabla_x + \sin\varphi\nabla_y) - \sin\theta\nabla_z] + \boldsymbol{e}_\varphi(-\sin\varphi\nabla_x + \cos\varphi\nabla_y) \end{aligned} \tag{B20}$$

将(B5)式代入,其中(B20)式中的第一项为

$$\sin\theta\cos\varphi\nabla_x + \sin\theta\sin\varphi\nabla_y + \cos\theta\nabla_z = \frac{\partial}{\partial r} \tag{B21}$$

在(B20)式的第二、三项中,利用(B17)将球坐标基矢 $\boldsymbol{e}_\theta$ 和 $\boldsymbol{e}_\varphi$ 仍写成笛卡尔基矢的表示,归并和整理后得到

$$\begin{aligned} \boldsymbol{\nabla} &= \boldsymbol{e}_r\frac{\partial}{\partial r} + [(\cos^2\theta + \sin^2\theta\sin^2\varphi)\nabla_x - \sin^2\theta\sin\varphi\cos\varphi\nabla_y - \sin\theta\cos\theta\cos\varphi\nabla_z]\boldsymbol{e}_x + \\ &\quad [-\sin^2\theta\sin\varphi\cos\varphi\nabla_x + (\cos^2\theta + \sin^2\theta\cos^2\varphi)\nabla_y - \sin\theta\cos\theta\sin\varphi\nabla_z]\boldsymbol{e}_y + \end{aligned}$$

$$[-\sin\theta\cos\theta\cos\varphi\nabla_x - \sin\theta\cos\theta\sin\varphi\nabla_y + \sin^2\theta\nabla_z]\boldsymbol{e}_z$$

再将上式中角度部分写回到笛卡尔坐标的分量表示

$$\boldsymbol{\nabla} = \boldsymbol{e}_r\frac{\partial}{\partial r} + \frac{1}{r^2}[(y^2+z^2)\nabla_x - xy\nabla_y - xz\nabla_z]\boldsymbol{e}_x + \frac{1}{r^2}[-xy\nabla_x + (z^2+x^2)\nabla_y - yz\nabla_z]\boldsymbol{e}_y + \frac{1}{r^2}[-xz\nabla_x - yz\nabla_y + (x^2+y^2)\nabla_z]\boldsymbol{e}_z$$

重新整理后得到

$$\boldsymbol{\nabla} = \boldsymbol{e}_r\frac{\partial}{\partial r} + \frac{1}{r^2}[y(y\nabla_x - x\nabla_y) + z(z\nabla_x - x\nabla_z)]\boldsymbol{e}_x + \frac{1}{r^2}[z(z\nabla_y - y\nabla_z) + x(x\nabla_y - y\nabla_x)]\boldsymbol{e}_y + \frac{1}{r^2}[x(x\nabla_z - z\nabla_x) + y(y\nabla_z - z\nabla_y)]\boldsymbol{e}_z$$

写成矢量乘积 $\boldsymbol{r}\times\boldsymbol{\nabla}$ 分量形式

$$\begin{aligned}\boldsymbol{\nabla} &= \boldsymbol{e}_r\frac{\partial}{\partial r} - \frac{1}{r^2}[y(\boldsymbol{r}\times\boldsymbol{\nabla})_z - z(\boldsymbol{r}\times\boldsymbol{\nabla})_y]\boldsymbol{e}_x - \\ &\quad \frac{1}{r^2}[z(\boldsymbol{r}\times\boldsymbol{\nabla})_x - x(\boldsymbol{r}\times\boldsymbol{\nabla})_z]\boldsymbol{e}_y - \frac{1}{r^2}[x(\boldsymbol{r}\times\boldsymbol{\nabla})_y - y(\boldsymbol{r}\times\boldsymbol{\nabla})_x]\boldsymbol{e}_z \\ &= \boldsymbol{e}_r\frac{\partial}{\partial r} - \frac{1}{r^2}(\boldsymbol{r}\times\boldsymbol{r}\times\boldsymbol{\nabla})\end{aligned}$$

由此得到算符$\boldsymbol{\nabla}$的一种表示的形式

$$\boldsymbol{\nabla} = \boldsymbol{e}_r\frac{\partial}{\partial r} - \frac{1}{r^2}(\boldsymbol{r}\times\boldsymbol{r}\times\boldsymbol{\nabla}) = \boldsymbol{e}_r\frac{\partial}{\partial r} - \frac{\mathrm{i}}{\hbar}\frac{1}{r^2}\boldsymbol{r}\times\boldsymbol{L} \tag{B22}$$

由 $\boldsymbol{p} = -\mathrm{i}\hbar\boldsymbol{\nabla}$ 可以得到动量算符在球坐标下的一种表示。

另外，若将(B20)式中的第二项和第三项用(B5)写出后，它们分别是

$$\cos\theta\cos\varphi\nabla_x + \cos\theta\sin\varphi\nabla_y - \sin\theta\nabla_z = \frac{1}{r}\frac{\partial}{\partial\theta}$$

$$-\sin\varphi\nabla_x + \cos\varphi\nabla_y = \frac{1}{r\sin\theta}\frac{\partial}{\partial\varphi}$$

得到算符$\boldsymbol{\nabla}$在球坐标基矢中的另一种表示

$$\boldsymbol{\nabla} = \boldsymbol{e}_r\frac{\partial}{\partial r} + \frac{1}{r}\frac{\partial}{\partial\theta}\boldsymbol{e}_\theta + \frac{1}{r\sin\theta}\frac{\partial}{\partial\varphi}\boldsymbol{e}_\varphi \tag{B23}$$

附录 3　球谐函数和 Legendre 多项式

在方程(4. 2. 9)中，当 $m'=0$ 时得到与连带 Legendre 多项式 $P_l^m(\cos\theta)$ 满足如下方程[15]：

$$\left(\frac{1}{\sin\theta}\frac{\partial}{\partial\theta}\left(\sin\theta\frac{\partial}{\partial\theta}\right)-\frac{m^2}{\sin^2\theta}+l(l+1)\right)P_l^m(\cos\beta)=0 \tag{C1}$$

球谐函数与连带 Legendre 多项式的关系为

$$Y_{lm}(\theta\varphi)=\sqrt{\frac{(l-m)!\ (2l+1)}{(l+m)!\ 4\pi}}(-1)^m P_l^m(\cos\theta)\mathrm{e}^{\mathrm{i}m\varphi}\quad m\geqslant 0 \tag{C2}$$

其共轭表示可以给出 m 为负值的球谐函数与连带 Legendre 多项式的关系为

$$Y_{lm}^*(\theta\varphi)=(-1)^m Y_{l-m}(\theta\varphi)=(-1)^m\sqrt{\frac{(l-m)!\ (2l+1)}{(l+m)!\ 4\pi}}P_l^m(\cos\theta)\mathrm{e}^{-\mathrm{i}m\varphi} \tag{C3}$$

连带 Legendre 多项式与 Legendre 多项式之间的关系采用 Ferrer 定义是

$$P_l^m(\cos\theta)=\sin^m\theta\frac{\mathrm{d}^m}{\mathrm{d}(\cos)\theta^m}P_l(\cos\theta) \tag{C4}$$

利用(C2)和(C3)两式看出，在 $m=0$ 时，球谐函数以下面形式退化为 Legendre 多项式

$$Y_{l0}(\theta,0)=\sqrt{\frac{2l+1}{4\pi}}P_l(\cos\theta) \tag{C5}$$

当 $m=m'$ 时，对任意角动量 l 和 l'，利用(C2)式和(C3)式，以及球谐函数的合成规则(4. 5. 7)式可以得到

$$\begin{aligned}Y_{lm}(\theta\varphi)Y_{l'm}^*(\theta\varphi)&=(-1)^m Y_{lm}(\theta\varphi)Y_{l'-m}(\theta\varphi)\\&=\frac{1}{4\pi}\sqrt{\frac{(l-m)!\ (l'-m)!}{(l+m)!\ (l'+m)!}}\sqrt{(2l+1)(2l'+1)}P_l^m\cos\theta P_{l'}^m(\cos\theta)\\&=(-1)^m\sum_L\sqrt{\frac{(2l+1)(2l'+1)}{4\pi(2L+1)}}C_{lml'-m}^{L\,0}C_{l0\,l'0}^{L\,0}Y_{L\,0}(\theta\varphi)\end{aligned}$$

再利用(C5)式，得到连带 Legendre 多项式的合成规则

$$P_l^m(\cos\theta)P_{l'}^m(\cos\theta)=(-1)^m\sqrt{\frac{(l+m)!\ (l'+m)!}{(l-m)!\ (l'-m)!}}\sum_L C_{lml'-m}^{L\,0}C_{l0\,l'0}^{L\,0}P_L(\cos\theta) \tag{C6}$$

经常应用 $m=1$ 的情况，这时有

$$P_l^1(\cos\theta)P_{l'}^1(\cos\theta)=-\sqrt{l(l+1)l'(l'+1)}\sum_L C_{l1l'-1}^{L\,0}C_{l0\,l'0}^{L\,0}P_L(\cos\theta) \tag{C7}$$

在 $m=0$ 的情况下，由(4. 5. 12)式得到 Legendre 多项式的合成规则

$$P_{l_1}(\cos\theta)P_{l_2}(\cos\theta)=\sum_L C_{l_10l_20}^{L\,0}C_{l_10l_20}^{L\,0}P_L(\cos\theta) \tag{C8}$$

利用球谐函数的合成规则(4. 5. 7)式，可以求出三个球谐函数乘积的积分公式：先将两个球谐函数合成为一个球谐函数，得到

$$\int \mathrm{d}\Omega\, Y_{l_1m_1}(\theta,\varphi)Y_{l_2m_2}(\theta,\varphi)Y_{l_3m_3}^*(\theta,\varphi)$$

$$=\sum_L\sqrt{\frac{(2l_1+1)(2l_2+1)}{4\pi(2L+1)}}C_{l_1m_1l_2m_2}^{L\ \ M}C_{l_10l_20}^{L\,0}\int\mathrm{d}\Omega\, Y_{LM}(\theta,\varphi)Y_{l_3m_3}^*(\theta,\varphi)$$

$$= \sum_{L} \sqrt{\frac{(2l_1+1)(2l_2+1)}{4\pi(2L+1)}} C_{l_1m_1l_2m_2}^{L\,M} C_{l_10l_20}^{L\,0} \delta_{L,l_3} \delta_{m_3,m_1+m_2}$$

$$= \sqrt{\frac{(2l_1+1)(2l_2+1)}{4\pi(2l_3+1)}} C_{l_1m_1l_2m_2}^{l_3\,m_3} C_{l_10l_20}^{l_3\,0} \delta_{m_3,m_1+m_2} \tag{C9}$$

利用球谐函数的正交性，并代入(C2)式和(C3)式，可以得到连带 Legendre 多项式积分的正交性，

$$\int Y_{lm}^* Y_{l'm'} \mathrm{d}\Omega = \delta_{ll'}\delta_{mm'} = \frac{1}{4\pi}\sqrt{\frac{(l-m)!\ (l'-m')!}{(l+m)!\ (l'+m')!}} \sqrt{(2l+1)(2l'+1)} \int P_l^m(\cos\theta) P_{l'}^{m'}(\cos\theta) \mathrm{e}^{\mathrm{i}(m'-m)\varphi} \mathrm{d}\Omega$$

$$= \frac{1}{2}\sqrt{\frac{(l-m)!\ (l'-m')!}{(l+m)!\ (l'+m')!}} \sqrt{(2l+1)(2l'+1)} \int_{-1}^{1} P_l^m(\cos\theta) P_{l'}^{m'}(\cos\theta) \mathrm{d}\cos\theta \delta_{mm'}$$

得到连带 Legendre 多项式积分的正交关系

$$\int_{-1}^{1} P_l^m(x) P_{l'}^{m'}(x) \mathrm{d}x = \frac{2}{(2l+1)} \frac{(l+m)!}{(l-m)!} \delta_{ll'} \delta_{mm'} \tag{C10}$$

当 $m = m' = 0$ 时得到 Legendre 多项式的正交关系为

$$\int_{-1}^{1} P_l(x) P_{l'}(x) \mathrm{d}x = \frac{2}{2l+1} \delta_{ll'} \tag{C11}$$

利用 $P_0(x) = 1$，得到对单独一个 Legendre 多项式的积分

$$\int_{-1}^{1} P_l(x) \mathrm{d}x = \int_{-1}^{1} P_l(x) P_0(x) \mathrm{d}x = 2\delta_{l0} \tag{C12}$$

下面给出 Legendre 多项式 $P_l(x=\cos\theta)$ 的一些公式。

Legendre 多项式满足方程

$$(1-x^2)\frac{\mathrm{d}^2 P_l(x)}{\mathrm{d}x^2} - 2x\frac{\mathrm{d}P_l(x)}{\mathrm{d}x} + l(l+1)P_l(x) = 0 \tag{C13}$$

Legendre 多项式的母函数

$$\frac{1}{\sqrt{1-2\rho x+\rho^2}} = \sum_{l=0}^{\infty} P_l(x)\rho^l \tag{C14}$$

Legendre 多项式的递推公式

$$(l+1)P_{l+1}(x) - (2l+1)xP_l(x) + lP_{l-1}(x) = 0 \tag{C15}$$

在数值计算中常常应用这个递推关系来计算各种 l 阶的 Legendre 多项式。

Legendre 多项式的积分表示

$$P_l(\cos\theta) = \frac{1}{2\pi}\int_{-\pi}^{\pi} (\cos\theta + i\sin\theta\cos\varphi)^l \mathrm{d}\varphi \tag{C16}$$

由此看出，当 $\cos\theta = 1$ 时，$\sin\theta = 0$，对所有 l 都有 $P_l(1) = 1$。

Legendre 多项式的一种表示形式是

$$P_l(\cos\theta) = \frac{1}{2^l l!} \frac{\mathrm{d}^l}{\mathrm{d}\cos\theta^l} (\cos^2\theta - 1)^l \tag{C17}$$

Legendre 多项式的求和性质

$$\sum_{l=0}^{\infty} (2l+1) P_l(\cos\theta) = 2\delta(1-\cos\theta) \tag{C18}$$

常用的 Legendre 多项式有

$$P_0(\cos\theta)=1$$
$$P_1(\cos\theta)=\cos\theta$$
$$P_2(\cos\theta)=\frac{1}{2}(3\cos^2\theta-1)$$
$$P_3(\cos\theta)=\frac{1}{2}(5\cos^2\theta-3)\cos\theta$$
$$P_4(\cos\theta)=\frac{1}{8}(35\cos^4\theta-30\cos^2\theta+3)$$

和 $m=1$ 的连带 Legendre 多项式

$$P_1^1(\cos\theta)=\sin\theta$$
$$P_2^1(\cos\theta)=3\sin\theta\cos\theta$$
$$P_3^1(\cos\theta)=\frac{3}{2}\sin\theta(5\cos^2\theta-1)$$
$$P_4^1(\cos\theta)=\frac{5}{2}\sin\theta(7\cos^3\theta-3\cos\theta)$$

以及几个低阶的球谐函数的表示

$$Y_{0,0}(\theta,\varphi)=\frac{1}{\sqrt{4\pi}}$$
$$Y_{1,1}(\theta,\varphi)=-\sqrt{\frac{3}{8\pi}}\sin\theta e^{i\varphi}$$
$$Y_{1,0}(\theta,\varphi)=\sqrt{\frac{3}{4\pi}}\cos\theta$$
$$Y_{1,-1}(\theta,\varphi)=\sqrt{\frac{3}{8\pi}}\sin\theta e^{-i\varphi}$$
$$Y_{2,2}(\theta,\varphi)=\sqrt{\frac{15}{32\pi}}\sin^2\theta e^{2i\varphi}$$
$$Y_{2,1}(\theta,\varphi)=-\sqrt{\frac{15}{8\pi}}\sin\theta\cos\theta e^{i\varphi}$$
$$Y_{2,0}(\theta,\varphi)=\sqrt{\frac{5}{16\pi}}(3\cos^2\theta-1)$$
$$Y_{2,-1}(\theta,\varphi)=\sqrt{\frac{15}{8\pi}}\sin\theta\cos\theta e^{-i\varphi}$$
$$Y_{2,-2}(\theta,\varphi)=\sqrt{\frac{15}{32\pi}}\sin^2\theta e^{-2i\varphi}$$

附录4　球 Bessel 函数及其渐近行为

1. 球 Bessel 函数

l 分波 Schrödinger 方程的径向方程为

$$\frac{1}{r^2}\frac{\partial}{\partial r}(r^2\frac{\partial}{\partial r})R_l-\frac{l(l+1)}{r^2}R_l+k^2R_l=U(r)R_l \tag{D1}$$

当对径向波函数进行下面变换时

$$R_l(r)=\frac{W_l(r)}{\sqrt{r}} \tag{D2}$$

分波径向方程变为

$$\frac{\mathrm{d}^2}{\mathrm{d}r^2}W_l(r)+\frac{1}{r}\frac{\mathrm{d}}{\mathrm{d}r}W_l(r)+[k^2-\frac{(l+\frac{1}{2})^2}{r^2}]W_l(r)=U(r)W_l(r) \tag{D3}$$

径向方程(D3)的齐次方程($U=0$)是标准的 Bessel 方程,齐次二次微分方程有两个线性独立解,这两个解分别是半整阶 Bessel 函数 $J_{l+1/2}(kr)$,$J_{-l-1/2}(kr)$。

引入球 Bessel 函数 $j_l(kr)$ 和球 Neumann 函数 $n_l(kr)$,它与半整阶的 Bessel 函数有下面的关系,

$$j_l(kr)=\sqrt{\frac{\pi}{2kr}}J_{l+1/2}(kr)$$

$$n_l(kr)=(-1)^{l+1}\sqrt{\frac{\pi}{2kr}}J_{-l-1/2}(kr) \tag{D4}$$

显然,由于存在 $1/\sqrt{r}$ 的因子,在有限力程之外的径向方程是(D3)式的齐次方程,其 l 分波径向方程两个线性独立解分别为 $j_l(kr)$ 和 $n_l(kr)$,它的普遍解是 $j_l(kr)$ 和 $n_l(kr)$ 的线性组合,其系数由边界条件来确定。

取 $j_l(kr)$ 和 $n_l(kr)$ 的线性组合作为独立解,

$$h_l^+(kr)=h_l^1(kr)=j_l(kr)+\mathrm{i}n_l(kr) \tag{D5}$$

$$h_l^-(kr)=h_l^2(kr)=j_l(kr)-\mathrm{i}n_l(kr) \tag{D6}$$

它们分别为第一类和第二类 Hankel 函数。其逆关系为

$$j_l(kr)=\frac{1}{2}[h_l^+(kr)+h_l^-(kr)] \tag{D7}$$

$$n_l(kr)=\frac{1}{2\mathrm{i}}[h_l^+(kr)-h_l^-(kr)] \tag{D8}$$

因此,齐次 Schrödinger 方程的分波径向方程的一般解也可以用 $h_l^+(kr)$ 和 $h_l^-(kr)$ 的线性组合来表示,其组合系数由边界条件来确定。

2. 无穷远处 Bessel 函数的渐近行为

在应用分波法求解散射时需要知道 Bessel 函数在大宗量 $kr\to\infty$ 时的渐近行为。为此下

面用鞍点法求解贝塞尔函数的渐近行为。

已知贝塞尔函数 $J_\nu(x)$ 的积分表示为

$$J_\nu(x)=\frac{1}{2\pi i}\int_C e^{x\sinh\omega-\nu\omega}d\omega=\frac{1}{2\pi i}\int_C e^{xf(\omega)}d\omega \tag{D9}$$

这时

$$f(\omega)=\sinh\omega-\frac{\nu\omega}{x} \tag{D10}$$

积分中自变量是复数，记 $\omega=u+i\nu$，利用 $e^{\pm x}=\cosh(x)\pm\sinh(x)$，以及 $e^{\pm ix}=\cos(x)\pm i\sin(x)$。双曲复变函数有下面等式成立

$$\sinh\omega=\sinh u\cos v+i\cosh u\sin v \tag{D11}$$

$$\cosh\omega=\cosh u\cos v+i\sinh u\sin v \tag{D12}$$

鞍点法的核心是求出被积函数 $f(\omega)$ 的极值点 ω_0，满足 $f'(\omega_0)=0$。一般情况下 f 的二次导数不为 0，将 $f(\omega)$ 在极值点 ω_0 展开到二次导数项

$$f(\omega)\approx f(\omega_0)+\frac{1}{2}f''(\omega_0)(\omega-\omega_0)^2 \tag{D13}$$

由此选择适当的轨道完成积分，因而得到贝塞尔函数的渐近行为。

对 $d\omega$ 求导 $f'(\omega)=\dfrac{df(\omega)}{d\omega}$，由(D10)式得到

$$f'(\omega)=\cosh\omega-\frac{\nu}{x}=\cosh u\cos v-\frac{\nu}{x}+i\sinh u\sin v$$

得到 $f'(\omega_0)=0$ 的极值 $\omega_0=u_0+iv_0$ 所满足的方程为

$$\cosh u_0\cos v_0-\frac{\nu}{x}=0;\qquad \sinh u_0\sin v_0=0 \tag{D14}$$

同时满足实部和虚部的解分别为

$$u_0=0,\qquad \cos v_0=\frac{\nu}{x} \tag{D15}$$

由(D12)式得到在极值点上

$$\cosh\omega_0=\cosh(u_0+iv_0)=\cos v_0=\frac{\nu}{x} \tag{D16}$$

在 $x\to\infty$ 渐近表示中，$\dfrac{\nu}{x}$ 是一个小量，因此得到 v_0 的近似表示

$$v_0=\arccos\frac{\nu}{x}\approx\pm\frac{\pi}{2},\quad \omega_0=iv_0\approx\pm i\frac{\pi}{2},\quad 以及\quad \sin v_0\approx\pm1 \tag{D17}$$

利用(D11)式，得到 $\sinh\omega_0\approx i\sin v_0\approx\pm i$，因此得到在 ω_0 处函数 f 的表示

$$f(\omega_0)=\sinh\omega_0-\frac{\nu}{x}\omega_0=i\sin v_0-\frac{\nu}{x}(iv_0)\approx\pm i(1-\frac{\nu\pi}{2x}) \tag{D18}$$

由(D10)式得到函数 f 在极值点的二次导数值为

$$f''(\omega_0)=\sinh\omega_0=i\sin v_0\approx\pm i=e^{i\alpha} \tag{D19}$$

其中

$$\alpha=\pm\frac{\pi}{2},\qquad 且有\qquad |f''(\omega_0)|=1 \tag{D20}$$

代替 u 和 v，将复平面自变量代换为 s 和 β，相互之间的关系为

$$\omega-\omega_0=s\mathrm{e}^{\mathrm{i}\beta} \tag{D21}$$

代入(D13)式得到

$$f(\omega)\approx f(\omega_0)+\frac{1}{2}s^2\mathrm{e}^{\mathrm{i}(2\beta+\alpha)} \tag{D22}$$

(1)当选$\beta=-\frac{\alpha}{2}+\frac{\pi}{2}$时,这时$2\beta+\alpha=\pi$,称为沿$L$线。这时

$$\mathrm{e}^{\mathrm{i}(2\beta+\alpha)}=\mathrm{e}^{\mathrm{i}\pi}=-1 \tag{D23}$$

二次导数小于0,表示沿L线$f(\omega_0)$是极大值。

(2)当选$\beta=-\frac{\alpha}{2}$时,这时$2\beta+\alpha=0$,称为沿L'线。这时

$$\mathrm{e}^{\mathrm{i}(2\beta+\alpha)}=\mathrm{e}^{0}=1 \tag{D24}$$

二次导数大于0,表示沿L'线$f(\omega_0)$是极小值。

自变量β在相互垂直的不同方向的选取,可导致$f(\omega_0)$为极大或极小值,故而在ω_0点上形成鞍点。如图 D.1 所示。

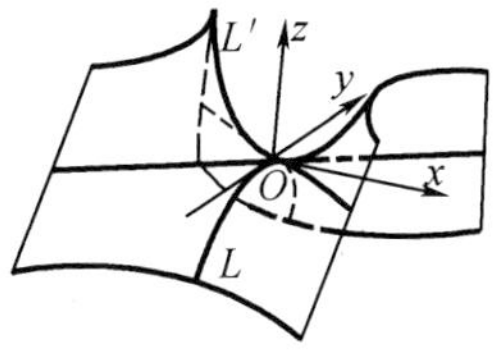

图 D.1　鞍点曲面示意图

鞍点法中积分是在有极大值的L线上进行。在 Bessle 函数的情况下

$$\beta=-\frac{\alpha}{2}+\frac{\pi}{2}=\begin{cases}\dfrac{\pi}{4} & 当\ \alpha=\dfrac{\pi}{2}\\[2ex] \dfrac{3\pi}{4} & 当\ \alpha=-\dfrac{\pi}{2}\end{cases} \tag{D25}$$

利用(D23)式,在确定的β角度下有$\mathrm{d}\omega=\mathrm{e}^{\mathrm{i}\beta}\mathrm{d}s$。(D22)式变为$f(\omega)\approx f(\omega_0)-\frac{1}{2}s^2$,得到沿$L$线的积分表示为

$$\int_L \mathrm{e}^{xf(\omega)}\mathrm{d}\omega=\int_L \mathrm{e}^{xf(\omega)+\mathrm{i}\beta}\mathrm{d}s\approx \mathrm{e}^{xf(\omega_0)+\mathrm{i}\beta}\int_{-\infty}^{\infty}\mathrm{e}^{-\frac{1}{2}xs^2}\mathrm{d}s \tag{D26}$$

对s的积分是

$$\int_{-\infty}^{\infty}\mathrm{e}^{-\frac{1}{2}xs^2}\mathrm{d}s=\sqrt{\frac{2}{x}}\int_{-\infty}^{\infty}\mathrm{e}^{-t^2}\mathrm{d}t=\sqrt{\frac{2\pi}{x}} \tag{D27}$$

在L线上积分是分两项完成的,将(D18)式代入,得到(D26)式指数上两项的表示分别是

$$\begin{cases}\alpha=\dfrac{\pi}{2},\beta=\dfrac{\pi}{4}, & xf(\omega_0)+\beta=\mathrm{i}\left(x-\dfrac{\nu\pi}{2}-\dfrac{\pi}{4}\right)+\mathrm{i}\,\dfrac{\pi}{2}\\[2ex] \alpha=-\dfrac{\pi}{2},\beta=\dfrac{3\pi}{4}, & xf(\omega_0)+\beta=-\mathrm{i}\left(x-\dfrac{\nu\pi}{2}-\dfrac{\pi}{4}\right)+\mathrm{i}\,\dfrac{\pi}{2}\end{cases} \tag{D28}$$

注意到$\mathrm{e}^{\mathrm{i}\frac{\pi}{2}}=\mathrm{i}$,因此得到沿$L$线两项之和的积分结果是

$$\int_L \mathrm{e}^{sf(\omega)}\mathrm{d}\omega=2\mathrm{i}\sqrt{\frac{2\pi}{x}}\cos\left(x-\frac{\nu\pi}{2}-\frac{\pi}{4}\right) \tag{D29}$$

由此得到贝塞尔函数的渐近表示为

$$J_\nu(x) = \frac{1}{2\pi \mathrm{i}}\int_L \mathrm{e}^{x\sinh\omega - \nu\omega}\mathrm{d}\omega = \sqrt{\frac{2}{\pi x}}\cos\left(x - \frac{\nu\pi}{2} - \frac{\pi}{4}\right) \tag{D30}$$

当 $\nu = l + \frac{1}{2}$ 时，由(5.5.3)式得到球 Bessel 函数 $j_l(x)$ 的渐近表示

$$j_l(x) \xrightarrow{x\to\infty} \frac{1}{x}\sin\left(x - \frac{l}{2}\pi\right) \tag{D31}$$

而其导数的渐近表示(忽略 $\frac{1}{x^2}$ 项)为

$$j_l'(x) \xrightarrow{x\to\infty} \frac{1}{x}\cos\left(x - \frac{l}{2}\pi\right) \tag{D32}$$

当 $\nu = -l - \frac{1}{2}$ 时，由(D4)式得到球 Neumann 函数 $n_l(x)$ 的渐近表示

$$n_l(x) \xrightarrow{x\to\infty} \frac{(-1)^{l+1}}{x}\cos\left(x + \frac{l}{2}\pi\right) = -\frac{1}{x}\cos\left(x - \frac{l}{2}\pi\right) \tag{D33}$$

而其导数的渐近表示(忽略 $\frac{1}{x^2}$ 项)为

$$n_l'(x) \xrightarrow{x\to\infty} \frac{1}{x}\sin\left(x - \frac{l}{2}\pi\right) \tag{D34}$$

而由(D5)式和(D6)式中球 Bessel 函数和球 Neumann 函数与 Hankel 函数的关系，得到第一类和第二类 Hankel 函数的渐进表示分别为

$$h_l^+(x) = j_l(x) + \mathrm{i}n_l(x) \xrightarrow{x\to\infty} -\frac{\mathrm{i}}{x}\mathrm{e}^{\mathrm{i}(x - \frac{l}{2}\pi)} \tag{D35}$$

$$h_l^-(x) = j_l(x) - \mathrm{i}n_l(x) \xrightarrow{x\to\infty} \frac{\mathrm{i}}{x}\mathrm{e}^{-\mathrm{i}(x - \frac{l}{2}\pi)} \tag{D36}$$

由此可见，在大宗量时，$h_l^+(kr)$ 是球面发散波，而 $h_l^-(kr)$ 是球面会聚波。

附录 5　库仑场中带电粒子的运动

1. 库仑场中的束缚态

应用合流超几何函数来求解库仑场中定态 Schrödinger 方程的束缚态($E<0$)的分立能级本征值,以点电荷的电子在吸引的核库仑势中的本征值为例,电子的库仑势为

$$V(r) = -\frac{Ze^2}{r} \tag{E1}$$

又知 l 分波 Schrödinger 径向方程为

$$\frac{1}{r^2}\frac{\partial}{\partial r}\left(r^2\frac{\partial}{\partial r}\right)R_l - \frac{l(l+1)}{r^2}R_l - \kappa^2 R_l = U(r)R_l \tag{E2}$$

其中

$$\kappa = \frac{\sqrt{-2mE}}{\hbar} \tag{E3}$$

这时

$$U(r) = \frac{2m}{\hbar^2}V(r) = -\frac{2mZe^2}{\hbar^2 r} \tag{E4}$$

在 Schrödinger 径向方程中设

$$R_l(r) = \frac{u_l(r)}{r} \tag{E5}$$

$u_l(r)$满足的方程变为

$$\frac{\mathrm{d}^2}{\mathrm{d}r^2}u_l(r) + \left[-\kappa^2 - \frac{l(l+1)}{r^2} + \frac{2mZe^2}{\hbar^2 r}\right]u_l(r) = 0 \tag{E6}$$

首先讨论在 $r\to 0$ 时方程的行为,这时方程(E6)方括号中仅保留第二项,方程变为

$$\frac{\mathrm{d}^2}{\mathrm{d}r^2}u_l(r) - \frac{l(l+1)}{r^2}u_l(r) = 0 \tag{E7}$$

方程有两个解,分别为 r^{l+1} 和 r^{-l}。由 $u_l(r\to 0)=0$ 的边界条件仅取第一个解。再讨论在 $r\to\infty$ 时方程的行为,在无穷远处,方程(E6)方括号中只需保留第一项,方程变为

$$\frac{\mathrm{d}^2}{\mathrm{d}r^2}u_l(r) - \kappa^2 u_l(r) = 0 \tag{E8}$$

此方程有两个解,分别为 $\mathrm{e}^{-\kappa r}$和 $\mathrm{e}^{\kappa r}$。由束缚态波函数要求 $u_l(r\to\infty)=0$ 的边界条件,仅能取第一个解。作自变量变换 $x=2\kappa r$,令

$$\nu = \frac{Ze^2 m}{\kappa\hbar^2} \tag{E9}$$

方程(E6)变为

$$\frac{\mathrm{d}^2}{\mathrm{d}x^2}u_l(x) + \left[-\frac{1}{4} - \frac{l(l+1)}{x^2} + \frac{\nu}{x}\right]u_l(x) = 0 \tag{E10}$$

由上述边界条件,对波函数作如下变换,其中 ψ 变成随 x 缓慢变换的函数

$$u_l(x) = \mathrm{e}^{-\frac{x}{2}}x^{l+1}\psi \tag{E11}$$

$u_l(x)$对 x 的一次导数为

$$\frac{\mathrm{d}u_l}{\mathrm{d}x}=\mathrm{e}^{-\frac{x}{2}}x^{l+1}\left[\frac{\mathrm{d}\psi}{\mathrm{d}x}+\left(-\frac{1}{2}+\frac{l+1}{x}\right)\psi\right]$$

$u_l(r)$对 x 的二次导数为

$$\frac{\mathrm{d}^2u_l}{\mathrm{d}x^2}=\mathrm{e}^{-\frac{x}{2}}x^{l+1}\left[\frac{\mathrm{d}^2\psi}{\mathrm{d}x^2}+2\left(-\frac{1}{2}+\frac{l+1}{x}\right)\frac{\mathrm{d}\psi}{\mathrm{d}x}+\left(-\frac{1}{2}+\frac{l+1}{x}\right)^2\psi-\frac{l+1}{x^2}\psi\right]$$

代入方程(E10),约掉公共因子 $\mathrm{e}^{-\frac{x}{2}}x^{l+1}$,方程变为

$$\frac{\mathrm{d}^2\psi}{\mathrm{d}x^2}+\left(-1+\frac{2(l+1)}{x}\right)\frac{\mathrm{d}\psi}{\mathrm{d}x}+\frac{\nu-l-1}{x}\psi=0 \tag{E12}$$

将方程乘 x 后得到标准的合流超几何方程

$$x\frac{\mathrm{d}^2\psi}{\mathrm{d}x^2}+(\beta-x)\frac{\mathrm{d}\psi}{\mathrm{d}x}-\alpha\psi=0 \tag{E13}$$

其解是合流超几何函数 $F(\alpha,\beta,x)$,其中 $\alpha=l+1-\nu,\beta=2l+2$。$F(\alpha,\beta,x)$的级数解的表示是

$$F(\alpha,\beta,x)=\sum_{k=0}^{\infty}\frac{\alpha_k}{k!\ \beta_k}x^k \tag{E14}$$

这里符号表示

$$\alpha_k=\alpha(\alpha+1)(\alpha+2)\cdots(\alpha+k-1),\quad \beta_k=\beta(\beta+1)(\beta+2)\cdots(\beta+k-1) \tag{E15}$$

为保证束缚态在无穷远处电子的概率为0,当 α 为负整数 $\alpha=-n'$时,则在 $k\geqslant 1+n'$之后,所有的 $\alpha_k=0$,级数就会自动截断为多项式。考虑到波函数中存在因子 $\mathrm{e}^{-\frac{x}{2}}$,这就保证了束缚态波函数在无穷远为零。

定义主量子数为

$$n\equiv\nu=n'+l+1\quad 或\quad \alpha=-n'=-(n-l-1) \tag{E16}$$

这个合流超几何函数与拉盖多项式之间的关系为

$$F(-(n-l-1),2l+2,\rho)=-\frac{(n-l-1)!\ (2l+1)!}{[(n+l)!]^2}L_{n+l}^{2l+1}(\rho)$$

由(E9)式和(E3)式得到

$$\kappa^2=-\frac{2mE_n}{\hbar^2}=\frac{(Ze^2m)^2}{n^2\hbar^4} \tag{E17}$$

由此得到库仑势中束缚态的本征态的 Bohr 公式

$$E_n=-\frac{(Ze^2)^2m}{2\hbar^2n^2}=-(Z\alpha)^2\frac{mc^2}{2n^2} \tag{E18}$$

其中 $\alpha=e^2/(\hbar c)=\frac{1}{137}$是精细结构常数,电子质量 $mc^2=0.511$ MeV,得到氢原子($Z=1$)基态($n=1$)的本征能量值为 $E_0=13.61$ eV。

由实验测量结果总结出的经验规律是,氢原子($Z=1$)电子辐射光谱频率 v 满足巴耳末公式

$$\nu=\frac{E_1-E_2}{2\pi\hbar}=Rc\left(\frac{1}{n_2^2}-\frac{1}{n_1^2}\right) \tag{E19}$$

其中 R 是 Rydberg 常数,c 是光速。相当于电子由 E_2 能级跃迁到 E_1 能级,其中 n_1 和 n_2 是

整数。将(E18)式代入后,得到 Rydberg 常数为

$$R = \frac{mc^2}{4\pi\hbar c}\alpha^2 = 1.0967 \times 10^5\ \text{cm}^{-1} \tag{E20}$$

与实验值完全符合,这是量子力学取得成功的一个典型实例。

2. 抛物线坐标系的变量分离

求解库仑场中的散射问题,最方便的方法是将 Schrödinger 方程用抛物线坐标作分离变量法。为此我们首先介绍抛物线坐标。抛物线坐标的变量为 ξ,η,ϕ,抛物线坐标与笛卡尔坐标中的分量之间有如下的关系

$$x = \sqrt{\xi\eta}\cos\phi \quad y = \sqrt{\xi\eta}\sin\phi \quad z = \frac{1}{2}(\xi - \eta) \tag{E21}$$

很容易得到径向长度在抛物线坐标中的表示

$$r = \sqrt{x^2 + y^2 + z^2} = \frac{1}{2}(\xi + \eta) \tag{E22}$$

逆关系为

$$\xi = r + z, \quad \eta = r - z, \quad \phi = \arctan\frac{y}{x} \tag{E23}$$

抛物线坐标与球坐标之间的关系为

$$\xi = r + z = r(1 + \cos\theta), \quad \eta = r - z = r(1 - \cos\theta), \quad \xi + \eta = 2r \tag{E24}$$

ξ 和 η 的取值范围是 $0\to\infty$,而 ϕ 的取值范围是 $0\to 2\pi$。

由(E24)式得到,在 $\xi = \text{const}$ 时的轨迹是:当 $\xi = 0$ 时仅是原点一个点;而当 $\xi > 0$ 时,在 $\theta = 0$ 时,$r = \frac{\xi}{2}$,随着 θ 的加大 r 值逐渐加大,在 $\theta = \frac{\pi}{2}$时,$r = \xi$,θ 继续加大,r 值逐渐加大,当 $\theta\to\pi$ 时,$r\to\infty$。这就形成顶点在 $z = \frac{\xi}{2}$,口朝下的以 z 轴转动对称的抛物线曲面,其焦点在原点。

而在 $\eta = \text{const}$ 时的轨迹是:当 $\eta = 0$ 时仅是原点一个点;当 $\eta > 0$ 时,随着 θ 加大 r 值逐渐减小,在 $\theta = \frac{\pi}{2}$时,$r = \eta$,当 $\theta = \pi$ 时,$r = \frac{\eta}{2}$,在 $\theta = 0$ 时,$r\to\infty$。这就形成顶点在 $z = -\frac{\eta}{2}$,口朝上的以 z 轴转动对称的抛物线曲面,其焦点在原点。

为了看清抛物线坐标的图像,以 $\phi = 0$ 在 $Z - X$ 平面上为例,这时 $x^2 = \xi\eta$,得到 $\eta = \frac{x^2}{\xi}$,再由 $2z = \xi - \eta$ 得到

$$z = \frac{\xi}{2} - \frac{x^2}{2\xi}$$

若以 η 为自变量时,同样得到

$$z = \frac{x^2}{2\eta} - \frac{\eta}{2}$$

它们分别为抛物线,前者为口朝上的以 z 为轴的抛物线,而后者为口朝下的以 z 为轴的抛物线。焦点都在原点,而且上述两种抛物线对任意 ξ 和 η 值的情况下都彼此正交。由图 E. 1 给出抛物线坐标的示意图。

由上面的抛物线曲面的性质说明,对于入射波对应的是在 $-\infty < z < 0$ 和 $r\to\infty$。在抛

物线坐标中，对应 $\eta\to\infty$ 的情况。

抛物线坐标是正交曲线坐标的一种类型。其长度关系是

$$(dl)^2=\frac{\xi+\eta}{4\xi}(d\xi)^2+\frac{\xi+\eta}{4\eta}(d\eta)^2+\xi\eta(d\phi)^2 \tag{E25}$$

体积元为

$$\mathrm{d}V=\frac{\xi+\eta}{4}\mathrm{d}\xi\mathrm{d}\eta\mathrm{d}\phi \tag{E26}$$

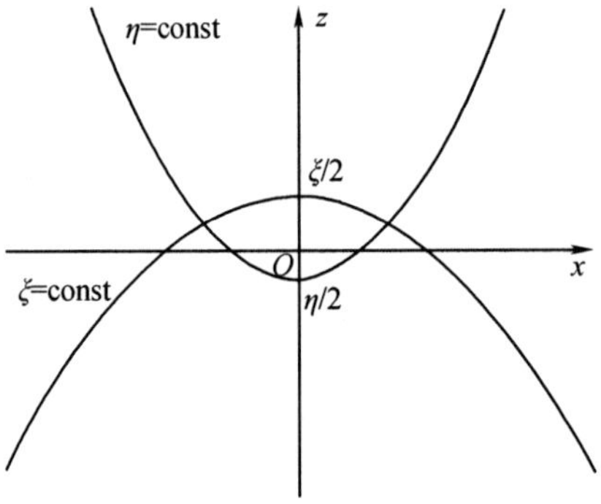

图 E.1 抛物线坐标的示意图

抛物线坐标中拉普拉斯算符的表示

$$\nabla^2=\frac{4}{\xi+\eta}\left[\frac{\partial}{\partial\xi}\left(\xi\frac{\partial}{\partial\xi}\right)+\frac{\partial}{\partial\eta}\left(\eta\frac{\partial}{\partial\eta}\right)\right]+\frac{1}{\xi\eta}\frac{\partial^2}{\partial\phi^2} \tag{E27}$$

Schrödinger 方程在抛物线坐标下的表示为

$$\frac{4}{\xi+\eta}\left[\frac{\partial}{\partial\xi}\left(\xi\frac{\partial\psi}{\partial\xi}\right)+\frac{\partial}{\partial\eta}\left(\eta\frac{\partial\psi}{\partial\eta}\right)\right]+\frac{1}{\xi\eta}\frac{\partial^2\psi}{\partial\phi^2}+\frac{2\mu}{\hbar^2}(E-V)\psi=0 \tag{E28}$$

如果入射粒子和靶核的电荷分别为 q_1 和 q_2，这时库仑势为

$$V=\frac{q_1q_2}{r}=\frac{2q_1q_2}{\xi+\eta} \tag{E29}$$

将波函数 ψ 进行如下变量分离变换

$$\psi=f_1(\xi)f_2(\eta)\mathrm{e}^{im\phi} \tag{E30}$$

其中 m 是磁量子数。将其代入到方程(E28)之中，乘上 $\frac{1}{4}(\xi+\eta)$，得到 ξ 和 η 满足的方程

$$\frac{\partial}{\partial\xi}\left(\xi\frac{\partial f_1}{\partial\xi}\right)+\left[\frac{\mu E}{2\hbar^2}\xi-\frac{m^2}{4\xi}-\beta_1\right]f_1=0 \tag{E31}$$

$$\frac{\partial}{\partial\eta}\left(\eta\frac{\partial f_2}{\partial\eta}\right)+\left[\frac{\mu E}{2\hbar^2}\eta-\frac{m^2}{4\eta}-\beta_2\right]f_2=0 \tag{E32}$$

其中变量分离出现的参数 β_1,β_2 参数满足如下关系式

$$\beta_1+\beta_2\equiv\alpha=\frac{q_1q_2\mu}{\hbar^2} \tag{E33}$$

关于如何分配 β_1 和 β_2 值，将在下面的具体问题的边界条件中给出。

3. 库仑场中带电粒子的散射态

用抛物线坐标分离法来求解库仑场的散射态，当入射粒子是沿 Z 轴时，则 $L_z=0$，因此 $m=0$，这时分离变量的波函数为

$$\psi = f_1(\xi)f_2(\eta) \tag{E34}$$

在散射中 $E>0$,记$\frac{2\mu}{\hbar^2}E=k^2$。分离变量的方程(E31)和(E32)分别变为

$$\frac{\partial}{\partial\xi}\left(\xi\frac{\partial f_1}{\partial\xi}\right)+\left[\frac{k^2}{4}\xi-\beta_1\right]f_1=0 \tag{E35}$$

$$\frac{\partial}{\partial\eta}\left(\eta\frac{\partial f_2}{\partial\eta}\right)+\left[\frac{k^2}{4}\eta-\beta_2\right]f_2=0 \tag{E36}$$

且有如下条件

$$\beta_1+\beta_2\equiv\alpha=\frac{q_1q_2\mu}{\hbar^2} \tag{E37}$$

其渐近行为是沿 z 轴正方向的入射粒子,在负 z 和大 r 处是平面波

$$\psi\sim e^{ikz}\qquad -\infty<z<0,\qquad r\to\infty \tag{E38}$$

将(E21)式代入后得到在抛物线坐标中这个渐近行为对应的是

$$\psi\sim e^{\frac{1}{2}ik(\xi-\eta)}\qquad \eta\to\infty,\qquad 对任意\ \xi \tag{E39}$$

由上式看出,能满足这个条件仅要求与变量 ξ 有关的波函数为

$$f_1(\xi)=e^{\frac{1}{2}ik\xi} \tag{E40}$$

将(E40)式代入到方程(E35)中得到

$$\beta_1=\frac{i}{2}k\qquad 因此\qquad \beta_2=\alpha-\frac{i}{2}k$$

由此得到 η 满足的方程为

$$\frac{\partial}{\partial\eta}\left(\eta\frac{\partial f_2}{\partial\eta}\right)+\left[\frac{1}{4}k^2\eta-\alpha+\frac{1}{2}ik\right]f_2=0 \tag{E41}$$

由(E39)式得到要求 $f_2(\eta)$ 具有如下渐近行为

$$f_2(\eta)=e^{-\frac{1}{2}ik\eta}\qquad \eta\to\infty \tag{E42}$$

因此对 f_2 进行如下的波函数变换

$$f_2(\eta)=e^{-\frac{1}{2}ik\eta}\omega(\eta) \tag{E43}$$

显然,渐近条件要求,当 $\eta\to\infty$ 时,$\omega(\eta)$趋向于一个常数。将(E43)代入到方程(E41)中,得到 $\omega(\eta)$满足的方程是

$$\eta\omega(\eta)''+(1-ik\eta)\omega(\eta)'-\alpha\omega(\eta)=0 \tag{E44}$$

如果用一个新变量 $\eta_1=ik\eta$ 作变换,方程(E44)变成标准的合流超几何函数方程(见(E13)式)

$$\eta_1\omega(\eta)''+(1-\eta_1)\omega(\eta)'-\frac{\alpha}{ik}\omega(\eta)=0 \tag{E45}$$

其解是合流超几何函数 $F(-i\alpha/k,1,ik\eta)$。波函数要再乘上 $f_1(\xi)$,为了将波函数归一到平面波,引入与坐标无关的因子 $e^{-\pi\alpha/(2k)}\Gamma(1+i\alpha/k)$,由此得到在抛物线坐标系中的散射的解为[2]

$$\Psi=e^{-\pi\alpha/(2k)}\Gamma(1+i\alpha/k)e^{\frac{ik}{2}(\xi-\eta)}F(-i\alpha/k,1,ik\eta) \tag{E46}$$

其中 Γ 函数的定义是

$$\Gamma(z)\equiv\int_0^\infty e^{-t}t^{z-1}dt\qquad 且有\qquad \Gamma(z^*)=\Gamma^*(z) \tag{E47}$$

4. 库仑场中的粒子的散射

在抛物线坐标分离变量的解为(E46)。利用合流超几何函数在大宗量 η 的情况下的渐近表示

$$F(-\mathrm{i}\alpha/k,1,\mathrm{i}k\eta)\approx\frac{(-\mathrm{i}k\eta)^{\mathrm{i}\alpha/k}}{\Gamma(1+\mathrm{i}\alpha/k)}+\frac{(\mathrm{i}k\eta)^{-\mathrm{i}\alpha/k}}{\Gamma(-\mathrm{i}\alpha/k)}\cdot\frac{\mathrm{e}^{\mathrm{i}k\eta}}{\mathrm{i}k\eta}$$

$$=\frac{\mathrm{e}^{\frac{\pi\alpha}{2k}}}{\Gamma(1+i\alpha/k)}\mathrm{e}^{\mathrm{i}\alpha/k\lg(k\eta)}-\frac{\frac{\mathrm{i}\alpha}{k}\mathrm{e}^{\frac{\pi\alpha}{2k}}}{\Gamma(1-\mathrm{i}\alpha/k)}\mathrm{e}^{-\mathrm{i}\alpha/k\lg(k\eta)}\cdot\frac{\mathrm{e}^{ik\eta}}{\mathrm{i}k\eta} \tag{E48}$$

其中应用了

$$(-ik\eta)^{\mathrm{i}\alpha/k}=(\mathrm{e}^{-\mathrm{i}\pi/2})^{\mathrm{i}\alpha/k}(k\eta)^{\mathrm{i}\alpha/k}=\mathrm{e}^{\frac{\pi\alpha}{2k}}\mathrm{e}^{\mathrm{i}\alpha/k\lg(k\eta)}$$

$$(ik\eta)^{-\mathrm{i}\alpha/k}=(\mathrm{e}^{\mathrm{i}\pi/2})^{-\mathrm{i}\alpha/k}(k\eta)^{-\mathrm{i}\alpha/k}=\mathrm{e}^{\frac{\pi\alpha}{2k}}\mathrm{e}^{-\mathrm{i}\alpha/k\lg(k\eta)}$$

$$\Gamma(1-\mathrm{i}\alpha/k)=-\mathrm{i}\alpha/k\cdot\Gamma(-\mathrm{i}\alpha/k)$$

将(E48)式代入到(E46)式,得到散射波函数的渐近表示

$$\Psi\approx\mathrm{e}^{\frac{ik}{2}(\xi-\eta)}\mathrm{e}^{\mathrm{i}\alpha/k\lg(k\eta)}-\frac{\alpha}{k^2\eta}\frac{\Gamma(1+\mathrm{i}\alpha/k)}{\Gamma(1-\mathrm{i}\alpha/k)}\mathrm{e}^{\frac{ik}{2}(\xi+\eta)}\mathrm{e}^{-\mathrm{i}\alpha/k\lg(k\eta)} \tag{E49}$$

用球坐标方式对抛物线坐标作代换

$$(\xi-\eta)=2z,\quad \eta=r-z=r(1-\cos\theta)=2r\sin^2\frac{\theta}{2},\quad \xi+\eta=2r \tag{E50}$$

又知

$$\Gamma(1\pm\mathrm{i}\alpha/k)=|\Gamma(1\pm\mathrm{i}\alpha/k)|\mathrm{e}^{\pm\mathrm{i}\delta_0}\quad 其中\quad \delta_0=\arg\Gamma(1+\mathrm{i}\alpha/k) \tag{E51}$$

是虚宗量 Γ 函数的相角,这时(E49)式变为

$$\Psi=\mathrm{e}^{\mathrm{i}kz+\mathrm{i}\frac{\alpha}{k}\lg(2kr\sin^2\frac{\theta}{2})}-\frac{\alpha}{2k^2\sin^2\frac{\theta}{2}}\exp\left\{-\mathrm{i}\frac{\alpha}{k}\lg(2kr(\sin^2\frac{\theta}{2})+2\mathrm{i}\delta_0\right\}\frac{\mathrm{e}^{\mathrm{i}kr}}{r} \tag{E52}$$

其中第一项对应入射波,第二项对应散射波。由于库仑力是长程力,对入射波和出射波在很远处都产生一定的扭曲,这表明在长程力 $1/r$ 会在散射波中的指数项中出现对数项。

库仑位对沿 Z 轴入射的平面波的扭曲波表示是

$$\exp\left\{\mathrm{i}kz+\mathrm{i}\frac{\alpha}{k}\lg(2kr\sin^2\frac{\theta}{2})\right\}\xrightarrow{\alpha=0}\mathrm{e}^{\mathrm{i}kz} \tag{E53}$$

由此得到带电粒子在库仑场中散射的散射振幅为

$$f(\theta)_c\equiv-\frac{\alpha}{2k^2\sin^2\frac{\theta}{2}}\exp\left\{-\mathrm{i}\frac{\alpha}{k}\lg(2kr\sin^2\frac{\theta}{2})+2\mathrm{i}\delta_0\right\} \tag{E54}$$

由此得到卢瑟福的散射公式(Rutherford' formula)。

$$\frac{\mathrm{d}\sigma}{\mathrm{d}\Omega}=|f_c(\theta)|^2=\frac{\alpha^2}{4k^4\sin^4(\frac{\theta}{2})}=\frac{(Z_1Z_2)^2e^4}{4\mu^2v^4\sin^4(\frac{\theta}{2})} \tag{E55}$$

显然,当没有库仑场时 $\alpha=0$,散射振幅为 $f_c(\theta)=0$。

附录6　库仑场中 Dirac 方程的束缚态解

以电子在原子核的库仑场中的运动为例,用 Dirac 径向方程求解束缚态的本征值。在电荷数为 Z 的原子核中的库仑相互作用势为

$$V(r) = -Ze^2/r \tag{F1}$$

其中原子核作为点粒子处理,径向 Dirac 方程(7.8.41)变为

$$\begin{cases} \dfrac{\mathrm{d}g(r)}{\mathrm{d}r} = -\dfrac{\kappa}{r}g(r) + \left(\dfrac{E+mc^2}{\hbar c} + \dfrac{Z\alpha}{r}\right)f(r) \\ \dfrac{\mathrm{d}f(r)}{\mathrm{d}r} = \dfrac{\kappa}{r}f(r) - \left(\dfrac{E-mc^2}{\hbar c} + \dfrac{Z\alpha}{r}\right)g(r) \end{cases} \tag{F2}$$

其中 $\alpha = e^2/\hbar c \approx 1/137$ 是精细结构常数。

首先我们来讨论方程(F2)在 $r \sim 0$ 时的解,这时(F2)方程中 $E \pm mc^2$ 项可以忽略,方程变为

$$\begin{aligned} \frac{\mathrm{d}g(r)}{\mathrm{d}r} + \frac{\kappa}{r}g(r) - \frac{Z\alpha}{r}f(r) = 0 \\ \frac{\mathrm{d}f(r)}{\mathrm{d}r} - \frac{\kappa}{r}f(r) - \frac{Z\alpha}{r}g(r) = 0 \end{aligned} \tag{F3}$$

两个径向解用 r 的幂来表示 $g(r) = ar^\gamma$ 和 $f(r) = br^\gamma$,代入方程(F3)约掉 $r^{\gamma-1}$ 后得到两个等式

$$a(\gamma+\kappa) = bZ\alpha, \qquad aZ\alpha = -b(\gamma-\kappa)$$

两式相除,消除不确定系数 a 和 b,得到

$$\frac{\gamma+\kappa}{Z\alpha} = -\frac{Z\alpha}{\gamma-\kappa}$$

因此解出 $\gamma^2 = \kappa^2 - (Z\alpha)^2$,由波函数在 $r \sim 0$ 时为有限值的条件要求 γ 取正值,得到 γ 的表示为

$$\gamma = \sqrt{\kappa^2 - (Z\alpha)^2} = \sqrt{\left(j+\frac{1}{2}\right)^2 - Z^2\alpha^2} \tag{F4}$$

因此 $r \sim 0$ 时解的行为是 r^γ。引入量纲为 $1/r$ 的新变量 λ

$$\lambda \equiv \frac{1}{\hbar c}\sqrt{(mc^2)^2 - E^2} \tag{F5}$$

再作如下变换,ρ 是无量纲自变量

$$\rho = 2\lambda r \tag{F6}$$

将(F2)的自变量由 r 变为 ρ 后变为

$$\begin{aligned} \frac{\mathrm{d}g(\rho)}{\mathrm{d}\rho} = -\frac{\kappa g(\rho)}{\rho} + \left[\frac{mc^2+E}{2\lambda\hbar c} + \frac{Z\alpha}{\rho}\right]f(\rho) \\ \frac{\mathrm{d}f(\rho)}{\mathrm{d}\rho} = -\left[\frac{E-mc^2}{2\lambda\hbar c} + \frac{Z\alpha}{\rho}\right]g(\rho) + \frac{\kappa}{\rho}f(\rho) \end{aligned} \tag{F7}$$

用方程(F7)可讨论 $\rho \to \infty$ 时 $f(\rho)$ 和 $g(\rho)$ 的渐近行为,忽略 $1/\rho$ 项得到一阶耦合微分方程组

$$\frac{\mathrm{d}g(\rho)}{\mathrm{d}\rho} = \frac{mc^2+E}{2\lambda\hbar c}f(\rho)$$

$$\frac{\mathrm{d}f(\rho)}{\mathrm{d}\rho}=\frac{mc^2-E}{2\lambda\hbar c}g(\rho) \tag{F8}$$

(F8)式对 ρ 求导,并分别代入一阶导数的表示后得到

$$\frac{\mathrm{d}^2g(\rho)}{\mathrm{d}\rho^2}=\frac{mc^2+E}{2\lambda\hbar c}\frac{\mathrm{d}f(\rho)}{\mathrm{d}\rho}=\frac{(mc^2)^2-E^2}{(2\lambda)^2(\hbar c)^2}g(\rho)=\frac{1}{4}g(\rho)$$

$$\frac{\mathrm{d}^2f(\rho)}{\mathrm{d}\rho^2}=\frac{mc^2-E}{2\lambda\hbar c}\frac{\mathrm{d}g(\rho)}{\mathrm{d}\rho}=\frac{(mc^2)^2-E^2}{(2\lambda)^2(\hbar c)^2}f(\rho)=\frac{1}{4}f(\rho) \tag{F9}$$

由此得到两个可能的解

$$g(\rho)\sim \mathrm{e}^{\pm\frac{\rho}{2}},\qquad f(\rho)\sim \mathrm{e}^{\pm\frac{\rho}{2}}$$

对于束缚态,保证在无穷远波函数为0,因此仅取指数衰减的解。

为了便于求解束缚态本征值,对径向波函数继续做如下变换

$$g(\rho)=\sqrt{\frac{mc^2+E}{\hbar c\lambda}}G(\rho)$$

$$f(\rho)=\sqrt{\frac{mc^2-E}{\hbar c\lambda}}F(\rho) \tag{F10}$$

代入(F7)式得到 G 和 F 的联立方程

$$\frac{\mathrm{d}G(\rho)}{\mathrm{d}\rho}=-\frac{\kappa G(\rho)}{\rho}+\left[\frac{1}{2}+\frac{(mc^2-E)}{\rho}\frac{Z\alpha}{\lambda\hbar c}\right]F(\rho)$$

$$\frac{\mathrm{d}F(\rho)}{\mathrm{d}\rho}=\frac{\kappa}{\rho}F(\rho)+\left[\frac{1}{2}-\frac{(mc^2+E)}{\rho}\frac{Z\alpha}{\lambda\hbar c}\right]G(\rho) \tag{F11}$$

应用前面给出在 $r\approx 0$ 和 $\rho\to\infty$ 的渐近行为,对波函数再进一步作如下变换

$$G(\rho)=\mathrm{e}^{-\rho/2}\rho^{\gamma}[W_1(\rho)+W_2(\rho)]$$

$$F(\rho)=\mathrm{e}^{-\rho/2}\rho^{\gamma}[W_1(\rho)-W_2(\rho)] \tag{F12}$$

以保证 $\rho\to 0$ 时,波函数为有限值,而当 $\rho\to\infty$ 时波函数趋向0。其中 $W_1(\rho)$ 和 $W_2(\rho)$ 为随 ρ 缓慢变换的函数,代入到(F11)式后,去掉公共因子 $\mathrm{e}^{-\rho/2}r^{\gamma}$,整理后得到 $W_1(\rho)$ 和 $W_2(\rho)$ 的耦合方程

$$\frac{\mathrm{d}W_1}{\mathrm{d}\rho}+\frac{\mathrm{d}W_2}{\mathrm{d}\rho}+\left(\frac{\gamma}{\rho}-\frac{1}{2}\right)(W_1+W_2)=-\frac{\kappa}{\rho}(W_1+W_2)+\left(\frac{1}{2}+\frac{(mc^2-E)}{\rho\hbar c}\frac{Z\alpha}{\lambda}\right)(W_1-W_2)$$

$$\frac{\mathrm{d}W_1}{\mathrm{d}\rho}-\frac{\mathrm{d}W_2}{\mathrm{d}\rho}+\left(\frac{\gamma}{\rho}-\frac{1}{2}\right)(W_1-W_2)=\frac{\kappa}{\rho}(W_1-W_2)+\left(\frac{1}{2}-\frac{(mc^2+E)}{\rho\hbar c}\frac{Z\alpha}{\lambda}\right)(W_1+W_2) \tag{F13}$$

将(F13)两式相减得

$$2\frac{\mathrm{d}W_2}{\mathrm{d}\rho}+\left(\frac{2\gamma}{\rho}-1\right)W_2=-\frac{2\kappa}{\rho}W_1-W_2+\frac{2mc^2}{\rho\hbar c}\frac{Z\alpha}{\lambda}W_1+\frac{2E}{\rho\hbar c}\frac{Z\alpha}{\lambda}W_2 \tag{F14}$$

再将(F13)两式相加得

$$2\frac{\mathrm{d}W_1}{\mathrm{d}\rho}+\left(\frac{2\gamma}{\rho}-1\right)W_1=-\frac{2\kappa}{\rho}W_2+W_1-\frac{2mc^2}{\rho\hbar c}\frac{Z\alpha}{\lambda}W_2-\frac{2E}{\rho\hbar c}\frac{Z\alpha}{\lambda}W_1 \tag{F15}$$

为了简化公式表示起见,引入如下两个无量纲量

$$\overline{E}=\frac{Z\alpha E}{\hbar c\lambda}\quad 和\quad \overline{m}\equiv\frac{Z\alpha mc^2}{\hbar c\lambda};\qquad 且有\qquad \overline{m}^2-\overline{E}^2=(Z\alpha)^2 \tag{F16}$$

整理后得到 W_1,W_2 分别满足的耦合方程为

$$\frac{\mathrm{d}W_1}{\mathrm{d}\rho}=\left(1-\frac{\gamma}{\rho}-\frac{\overline{E}}{\rho}\right)W_1-(\kappa+\overline{m})\frac{W_2}{\rho}$$

$$\frac{\mathrm{d}W_2}{\mathrm{d}\rho}=(-\kappa+\overline{m})\frac{W_1}{\rho}+(-\gamma+\overline{E})\frac{W_2}{\rho} \tag{F17}$$

方程(F17)的第二式乘上ρ后改写为

$$\rho\frac{\mathrm{d}W_2}{\mathrm{d}\rho}=(-\kappa+\overline{m})W_1+(-\gamma+\overline{E})W_2 \tag{F18}$$

再对ρ求导得到

$$\rho\frac{\mathrm{d}^2W_2}{\mathrm{d}\rho^2}+(1+\gamma-\overline{E})\frac{\mathrm{d}W_2}{\mathrm{d}\rho}=(-\kappa+\overline{m})\frac{\mathrm{d}W_1}{\mathrm{d}\rho} \tag{F19}$$

利用方程(F17)中对 W_1 的导数代入(F19)式中,得到

$$\begin{aligned}\rho\frac{\mathrm{d}^2W_2}{\mathrm{d}\rho^2}+(1+\gamma-\overline{E})\frac{\mathrm{d}W_2}{\mathrm{d}\rho}&=(-\kappa+\overline{m})\left[\left(1-\frac{\gamma}{\rho}-\frac{\overline{E}}{\rho}\right)W_1-(\kappa+\overline{m})\frac{W_2}{\rho}\right]\\&=\left(1-\frac{\gamma}{\rho}-\overline{E}\right)(-\kappa+\overline{m})W_1+[\kappa^2-(\overline{m})^2]\frac{W_2}{\rho}\end{aligned} \tag{F20}$$

其中仍然存在 W_1 项,再利用(F17)第二式代换与 W_1 有关的项

$$(-\kappa+\overline{m})W_1=\rho\frac{\mathrm{d}W_2}{\mathrm{d}\rho}+(\gamma-\overline{E})W_2 \tag{F21}$$

代入(F20)式后被约化为仅存在 W_2 的二阶微分方程

$$\begin{aligned}\rho\frac{\mathrm{d}^2W_2}{\mathrm{d}\rho^2}+(1+\gamma-\overline{E})\frac{\mathrm{d}W_2}{\mathrm{d}\rho}&=(1-\frac{\gamma}{\rho}-\frac{\overline{m}}{\rho})\left[\rho\frac{\mathrm{d}W_2}{\mathrm{d}\rho}+(\gamma-\overline{E})W_2\right]+[\kappa^2-(\overline{m})^2]\frac{W_2}{\rho}\\&=(\rho-\gamma-\overline{E})\frac{\mathrm{d}W_2}{\mathrm{d}\rho}+(1-\frac{\gamma}{\rho}-\frac{\overline{E}}{\rho})(\gamma-\overline{E})W_2+[\kappa^2-(\overline{m})^2]\frac{W_2}{\rho}\end{aligned} \tag{F22}$$

合并各项,方程(F22)被约化为

$$\rho\frac{\mathrm{d}^2W_2}{\mathrm{d}\rho^2}+(1+2\gamma-\rho)\frac{\mathrm{d}W_2}{\mathrm{d}\rho}-(1-\frac{\gamma}{\rho}-\frac{\overline{E}}{\rho})(\gamma-\overline{E})W_2-[\kappa^2-(\overline{m})^2]\frac{W_2}{\rho}=0$$

将与ρ无关的项单独写出后,合并$1/\rho$的诸项,方程进一步改写为

$$\rho\frac{\mathrm{d}^2W_2}{\mathrm{d}\rho^2}+(1+2\gamma-\rho)\frac{\mathrm{d}W_2}{\mathrm{d}\rho}+(\overline{E}-\gamma)W_2+[(\gamma+\overline{E})(\gamma-\overline{E})-\kappa^2+(\overline{m})^2]\frac{W_2}{\rho}=0$$

利用$\gamma^2=\kappa^2-(Z\alpha)^2$以及(F16)式,得到$\frac{W_2}{\rho}$项的系数为

$$\gamma^2-\overline{E}^2-\kappa^2+\overline{m}^2=\gamma^2+(Z\alpha)^2-\kappa^2=0 \tag{F23}$$

因此得到 W_2 满足的二次微分方程

$$\rho\frac{\mathrm{d}^2W_2}{\mathrm{d}\rho^2}+(2\gamma+1-\rho)\frac{\mathrm{d}W_2}{\mathrm{d}\rho}+(\overline{E}-\gamma)W_2=0 \tag{F24}$$

方程(F24)是一个标准的合流超几何方程

$$\rho\frac{\mathrm{d}^2W_2}{\mathrm{d}\rho^2}+(\beta-\rho)\frac{\mathrm{d}W_2}{\mathrm{d}\rho}-\alpha W_2=0 \tag{F25}$$

其中

$$\alpha=\gamma-\overline{E}=\gamma-\frac{Z\alpha E}{\hbar c\lambda},\qquad \beta=2\gamma+1>0 \tag{F26}$$

其解取合流超几何函数正规解 $F(\alpha,\beta,\rho)$，它的级数解的表示是

$$F(\alpha,\beta,\rho)=\sum_{k=0}^{\infty}\frac{\alpha_k}{k!\ \beta_k}\rho^k \tag{F27}$$

这里符号 α_k 和 β_k 的表示在附录中(E15)式给出。

$$\alpha_k=\alpha(\alpha+1)(\alpha+2)\cdots(\alpha+k-1),\quad \beta_k=\beta(\beta+1)(\beta+2)\cdots(\beta+k-1) \tag{F28}$$

为了保证束缚态在无穷远处电子的概率为 0，当 α 取负整数($\alpha=-n'$)时，则在 $k\geqslant 1+n'$之后，所有的 $\alpha_k=0$，级数就会自动截断为多项式，加上因子 $e^{-\rho/2}$，保证了在 $\rho\to\infty$ 处波函数为 0。

定义主量子数为

$$n\equiv n'+|\kappa|=n'+j+\frac{1}{2},\quad n=1,2,3\cdots \tag{F29}$$

由(F26)式得到能量本征值满足的关系式

$$\frac{Z\alpha E_n}{\hbar c\lambda}=\frac{Z\alpha E_n}{\sqrt{(mc^2)^2-E_n^2}}=n'+\gamma=n-|\kappa|+\gamma \tag{F30}$$

上式进行平方后得到

$$(Z\alpha)^2E_n^2=[(mc^2)^2-E_n^2](n-|\kappa|+\gamma)^2$$

合并与 E_n 有关的项，得到

$$E_n^2=\frac{(mc^2)^2(n-|\kappa|+\gamma)^2}{[(Z\alpha)^2+(n-|\kappa|+\gamma)^2]}=(mc^2)^2\left[1+\frac{(Z\alpha)^2}{(n-|\kappa|+\gamma)^2}\right]^{-1}$$

将(F4)式代入得到与 κ 有关的本征值 $E_{n,\kappa}$值为

$$E_{n,\kappa}=mc^2\left[1+\frac{(Z\alpha)^2}{[n-|\kappa|+\sqrt{\kappa^2-(Z\alpha)^2}]^2}\right]^{-\frac{1}{2}} \tag{F31}$$

本征值不仅与主量子数 n 和 Z 有关，还与$|\kappa|$有关。由于$(Z\alpha)^2$ 是一个小量，因此$|\kappa|$仅是出现在高次小项之中。对应的 κ 值为

$$\kappa=\pm(j+\frac{1}{2})=\pm1,\ \pm2,\ \pm3,\cdots \tag{F32}$$

(F31)式是在原子核按点粒子处理的库仑场中电子的能量本征值公式，称为索末菲(Sommerfeld)精细结构公式。

参 考 文 献

[1] ROMAN P. Advanced Quantum Theory, An outline of the fundamental ideas[M]. Addison –Wesley Pub. Co. ,INC. , 1965.

[2] LANDAU L D, LIFSHITZ E M. Quantum Mechanics Non-Relativistic Theory[M]. London: Pregamon Press,1962.

[3] 周世勋.量子力学教程[M].北京:高等教育出版社,1979.

[4] 曾谨言.量子力学Ⅱ[M].3 版. 北京:科学出版社,2000.

[5] 钱伯初.量子力学[M].北京:电子工业出版社,1993.

[6] 倪光炯, 陈书卿.高等量子力学[M]. 2 版.上海:复旦大学出版社,2005.

[7] 喀兴林.高等量子力学[M]. 2 版.北京:高等教育出版社,2001.

[8] JOACHAIN C J. Quantum Collision Theory[M].3rd ed. North-Holland Pub. Co. ,1983.

[9] BRINK D M, SATCHLER G R. Angular Momentum[M]. 3rd ed. Oxford University Press,1994.

[10] ROSE M E. Elementary Theory of Angular Momentum[M]. John Wiley & Sons, Inc. , 1957.

[11] EDMONDS A R. Angular Momentum in Quantum Mechanics[M].3rd ed. Princeton University Press, 1974.

[12] ROSE M E. Relativistic Electron Theory[M]. Wiley New York London, 1961.

[13] GREINER W. Relativistic Quantum Mechanics: Wave Equations[M]. Springer – Verlag Beilin Heidelberg, 2000.

[14] ABRAMOWITH M,STEGUN I A. Handbook of Mathematical Function[K]. New York: Dover Publications,1970.

[15] 王竹溪, 郭敦仁.特殊函数概论[M].北京:科学出版社,1965.